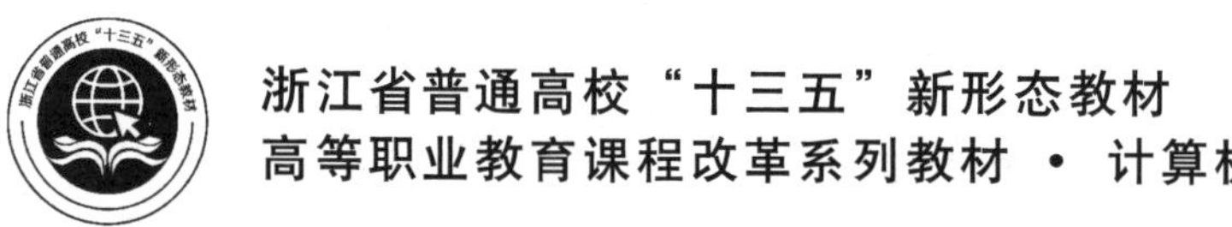

数据库原理与应用

新形态立体化教程

SQL Server 2019

主　编　李　蕾
副主编　高兴媛　王重毅　陈跃坚
参　编　沈　萍　梁建平　苑　竹
杨淑贞　傅晓婕　马愉兴
彭小玲　张　莉　孙　程
康保军　刘　茵　张丽虹

南京大学出版社

内容简介

本书以 SQL Server 2019 数据库管理系统为教学平台，以"学生选课管理子系统"开发案例为主线进行编写，较全面地介绍了数据库的基础知识及其应用。全书共有 12 个项目，包括：教学实践环境搭建与配置、数据库模型设计与关系规范化、数据库的创建与维护、数据表的定义与维护、数据的操作、数据的查询、视图的创建与维护、索引的创建与维护、数据库高级对象操作与维护、数据库的日常维护与管理、数据库的安全管理、数据库设计应用案例。

本书以理论教学与实践教学相结合、线上教学与线下教学要结合、课前自主学习＋课中探究学习＋课后扩展学习相结合，以总项目"学生选课管理子系统"为主线，贯穿"任务导入—任务实现—知识导学—内容进阶—课堂实例—扩展实践—能力提升—互联网＋教学" 的项目化教学体系，将知识模块化、任务化、泛在化，融"教、学、练"为一体，以任务情境为任务驱动，以任务实现为知识导向，以课堂实训搭建知识体系，使读者能快速掌握数据库的知识，灵活应用所学的知识解决实际问题。本书内容浅显易懂，可作为高职高专院校、应用型本科院校计算机相关专业的专业基础课、专业必修课或专业选修课教材，也可作为数据库爱好者的自学用书和参考用书。

图书在版编目(CIP)数据

数据库原理与应用新形态立体化教程 ：SQL Server 2019 / 李蕾主编. -- 南京 ：南京大学出版社，2024. 8. -- ISBN 978-7-305-28202-7

Ⅰ. TP311.132.3

中国国家版本馆 CIP 数据核字第 2024MX4999 号

出版发行　南京大学出版社
社　　址　南京市汉口路 22 号　　　　邮　编　210093

书　　名　数据库原理与应用新形态立体化教程(SQL Server 2019)
SHUJUKU YUANLI YU YINGYONG XINXINGTAI LITIHUA JIAOCHENG (SQL Server 2019)
主　　编　李　蕾
责任编辑　吕家慧　　　　编辑热线　025-83597482

照　　排　南京南琳图文制作有限公司
印　　刷　常州市武进第三印刷有限公司
开　　本　787 mm×1092 mm　1/16　印张 20.75　字数 530 千
版　　次　2024 年 8 月第 1 版　2024 年 8 月第 1 次印刷
ISBN 978-7-305-28202-7
定　　价　58.00 元

网址：http://www.njupco.com
官方微博：http://weibo.com/njupco
官方微信号：njuyuexue
销售咨询热线：(025) 83594756

前 言

PREFACE

在党的二十大报告中，我们深刻领会到“科技是第一生产力，人才是第一资源，创新是第一动力”这一重要论断的深远意义。在新一轮科技革命和产业变革的浪潮中，云计算、人工智能、大数据、物联网等数字技术正以前所未有的速度推动社会进步和经济发展。作为信息科技领域的核心基石，数据库技术的重要性愈发凸显，它不仅是数据存储、管理和分析的关键工具，更是推动数字化转型和创新发展的重要支撑。

SQL Server 作为一款功能强大、性能卓越的数据库管理系统，在众多数据库技术中脱颖而出。它不仅能够高效、稳定地管理海量数据，还提供了丰富的功能支持，如强大的查询能力、高效的事务处理、灵活的扩展性等，使得数据的管理和应用变得更加便捷和高效。

为了更好地满足读者对于数据库技术的学习需求，结合当前科技革命和产业变革的背景，我们再次修订这本《数据库原理与应用新形态立体化教程》。本书旨在为读者提供一本系统、全面、深入的数据库原理教材，同时结合 SQL Server 这一具体数据库系统，使读者能够深入理解数据库技术的核心原理和应用方法。

2013 年，为了响应教育部教职成［2012］9 号文件关于加快教材内容改革，优化教材类型结构，使教材更加生活化、情景化、动态化、形象化的精神，在我院领导的大力支持下，于同年 5 月顺利完成了《SQL Server 数据库项目化教程》教材第 1 版的编写任务，并于同年 9 月顺利在北京师范大学出版社出版。本教材作为我院 2012 年 4 月院级教学改革项目（项目编号：XBJC20110207）成果，是我院 2013 年重点资源共享课程建设项目（ZDZY20130201），也是我院 2017 年校级“十三五”首批新形态立体重点教材，同时该课程的资源库建设荣获 2014 年度浙江省高校教师教育技术成果三等奖、2021 年度浙江省教育科学研究优秀成果三等奖。在教材使用过程中，得到了浙江长征职业技术学院、河南科技学院、云南工商学院、武汉铁路职业技术学院、成都职业技术学院等多所高校的大力支持和使用，受到了高校师生和广大读者的广泛好评。

《数据库原理与应用新形态立体化教程（SQL Server 2019）》是浙江省普通高校“十三五”首批新形态教材（高职高专院校），是我校计算机相关专业开设的《数据库原理与应用》课程的配套教材，也是浙江省高等学校在线开放课程（数据库原理与应用）建设的配套教材资源。

1. 本教材编写的思路与意义

俗话说“授人以鱼不如授人以渔”，课程教学的主要任务固然是传授知识、训练技能，但新形态立体化教材的改革更重要的是我们要提供什么样的环境实现“互联网＋教育”，将真正的人才培养落到实处。

(1) 为读者提供教材与互联网教学资源融合共享的学习载体

第 1 版教材是将项目、任务揉进每一个知识点，但缺乏师生的互动性、学习的延展性和与数字化教学资源无缝结合的优势；修订后的第 2 版教材解决了读者单纯纸质教材资源学习的局限性，以多样化的媒体资源表现形式提供教学内容，但在师生互动的电子教学资源使用上还存在一定的局限；第 3 次修订的新形态立体化教材，结合浙江省高等学校在线开放课程共享平台，在教材中嵌入知识的教学视频、课程微课二维码，使读者在阅读教材的同时可随时扫码查看更多的网络资源。同时，此改版的教材内容全部在云端教学平台上线 https://www.zjooc.cn/、https://www.itbegin.com/apps，实现了结合教材在线完成预习课程任务，在线查看与提交课程作业等，结合课程网站(http://www.jpzysql.cn)随时下载纸质教材中的教学视频、实训资源、习题库等内容。为每个读者提供最适合的学习材料，构建最恰当的媒体资源环境，渗透最优化的学习方法。

(2) 为教师提供承载课程内容、预定教学计划、传递教学信息的功能

第 1 版教材是以传统教材为主的教学体系，更多的是学科知识体系的浓缩和再现，教材的核心内容是各学科中的基本知识结构，第 1 版和第 2 版教材尽管能够满足学科系统化知识学习的需要，但在培养读者的个性特质、创新能力和实践能力方面明显不足。而改版后的教材，更多是从课程目标多维度、教学对象的多层次、课程表现形式的多元化及解决问题的多角度等不同层面的要求综合考虑，将第 1 版教材的内容结合“互联网+”，融合云端教学平台，整合教学系统，帮助更多的教师实现结合纸质教材的互联网在线教学、互联网在线作业管理、互联网在线预习管理、互联网在线读者管理、互联网在线统计数据等策略，使教材的各组成部分在教学思想、教学内容、教学目标和教学策略上有机融合，互为补充，形成了综合的知识体系，与第 1,2 版教材优势互补，以读者为主体，关注读者的学习方法、学习情境，达到知识、领会、运用、分析、综合和评价的教育目标。此改版教材以网络、多媒体等信息技术为依托，为教师提供一套能够最大限度地满足教与学需要的整体解决方案，帮助教师更新教学观念和教学模式，提高教学质量和效益。

2. 本教材编写的特色与创新

(1) 在改版教材中，根据教育部教学指导委员会关于课程是“实践性的主干课程”的课程定位和本书“以独立动手能力提升为主，以课堂演示+互联网教学资源促教”的教学理念，进一步强化了教材的实践能力提升系列，该系列由“项目导入—任务分解—知识点融入—任务扩展—能力提升”五个层次组成，按照“由单项训练到综合训练”的科学训练方式，形成环环相扣的训练体系，并将训练项目插入教材的相关部分，做到“边学边练，讲练结合”。

(2) 改版后的教材提供一种教学资源的整体解决方案，最大限度地满足教学需要。教材强调各种媒体的立体化教学设计，不仅有主教材，还有配套实训手册，并与教学网站结合在一起，为教师、读者提供多元的教学环境。

(3) 改版教材在呈现方式上也进行了改革，以网络为依托，采用“纸质文本+数字化资源”的呈现方式。核心资源在书中呈现，扩展资源放到浙江省高校在线开课课程共享平台(www.zjooc.cn)和课程网站(www.jpzysql.cn)上，通过二维码扫描实现平面教材与网络资源的链接，或登录课程网站即可尽览课程资源，实现教学课堂与课程网站的对接，让读者在广阔的网络空间，以丰富多彩的方式学习数据库相关知识。

(4) 教材+微课+MOOC+SPOC+教学的深度融合，以立体化教材为载体，使用在线开放课程进行线上自主学习，以立体化教材料依托开展教学活动。配套资源完善，提供“学生选课管理子系统”数据库教案、PPT、分层课堂实践资源和完整的数据库应用实例——“简

易图书借阅系统"教学视频、PPT电子教案等。

3. 本教材主要内容

本书共有12个项目内容，以1个总项目"学生选课管理子系统设计"为主线，由12个子项目，54个任务组成。

项目1 教学实践环境搭建与配置，包括：1个子项目，4个任务；项目2 数据库模型设计与关系规范化，包括1个子项目，3个任务；项目3 数据库的创建与维护 包括1个子项目，6个任务；项目4 数据表的定义与维护 包括1个子项目 3个任务；项目5：数据的操作 包括1个子项目，4个任务；项目6 数据的查询 包括1个子项目 7个任务；项目7 视图的创建与维护 包括1个子项目 4个任务；项目8 索引的创建与维护 包括1个子项目 2个任务；项目9 数据库高级对象操作与维护 包括1个子项目 6个任务；项目10 数据库的日常维护与管理 包括1个子项目 4个任务；项目11 数据库的安全管理 包括1个子项目 2个任务；项目12 数据库设计应用案例 包括1个总项目，9个任务。

本书是浙江省普通高校"十三五"首批新形态教材，同时也是一本校企合作的教材，由李蕾担任主编，高兴媛、王重毅、陈跃坚担任副主编。本书在编写过程中得到了浙江长征职业技术学院各级领导的支持，也得到了校企合作单位杭州华恩教育科技有限公司陈跃坚CEO、技术总监的大力支持，在此一并表示衷心的感谢。

本书编写分工如下：李蕾编写项目2、项目3、项目4、项目5、项目6、项目9、项目10、项目11、项目12及附录；高兴媛、王重毅参与编写项目1、项目7；陈跃坚编写项目8；沈萍、梁建平对项目1、项目2、项目3的内容进行了审核和核对；杨淑贞、张丽虹对项目4、项目5的内容进行了审核和校对；彭小玲、傅晓婕对项目6、项目7、项目8的内容进行了审核和校对；张莉、马愉兴对项目9的内容进行了审核和校对；康宝军、刘茵对项目10、项目11的内容进行了审核和校对；孙程对项目12的内容进行了审核和校对；苑竹对教材进行了全面的统稿和校对工作，并对文中插入的图表、图片和其他多媒体元素进行了精心的处理和美化，以提升教材的整体质量和视觉效果。

本书是浙江省精品在线开放平台《数据库原理与应用》的配套教材，读者可以通过https://www.zjooc.cn/course/8a2284518de16d09018deb2294436332 进入在线平台，立即参加学习。

读者在订购教材可以向作者索要学生选课管理子系统源代码、简易图书借阅系统源代码，授课计划，电子教案、课程标准、书中课堂习题+课堂实践、扩展实践、进阶提升的答案等配套教学资源。(邮箱：1554679746@qq.com)

我们也深知数据库技术知识涉及面广，内容繁杂，加之作者水平有限，书中难免存在不足之处。因此，我们诚挚地邀请广大读者和同仁们提出宝贵的意见和建议，共同推动数据库技术的发展和应用。

最后，再次感谢各位读者对本书的关注和支持，希望本书能够成为您学习数据库技术的良师益友。

编者

2024年7月

互联网+课程资源使用指南

MOOC 浙江省高等学校在线开放课程共享平台(https://www.zjooc.cn/)

【使用方法】打开PC端,在浏览器中输入https://www.zjooc.cn进入浙江省高等学校在线开放共享平台,在搜索栏中输入:数据库原理与应用,搜索到如下图所示的界面,立即参与或联系课程负责人。

课程微信公众号平台 TeaAndStu

【使用方法】微信扫描如下二维码,关注"TeaAndStu"公众号,即可浏览公众号平台上与教材配套章节的"任务"和课堂实践,并能及时接收微信端的推文。

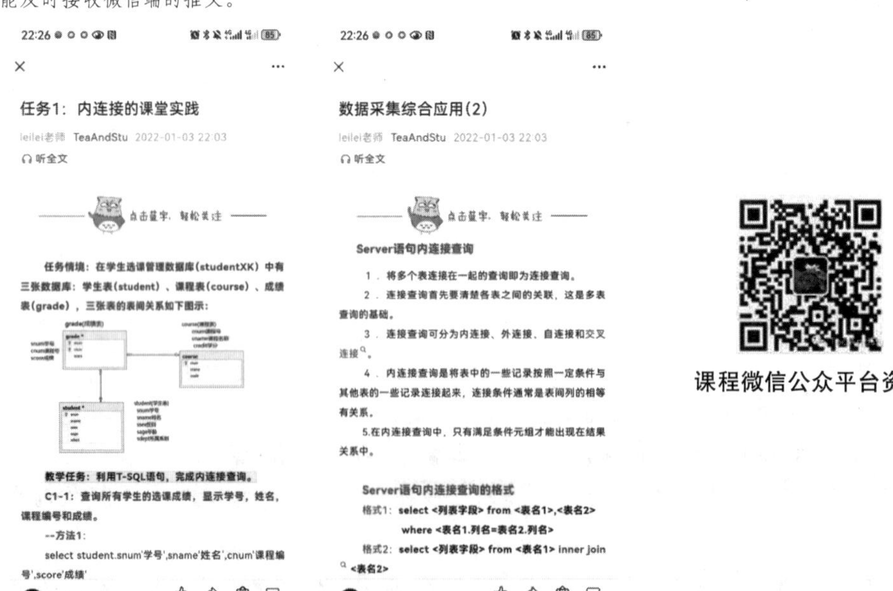

课程微信公众平台资源

PC端教学资源共享平台 http://www.jpzysql.cn

云端虚拟教学平台 http://www.itbegin.com

目　录
CONTENTS

项目 1　教学实践环境搭建与配置

【项目概述】

本项目旨在为学生提供一个全面、真实的 SQL Server 2019 教学实践环境，使学生能够在该环境中掌握 SQL Server 2019 的基本操作、管理和应用技能。通过实践，学生能够深入理解数据库的原理、设计、实现和优化，为将来的数据库相关工作打下坚实的基础。

汤小米是一名大二的学生，这个学期她选修了一门数据库原理与应用的课程，因为在这之前，她曾在一家公司做过两个月的实习生，接触过 SQL Server，为此对于这门课，她有浓厚的学习兴趣。为了更好地学习这门课程，让我们为汤小米搭建学习环境，并培养其学习和使用相关应用软件的能力。

【知识目标】

1. 了解 SQL Server 作为 Microsoft 公司推出的关系型数据库管理系统的基本概念，掌握其作为一个全面数据库平台所具备的功能和特点。
2. 掌握 SQL Server 2019（或其他版本）的安装必备条件、下载方式、安装步骤和配置方式。
3. 学习并掌握 SQL Server Management Studio (SSMS)管理工具的基本使用方法，包括连接本地或远程 SQL Server 实例、验证连接与服务状态等。
4. 了解图形化工具 Navicat 的安装与配置。
5. 了解数据库应用系统的环境搭建。
6. 掌握 E-R 建模工具的安装及使作。

【能力目标】

1. 能通过搭建和配置 SQL Server 教学实践环境，提升学生在数据库管理方面的实践操作能力，使其能够独立完成数据库的安装、配置和日常管理工作。
2. 能在环境搭建和配置过程中，培养学生分析和解决问题的能力，使其在面对实际问题时能够迅速找到解决方案并付诸实践。
3. 能通过实践操作，激发学生对数据库技术的兴趣和学习动力，培养其持续学习和自我提升的能力。

【素养目标】

1. 培养学生的团队协作精神和沟通能力。
2. 培养学生的职业素养，包括诚信品格、社会责任感和认真的工作态度等。

3. 培养学生将数据库技术应用于其他领域或解决实际问题的能力。

【重点难点】

教学重点:
1. SQL Server 数据库管理系统的安装、配置和使用。
2. E-R 数据建模工具的安装。
教学难点:
1. 图形化管理工具 Navicat 的安装。
2. 基于 Windows 平台的数据库应用系统开发环境搭建。

【知识框架】

本项目知识内容为课堂教学环境搭建,重点是 SQL Server 2019 数据库管理系统的安装、配置和管理,学习内容知识框架如图 1-1 所示。

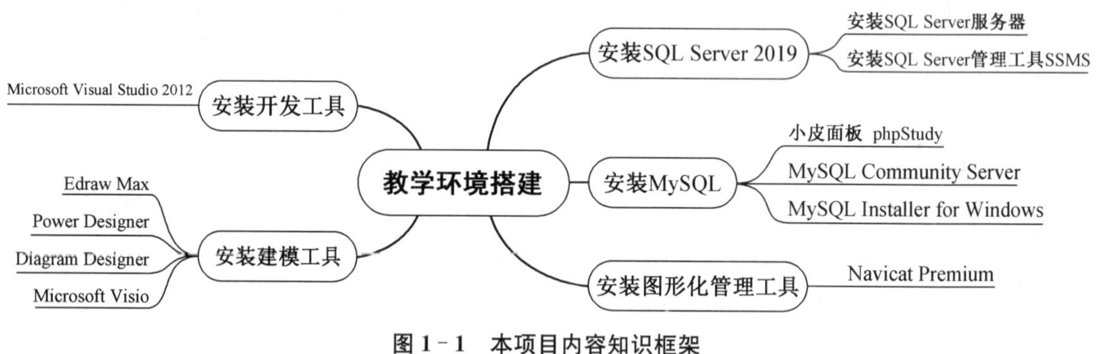

图 1-1 本项目内容知识框架

任务 1-1 安装 SQL Server 2019 数据库管理系统

1.1.1 任务情境

【微课】
安装数据库管理系统

帮助汤小米同学安装 SQL Server 数据库管理系统软件,本教材以 SQL Server 2019 版本作为实例,对 SQL Server 2019 数据库管理系统进行安装、配置和管理。

1.1.2 任务实现

第 1 步: 打开解压后的软件包,找到 setup. exe,进入"SQL Server 安装中心",选择"全新 SQL Server 独立安装或向现有安装添加功能"后,如图 1-2 所示,单击"下一步"继续。

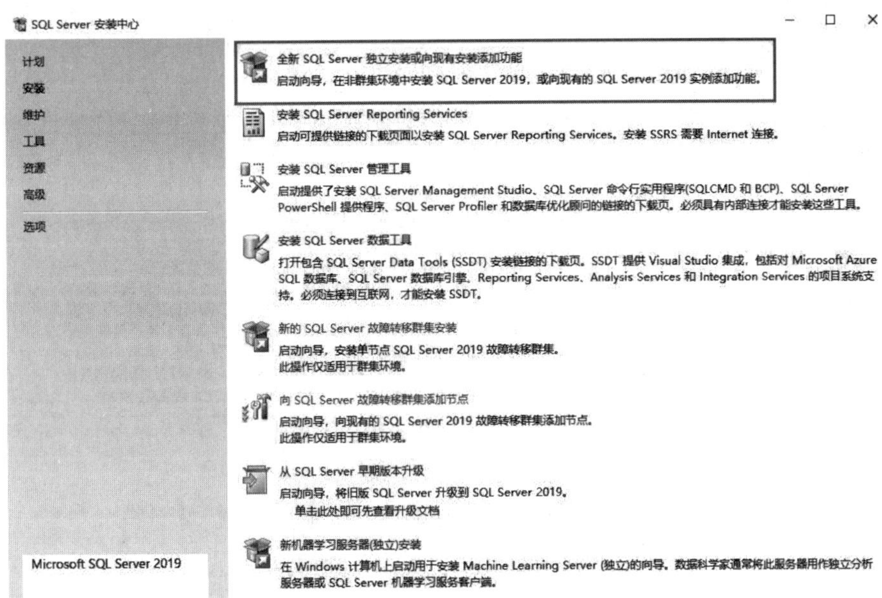

图 1－2　选择全新安装

第 2 步：输入产品密钥（默认：PMBDC-FXVM3-T777P-N4FY8-PKFF4），如图 1－3 所示，单击“下一步”，继续安装。

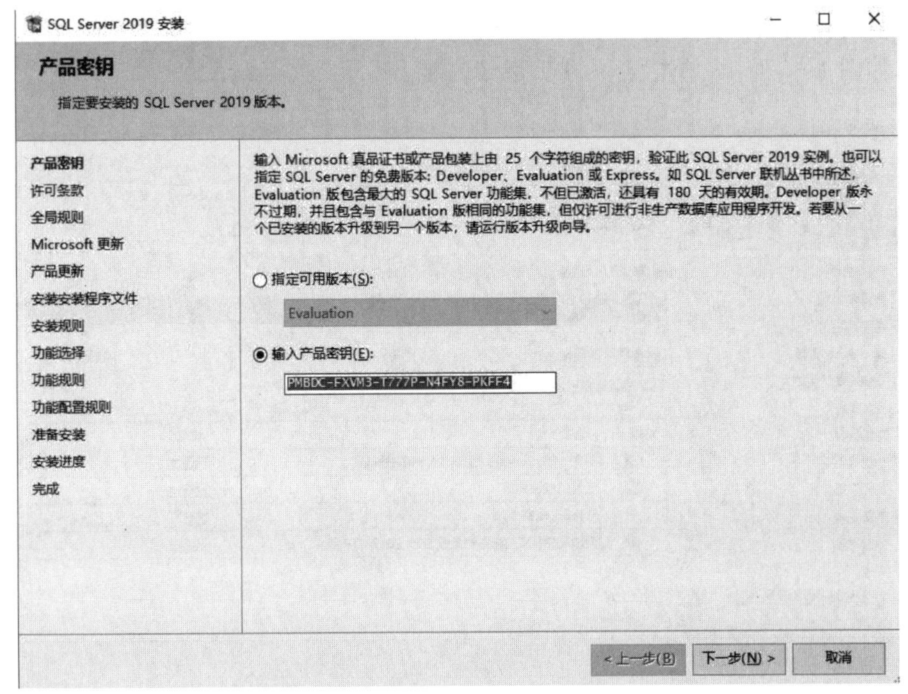

图 1－3　输入产品密钥(默认)

第 3 步：许可条款，选中“接受许可协议”，如图 1－4 所示，单击“下一步”，继续安装。

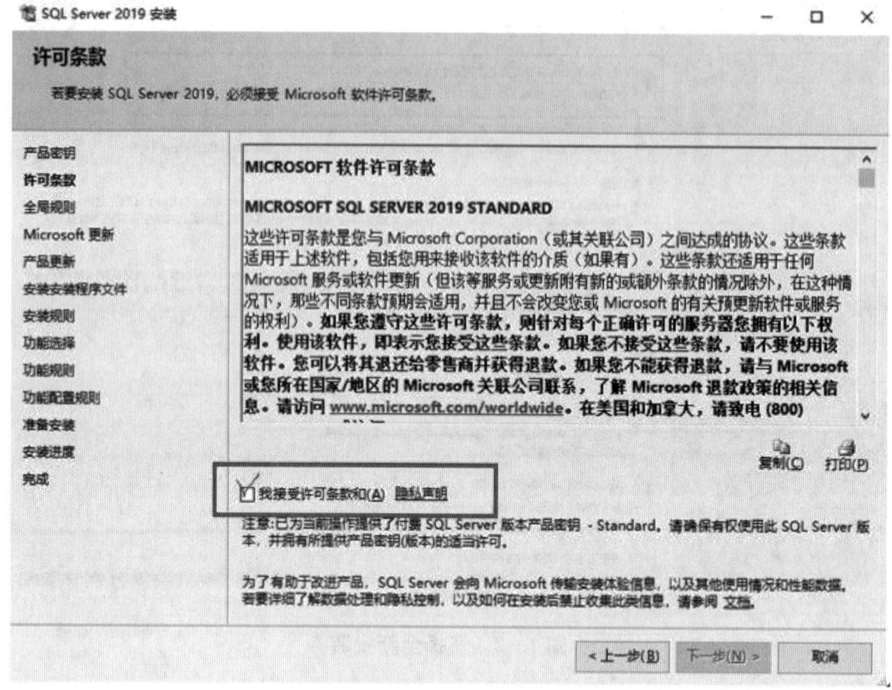

图 1-4　接受许可权限

第 4 步:安装规则,Microsoft 更新(下一步)、产品更新(下一步),进入“安装安装程序文件”,系统自检后进入“安装规则”,没有关闭防火墙,会有警告显示;防火墙关闭,就会没有警告显示,如图 1-5 所示,单击“下一步”,继续安装。

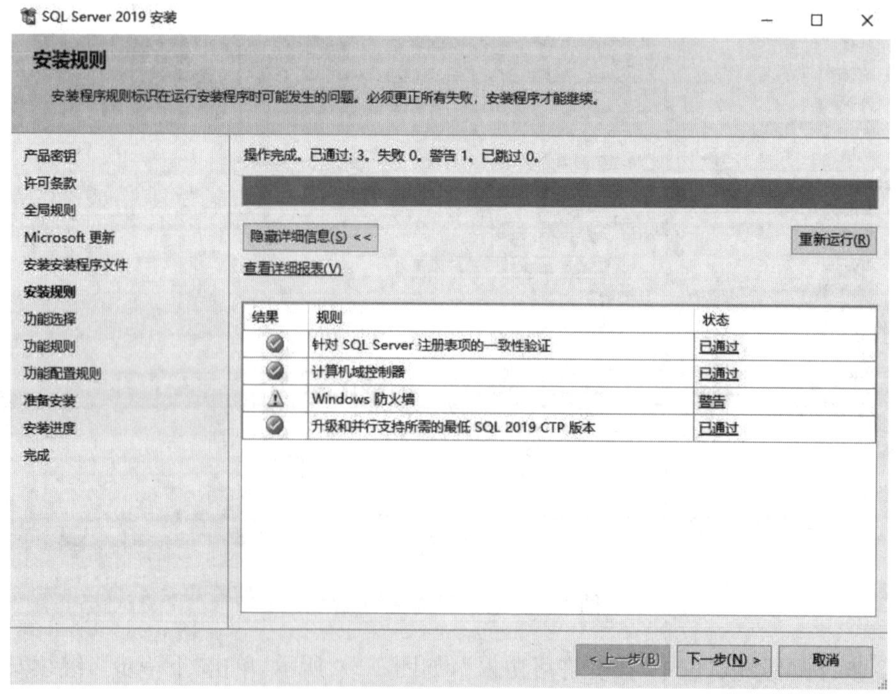

图 1-5　安装规则

第 5 步:功能选择,这里的功能选择除“机器学习服务和语言扩展”之外的所有功能(后期还可以添加功能),所有的实例目录和共享目录无必要不做更改,默认即可。如图 1－6 所示,单击“下一步”,继续安装。

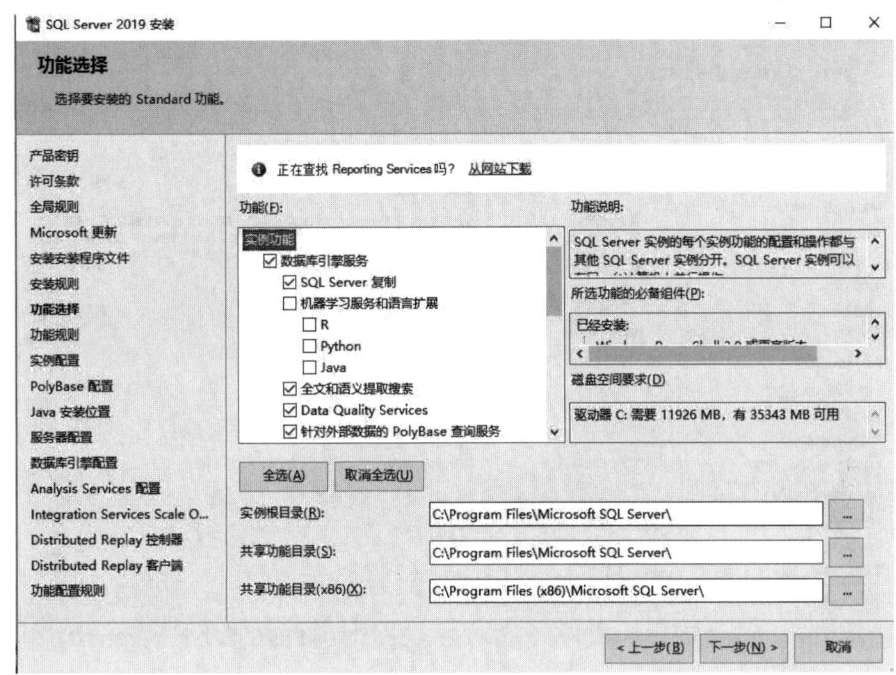

图 1－6　功能选择

第 6 步:实例配置,选择默认实例,如图 1－7 所示,单击“下一步”,继续安装。

SQL Server 2019 安装

实例配置

指定 SQL Server 实例的名称和实例 ID。实例 ID 将成为安装路径的一部分。

产品密钥
许可条款
全局规则
Microsoft 更新
安装安装程序文件
安装规则
功能选择
功能规则
实例配置
PolyBase 配置
Java 安装位置
服务器配置
数据库引擎配置
Analysis Services 配置
Integration Services Scale O...
Distributed Replay 控制器
Distributed Replay 客户端
功能配置规则

默认实例(D)
命名实例(A): MSSQLSERVER
实例 ID(I): MSSQLSERVER
SQL Server 目录: C:\Program Files\Microsoft SQL Server\MSSQL15.MSSQLSERVER
Analysis Services 目录: C:\Program Files\Microsoft SQL Server\MSAS15.MSSQLSERVER
已安装的实例(L):

实例名称	实例 ID	功能	版本类别	版本

< 上一步(B)　下一步(N) >　取消

图 1－7　实例配置

第 7 步:PolyBase 配置,选择"将此 SQL Server 用作已启用 PolyBase 的独立安装",如图 1-8 所示,单击"下一步",继续安装。

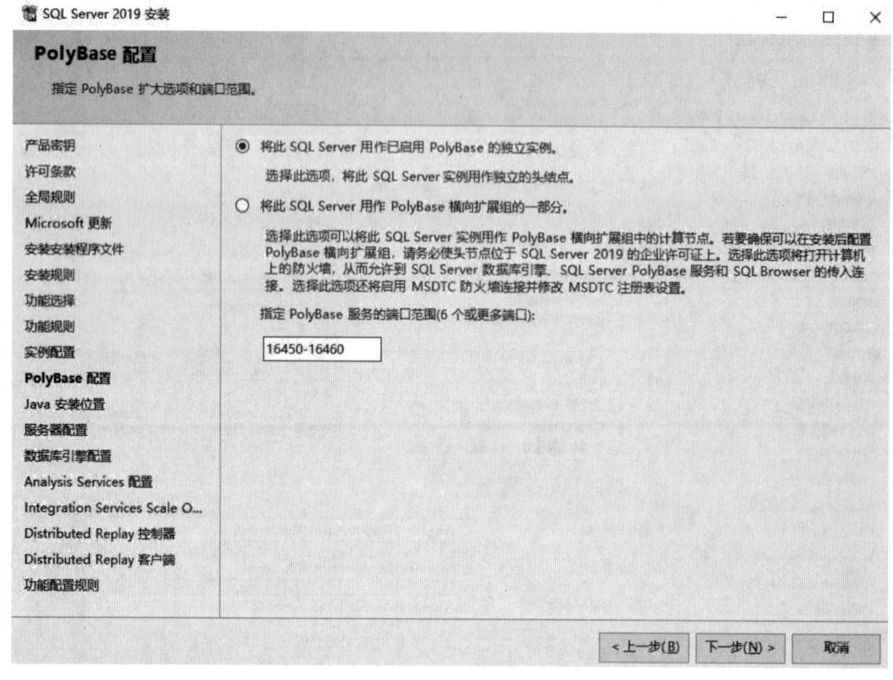

图 1-8　PolyBase 配置

第 8 步:Java 安装位置,指定 Java 安装位置,选择"安装此安装随附的 Open JRE 11.0.3",如图 1-9 所示,单击"下一步",继续安装。

SQL Server 2019 安装

Java 安装位置

指定 Java 安装位置

产品密钥
许可条款
全局规则
Microsoft 更新
安装安装程序文件
安装规则
功能选择
功能规则
实例配置
PolyBase 配置
Java 安装位置
服务器配置
数据库引擎配置
Analysis Services 配置
Integration Services Scale O...
Distributed Replay 控制器
Distributed Replay 客户端
功能配置规则

一些选定功能要求,必须本地安装 JDK 或 JRE。此安装随附 Zulu Open JRE 版本 11.0.3,或者你也可以下载并安装其他 JDK 或 JRE,并在此处提供安装位置。

若要了解 Azul Zulu OpenJDK 第三方许可,请访问 https://go.microsoft.com/fwlink/?linkid=2097167。

安装此安装随附的 Open JRE 11.0.3 (I)
提供已在此计算机上安装的其他版本的位置(P)
JDK 或 JRE 安装位置(J):
浏览(R)

< 上一步(B)　下一步(N) >　取消

图 1-9　指定 Java 安装位置

第 9 步：服务器配置，选择“默认”，如图 1－10 所示，单击“下一步”，继续安装。

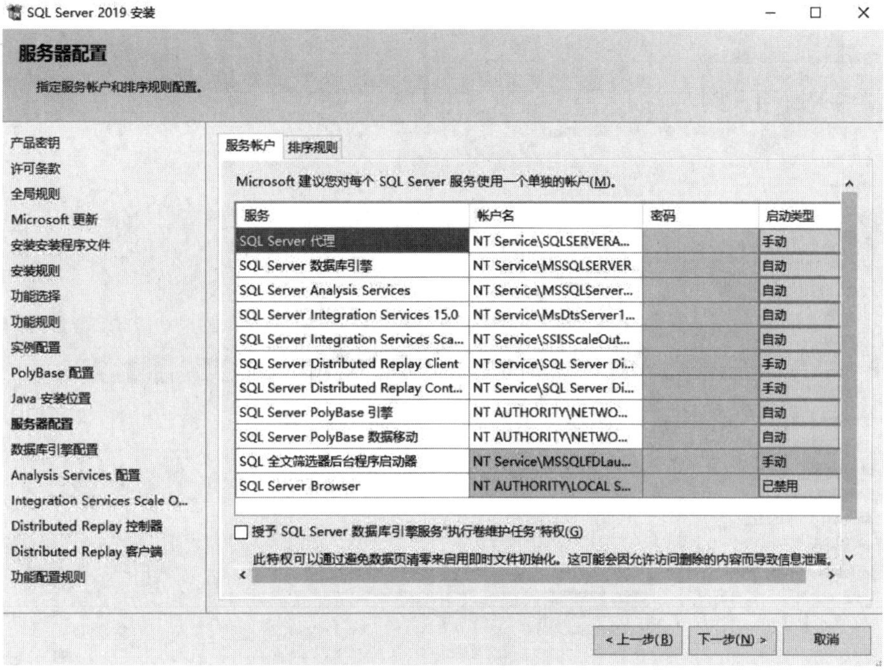

图 1－10　服务器配置

第 10 步：数据库引擎配置，选择“混合模式”，设置密码后单击“添加当前用户”，如图 1－11 所示，单击“下一步”，继续安装。

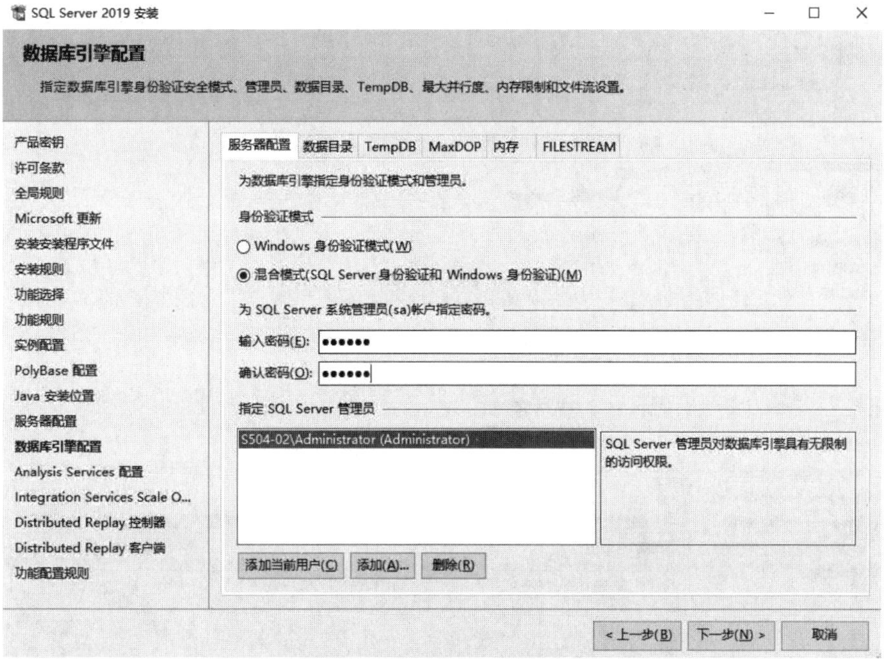

图 1－11　数据库引擎配置

第 11 步: Analysis Services,选择“表格模式”,单击“添加当前用户”, 如图 1-12 所示,单击“下一步”,继续安装。

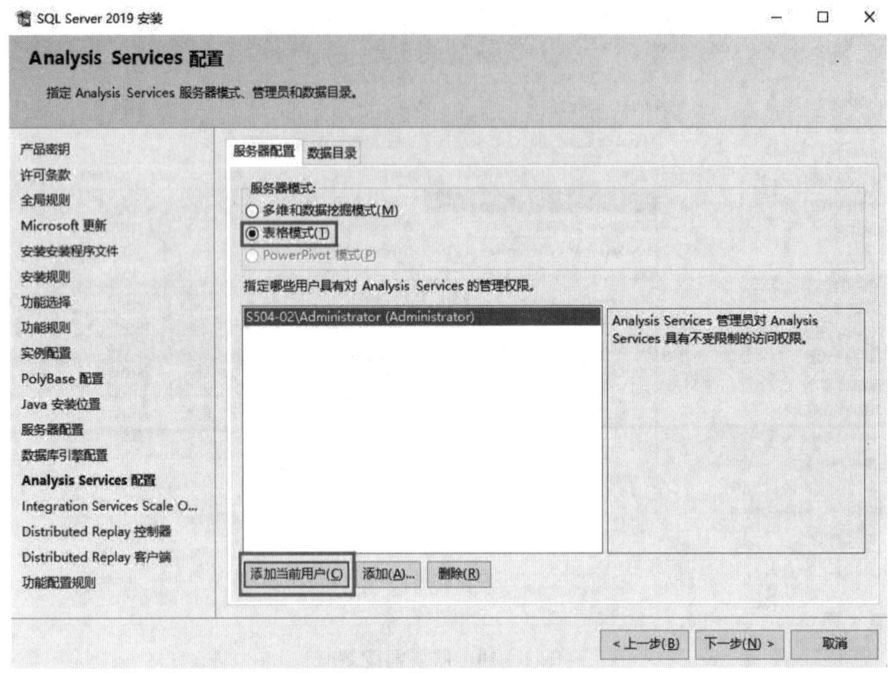

图 1-12　Analysis Services

第 12 步:准备安装,选择“安装”,如图 1-13 所示,单击“下一步”,进入安装进度。

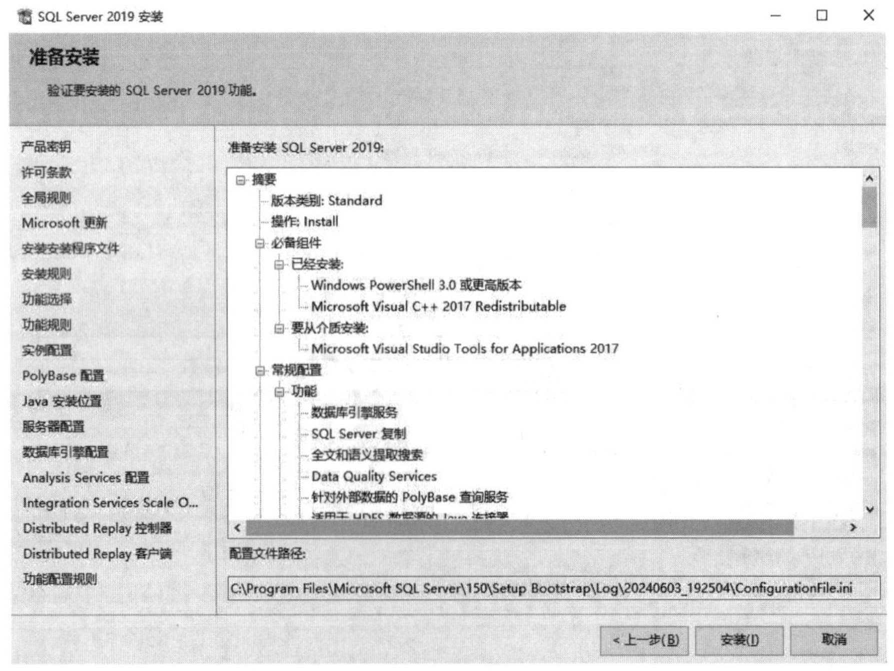

图 1-13　准备安装

第 13 步：安装完成，单击“关闭”，退出安装程序，关闭 SQL Server 安装中心，如图 1－14 所示。

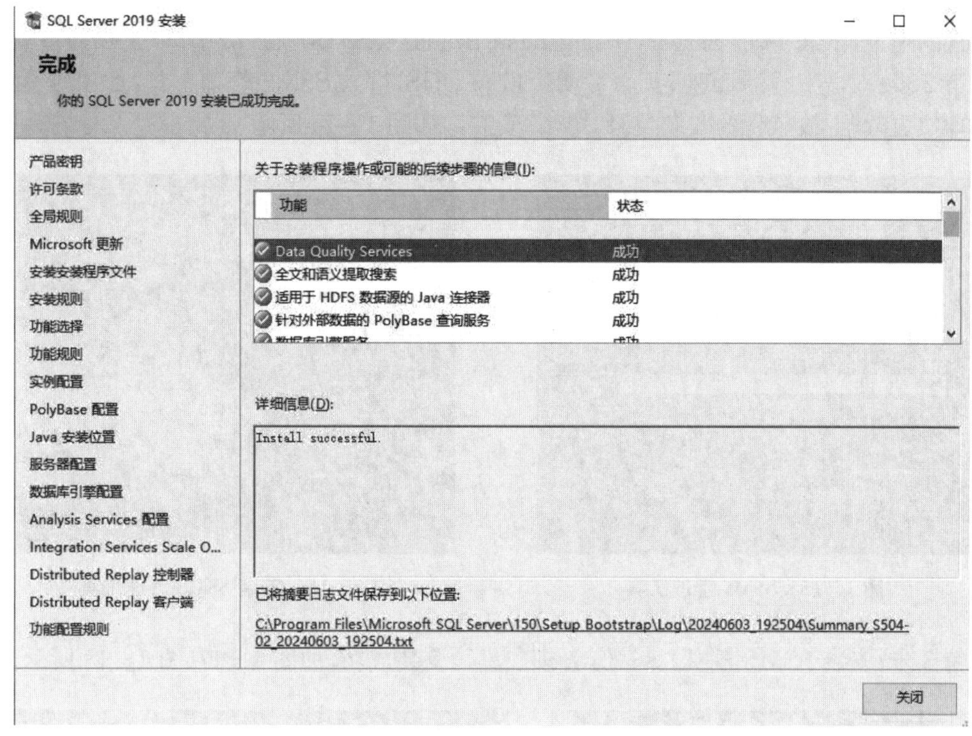

图 1－14　SQL Server 2019 安装成功

任务 1－2　安装 SQL Server Management Studio (SSMS)

1.2.1　任务情境

【微课】
安装 SSMS

汤小米在成功部署了 SQL Server 数据库系统之后，为了更有效地管理和维护数据库，需要一个强大的图形化界面工具来执行日常的数据库操作，如查询、更新、备份、恢复等。SQL Server Management Studio（SSMS）正是这样一款专为 SQL Server 设计的集成环境，它提供了丰富的图形化工具，使得数据库的管理变得直观而高效。

想象一下，汤小米同学刚刚完成了 SQL Server 的安装配置，满心欢喜地想要开始探索这个强大的数据库系统。然而，面对命令行操作，她感到有些力不从心，毕竟图形化界面对于初学者来说更加友好和直观。因此，小米决定安装 SQL Server Management Studio，以便能够更加轻松地管理数据库。

1.2.2　任务实现

第 1 步:下载 SQL Server Management Studio。

官网地址:下载 SQL Server Management Studio (SSMS) 20.1。

第 2 步:双击下载的管理工具:SSMS-Setup-CHS,进入 SSMS 管理工具,如图 1-15 所示,单击“更改”更改软件的安装目录,单击“安装”,如图 1-16 所示。

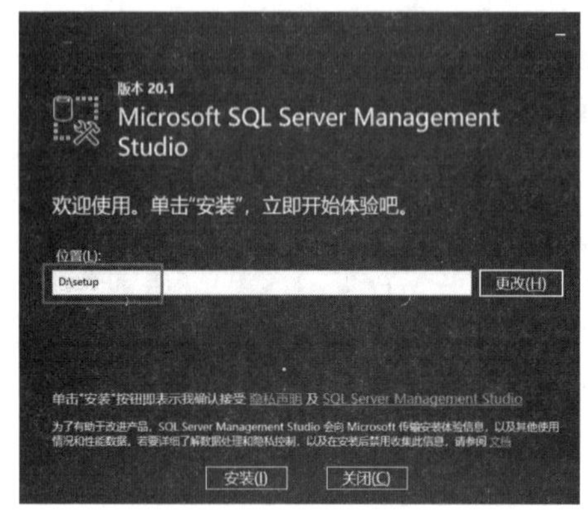

图 1-15　SSMS 管理工具

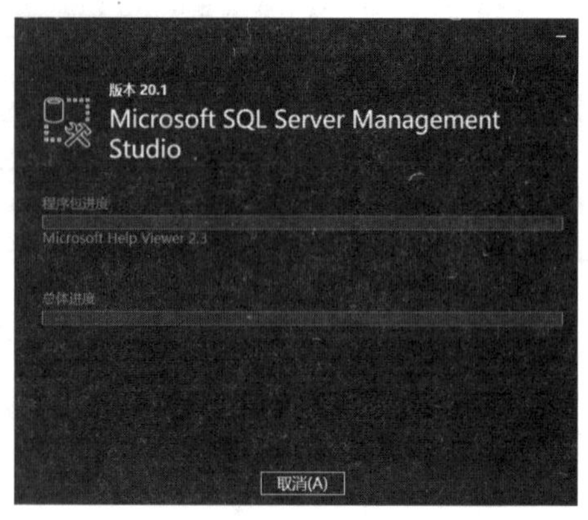

图 1-16　安装 SSMS 管理工具

第 3 步:安装 SSMS:进入“SSMS 管理工具”,安装成功,如图 1-17、图 1-18 所示。

图 1-17　SSMS 管理工具安装成功

图 1-18　SSMS 工具

第 4 步:启动 SSMS(可以选择 Windows 身份验证或 SQL Server 身份验证,Windows 身份验证不需要输入账户和密码,直接连接就可以了;SQL Server 身份验证需要输入用户名 sa 和在安装时设置的密码),如图 1-19、图 1-20 所示。

图 1－19　连接到 SQL Server 服务器

图 1－20　SQL Server 2019 对象资源管理器

特别提示:安装 SQL Server 2019 的硬件和软件要求

(1) 硬件环境

① 处理器:虽然没有具体型号要求,但建议使用性能适中的处理器,如 Intel Core i5—5250 CPU 或以上级别,以确保数据库的高效运行。

② 内存:建议至少 8G 内存,以支持大型数据库和并发操作。

③ 硬盘空间:大约需要 10G 的硬盘空间来安装 SQL Server 2019。考虑到数据库的增长和备份需求,建议分配更多的硬盘空间。

④ 其他:虽然参考文章中没有明确提及,但为了确保数据库的稳定运行,建议使用可靠的存储设备,如 SSD,以及适当的电源和散热系统。

(2) 软件环境

① 操作系统:SQL Server 2019 支持多种操作系统。

② NET Framework:确保已安装. NET Framework 4. x 版本。一些操作系统可能已预装该框架,但如果没有,可以通过 Microsoft 官方网站或其他可靠来源进行安装。

③ 其他软件:在安装之前,关闭防火墙(在安装完成后再重新启用),以避免在安装检查规则时出现问题。此外,虽然参考文章中没有明确提及,但可能需要安装其他必要的软件或驱动程序,如数据库驱动程序、ODBC 驱动程序等。

(3) 安装注意事项

① 纯净的操作系统:生产环境中最好在纯净的操作系统上安装 SQL Server 2019,以避免与其他应用程序发生冲突。

② 安装路径:建议将 SQL Server 2019 安装在 C 盘以外的其他磁盘上,以避免占用系统盘空间并提高性能。

③ 备份数据:在安装之前,务必备份重要数据以防止数据丢失。

④ 官方下载:从 Microsoft 官方网站下载 SQL Server 2019 的安装程序,以确保下载的软件是最新版本且没有恶意软件。

1.2.3 相关知识

SQL Server 2019 是一款强大的关系型数据库管理系统(RDBMS),其功能包括先进的内存在线事务处理(OLTP)引擎、云整合、高可用性、企业级的数据管理和商业智能工具等。

SQL Server 2019 作为 Microsoft 公司推出的一款关系型数据库管理系统,在数据库领域具有重要地位。它不仅为用户提供了高效、安全和可靠的数据存储解决方案,还通过其丰富的功能集帮助企业实现数据管理的现代化。以下将具体介绍 SQL Server 2019 的特性和功能。

(1) 内存在线事务处理(OLTP)引擎的改进

① 内存最优化表:SQL Server 2019 引入了增强的内存技术,如内存 OLTP 引擎,它允许将表声明为内存最优化,这样 SQL Server 就可以在内存中管理这些表和数据。

② 查询优化:一个查询现在可以同时引用内存优化表和常规表,提高了查询执行的效率,这对于数据分析和实时操作是非常有益的。

(2) 云整合特性

① 混合云平台:SQL Server 2019 被定位为一个混合云平台,这使得 SQL Server 数据库更容易与 Windows Azure 整合,提供了更灵活的数据备份和恢复选项。

② Always On 可用性组:新增的功能允许将 Azure 虚拟机作为 Always On 可用性组的一个副本,这提高了数据库的高可用性和灾难恢复能力。

(3) 数据安全性与合规性

数据保护:SQL Server 2019 提供了内置的数据分类、数据保护以及监控和警报功能,帮助企业实现数据安全性和合规性目标。这些功能确保了数据的安全,降低了潜在的风险。

(4) 性能与可扩展性

先进的性能:SQL Server 2019 通过其先进的内存管理功能和高级压缩算法,提供了业界领先的性能和可扩展性。这些性能提升确保了即使在高负载情况下,数据库也能保持快速和稳定的响应时间。

(5) 商业智能(BI)集成

集成 BI 工具:SQL Server 2019 包括 SQL Server Reporting Services 和 Power BI 报表服务器,这些工具使用户能够从数据中挖掘深层次的洞察,并在任何设备上访问丰富的交互式报表。

(6) 高可用性和灾难恢复

任务关键型应用程序支持:SQL Server 2019 的设计注重高可用性和业务连续性,确保任务关键型应用程序、数据仓库和数据湖能够实现高可用性,无论数据存储在何处。

在探讨了 SQL Server 2019 的核心功能后,还需关注一些相关的维护和优化方面的内容,以及如何使用这些功能来提升企业的 IT 和业务效果。例如,数据库管理员(DBA)需要定期进行索引维护、统计信息更新以及查询优化,以确保数据库应用的性能最优化。另外,使用 SQL Server 2019 的内存 OLTP 引擎和列存储索引可以显著提升数据处理速度和效率。

总之，SQL Server 2019 以其先进的 OLTP 引擎、云整合能力、强化的安全特性、卓越的性能和商业智能集成，为企业提供了一个强大而灵活的数据平台。这些特性不仅提高了数据的处理速度和可用性，还增强了对数据的分析和管理能力。对于希望构建高性能、安全可靠且易于管理的数据系统的组织来说，SQL Server 2019 是一个值得考虑的优秀选择。

任务 1－3　Navicat 数据库图形化工具安装

1.3.1　任务情境

【微课】
安装 Navicat

在使用 SQL Server 2019 主讲数据库原理与应用的过程中，提供 Navicat 环境的主要目的是为了增强学生的实践能力和灵活性。Navicat 作为一款跨平台、多数据库支持的数据库管理工具，能够让学生在熟悉 SQL Server 的同时，也接触到其他数据库系统的操作界面和特性，拓宽其技术视野。此外，Navicat 的图形化界面和丰富的功能能够帮助学生更直观地理解数据库原理，简化复杂的数据库操作过程，从而提升学习效率和兴趣。

1.3.2　任务实现

第 1 步：下载 Navicat Premium，访问 Navicat 的官方网站或相关下载页面。根据自己 PC 端的操作系统（Windows、macOS 或 Linux）选择合适的版本进行下载。注意检查是否有可用的更新或试用版。

第 2 步：安装 Navicat Premium，双击下载的安装包 Navicat_16.0.6.0_64bit_Setup.exe，启动安装程序，如图 1－21 所示。

第 3 步：选择安装路径，如图 1－22 所示。

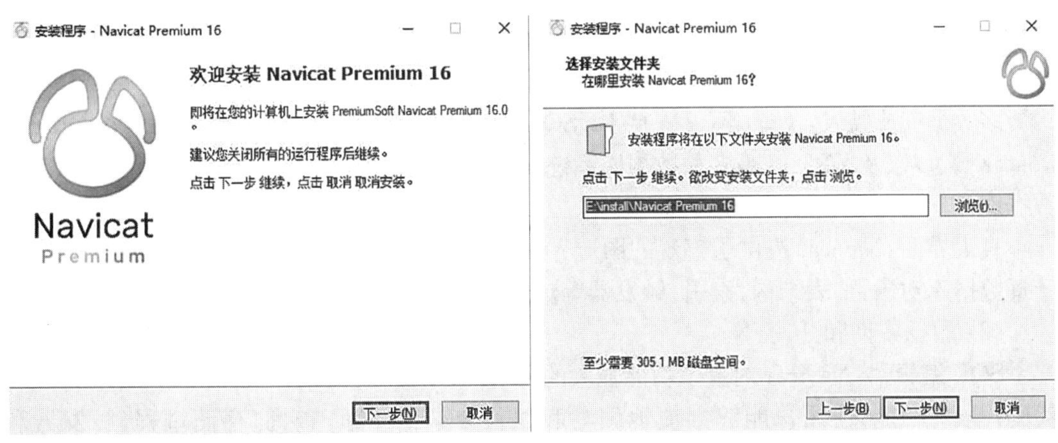

图 1－21　双击应用程序安装　　**图 1－22　选择安装路径**

第 4 步：进入安装向导，根据向导安装即可，直至安装成功，如图 1－23 所示，启动 Navicat Premium 16 应用程序，进入 Navicat 图形化管理工具界面，如图 1－24 所示。

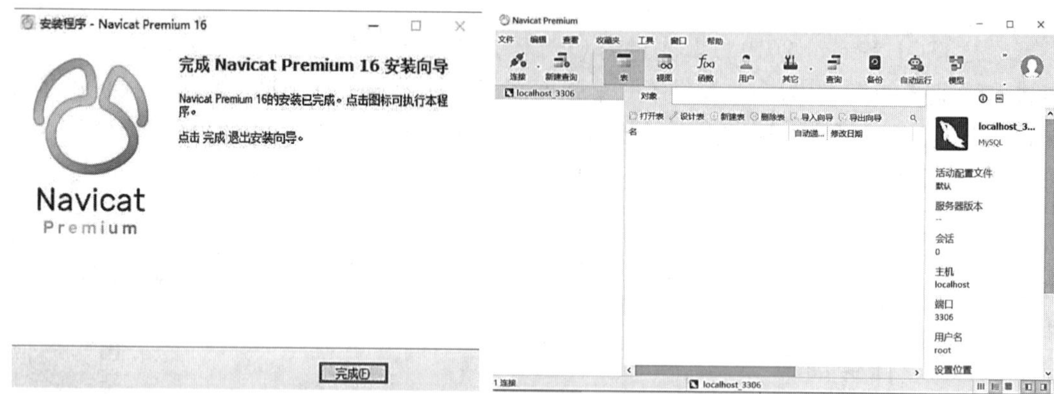

图 1-23　安装成功　　　　图 1-24　Navicat 运行界面

特别提示：注册码相关问题

官方途径：购买正版 Navicat Premium 产品时，通常会随附一个合法的注册码。这是获取注册码的最安全、最合法的方式。

非官方途径的风险：避免从非官方渠道(如第三方网站、注册机或破解软件)获取注册码。这些注册码可能无效、过时或包含恶意软件，使用时可能面临法律风险或软件损坏的风险。

合法性：强调使用正版软件的重要性。购买正版软件不仅是对软件开发者劳动成果的尊重，也是保护自己免受法律风险和数据损失的必要措施。

1.3.3　相关知识

图形化管理工具 Navicat 的功能十分丰富，它以其直观的用户界面和强大的管理功能，简化了数据库的管理过程。以下是 Navicat 的主要功能简介。

(1) 数据库连接和管理

多数据库支持：Navicat 不仅支持 MySQL，还广泛支持 MariaDB、SQL Server、Oracle、PostgreSQL 以及 SQLite 等多种数据库系统，使用户能够在同一个工具中管理不同类型的数据库。

直观界面：Navicat 提供了直观的图形界面，用户可以轻松地连接到 MySQL 数据库，并管理数据库对象，如表结构、索引、触发器等。

(2) 数据查询和开发

SQL 编辑器：Navicat 内置了功能强大的 SQL 编辑器，支持语法高亮显示、自动完成和代码片段等功能，使用户能够方便地编写和执行复杂的 SQL 查询、存储过程、触发器和函数。

查询构建器：除了 SQL 编辑器外，Navicat 还提供了查询构建器，通过图形界面帮助用户构建查询，无需编写 SQL 代码。

(3) 数据导入和导出

灵活的数据导入：Navicat 支持从多种数据源导入数据到 MySQL 数据库中，如 CSV、Excel、SQL 脚本等，用户可以根据需要选择特定的数据表、字段和条件进行导入。

数据导出：Navicat 也支持将 MySQL 数据库中的数据导出为多种格式，方便用户在不同系统间迁移数据或进行数据备份。

(4) 数据同步和备份

数据同步：Navicat 允许用户在不同的数据库之间进行数据同步，保持数据的一致性。用户可以自定义同步的规则和方式，确保数据的准确性和完整性。

数据备份和恢复：Navicat 提供了数据库备份和恢复功能，用户可以创建定期的数据库备份，并在需要时恢复数据。这有助于保护数据免受意外删除、损坏或灾难性事件的影响。

(5) 数据库建模和设计

数据建模工具：Navicat 提供了强大的数据建模工具，帮助用户设计和维护数据库结构。用户可以创建概念模型、逻辑模型和物理模型，以更好地理解和管理数据库结构。

逆向工程：Navicat 还支持逆向工程，可以从现有的 MySQL 数据库生成数据库模型，方便用户查看和管理数据库结构。

(6) 其他高级功能

① 自动化任务和脚本：Navicat 支持创建批处理文件、命令行程序和脚本以自动执行数据库操作，如数据库备份、数据同步等。脚本功能支持多种脚本语言，如 Python、Ruby、Java 和 JavaScript 等。

② 数据库报表和可视化：Navicat 提供了强大的报表生成功能，用户可以创建定制化的报表和图表，帮助更好地理解和分析数据。

③ 安全管理：Navicat 提供了安全管理功能，允许用户创建和管理用户账户、权限和角色，设置细粒度的权限控制，保护数据库的安全性。

综上所述，Navicat 作为一款功能强大的图形化管理工具，不仅提供了丰富的数据库管理功能，还通过其直观的用户界面和强大的管理功能，简化了数据库的管理过程，提高了工作效率。无论是数据库管理员、开发人员还是数据分析师，Navicat 都能成为他们处理数据库任务的得力助手。

1.3.4 Navicat 图形化管理工具与数据库服务器的连接

【实例 1-1】 Navicat 与 SQL Server 2019 的连接。

第 1 步：查看自己的电脑中是否正确安装了 SQL Server 2019，如果没有，则依据任务 1-1 和任务 1-2 来完成。

第 2 步：Navicat Premium 16 也已经成功安装。

第 3 步：启动 Navicat 16，在文件中依次展开。“新建连接”右键快捷菜单，选择“SQL Server”，相关的操作如图 1-25 所示。

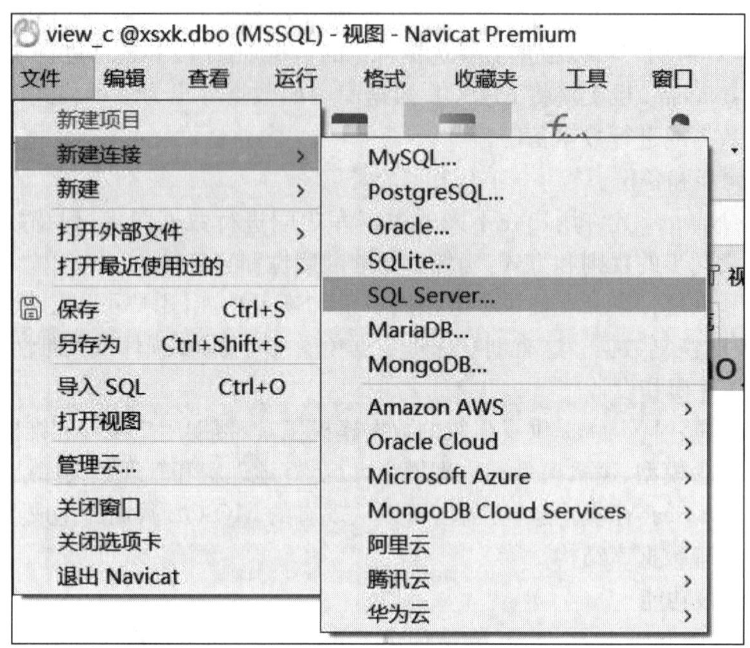

图 1 - 25 在 Navicat 中新建 SQL Server 连接

第 4 步:在弹出的“新建连接(SQL Server)”的对话框中,如图 1 - 26 所示,输入连接名(可自定义),选择初始数据库(可自选),选择“SQL Server 验证”,并输入登录 SQL Server 数据库服务器的登录账户和密码。“测试连接”通过,“确定”即可,Navicat 连接 SQL Server 数据库成功,如图 1 - 27 所示。

图 1 - 26 设置连接 SQL Server 属性

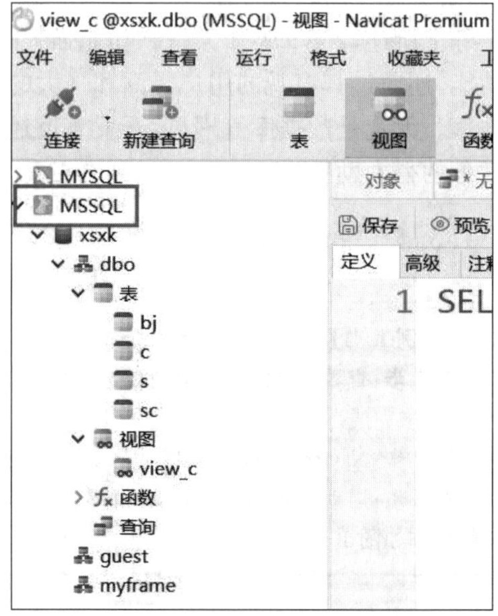

图1 - 27 Navicat 成功连接 SQL Server 数据库

【实例 1-2】 Navicat 与 MySQL 的连接。

第 1 步: 查看自己的电脑中是否正确安装了 MySQL,如果没有,可以下载安装一个小皮面板 phpStudy(免费)。小皮面板(phpStudy)是一款集成化开发环境工具,它简化了 LAMP/LNMP 等服务器环境的搭建与管理过程,支持一键部署和高效运维网站项目。安装成功后的小皮面板,启动 MySQL 服务器,如图 1-28 所示。

第 2 步: 启动 Navicat 16,在文件中依次展开。"新建连接"右键快捷菜单,选择"MySQL",在弹出的"新建连接(MySQL)"的对话框中,如图 1-29 所示,输入连接名(可自定义),选择初始数据库(可自选),选择"MySQL 验证",并输入登录 MySQL 数据库服务器的登录账户 root 和密码 root。"测试连接"通过,"确定"即可,Navicat 连接 MySQL 数据库成功。

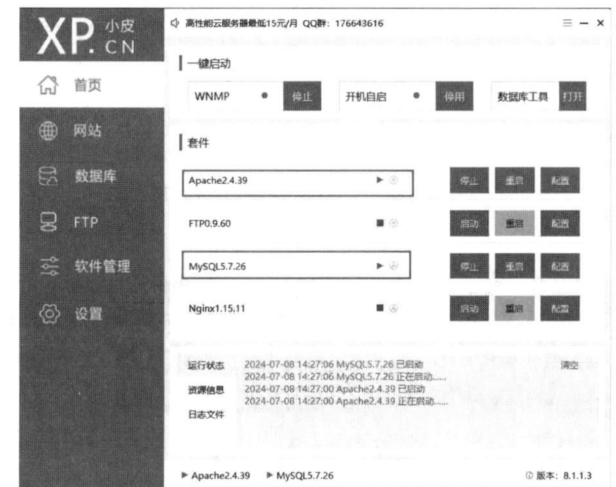

图 1-28 在小皮面板上启动 MySQL 服务器

图 1-29 Navicat 连接 MySQL 数据库

任务 1-4 概念数据模型设计工具安装

1.4.1 任务情境

【微课】安装亿图图示专家

大部分数据库设计产品使用实体-联系模型(E-R 模型)帮助用户进行数据库设计。E-R 数据库设计工具提供了一个"方框与箭头"的绘图工具,帮助用户建立 E-R 图来描绘数据。下面我们就一起和小米同学来了解一下。

1.4.2 任务实现

子任务 1 PowerDesigner 软件安装

第 1 步: 在浏览器中搜索 PowerDesigner 16.5(也可选择最新版),进入网站下载保存,解压 PowerDesigner 安装文件,并双击 PowerDesigner. exe;欢迎来到 PowerDesigner 安装界面,单击" Next",一定要选择"Trial",再单击"Next",不要选择其他,这一步如果选择错,后面破解是不行的;接下来同意安装许可协议,选择安装路径,选择配置文件,安装配置文件,最后单击“Finish”按钮即可完成 PowerDesigner 应用程序安装。安装步骤如图 1-30 至图 1-35 所示。

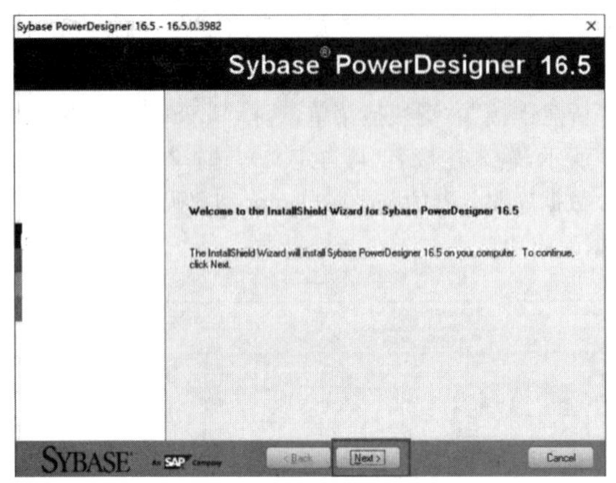

图 1-30 PowerDesigner 安装界面

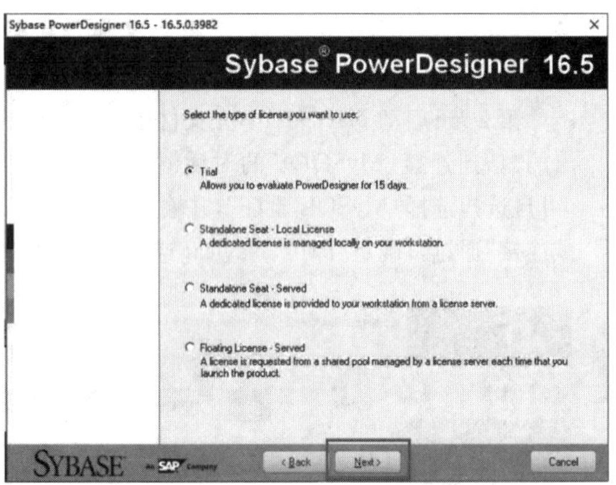

图 1-31 选择安装许可类型

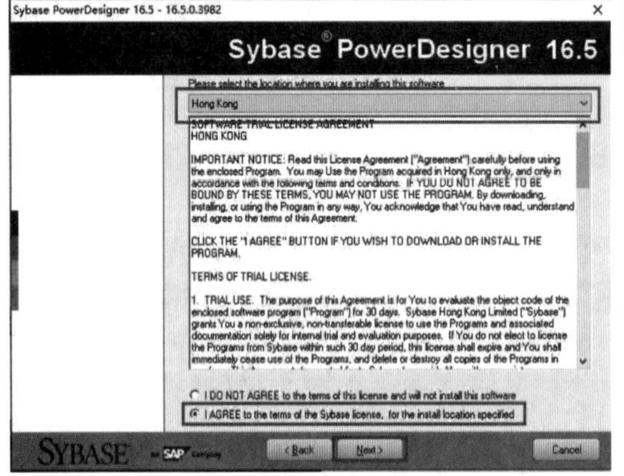

图 1-32 同意安装许可协议

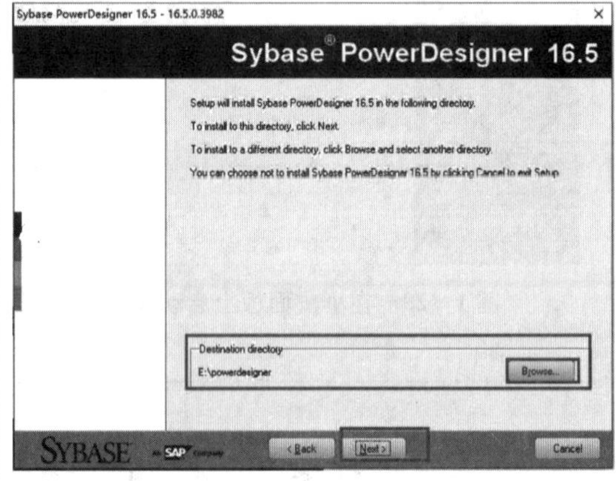

图 1-33 选择安装路径

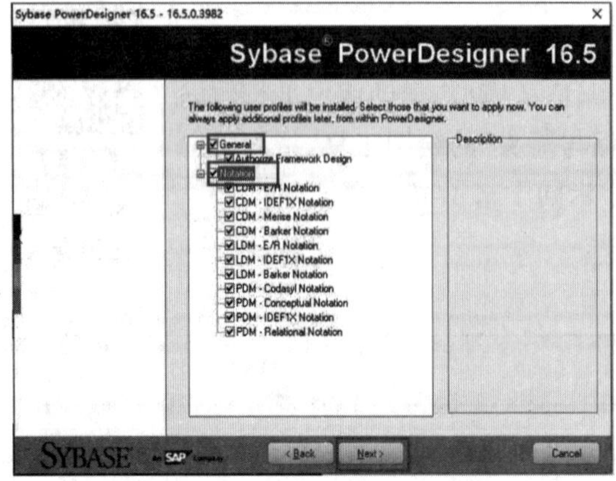

图 1-34 选择安装配置文件

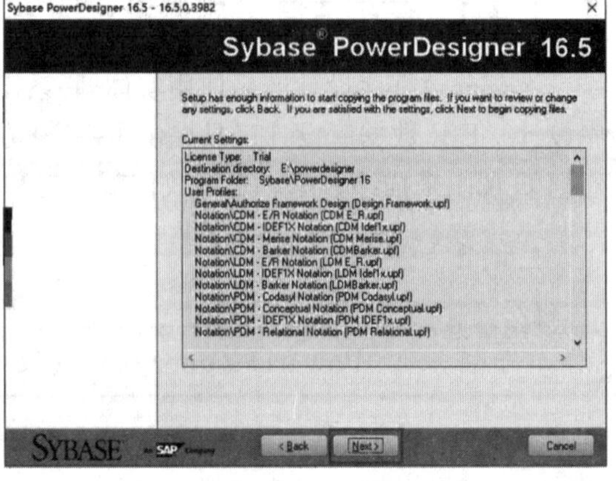

图 1-35 安装已选配置文件

第 2 步：在浏览器中搜索 PowerDesigner 16.5 的破解文件 pdflm16.dll，进入网站下载保存。将 PowerDesigner 破解文件解压，然后看到一个“pdflm16.dll”文件；将“pdflm16.dll”复制并覆盖到软件安装的目录中。

第 3 步：在浏览器中搜索 PowerDesigner 16.5 的汉化文件 PowerDesigner，进入网站下载保存。将 PowerDesigner 汉化文件解压，然后看到很多文件；Ctrl+A(全选)所有文件，复制并覆盖到软件安装的目录中；如果单击 PdShell16.exe 不能正常启动，请单击 pdlegacyshell16.exe 启动，运行效果如图 1-36 所示。

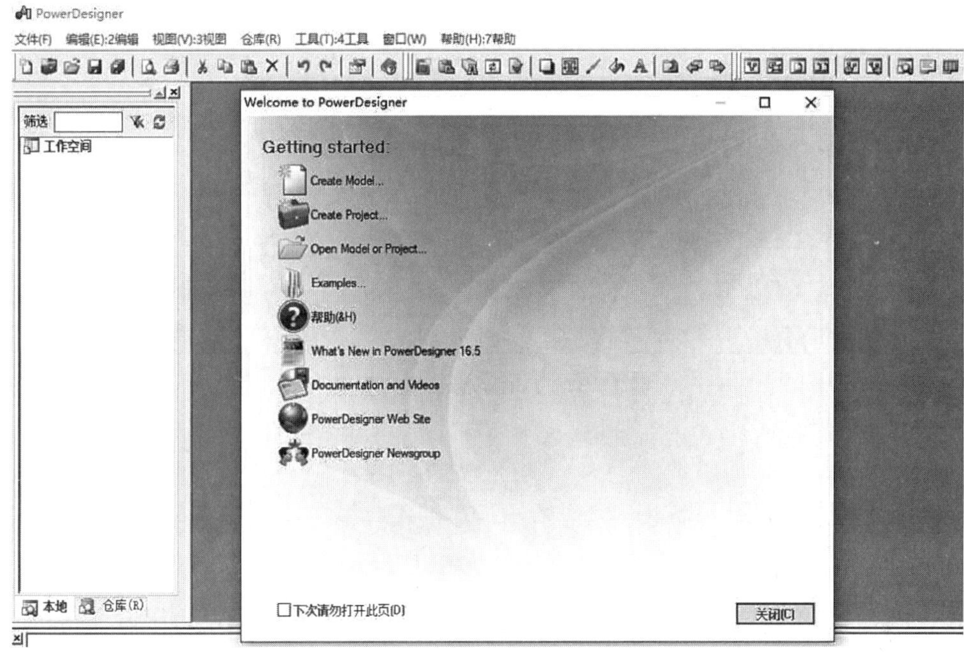

图 1-36　汉化后 PowerDesigner 运行界面

子任务 2　亿图图示专家软件安装

第 1 步：在浏览器中搜索“亿图图示专家”(Edraw Max)，进入网站下载保存(仅教学演示和学习实践，也可以下载绿色版直接进行安装)。

第 2 步：解压后获得安装包，双击 edrawmax-cn 应用软件安装，同意安装后，选择安装路径。(以 edrawmax-cn-9.2 版本为例)继续单击“下一步”，即可完成软件安装。

第 3 步：将补丁文件(5 个 dll 补丁)复制到安装目录。

第 4 步：继续运行注册机，单击“Generate”，生成产品密钥和激活码信息，运行软件，将注册机生成的用户名和产品密钥输入软件，单击“激活”。激活成功后，就可以运行并使用软件了，运行界面如图 1-37 所示。

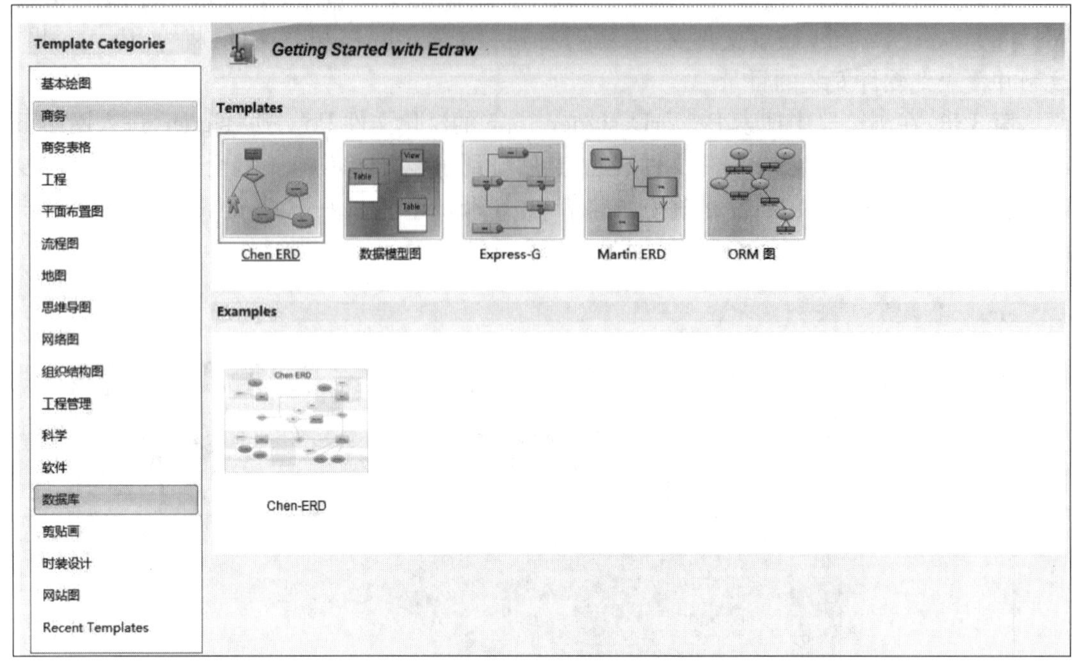

图 1-37　Edraw Max 运行界面

1.4.3　相关知识

1.4.3.1　PowerDesigner 软件

PowerDesigner 是一款功能非常强大的建模工具软件，足以与 Rose 比肩，同样是当今最著名的建模软件之一。Rose 是专攻 UML 对象模型的建模工具，之后才向数据库建模发展，而 PowerDesigner 则与其正好相反，它是以数据库建模起家，后来才发展为一款综合全面的 Case 工具。

PowerDesigner 主要分为以下 7 种建模文件。

(1) 概念数据模型 (CDM)：对数据和信息进行建模，使用实体-关系图(E-R 图)的形式组织数据，检验数据设计的有效性和合理性。

(2) 逻辑数据模型 (LDM)：逻辑模型是概念模型的延伸，表示概念之间的逻辑次序，是一个属于方法层次的模型。具体来说，逻辑模型中一方面显示了实体、实体的属性和实体之间的关系，另一方面又将继承、实体关系中的引用等在实体的属性中进行展示。逻辑模型介于概念模型和物理模型之间，具有物理模型方面的特性，在概念模型中的多对多关系，在逻辑模型中将会以增加中间实体的一对多关系的方式来实现。

逻辑模型主要是使得整个概念模型更易于理解，同时又不依赖于具体的数据库实现，使用逻辑模型可以生成针对具体数据库管理系统的物理模型。逻辑模型并不是在整个步骤中必需的，可以直接通过概念模型来生成物理模型。(PowerDesigner 15 新增的模型。)

(3) 物理数据模型 (PDM)：基于特定 DBMS，在概念数据模型、逻辑数据模型的基础上进行设计。由物理数据模型生成数据库，或对数据库进行逆向工程得到物理数据模型。

(4) 面向对象模型(OOM):包含UML常见的所有的图形:类图、对象图、包图、用例图、时序图、协作图、交互图、活动图、状态图、组件图、复合结构图、部署图(配置图)。OOM本质上是软件系统的一个静态的概念模型。

(5) 业务程序模型(BPM):描述业务的各种不同内在任务和内在流程,以及客户如何以这些任务和流程互相影响。BPM是从业务合伙人的观点来看业务逻辑和规则的概念模型,使用一个图表描述程序、流程、信息和合作协议之间的交互作用。

(6) 信息流模型(ILM):是一个高层的信息流模型,主要用于分布式数据库之间的数据复制。

(7) 企业架构模型(EAM):从业务层、应用层以及技术层对企业的体系架构进行全方面的描述。包括组织结构图、业务通信图、进程图、城市规划图、应用架构图、面向服务图、技术基础框架图。

1.4.3.2 亿图图示专家(Edraw Max)

亿图图示(Edraw Max)是非常实用的工具,由Edraw官方出品的一款综合图形图表设计软件,解决跨平台,多领域,全终端的图形设计,图文混排和工程制图等需求。亿图图示是一款简单易用的快速制图软件,适合任何人绘制任何类型的图表。作为一款新颖小巧,功能强大的矢量绘制软件,包含大量的事例库和模板库。通过它可以很方便地绘制各种专业的业务流程图、组织结构图、商业图表、程序流程图、数据流程图、工程管理图、软件设计图、网络拓扑图、商业图表、方向图、UML、线框图、信息图、思维导图、建筑设计图等。它有以下主要的功能特色。

(1) 最简单,最直接的作图方式:拖拽式操作,不需要学习和培训就能快速上手。任何人都能绘制出专业的图表。

(2) 轻松创建各类图形图表:使用现成的符号和模板创建流程图、组织结构图、网络图、工程电路图、思维导图、房屋平面图、信息图等。多种多样的模板和强大的图库,可以提高工作效率,短时间就可以创建出各种高级图表。

(3) 支持导出其他文件格式:亿图兼容很多文件格式,可以一键导出PDF, Word, PPT, Excel, 图片, HTML, Visio等文件格式,方便与他人进行分享。导出的文件仍然保留矢量格式。例如,将绘制好的图保存成PPT文件后,打开PPT文件,里面的文本和图形还可以在PPT文档里继续进行编辑。

(4) 云端存储,协同作图:将文件储存至云端,方便安全。通过"团队云"多人协作绘图,避免文件传来传去,让办公更加方便和高效。

(5) 通过浏览器直接打开和分享文件:亿图在线查看器(Viewer)可以随时随地打开亿图文件,不需要下载和安装。不论在哪,只要有浏览器和网络就能查看作品,并一键分享到微信微博等社交媒体。

(6) 免费模板:通过从数以千计的专业设计模板中进行选择,获得灵感并快速开始设计。

(7) 强大的文件兼容性:允许以各种熟悉的文件格式导出和共享绘图,如PDF,Word,PPT,JPEG,Html等。

(8) 广泛的符号:从50 000多个矢量内置图形中查找适合任何用途的符号、图标和形状。根据需要轻松地进一步编辑符号。

(9) 快速直观的编辑:智能和动态工具包可供灵活选择并快速定制每个细节，有助于提高工作效率。

1.4.3.3 Diagram Designer 软件

Diagram Designer 设计器是一个简单的矢量图形流程图、图表和幻灯片编辑器。它提供可定制的对象模板(addtl. 模板可下载),用大量的数学表达式绘制简单图形,支持多页、多层次图表,导入其他图形格式和更多的支持。Diagram Designer 允许创建一个图表样式,包括流程图、网络地图、应用程序接口、电子电路和更广泛的图形。

Diagram Designer 这个矢量图像编辑筹建流程图、图表和滑动展览。包括一个可定制的样板及调色板,简单的图绘图仪。支持使用压缩的文件格式。Diagram Designer 的特色如下。

(1) 制作便捷:可以轻松方便地进行流畅图的制作和编辑。

(2) 功能全面:提供全面又完善的图样制作功能给用户。

(3) 界面清爽:十分简单人性化的界面设计,使用更轻松。

下载 Diagram Designer 软件,安装并运行,效果如图 1-38 所示。

图 1-38 Diagram Designer 软件运行界面

1.4.3.4 其他的绘制 E-R 图软件

还可以通过 Word 软件、流程图绘制软件 Visio、可视化建模工具 Rational Rose 等工具绘制 E-R 图。

(1) 选择安装 Office 办公软件中的 Word、Visio 等基本套件,完成后即可进行 E-R 图的绘制。如图 1-39 和图 1-40 所示。

(2) Rational Rose 是 Rational 公司出品的一种面向对象的统一建模语言的可视化建模工具。用于可视化建模和公司级水平软件应用的组件构造。Rational Rose 包括了统一建模语言(UML),OOSE,以及 OMT。其中统一建模语言(UML)由 Rational 公司 3 位世界级面向对象技术专家 Grady Booch、Ivar Jacobson 和 Jim Rumbaugh 通过对早期面向对象研究和设计方法的进一步扩展而得来的,它为可视化建模软件奠定了坚实的理论基础。同时这样的渊源也使 Rational Rose 力挫当前市场上很多基于 UML 可视化建模的工具。

Rational Rose 是一个完全的、具有能满足所有建模环境(Web 开发,数据建模,Visual Studio 和 C++)灵活性需求的一套解决方案。Rational Rose 允许开发人员、项目经理、系统工程师和分析人员在软件开发周期内在将需求和系统的体系架构转换成代码,消除浪费的消耗,对需求和系统的体系架构进行可视化、理解和精炼。通过在软件开发周期内使用同

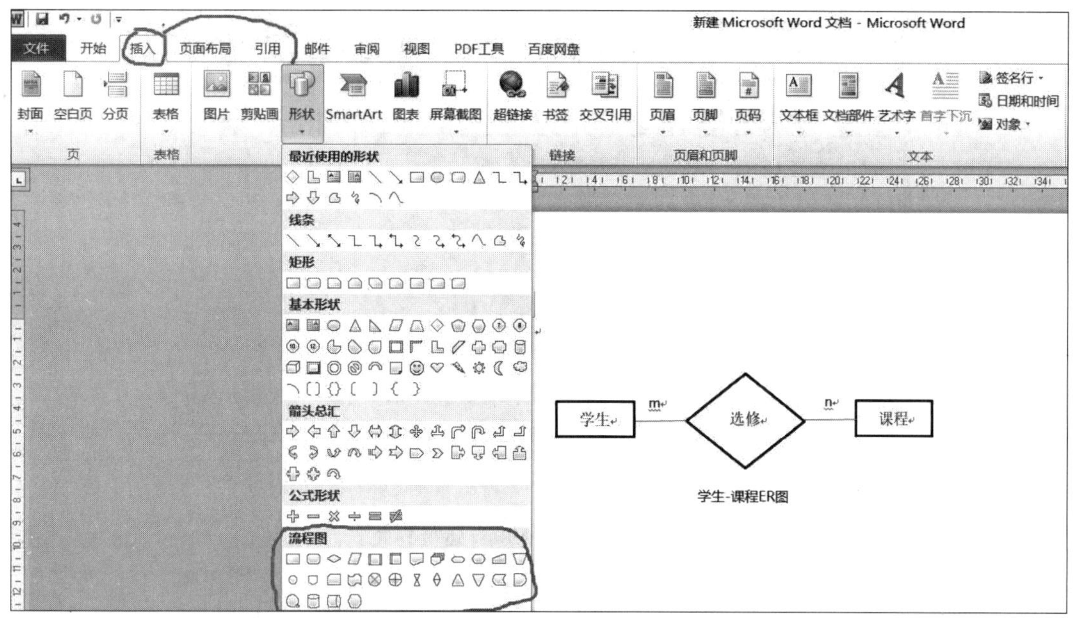

图 1－39　Word 软件运行绘制 E-R 图界面

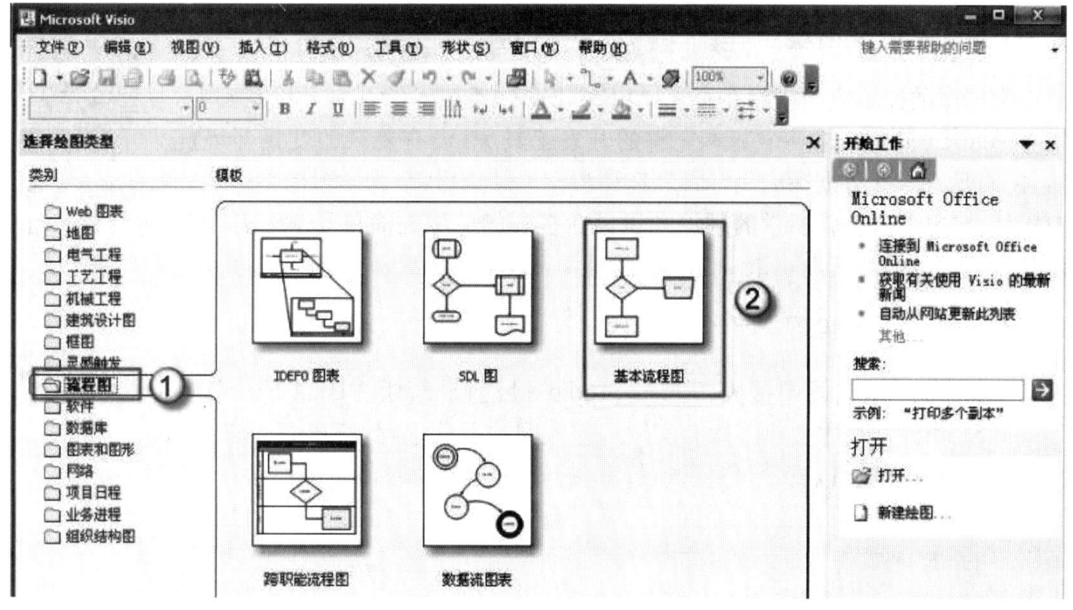

图 1－40　Visio 软件运行界面

一种建模工具可以确保更快更好的创建满足客户需求的可扩展的、灵活的并且可靠的应用系统。

使用时，先下载 Rational Rose 软件包（g3ub）和其他相关文件(txnv)，安装包的格式为 bin(一些虚拟光驱软件无法识别 bin 文件，可以先把文件后缀名改为 cue)，要通过这种文件安装软件需要安装虚拟光驱，推荐 DAEMON Tools Lite[官网 、盘(1w8q)]。安装步骤很简单，直接单击“安装”就可以了，工作界面如图 1－41 所示。

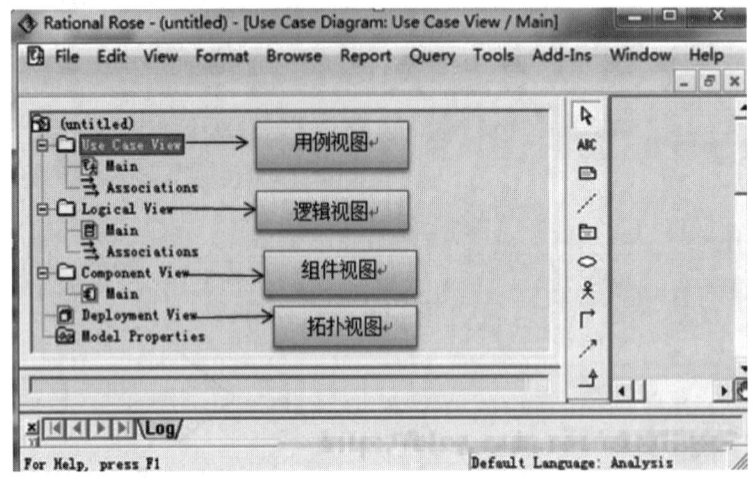

图 1-41　Rational Rose 运行界面

任务 1-5　搭建基于 Windows 平台的数据库应用系统开发环境

1.5.1　任务情境

【微课】
数据库应用
系统环境部署

数据库的简单应用搭建在基于 ASP. NET 框架技术的开发环境基础上，而 Visual Studio 又是一个基本完整的开发工具集，没有复杂的变量环境配置，能满足基本的数据库应用，所以，在课程学习结束后，会为学习提供一个完整的综合应用环境，将所学的理论知识灵活多样的应用在简单易学习开发环境里。下面我们就帮助小米一起来安装这个开发环境。

1.5.2　任务实现

第 1 步：在浏览器中搜索 Visual Studio（目前最新版 Visual Studio 2019，本教材以 Visual Studio 2012 中文旗舰版为实例），进入网站下载保存，解压 Visual Studio 2012 中文旗舰版并鼠标右键“以管理员身份运行”运行安装文件，如图 1-42 所示。

图 1-42　以管理员的身份运行安装

第 2 步:同意许可条款和条件,选择要安装的可选功能。

第 3 步:安装完成后输入产品密钥,激活软件后并运行。界面如图 1－43 所示。

图 1－43　软件激活并运行

1.5.3　相关知识

(1) Microsoft Visual Studio 概述

Microsoft Visual Studio(简称 VS)是美国微软公司的开发工具包系列产品。VS 是一个基本完整的开发工具集,它包括了整个软件生命周期中所需要的大部分工具,如 UML 工具、代码管控工具、集成开发环境(IDE)等。所写的目标代码适用于微软支持的所有平台,包括 Microsoft Windows、Windows Mobile、Windows CE、.NET Framework、.NET Compact Framework 和 Microsoft Silverlight 及 Windows Phone。Visual Studio 是目前最流行的 Windows 平台应用程序的集成开发环境。

(2) ASP.NET 概述

ASP 的全称为 Active Server Pages(中文译名为活动服务器页面),是 Microsoft 公司推出的用于 Web 应用开发的一种编程技术。

但 ASP. NET 不仅是 Active Server Page (ASP) 的下一版本,更是统一的 Web 开发平台,用来提供开发人员生成企业级 Web 应用程序所需的服务。ASP. NET 的语法在很大程度上与 ASP 兼容,同时它还提供一种新的编程模型和结构,用于生成更安全、可伸缩和稳定的应用程序。可以通过在现有 ASP 应用程序中逐渐添加 ASP. NET 功能,随时增强该 ASP 应用程序的功能。ASP. NET 是一个已编译的、基于 . NET 的环境,可以用任何与.NET兼容的语言(包括 Visual Basic . NET、C# 和 JScript . NET)创作应用程序。另外,任何 ASP. NET 应用程序都可以使用整个.NET框架。开发人员可以方便地获得这些技术的优点,其中包括托管的公共语言运行库环境、类型安全、继承等。ASP.NET 技术的简洁的设计和实施,完全面向对象、具有平台无关性且安全可靠、主要面向互联网的所有特点。此外,强大的可伸缩性和多种开发工具的支持,语言灵活,也让其具有强大的生命力。

ASP.NET 以其良好的结构及扩展性、简易性、可用性、可缩放性、可管理性、高性能的执行效率、强大的工具和平台支持和良好的安全性等特点成为目前最流行的 Web 开发技术之一。而采用 ASP.NET 语言的网络应用开发框架,目前也已得到广泛的应用,其优势主要是为搭建具有可伸缩性、灵活性、易维护性的业务系统提供了良好的机制。

课堂习题

一、选择题

1. SQL Server 2019 的主要发行版本不包括(　　)。

   A. Express　　B. Developer　　C. Enterprise　　D. Home User

2. 在安装 SQL Server 2019 之前,以下(　　)是推荐但不是必需的。

   A. 关闭所有正在运行的程序　　B. 备份系统

   C. 格式化硬盘　　D. 卸载旧版本的 SQL Server

3. SQL Server Management Studio (SSMS) 的主要用途是(　　)。

   A. 图形化界面管理 SQL Server　　B. 编写和测试 Java 程序

   C. 设计和实现用户界面　　D. 数据分析与可视化

4. 以下(　　)工具通常用于 MySQL 数据库的图形化管理。

   A. SQL Server Management Studio　　B. Navicat

   C. Visual Studio Code　　D. Power BI

5. 实体-关系(E-R)模型工具主要用于(　　)。

   A. 数据分析　　B. 数据库设计　　C. 编程开发　　D. 网络安全

6. 在 Windows 平台上搭建数据库应用程序开发环境时,(　　)不是必需的。

   A. 安装数据库管理系统(如 SQL Server)

   B. 安装开发工具(如 Visual Studio)

   C. 安装图形化数据库管理工具

   D. 安装最新的游戏显卡驱动程序

7. SQL Server 数据库是(　　)推出的一款关系型数据库系统。

   A. 瑞典的 MySQL AB 公司　　B. 美国 Microsoft 公司

   C. 甲骨文公司　　D. 美国 IBM 公司

8. 以下(　　)是数据库管理系统软件。

   A. Linux　　B. Excel　　C. SQL Server　　D. PowerDesigner

9. SQL Server 支持两种身份验证模式,即 Windows 身份验证模式和(　　)。

   A. 混合模式　　B. SQL Server 身份验证

   C. 密码验证　　D. 数字验证

10. 数据库管理系统(DBMS)是位于用户与(　　)之间的一层数据管理软件。

    A. 应用软件　　B. 系统软件　　C. 操作系统　　D. 硬件系统

二、判断题

1. SQL Server 2019 可以从 Microsoft 官网免费下载并安装 Developer 版本。(　　)
2. 在安装 SQL Server 2019 之前,必须卸载旧版本的 SQL Server。(　　)
3. SQL Server Management Studio (SSMS) 是 MySQL 的官方图形化管理工具。(　　)
4. E-R 模型工具如 PowerDesigner 可以自动生成 SQL 语句。(　　)
5. 在 Windows 平台上搭建数据库应用程序开发环境时,必须安装 Windows Server 操作系统。(　　)

三、填空题

1. SQL Server 2019 的主要版本包括 Express、Developer 和__________。

2. SQL Server Management Studio (SSMS) 是一个用于＿＿＿＿＿和配置 Microsoft SQL Server 的集成环境。

3. MySQL 的图形化界面工具之一是＿＿＿＿＿。

4. E-R 模型工具通过图形化方式帮助开发者理解和设计数据库的＿＿＿＿＿结构。

5. SQL Server 数据库的超级用户是(　　)。

课堂实践

【1-C-1】熟练掌握在自己的电脑部署 SQL Server 数据库管理系统软件。

【1-C-2】熟练掌握在自己的电脑部署 MySQL 数据库管理系统软件。

【1-C-3】熟练掌握在自己的电脑上安装 E-R 绘图工具和数据建模工具。

【1-C-4】熟练掌握安装数据库应用开发环境 Visual Studio 2012 及以上版本。

扩展实践

【1-B-1】配置身份验证模式。

在 SQL Server 2019 中配置身份验证模式是一个重要的安全设置步骤，它决定了用户如何连接到 SQL Server 数据库。SQL Server 支持两种身份验证模式：Windows 身份验证模式和混合模式(SQL Server 和 Windows 身份验证模式)。

方法 1：在安装过程中配置

在安装 SQL Server 2019 时，会有一个步骤可以选择数据库引擎的身份验证模式。此时，可以选择"Windows 身份验证模式"或"混合模式(SQL Server 和 Windows 身份验证模式)"。如果选择"混合模式"，则需要为内置的 SQL Server 系统管理员账户(sa)设置一个强密码，并确认该密码。

方法 2：安装后通过 SSMS 图形化管理工具配置

(1) 启动 SSMS：使用 Windows 身份验证连接到 SQL Server 实例。

(2) 打开服务器属性：在对象资源管理器中，右键单击服务器名称，选择"属性"，打开"服务器属性"对话框。

(3) 配置身份验证模式：在"安全性"页签中，找到"服务器身份验证"部分。选择"SQL Server 和 Windows 身份验证模式"。单击"确定"以应用更改。

(4) 重启 SQL Server 服务：更改身份验证模式后，需要重启 SQL Server 服务才能使更改生效。

【1-B-2】启用和配置 SQL Server 身份验证。

如果选择了混合模式，并且需要使用 SQL Server 身份验证，需要执行以下步骤。

(1) 启用 sa 账户(如果尚未启用)

在 SSMS 中，展开"安全性"节点。右键单击"登录名"文件夹，选择"新建登录名"。

如果 sa 账户已存在但被禁用，可以通过编辑 sa 账户的属性来启用它。如果 sa 账户不存在，可能需要以其他方式(如 Windows 身份验证)登录，并创建一个新的 SQL Server 登录名。

(2) 设置或更改 sa 账户的密码

在 sa 账户的属性中，找到"密码"部分，设置或更改密码。确保密码符合强密码策略的要求。

(3) 配置连接

确保 SQL Server 的 TCP/IP 协议已启用，并且已配置为允许远程连接(如果需要远程连接)。确保防火墙设置允许 SQL Server 的端口(默认是 1433)通过。

温馨提醒：始终使用强密码来保护 SQL Server 登录名，特别是 sa 账户。尽可能使用 Windows 身份验证,因为它提供了更高的安全性。定期审核和更新数据库的安全设置,以保持对潜在威胁的防御能力。

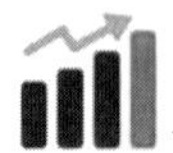

进阶提升

【1-A-1】启动、停止、暂停和重新启动 SQL Server 实例。

在 SQL Server 2019 中,启动、停止、暂停和重新启动 SQL Server 实例是数据库管理员(DBA)或系统管理员的常见任务。这些操作可以通过多种方法完成,包括使用 SQL Server 配置管理器、SQL Server Management Studio(SSMS)、命令行工具(如 CMD 或 PowerShell)等。

(1) 启动 SQL Server 实例

(2) 停止 SQL Server 实例

(3) 暂停和恢复 SQL Server 实例

(4) 重新启动 SQL Server 实例

云享资源

⊙ 教学课件
⊙ 教学教案
⊙ 配套实训
⊙ 参考答案
⊙ 实例脚本

【微信扫码】

项目 2　数据库模型设计与关系规范化

【项目概述】

本项目旨在通过数据库模型设计与关系规范化，使学生掌握从概念模型（如 E-R 图）到关系模型的转换过程，以及关系模型的规范化理论（1NF、2NF、3NF）。通过实践，学生能够设计出高效、可靠、易于维护的数据库系统，满足实际应用中的数据存储、查询和管理需求。

【知识目标】

1. 理解数据库模型设计的基本概念：包括实体、属性、关系等，以及它们在数据库设计中的作用。

2. 掌握 E-R 图的设计方法：能够使用 E-R 图来描述数据库中的实体、属性和关系。

3. 理解关系模型与 E-R 图之间的转换关系：能够将 E-R 图转换为关系模型，以及关系模型的基本结构和特性。

4. 掌握关系规范化的基本理论：包括第一范式（1NF）、第二范式（2NF）、第三范式（3NF）的定义、作用和实现方法。

【能力目标】

1. 能独立完成数据库模型的设计，根据实际需求，设计出合理的 E-R 图，并转换为关系模型。

2. 能运用关系规范化理论优化数据库设计，通过规范化过程，减少数据冗余，提高数据的一致性和完整性。

【素养目标】

1. 培养学生团队协作能力。
2. 培养学生持续学习的能力。
3. 培养学生遵守各种行为和操作规范的能力。
4. 培养学生独立思考问题的能力。
5. 培养学生解决问题的能力。

【重点难点】

教学重点：

1. E-R 图的设计方法：包括实体、属性和关系的表示方法，以及它们之间的连接关系。
2. E-R 图到关系模型的转换：掌握转换的规则和步骤，确保转换的正确性。

3. 关系规范化的实现：理解各范式的定义和作用，掌握规范化的方法和步骤。

教学难点：

1. 复杂 E-R 图的设计：当数据库中的实体和关系较多时，如何设计出清晰、准确的 E-R 图是一个挑战。

2. 规范化过程中的权衡：在规范化过程中，需要权衡数据冗余、查询效率和数据一致性之间的关系，找到最优的设计方案。

【知识框架】

本项目知识内容围绕数据库模型设计与规范化展开，首先介绍了数据库设计的重要性和基本原则，随后深入讲解了 E-R 图的设计方法，包括实体、属性和关系的表示，以及从E-R图到关系模型的转换技巧。接着，重点阐述了关系规范化的理论，从第一范式(1NF)到第三范式(3NF)，每一步都旨在减少数据冗余，提高数据的一致性和查询效率。最后，介绍了数据库管理工具的使用，特别是 SQL Server Management Studio 等，帮助学生掌握数据库的实际操作和管理技能。整个知识框架系统而全面，为学生构建了一个从理论到实践的完整学习路径。学习内容知识框架如图 2-1 所示。

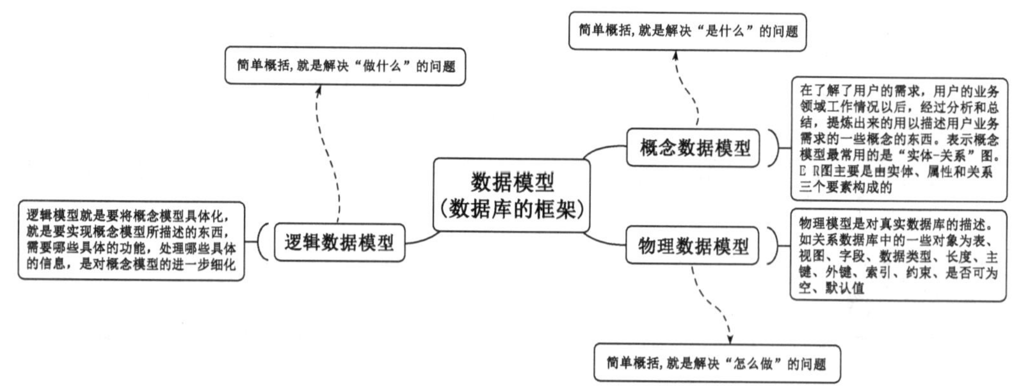

图 2-1　本项目内容知识框架

任务 2-1　概念模型设计

2.1.1　任务情境

【微课】
概念模型设计

在一所快速发展的大学中，随着学生数量的不断增加和课程种类的日益丰富，传统的选课方式已难以满足当前的需求。为了更有效地管理学生选课过程，提高教务管理的效率与准确性，学校决定开发一套“学生选课管理子系统”。为了构建这样一个复杂且功能全面的学生选课管理子系统，首先需要从概念层面出发，设计其数据模型。概念模型设计是数据库设计的第一步，它不考虑具体的数据库管理系统(DBMS)和物理存储细节，而是专注于理解业务需求，抽象出实体(entity)、属性(attribute)和关系(relationship)，并用图形化的方式(如 E-R 图)来表示。在本任务中,我们和汤小米同学一起将通过设计“学生选课管理子系统”的 E-R(实体-关系)模型来探寻数据建模的奥秘。

2.1.2 任务实现

(1) 确定实体。本题有两个实体类型:学生,课程。

(2) 确定联系。实体学生与实体课程之间有联系,且为 m∶n 联系(多对多联系),命名为选修(简称 sc)。

(3) 确定实体和联系的属性。实体“学生”的属性有:学号,姓名,性别,班级,出生日期,家庭地址,手机,邮箱;实体课程的属性有:课程编号,课程名称,学分。实体中加下划线的属性是该实体的主码,其中学生实体的主码是:学号;课程实体中的主码是:课程号。一名学生可以修多门课程,而一门课程也可以被多名学生选修,所以,学生和课程实体之间的联系是多对多。

(4) 使用 E-R 图绘制方法画出“学生选课管理子系统”E-R 模型,如图 2-2 所示。

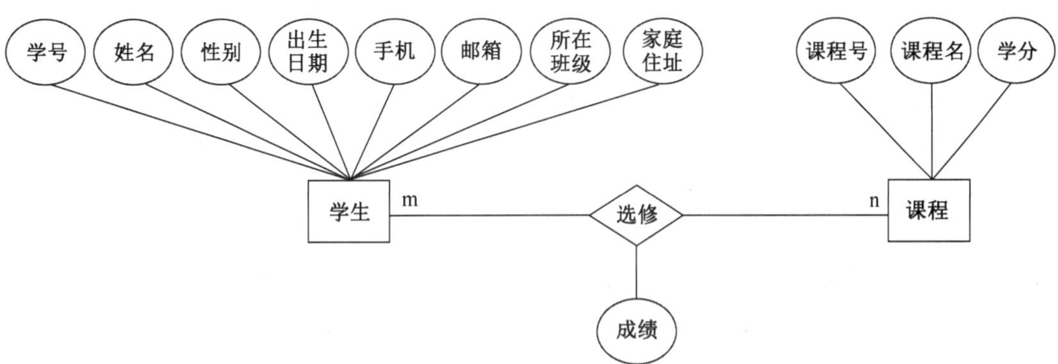

图 2-2 简易“学生选课管理子系统”E-R 模型

**特别提示:**

(1) 联系中的属性是实体间发生联系时产生的属性,也包括联系两端实体的主码,但不应该包括实体的属性、实体的标识符。

(2) 属性中的实体的标识符(或主码)要用下划线将其标注。例如:实体学生中的主码(学号)用下划线标注;实体课程中的主码(课程编号)用下划线标注。

2.1.3 相关知识

2.1.3.1 数据库设计的要求和步骤

(1) 数据库设计的要求

数据库设计的目的是建立一个合适的数据模型,这个数据模型应当如下。

① 满足用户要求:既能合理地组织用户需要的所有数据,又能支持用户对数据的所有处理功能。

② 满足某个数据库管理系统的要求:能够在数据库管理系统(如 SQL Server)中实现。

③ 具有较高的范式:数据完整性好、效益好,便于理解和维护,没有数据冲突。

(2) 数据库设计步骤

在数据管理中,数据描述涉及不同的范畴。从事物的描述到计算机中的具体表示,数据描述实际上经历了三个阶段:概念模型设计中的数据描述、逻辑模型设计中的数据描述和物理模型设计的数据描述。

① 概念模型设计。这是数据库设计的第一个阶段,在数据库应用系统的分析阶段,我们已经得到了系统的数据流程图和数据字典,现在就是要结合数据规范化的理论,用一种数据模型将用户的数据需求明确地表示出来。

② 逻辑模型设计。这是数据库设计的第二个阶段,这个阶段就是要根据自己已经建立的概念数据模型,以及所采用的某个数据库管理系统软件的数据模型特性,按照一定的转换规则,把概念模型转换为这个数据库管理系统所能够接受的逻辑数据模型。

③ 物理模型设计。这是数据库设计的最后阶段,为一个确定的逻辑数据模型选择一个最适合应用要求的物理结构的过程,就叫作数据库的物理结构设计。数据库在物理设备上存储结构和存取方法称为数据库的物理数据模型。作为一般用户,在数据库设计时不需要过多地考虑物理结构,所选定的数据库管理系统总会自动地加以处理。用户只需要选择合适的数据库管理系统,以及用该数据库管理系统提供的语句命令实现数据库。

2.1.3.2 数据模型的基本概念

(1) 模型的概念

对现实世界事物特征的模拟和抽象就是这个事物的模型。人们对现实世界事物的研究,总是通过对它的模型的研究来实现的。特别是计算机不能直接处理现实世界中的具体事物,所以人们必须先把具体事物转换为抽象的模型,然后再将其转换为计算机可以处理的数据,从而以模拟的方式实现对现实世界事物的处理。所以说数据库中数据模型是抽象的表示和处理现实世界中的数据的工具,模型应当满足的要求:真实地反映现实世界、容易被人理解、便于在计算机上实现等。能够真实地反映现实世界是根本要求,但既要人容易理解,同时又要计算机便于理解实现,就不那么容易了。因此信息采用逐步抽象的方法,把数据模型划分为两类,以人的观点模拟现实世界的模型叫作概念模型(或称信息模型),以计算机系统的观点模拟现实世界的模型叫作数据模型,其结构如图 2-3 所示。

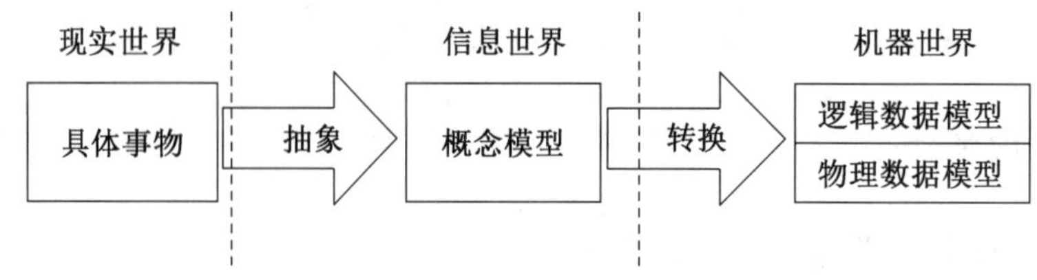

图 2-3 数据模型结构

(2) 概念模型

概念模型是对客观事物及其联系的抽象,用于信息世界的建模,是数据库设计人员进行数据库设计的有力工具,也是数据库设计人员和用户之间进行交流的语言。建立概念模型涉及下面几个术语。

• 实体(entity):客观存在并可以相互区别的事物。实体可以是人,也可以是物;可以是实际的事物,也可以是事物与事物之间的联系。例如:学生。

• 属性(attribute):实体所具有的某一特性,一个实体可以由若干个属性来刻画,属性的具体取值称为属性值。例如:学号、姓名、性别等。

• 关键字(key):如果某个属性或属性组合的值能够唯一地标识出实体中的每一个实体,那么就可以选作关键字,也称为主码。例如:实体学生中的学号。

• 域(domain):每个属性都有一个可取值的集合,称为该属性的域。例如:性别的域为(男,女)。

• 联系(relationship):现实世界的事物之间总是存在某种联系,这种联系必然要在信息世界中加以反映。一般存在两种类型的联系:实体内部联系和实体之间的联系。两个实体之间的联系可以分为三类:一对一,一对多,多对多,结构如图2-4所示。

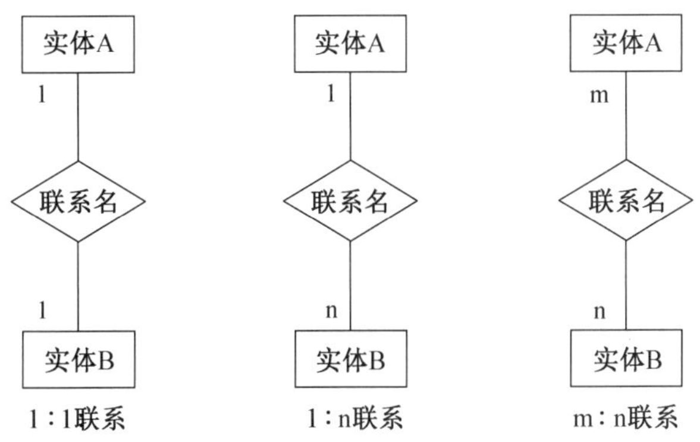

图2-4　两个实体之间的三类联系

A、B两个实体集,若A中的每个实体至多和B中的一个实体有联系。反过来,B中的每个实体至多和A中的一个实体有联系,则称A对B或B对A是1∶1联系;A、B两个实体集,如果A中的每个实体可以和B中的几个实体有联系,而B中的每个实体至多和A中的一个实体有联系,则称A对B是1∶n的联系;A、B两个实体集,若A中的每个实体可以和B中的多个实体有联系,反过来,B中的每个实体也可以和A中的多个实体有联系,则称A对B或B对A是m∶n联系。

【实例2-1】 国家与国家元首之间,对于一个国家只能有一位国家元首,而一个人也只能成为一个国家的元首,所以,国家和国家元首之间是一对一(1∶1)的联系。

【实例2-2】 公司与员工之间(约定一名员工只能在一家公司上班),对于一个公司可以雇佣多名员工,而一个员工只能在一家公司工作,所以,公司和员工之间是一 对多(1∶n)的联系。

【实例2-3】 商店里的顾客和商品之间,由于每位顾客都可以选中多种不同的商品,而每种商品有可能被多位顾客所选中,所以,顾客和商品之间是多对多(m∶n)联系。

(3) 概念模型设计

概念模型的表示方法很多,其中最著名的 E-R 方法(实体-联系方法),用 E-R 图来描述现实世界的概念模型。E-R 图的主要成分是实体、联系和属性,具体表示如表 2-1 所示。

表 2-1　E-R 图中四种基本的图形符号

图形符号	含义
▭	表示实体,框中填写实体名
◇	表示实体间联系,框中填写联系名
○	表示实体或联系的属性,框中填写属性名
——	连接以上三种图形,构成具体概念模型

【实例 2-4】 实例 2-1、实例 2-2、实例 2-3 的 E-R 简易模型分别如图 2-5 所示。

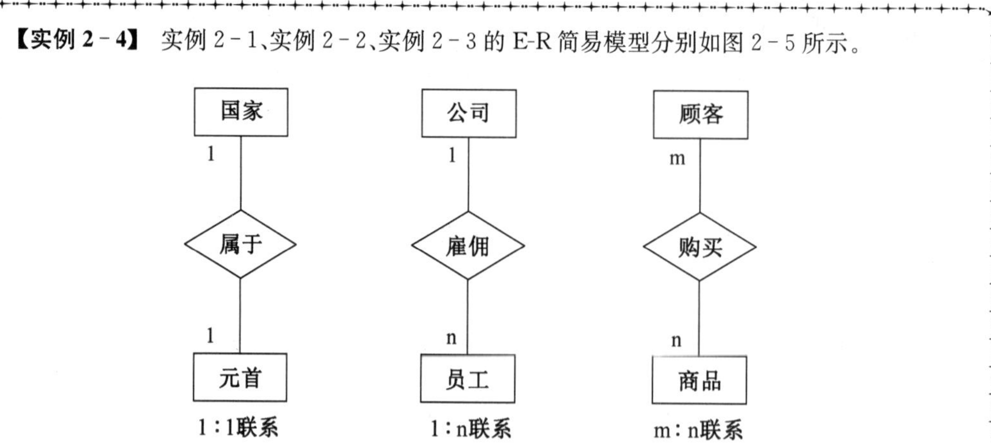

图 2-5　E-R 简易模型

【实例 2-5】 在一个实体集内部也存在着一对一、一对多和多对多的联系。比如在职工实体中,每个职工的编号与姓名(假定没有同名同姓)属性之间存在着一对一联系;职工实体中,职务是科长的实体与职务是科员的实体之间存着一对多的联系;每个职工可以胜任多个工种,而每个工种又可以为多个职工所掌握,所以它们之间又存在着多对多的联系,这些对应关系如图 2-6 所示。

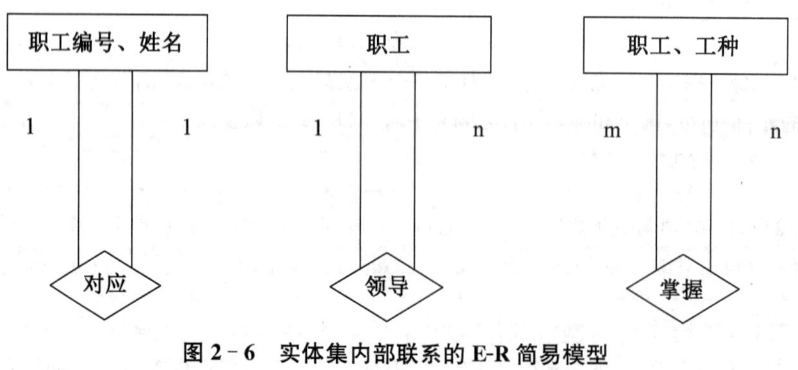

图 2-6　实体集内部联系的 E-R 简易模型

【实例2-6】　某图书管理系统中，涉及的实体如下。

图书：图书编号、书名、作者、出版社、定价、库存量

读者：借书证号、姓名、性别

这些实体间的联系如下：读者可以根据自己的需要借阅图书。每个读者可以同时借阅多本图书，图书数量可以有多本，可以借给不同的读者。请画出图书、读者的E-R模型，如图2-7所示。

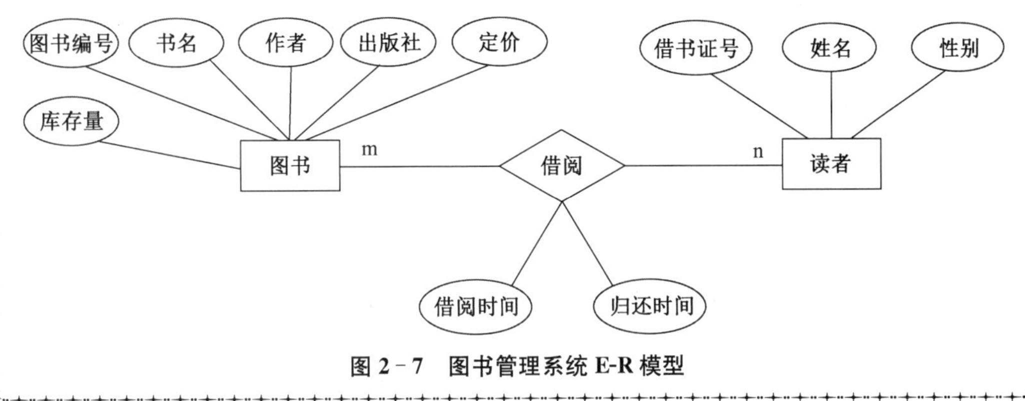

图2-7　图书管理系统E-R模型

任务2-2　关系模型设计

2.2.1　任务情境

将任务2-1“学生选课管理子系统”的E-R模型转换为关系模型。

【微课】
关系模型设计

2.2.2　任务实现

(1) 首先转换两个实体为关系。

学生(学号，姓名，性别，出生日期，电话，邮箱，班级，地址)

课程(课程号，课程名，学分)

(2) 再转换一个联系为关系。

选课(学号，课程号，成绩)

(3) 最后将具有相同码的关系合并，得出新的关系模型如表2-2所示。

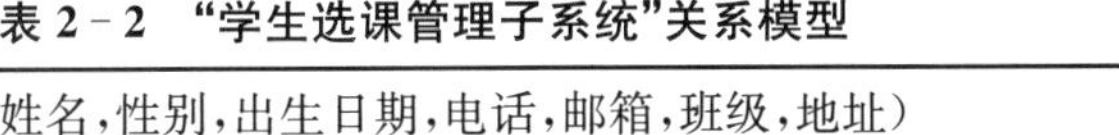
表2-2　“学生选课管理子系统”关系模型

学生关系模式	学生(学号，姓名，性别，出生日期，电话，邮箱，班级，地址)
课程关系模式	课程(课程号，课程名，学分)
选课关系模式	选课(学号，课程号，成绩)

特别提示：E-R图转换为关系模型的原则

① 一个实体转换为一个关系，实体的属性就是关系的属性，实体的主码就是关系的主码。

② 一个联系也转换为一个关系,联系的属性及联系所连接的实体的主码都转换为关系的属性,但是关系的码会根据两个实体间联系的类型变化:

1:1 联系,两端实体的主码都成为关系的候选码。

1:n 联系,n 端实体的主码成为关系的主码。

m:n 联系,两端实体主码的组合成为关系的主码。

③ 具有相同主码的关系可以合并。

2.2.3 相关知识

2.2.3.1 数据模型的种类

目前,数据库领域中,最常用的数据模型有:层次模型、网状模型和关系模型。其中,层次模型和网状模型统称为非关系模型。非关系模型的数据库系统在 20 世纪 70 年代非常流行,到了 20 世纪 80 年代,关系模型的数据库系统以其独特的优点逐渐占据了主导地位,成为数据库系统的主流。

(1) 层次模型(hierarchical model)

层次模型是数据库中最早出现的数据模型,层次数据库系统采用层次模型作为数据的组织方式。用树型(层次)结构表示实体类型以及实体间的联系是层次模型的主要特征。树的结点是记录类型,根结点只有一个,根结点以外的结点只有一个双亲结点,每一个节点可以有多个孩子节点。

层次模型的另一个最基本的特点是,任何一个给定的记录值(也称为实体)只有按照其路径查看时,才能显出它的全部意义。没有一个子记录值能够脱离双亲记录值而独立存在。

层次数据库系统的典型代表是 IBM 公司的数据库管理系统(information management systems, IMS),这是 1968 年 IBM 公司推出的第一个大型的商用数据库管理系统,曾经得到广泛的应用。1969 年 IBM 公司推出的 IMS 是最典型的层次模型系统,曾在 20 世纪 70 年代商业上广泛应用。目前,仍有某些特定用户在使用。

(2) 网状模型(network model)

在现实世界中事物之间的联系更多的是非层次关系的,用层次模型表示非树形结构是很不直接的,网状模型则可以克服这一弊端。

用网状结构表示实体类型及实体之间联系的数据模型称为网状模型。在网状模型中,一个子结点可以有多个父结点,在两个结点之间可以有一种或多种联系。记录之间联系是通过指针实现的,因此,数据的联系十分密切。网状模型的数据结构在物理上易于实现,效率较高,但是编写应用程序较复杂,程序员必须熟悉数据库的逻辑结构。

(3) 关系模型(relational model)

关系模型是目前最常用的一种数据模型。关系数据库系统采用关系模型作为数据的组织方式。1970 年美国 IBM 公司 San Jose 研究室的研究员 E. F. Codd 首次提出了数据库系统的关系模型,开创了数据库关系方法和关系数据理论的研究,为关系数据库技术奠定了理论基础,由于 E. F. Codd 的杰出工作,他于 1981 年获得 ACM 图灵奖。

20 世纪 80 年代以来,计算机厂商推出的数据库管理系统几乎都支持关系模型,非关系模型系统的产品也大都加上了接口。数据库领域当前的研究工作也都是以关系方法为基础。

在现实世界中,人们经常用表格形式表示数据信息。但是日常生活中使用的表格往往比较复杂,在关系模型中基本数据结构被限制为二维表格。因此,在关系模型中,数据在用户观点下的逻辑结构就是一张二维表。每一张二维表称为一个关系(relation)。

关系模型比较简单,容易为初学者接受。关系在用户看来是一个表格,记录是表中的行,属性是表中的列。

关系模型是数学化的模型,可把表格看成一个集合,因此集合论、数理逻辑等知识可引入关系模型中来。关系模型已得到广泛应用。

2.2.3.2 关系模型

(1) 关系及关系约束

关系模型与以往的模型不同,它是建立在严格的数据概念基础之上的。在用户的观点下,关系模型中数据的逻辑结构是一张二维表,它由行和列组成。关系数据库系统由许多不同的有关系构成,其中每个关系就是一个实体,可以用一张二维表表示。例如:一张"学生"数据表就是一个关系,它的表示如表2-3所示。

表2-3 "学生"信息表

系别	专业	学号	姓名	性别	年龄
会计系	会计	020301	刘梅秀	女	19
计信系	计算机网络技术	030204	叶超	男	20
商务系	电子商务	040102	王凡	男	20
管理系	人力资源管理	050302	赵静静	女	19

常见的术语如下。

- 关系:一个关系就是一张二维表,每个关系有一个关系名,例如:"学生"信息表就是一个关系。
- 元组:表中的一行就是一个元组,例如:"学生"信息表中有4个元组。
- 属性:表中的列称为属性,每一列有一个属性名。例如:"学生"表中有6列,即系别、专业、学号、姓名、性别、年龄。
- 域:属性的取值范围。例如:年龄的取值范围(18,25)。
- 分量:元组中的一个属性值。例如:"学生"表中第一行元组中的会计系。
- 目或度:关系的属性个数,例如:"学生"表中的目或度是5。
- 候选码:属性或属性的组合,其值能够唯一地标识一个元组。例如:假设"学生"表中姓名不重复,则关系中学号和姓名都可以作为关系的候选码。
- 主码:在一个关系中可能有多个候选码,从中选择一个作为主码。通俗来讲主码是人为挑选出来的,是随机的,不是确定的。如果说有学生(学号,姓名,身份证),候选码就是(学号,身份证),主码可以是学号,也可以是身份证。但主码的选择一般遵循一个原则,即简单、好记忆、有规律。
- 主属性:包含任何一个候选码的属性集合称为主属性。

• 非主属性(非码属性):不包含在任何候选码中的属性称为非码属性。

• 外码:如果一个关系中的属性或属性组并非该关系的主码,但它们是另一个关系的主码,则称其为该关系的外码。

• 全码:所有属性都是候选码,则称为全码。

(2) 关系模式

关系的描述称为关系模式,关系模式可以简记为:

R(A1,A2,A3,A4,…,An)

其中R为关系名,A1,A2,A3,A4,…,An为属性名,通常在关系模式的主码上加下划线。

【实例2-7】 一个小型固定资产管理信息系统需要管理某单位的全部固定资产,假定用户要求该系统具有的功能如下。

• 设备的录入、修改、删除、调出、报废与折旧等反映资产增减变化的情况。

• 正确计算设备资产总额(原值、净值)、设备折旧总额(月折旧、累计折旧)。

• 分类管理各种设备,按月输出报表。

• 可以随时按多种方式查询设备信息。

• 具有多级用户口令识别功能,保证系统安全可靠。

• 可随时备份资产信息,并进行用户管理。

要求:分析并绘制系统的E-R图,并将E-R图转换成关系模型。

第1步: 根据用户需求分析可以得到固定资产实体,属性有:设备号(主码)、设备名、规格型号、数量、原值等,其局部E-R图如图2-8所示。

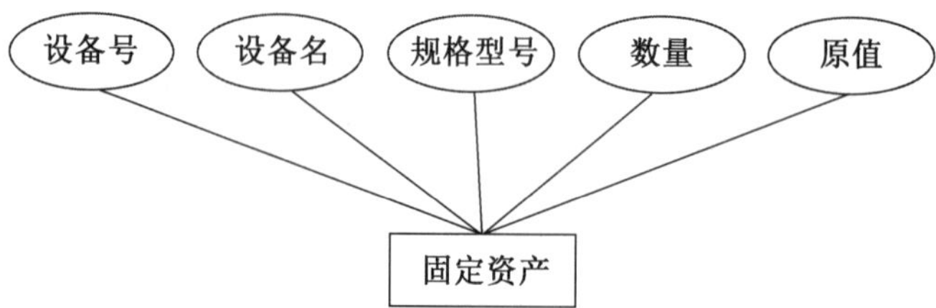

图2-8 固定资产实体及属性局部E-R图

第2步: 根据用户需求分析可以得到外部单位实体,属性有:单位号(主码)、单位名、类型、地址、电话等,其局部E-R图如图2-9所示。

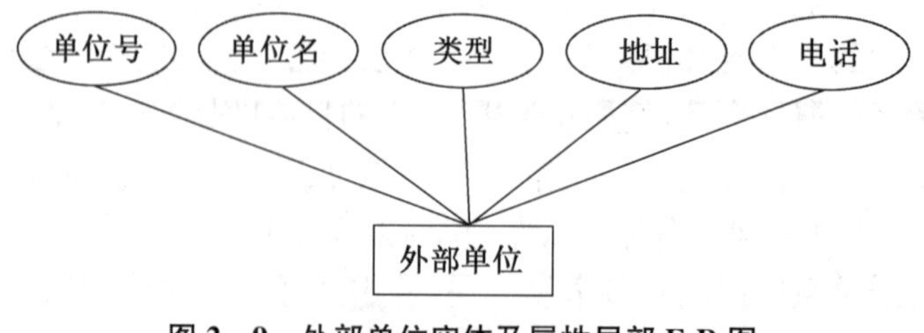

图2-9 外部单位实体及属性局部E-R图

第 3 步：根据用户需求分析可以得到计提折旧实体，属性有：设备号（主码）、折旧日期（主码）、净值等，其局部 E-R 图如图 2－10 所示。

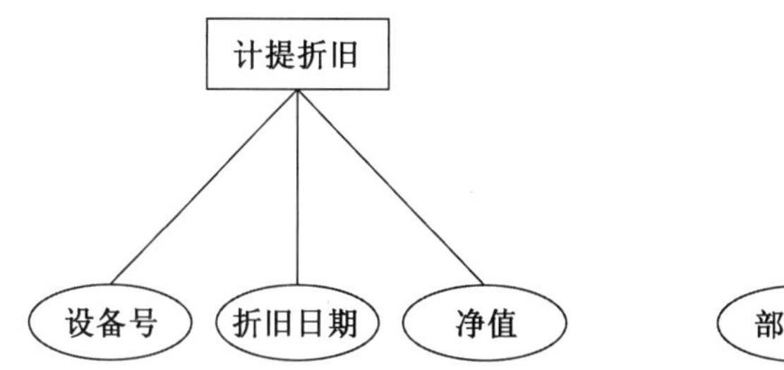

图 2－10　计提折旧实体及属性局部 E-R 图

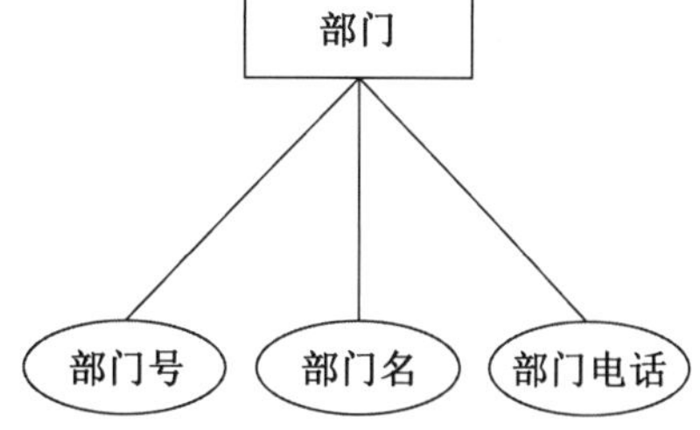

图 2－11　部门实体及属性局部 E-R 图

第 4 步：根据用户需求分析可以得到部门实体，属性有：部门号（主码）、部门名、部门电话等，其局部 E-R 图如图 2－11 所示。

第 5 步：根据需求分析，在实体“外部单位”中一个单位可以租用或借用“固定资产”中多个不同的设备；相反，实体“固定资产”中的同一个设备资产也可以被实体“外部单位”中的不同客户所使用。这两个实体之间具有多对多（m∶n）的联系。

第 6 步：根据需求分析，“固定资产”实体每月折旧后都会产生与每个设备一一对应的“计提折旧”实体，所以这两个实体之间的联系是一种一对一（1∶1）的联系。

第 7 步：根据需求分析，每个部门都管理着“固定资产”实体中多个设备资产，而每个设备只可能归一个单位所有，所以“部门”实体与“固定资产”实体之间存在着一对多（1∶n）的联系。其综合的 E-R 图如图 2－12 所示。

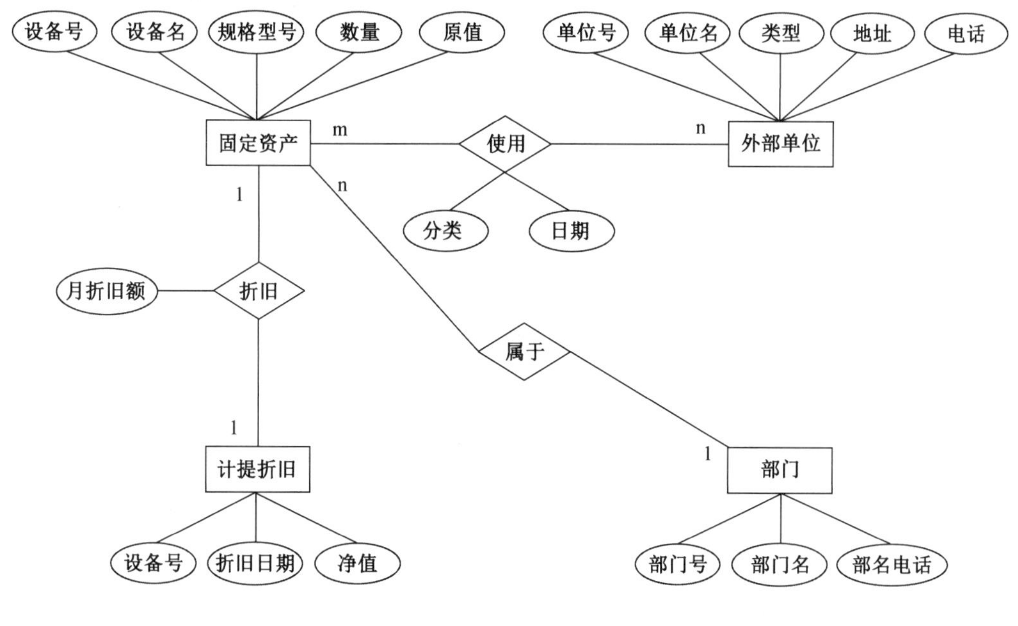

图 2－12　小型固定资产管理信息系统综合 E-R 模型

第 8 步:根据 E-R 模型向关系模型转换原则,将图 2-12 所示 E-R 图转换为下面关系。

- 首先转换四个实体为四个关系:

  部门(部门号,部门名,部门电话……)

  固定资产(设备号,设备名,规格型号,数量,原值……)

  计提折旧(设备号,折旧日期,净值……)

  外部单位(单位号,单位名,类型,地址,电话……)

- 每个关系的码分别是用下划线标识的属性,再转换三个联系为关系:

  使用(单位号,设备号,分类,日期)

  属于(设备号,部门号)

  折旧(设备号,折旧日期,月折旧额)

- 合并关系:"固定资产"与"属于"合并,"计提折旧"与"折旧"合并,最后得到五个关系:

  部门(部门号,部门名,部门电话……)

  固定资产属于(设备号,设备名,规格型号,数量,原值,部门号……)

  计提折旧(设备号,折旧日期,月折旧额,净值……)

  外部单位(单位号,单位名,类型,地址,电话……)

  使用(单位号,设备号,分类,日期)

特别提示:

① 属性下面画横线的表示是主码。

② 属性下面画波浪线的表示是外码("部门号"在"固定资产属于"中不是主码,但它是"部门"这个关系中的主码,所以,它在"固定资产属于"这个关系中是外码)。

③ "使用"关系中的主码是"单位号、设备号"组合,但单独的"单位号"是外码(单位号在"外部单位"关系中是主码),"设备号"是外码("设备号"是"计提折旧"关系中的主码)。

任务 2-3 关系规范化设计

2.3.1 任务情境

对于关系模型学生(sno,cno,score,tno,ttel)的属性分别表示学生学号、选修课程的编号、成绩、任课教师编号和任课教师手机,约定"一门课程只能由一个教师带",试判断"学生"关系是否属于 2NF 范式。如果不是,请将该关系规范化至 3NF 范式。

【微课】
关系规范化设计

2.3.2 任务实现

- 由"一门课程只能由一个教师带"可知,候选码为(sno,cno),即为关系的主属性。
- 对非主属性 tno,ttel 有 cno→(tno,ttel),则(sno,cno)→(tno,ttel)为局部依赖(非主属性 tno,ttel 局部依赖于主属性(sno,cno)),因此,关系 R 不属于 2NF。

- 消除有关系 R 中的局部依赖，所以，将关系 R 分解为：
  R1(sno,cno,score)和 R2(cno,tno,ttel)，消除了局部依赖(sno,cno)(tno,ttel)，且 R1 和 R2 都属于 2NF，R1 中的 cno 是外键。
- 消除 R2 中的传递依赖，tno 依赖于 cno，而 ttel 依赖于 tno，所以，ttel 传递依赖于 cno，于是将 R2 分解为 R21(cno,tno)，R22(tno,ttel)，且 R21，R22 都属于 3NF。
- 最终，将非 2NF 范式的 R(sno,cno,score,tno,ttel)分解为 3NF 范式：
  R1(sno,cno,score)　　sno,cno 组合主码，单独 cno 是外码
  R21(cno,tno)　　cno 是主码，tno 是外码
  R22(tno,ttel)　　tno 是主码

2.3.3 相关知识

关系规范化设计在数据库构建中占据核心地位，其重要性不言而喻。它旨在通过精心规划的步骤和严格原则，优化数据库结构，减少冗余数据，消除存储异常，从而提升数据操作效率和完整性。

关系规范化的首要目标是优化数据库结构，通过减少数据冗余节省存储空间，降低存储成本。同时，消除因数据冗余导致的插入、删除、修改异常，提高数据准确性，并通过适当分解关系模式，提升查询效率和灵活性。

关系规范化设计遵循“一事一地”原则，即每个关系模式专注于单一实体或联系。具体原则包括：确保数据项不可分割，减少非必要数据冗余，避免更新异常，以维护数据的一致性和完整性。

关系规范化依据范式(NF)标准实施，从 1NF 到 BCNF 逐级提升规范化程度。1NF 要求属性原子性；2NF 确保非主属性完全依赖于候选键；3NF 进一步要求非主属性不传递依赖于候选键；BCNF 则要求所有决定因素包含候选键。通过投影分解，将低范式关系模式转化为高范式关系模式集合，保持与原模式的等价性。

在设计过程中，需平衡数据冗余与查询效率，避免过度规范化导致的性能下降。同时，根据应用需求调整规范化级别，如更新频繁的系统可降低规范化程度，而查询密集的系统则需更高规范化。此外，还需考虑数据库的可维护性和可扩展性，确保设计既能满足当前需求，又能适应未来变化。

总之，关系规范化设计是数据库设计的重要环节，通过合理规范化，可以构建结构优化、高效稳定、适应性强的数据库系统。

2.3.3.1 函数依赖与关系规范化

(1) 函数依赖

函数依赖是用于说明一个关系中属性间的联系，包括完全函数依赖、部分函数依赖和传递函数依赖三种。设关系 R 中，X、Y 是 R 的两个属性。若对于每个 X 值都有一个 Y 值与之相对应，则称 Y 函数依赖于 X，也称属性 X 唯一确定属性 Y，记作 X→Y，X 称为决定因子。若 X→Y，Y→X，则记作 X←→Y，这种依赖称为函数依赖(FD)。

【实例 2-8】 “学生选课”关系模式 R，如果规定每个学生只能有一个姓名，每个课程号只能对应一门课程，则有以下 FD：

学号→姓名　　课程号→课程名

【实例 2-9】 设车间考核职工完成生产定额关系为 W:

W(日期,工号,姓名,工种,定额,超额,车间,车间主任)

分析:每个职工,每个月超额情况不同,而定额一般很少变动,因此,为了识别不同职工以及同一职工不同月份超额情况,决定了主关键字是"日期与工号"两者组合,其依赖关系表示为:

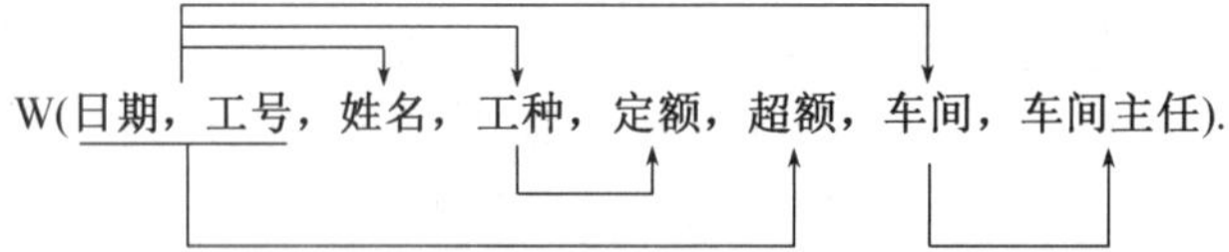

(2) 范式

范式来自英文 normal from,简称 NF。要想设计一个好的关系,必须使关系满足一定约束条件,此约束条件已经形成了规范,分成几个等级,一级比一级要求严格。满足最低要求的关系称它属于第一范式的,在此基础上又满足了某种条件,达到第二范式标准,则称它属于第二范式的关系,如此等等,直到第五范式。一般情况下,1NF 和 2NF 的关系存在许多缺点,实际的关系数据库一般使用 3NF 以上的关系。

(3) 范式的判定条件与规范化

第一范式(1NF):在任何一个关系数据库中,第一范式是对关系模式的基本要求,不满足第一范式的数据库就不是关系数据库。如果一个关系的所有属性都是不可再分的数据项,则称该关系属于第一范式。

例如,对于表 4-3 中的"学生"信息表,不能将学生信息都放在一列中显示,也不能将其中的两列或多列在一列中显示;"学生"信息表的每一行只表示一个学生的信息,一个学生的信息在表中只出现一次。简而言之,第一范式就是无重复的列。

第二范式(2NF):若某一关系属于 1NF,且它的每一非主属性都完全依赖于主键,则称该关系属于第二范式关系。分析实例 4-9 中的 W 关系里,只有超额是属性完全依赖于主键(日期,工号),其余非主属性都是不完全依赖于主属性,所以该关系满足于 2NF。

第三范式(3NF):若某一关系 R 属于 2NF,且它的每一非主属性都不传递依赖于关键字,则称该关系属于第三范式。例如:实例 4-9 中的 W 关系里,定额依赖于工种,工种依赖于工号,则定额传递依赖于工号;再者车间依赖于工号,车间主任依赖于车间,则车间主任传递依赖于工号。

【实例 2-10】 表 2-4 中 W 关系存在什么问题?是否满足 2NF?

表 2-4 W 关系若干样值

日期	工号	姓名	工种	定额	超额	车间	车间主任
2020 年 5 月	101	丁一	车工	80	22%	金工	李明
2020 年 5 月	102	王二	车工	80	17%	金工	李明
2020 年 5 月	103	张三	钳工	75	14%	工具	赵杰
2020 年 5 月	104	李四	铣工	70	19%	金工	李明

（续表）

日期	工号	姓名	工种	定额	超额	车间	车间主任
2020 年 6 月	101	丁一	车工	80	20%	金工	李明
2020 年 6 月	102	王二	车工	80	25%	金工	李明
2020 年 6 月	103	张三	钳工	75	16%	工具	赵杰
2020 年 6 月	104	李四	铣工	70	26%	金工	李明

从表 2-4 中，不难发现其中存在数据冗余大、修改麻烦、插入异常和删除异常等问题，其主要原因是 W 关系不够规范，即对 W 的限制太少，造成其中存放的信息太杂乱。W 关系中属性间存在有完全依赖、部分依赖、传递依赖三种不同的依赖情况。

【实例 2-11】 将课堂实例 2-9 中的 W 关系规范到 3NF。

第 1 步：将 W 关系规范到 2NF。

分析：消除 W 中非主属性对主键的部分依赖成分，使之满足 2NF。即只需进行关系投影运算即可，但分解后不应丢失原来信息，这意味着经连接运算后仍能恢复原关系所有信息，这种操作称为关系的无损分解。即 W 分解：W1 ＋W2，其中：

W1(日期，工号，超额)

W2(工号，姓名，工种，定额，车间，车间主任)

分解后的 W 关系信息如表 2-5 和表 2-6 所示。

表 2-5 W1 关系若干样值

日期	工号	超额
2020 年 5 月	101	22%
2020 年 5 月	102	17%
2020 年 5 月	103	14%
2020 年 5 月	104	19%
2020 年 6 月	101	20%
2020 年 6 月	102	25%
2020 年 6 月	103	16%
2020 年 6 月	104	26%

表 2-6 W2 关系若干样值

工号	姓名	工种	定额	车间	车间主任
101	丁一	车工	80	金工	李明
102	王二	车工	80	金工	李明
103	张三	钳工	75	工具	赵杰
104	李四	铣工	70	金工	李明

第 2 步: W2 关系继续分解,消除其中的传递依赖于关键字的非主属性部分。W2 分解:W21+W22+W23,其中:

W21(工号,姓名,工种,车间)

W22(工种,定额)

W23(车间,车间主任)

分解后的 W 关系信息如表 2-7 至表 2-9 所示。

表 2-7 W21 关系若干样值

工号	姓名	工种	车间
101	丁一	车工	金工
102	王二	车工	金工
103	张三	钳工	工具
104	李四	铣工	金工

表 2-8 W22 关系若干样值

工种	定额
车工	80
钳工	75
铣工	70

表 2-9 W23 关系若干样值

车间	车间主任
金工	李明
工具	赵杰

2.3.3.2 分解关系的基本原则

- 分解必须是无损的(即分解后不应丢失信息)。
- 分解后的关系要相互独立(避免对一个关系的修改波及另一个关系)。

其规范化过程如图 2-13 所示。

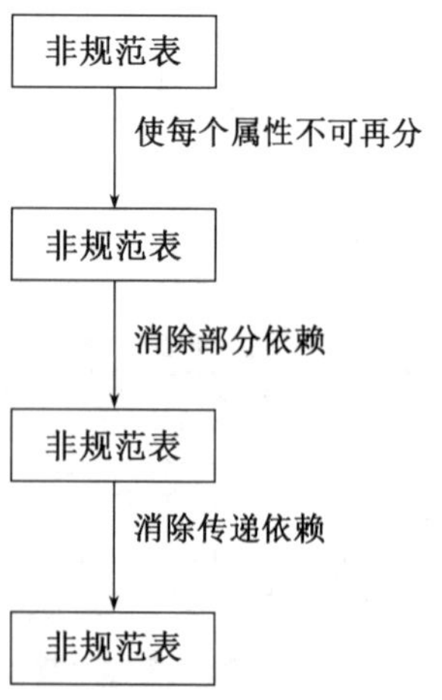

图 2-13 规范化过程

2.3.3.3 对关系规范化时应考虑的问题

- 确定关系的各个属性中,哪些是主属性,哪些是非主属性。
- 确定所有的候选关键字。
- 选定主键。
- 找出属性间的函数依赖。
- 必要时,可采用图示法直接在关键模式上表示函数依赖关系。
- 根据应用特点,确定规范化到第几范式。
- 分解必须是无损的,不得丢失信息。
- 分解后的关系,力求相互独立,即对一个关系内容的修改不要影响到分解出来的别的关系。

【实例2-12】 设有关系模式R(职工编号,日期,日营业额,部门名,部门经理),该模式统计商店里每个职工的日营业额,以及职工所在的部门和经理信息。

如果规定:每个职工每天只有一个营业额20W;每个职工只在一个部门工作;每个部门有一个经理。

(1) 列出关系中属性间的依赖关系

R(<u>职工编号,日期</u>,日营业额,部门名,部门经理)

候选码:(职工编号,日期)

职工编号,日期→日营业额

职工编号→部门名

部门名→部门经理

(2) 说明R不是2NF的理由

R中的主码是:职工编号,日期,但是部门名只依赖于职工编号,部门经理传递依赖于职工编号,所以,存在部分依赖,不是全部依赖于(职工编号,日期),所以这个关系不是2NF。

(3) 对R关系进行规范化到3NF

R1(<u>职工编号,日期</u>,日营业额)

R2(<u>职工编号</u>,部门名)

R3(<u>部门名</u>,部门经理)

【实例2-13】 设有关系模式R(运动员编号,比赛项目,成绩,比赛类别,比赛主管)存储运动员比赛成绩及比赛类别、主管等信息。

如果规定:每个运动员每参加一个比赛项目,只有一个成绩;每个比赛项目只属于一个比赛类别;每个比赛类别只有一个比赛主管。

(1) 列出关系中属性间的依赖关系

R(<u>运动员编号,比赛项目</u>,成绩,比赛类别,比赛主管)

运动员编号,比赛项目→成绩

比赛项目→比赛类别

比赛类别→比赛主管

(2) 说明R不是2NF的理由

R中的主码是:运动员编号,比赛项目,但是比赛类别只依赖于比赛项目,比赛主管传递依赖于比赛项目,所以,存在部分依赖,不是全部依赖于运动员编号,比赛项目,所以这个关系不是2NF。

(3) 对R关系进行规范化到3NF

R1(运动员编号,比赛项目,成绩)

R2(比赛项目,比赛类别)

R3(比赛类别,比赛主管)

【实例2-14】 假设某商业集团数据库中有一关系模式R(商店编号,商品编号,数量,部门编号,负责人)。

如果规定:每个商店的每种商品只在一个部门销售;每个商店的每个部门只有一个负责人;每个商店的每种商品只能一个库存数量。

(1) 列出关系中属性间的依赖关系

R(商店编号,商品编号,数量,部门编号,负责人)

商店编号,商品编号→数量

商店编号,商品编号→部门编号

部门编号→负责人

(2) 说明R不是2NF的理由

负责人局部依赖于部门编号,所以是局部依赖,不满足2NF。

(3) 对R关系进行规范化到3NF

R1(商店编号,商品编号,数量,部门编号)

R2(部门编号,负责人)

特别提示:

不是范式越高越好。当我们的应用着重于查询而很少涉及插入、更新和删除操作,那么宁愿采用较低范式以获得较好的响应速度。因为范式越高,关系所表达的信息越单纯,查询数据就得做连接运算,而这开销是很大的。

课堂习题

一、选择题

1. 关系数据库中,一个(   )就是一张二维表。

A. 行　　B. 列　　C. 关系　　D. 模型

2. 根据关系模型的完整性规则,一个关系中的主码(   )。

A. 不能有两个　　B. 不可作为其他关系的外部键

C. 可以取空值　　D. 不可以是属性组合

3. 规范化理念研究中,分解(   )主要是消除其中多余的数据的相关性。

A. 内模式　　B. 视图　　C. 外模式　　D. 关系模式

4. 实体-联系模型(E-R模型)中的基本语义单位是实体和联系。E-R模型的图形表示称为E-R图。

联系可以同(　　)实体有关。

A. 0个　　B. 1个或多个

C. 1个　　D. 多个

5. 学生社团可以接纳多名学生参加,但每个学生也可参加多个社团,学生与社团是(　　)。

A. 一对一　　B. 一对多　　C. 多对一　　D. 多对多

6. 公司中有多个部门和多名职工,每个职工只能属于一个部门,一个部门可以有多名职工,从部门到职工的联系类型是(　　)。

A. 一对一　　B. 一对多　　C. 多对一　　D. 多对多

7. 在数据库设计中的E-R方法一般适用于建立(　　),通常在概念设计阶段用E-R图来描述信息结构,但不涉及信息在计算机中的表示。

A. 概念模型　　B. 结构模型　　C. 物理模型　　D. 逻辑模型

8. 用属性描述实体的特征,属性在E-R图中,一般实体用(　　)表示,联系用菱形表示。

A. 矩形　　B. 四边形　　C. 三角形　　D. 椭圆形

9. 从E-R模型向关系模型转换,一个m∶n的联系转换成一个关系模式时,该关系模式的主码是(　　)。

A. n端实体的码　　B. m端实体的码

C. 重新选取其他属性　　D. n端实体的码和m端实体的码组合

10. 关系数据库设计理论中,起核心作用的是(　　)。

A. 范式　　B. 模式设计　　C. 数据依赖　　D. 数据完整性

二、判断题

1. 在关系数据库中,一个关系必须满足第一范式(1NF),即所有属性都是不可再分的基本数据项。(　　)

2. 实体-关系图(E-R图)中的实体必须用椭圆形来表示。(　　)

3. 如果一个关系满足第二范式(2NF),那么它一定也满足第一范式(1NF)。(　　)

4. 在数据库设计中,从E-R图转换到关系模型时,多对多关系通常需要转换为一个独立的关系模式,其主键是两个关联实体的主键的组合。(　　)

5. 第三范式(3NF)要求所有非主属性不仅要直接依赖于主键,而且不能存在传递依赖。(　　)

三、填空题

1. 在关系数据库中,一个________就是一张二维表,它由行和列组成。

2. 实体-关系图(E-R图)由________、________和________三个基本元素构成。

3. 如果关系模式R的所有非主属性都完全依赖于R的候选关键字,则称R满足________范式。

4. 数据库规范化的过程中,分解关系模式主要是为了消除其中的________和________。

5. 将E-R图转换为关系模型时,对于多对多关系,通常的处理方式是创建一个新的关系模式,该模式包含两个关联实体的________以及它们之间的________。

课堂实践

简易概念模型的设计、两个实体间的模型设计、多个实体间的模型设计。

【2-C-1】绘制学校里的寝室和学生之间的简易E-R模型(不含属性)。

【2-C-2】绘制学校里的班级和学生之间的简易E-R模型(不含属性)。

【2-C-3】绘制学校里学生和课程之间的简易E-R模型(不含属性)。

【2-C-4】假定一个简易图书馆的数据库涉及的实体如下。借阅者信息:读者号、姓名、地址、性别、年龄

和所在系;图书的信息:书号、书名、作者、出版社。每本被借出的图书有借出日期、应还日期。请画出图书和借阅者之间的E-R模型。

【2-C-5】教学管理涉及的实体如下。教师:教师工号、姓名、年龄、职称;学生:学号、姓名、年龄、性别;课程:课程号、课程名、学时数。这些实体间的联系:一个教师只讲授一门课程,一门课程可由多个教师讲解,一个学生学习多门课程,每门课程有多个学生学习。请画出教师、学生、课程的E-R模型。

扩展实践

【2-B-1】假定一个购物商场有一个商店(商店号、商店名),商店里有一名经理(经理号,经理名)和多名职工(职工号,职工名),一名经理只能负责一个商店,一名职工也只能在一个商店工作。一个商店有多名顾客(顾客号、顾客名),一名顾客可以到不同的商店进行购物。每购物一次都会产生一个消费日期和消费金额。根据以上题干,设计该购物商场的E-R模型。

【2-B-2】现有学生报考系统,实体“考生”有属性:准考证号、姓名、性别、年龄,实体“课程”有属性:课程编号、名称、性质。一名考生可以报考多门课程,考生报考还有报考日期、成绩等信息。

(1) 画出E-R模型,并注明属性和联系类型。

(2) E-R模型转换成关系模型,并注明主码和外码。

【2-B-3】有运动员和比赛项目两个实体,“运动员”有属性:运动员编号、姓名、性别、年龄、单位,“比赛项目”有属性:项目号、名称、最好成绩。一个运动员可以参加多个项目,一个项目由多名运动员参加,运动员参赛还包括比赛时间、比赛成绩等信息。

(1) 画出E-R模型,并注明属性和联系类型。

(2) E-R模型转换成关系模型,并注明主码和外码。

【2-B-4】设某商业公司数据库中有三个实体集,一是“公司”实体集,属性有公司编号、公司名、地址等;二是“仓库”实体集,属性有仓库编号、仓库名、地址等;三是“职工”实体集,属性有职工编号、姓名、性别等。每个公司有若干个仓库,每个仓库只能属于一个公司,每个仓库可聘用若干职工,每个职工只能在一个仓库工作,仓库聘用职工有聘期和工资。

(1) 画出E-R模型,并注明属性和联系类型。

(2) E-R模型转换成关系模型,并注明主码和外码。

【2-B-5】某厂销售管理系统,实体“产品”有属性:产品编号、产品名称、规格、单价,实体“顾客”有属性:顾客编号、姓名、地址。假设顾客每天最多采购一次,一次可以采购多种产品,顾客采购时还有采购日期、采购数量等信息。

(1) 画出E-R模型,并注明属性和联系类型。

(2) E-R模型转换成关系模型,并注明主码和外码。

进阶提升

数据库设计应用题:根据信息描述,画出E-R图,并注明各属性的联系类型,并将E-R图转换成有关系模型,并注明主码和外码,分析关系模型的规范化。

【2-A-1】某研究所有多名科研人员,每一个科研人员只属于一个研究所,研究所有多个科研项目,每个科研项目有多名科研人员参加,每个科研人员可以参加多个科研项目。科研人员参加项目要统计工作量。“研究所”有属性:编号、名称、地址,“科研人员”有属性:职工号、姓名、性别、年龄,职称。“科研项目”有属性:项目号、项目名、经费。

(1) 画出E-R模型,并注明属性和联系类型。

(2) E-R 模型转换成关系模型，并注明主码和外码。

【2-A-2】学校中有若干系，每个系有若干个班级和教研室，每个教研室有若干个教员，其中有的教授和副教授每人各带若干个研究生，每个班有若干学生，每个学生选修若干课程，每门课程可以有若干学生选修。

(1) 根据公司的情况设计数据库的 E-R 模型，并注明联系类型。

(2) 将 E-R 图转换成关系模型，并注明主码和外码。

【2-A-3】设有图书借阅关系 BR(借书证号，读者姓名，单位，手机，书号，书名，出版社，出版社地址，借阅日期)，要求如下。

(1) 列出关系中属性间的依赖关系。

(2) 分析 BR 不是 2NF 的理由。

(3) 对 BR 进行规范化到 3NF。

【2-A-4】某汽车运输公司数据库中有一个记录司机运输里程的关系模式 R(司机编号，汽车牌照，行驶公里，车队编号，车队主管)，此处每个汽车牌照对应一辆车，行驶公里为某司机驾驶某辆汽车行驶的总公里数。如果规定每个司机属于一个车队，每个车队只有一个主管。要求如下。

(1) 列出关系中属性间的依赖关系。

(2) 分析 R 不是 2NF 的理由。

(3) 对 R 关系进行规范化到 3NF。

【2-A-5】现有一个未规范化的表，包含项目、部件和部件项目已提供的数量信息。

<table>
<tr><th>部件号</th><th>部件名</th><th>现有数量</th><th>项目代号</th><th>项目内容</th><th>项目负责人</th><th>已提供数量</th></tr>
<tr><td rowspan="2">205</td><td rowspan="2">CAM</td><td rowspan="2">30</td><td>12</td><td>AAA</td><td>01</td><td>10</td></tr>
<tr><td>20</td><td>BBB</td><td>02</td><td>15</td></tr>
<tr><td rowspan="3">210</td><td rowspan="3">COG</td><td rowspan="3">155</td><td>12</td><td>AAA</td><td>01</td><td>30</td></tr>
<tr><td>25</td><td>CCC</td><td>11</td><td>25</td></tr>
<tr><td>30</td><td>DDD</td><td>12</td><td>15</td></tr>
<tr><td>……</td><td></td><td></td><td></td><td></td><td></td><td></td></tr>
</table>

要求如下。

(1) 列出关系中属性间的依赖关系。

(2) 说明 R 不是 2NF 的理由。

(3) 对 R 关系进行规范化到 3NF。

云享资源

⊙ 教学课件
⊙ 教学教案
⊙ 配套实训
⊙ 参考答案

【微信扫码】

项目 3　数据库的创建与管理

【项目概述】

通过项目 1 的学习，汤小米同学掌握了对 SQL Server 2019 数据库的安装、配置和管理的操作，并有了深入的实践；项目 2 里汤小米同学学习并掌握了“学生选课管理子系统”数据库概念模型和关系模型的设计，那么，接下来，就让我们一起和小米同学来学习如何通过 SQL Server 的操作来完成“学生选课管理子系统”数据库的物理设计，旨在让小米同学掌握数据库的基本概念和操作，通过实际操作和练习，使小米同学能够独立地创建、管理和维护数据库。

【知识目标】

1. 理解数据库的基本概念和原理。
2. 掌握关系型数据库的基本结构和特性。
3. 了解常见的数据库管理系统(DBMS)及其使用。
4. 掌握 SQL 语言的基本语法和创建数据库的常用命令。
5. 理解数据库设计的基本原则和方法。

【能力目标】

1. 能根据实际需求规划和设计数据库。
2. 能使用 SQL 语言创建、修改和删除数据库。
3. 能分析和解决数据库操作中遇到的常见问题。
4. 能进行基本的数据库性能优化和安全管理。

【素养目标】

1. 培养学生的团队协作和沟通能力，与他人合作完成数据库项目的开发。
2. 培养学生的自主学习能力，持续学习和掌握数据库领域的新知识和新技术。
3. 培养学生的创新思维能力，提出新的解决方案和优化策略。
4. 培养学生的职业道德和责任心，遵守数据库管理的规范和标准。

【重点难点】

教学重点：

1. 数据库的基本概念和原理。
2. 使用图形化工具创建数据库。

3. 使用图形化工具管理数据库。

教学难点：

1. 使用 SQL 语句创建数据库。
2. 使用 SQL 语句管理数据库。
3. 数据库性能优化和故障排查。

【知识框架】

本项目知识内容为如何在 SQL Server 数据库服务器中创建用户所需的数据库，并对数据库进行管理与维护，学习内容知识框架如图 3-1 所示。

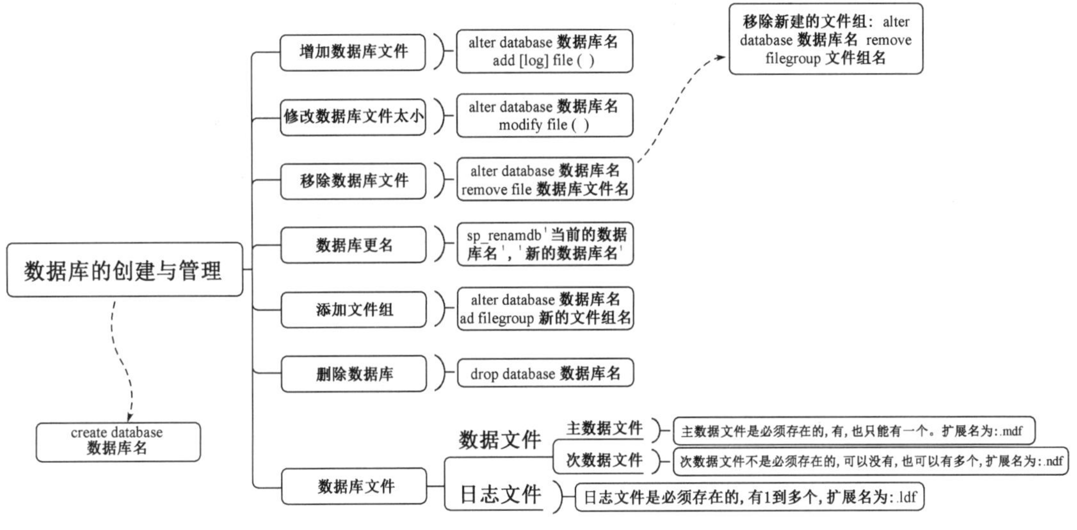

图 3-1　本项目内容知识框架

任务 3-1　创建数据库

3.1.1　任务情境

让我们一起和汤小米同学使用 SQL Server 数据库服务器创建"学生选课管理子系统"中的数据库"xsxk"，要求：

在本地的计算机上创建"mydata"文件夹，在该文件夹中创建一个 xsxk 数据库，主文件名为 xsxk_data. mdf，保存在"..\学生选课管理子系统\data"文件夹中；事务日志名为 xsxk_log. ldf，保存在"..\学生选课管理子系统\log"文件夹中。

【微课】

创建数据库

3.1.2　任务实现

方法 1：使用 SQL Server Management Studio(简称 SSMS)管理工具创建数据库

第 1 步：启动 SSMS，在"对象资源管理器"窗口中，右键单击"数据库"|"新建数据库"，如图 3-2 所示。

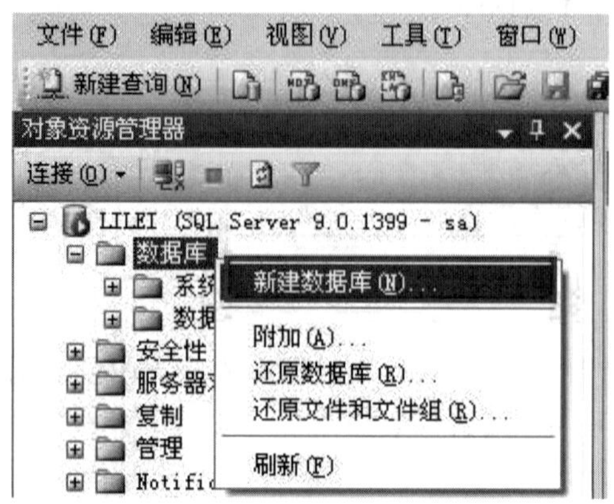

图 3-2 “新建数据库”快捷操作

第 2 步:在“新建数据库”对话框中,“数据库名称”处输入:xsxk,将主数据文件和日志文件分别保存在“D:\学生选课管理子系统\data” 和“D:\学生选课管理子系统\log”文件夹中,如图 3-3 所示。

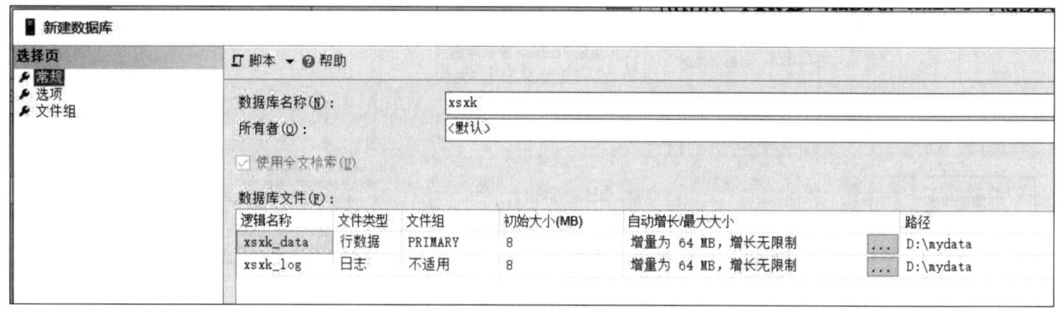

图 3-3 “新建数据库”对话框

第 3 步:单击“确认”按钮,即完成了 xsxk 数据库的创建(如果在“对象资源管理器”|“数据库”中没有显示新创建的数据库,可右键单击“数据库”|“刷新”),如图 3-4 所示。

图 3-4 成功创建 xsxk 数据库

方法2:使用SQL创建数据库

第1步:打开SSMS窗口,并连接到服务器。

第2步:选择“文件”|“新建”|“数据库引擎查询”(或单击“新建查询”按钮),创建一个查询输入窗口。

第3步:在窗口内输入语句,创建“xsxk”数据库。

```
create database xsxk
ON
(
name=xsxk_data,
filename='d:\学生选课管理子系统\data\xsxk_data.mdf'
)
log on
(
name=xsxk_log,
filename='d:\学生选课管理子系统\log\xsxk_log.ldf'
)
```

第4步:选择“文件”|“查询”|“执行”(或单击“执行”按钮),在“消息”窗格中出现“命令已经成功完成”,则成功创建xsxk数据库。

3.1.3 相关知识

3.1.3.1 SQL Server数据库类型

SQL Server 2019安装后,会自动创建几个系统数据库,这些数据库对于SQL Server的运行至关重要,包括:

master:记录了SQL Server系统中所有的系统信息,如登入账户、系统配置和设置、服务器中数据库的名称、相关信息和这些数据库文件的位置,以及SQL Server的初始化信息等。

msdb:用于提供SQL Server代理服务,代理执行所有SQL的自动化任务,以及数据事务性复制等无人值守任务。

tempdb:一个临时性的数据库,存在于SQL Server会话期间。它保存的内容包括显示创建的临时对象(如存储过程、表变量或游标)、所有版本的更新记录、SQL Server创建的内部工作表,以及创建或重新生成索引时临时排序的结果。每次启动SQL Server时,都会重新创建tempdb数据库。

model:一个模板数据库,可用作建立数据库的模板。它包含了建立新数据库时所需的基本对象,如系统表、登录信息等。由于每次启动SQL Server时都会创建tempdb,因此model数据库必须始终存在于SQL Server系统中。

3.1.3.2 数据库中的对象

SQL Server 2019数据库对象是指数据库中用于存储、管理和操作数据的各种逻辑实体。这些对象在数据库的设计、开发和管理过程中起着至关重要的作用。以下是一些常见的SQL Server 2019数据库对象及其简要说明。

(1) 表

表(table)用来存放数据,数据库中的数据实际上是存储在表中的。数据库中的表与我们日常生活中使用的表格类似,它也是由行(row) 和列(column)组成的。列由同类的信息组成,每列又称为一个字段,每列的标题称为字段名。行包括了若干列信息项。一行数据称为一个或一条记录,它表达有一定意义的信息组合。一个数据库表由一条或多条记录组成,没有记录的表称为空表。每个表中通常都有一个主关键字,用于唯一地确定一条记录。

(2) 视图

视图(view)实质是一张虚拟的表,用来存储在数据库中预先定义好的查询,虽然视图具有表的外观,可以像表一样进行访问,但它本身并不占据物理存储空间。视图是由查询数据库表产生的,它限制了用户能看到和修改的数据。由此可见,视图可以用来控制用户对数据的访问,并能简化数据的显示,即通过视图只显示那些需要的数据信息。

(3) 索引

索引(index)是一个指向表中数据表指针,其形式和书籍的目录类似。建立索引是为了提高检索表中数据的速度,但它占用一定的物理空间。

(4) 存储过程

存储过程(stored procedure)也称为函数或程序,它是存储在数据库中的一组相关的SQL 语句,经过预编译后,随时可供用户调用执行。使用存储过程主要是为了减少网络流量,同时可以提高 SQL Server 编程的效率。

(5) 触发器

触发器(trigger)是一种特殊的存储过程,当对表执行了某种操作后,就会触发相应的触发器。触发器通常包括 insert、delete 和 update 三种。使用触发器通常是为了维护数据的完整性、信息的自动统计等功能。

(6) 关系图

关系图以图形显示通过数据连接选择的表或表结构化对象。同时也显示它们之间的连接关系。在关系图中可以进行创建或修改表和表结构化对象之间的连接操作。

(7) 函数

函数(function)是一组为了完成特定任务的 SQL 语句,它接受输入参数并返回结果。与存储过程不同,函数必须返回一个值。函数可以在查询中作为表达式的一部分使用,提供数据的转换、计算和格式化等功能。

(8) 架构

架构(schema)是数据库中的一个命名空间,用于组织数据库对象(如表、视图、存储过程等)。架构有助于避免命名冲突,提高数据库的可维护性和安全性。在 SQL Server 中,每个数据库都可以包含多个架构,但默认情况下,所有对象都位于 dbo 架构下。

(9) 用户

所谓用户就是有权限访问数据库的人,同时需要自己登录账号和密码。用户分为管理员用户和普通用户两种角色。前者可对数据库进行修改删除,后者只能进行阅读、查看等操作。角色是指一组数据库用户的集合,和 Windows 中的用户组类似。数据库的用户组可以根据需要添加,用户如果被加入某一角色,则将具有该角色的所有权限。

3.1.3.3　数据库文件和文件组

SQL Server 数据库文件和文件组是数据库存储结构的重要组成部分，它们共同构成了数据库的物理存储基础。

（1）数据库文件(. mdf 和. ndf)

① 主数据文件(primary data file)：每个数据库都有一个主数据文件，其扩展名通常为. mdf。主数据文件包含数据库的启动信息，并指向数据库中的其他文件。用户数据和对象(如表、索引、存储过程和视图等)可以存储在主数据文件中，也可以存储在辅助数据文件中。文件名可以由用户在创建时定义，如“学生选课管理子系统”的主数据文件名定义为 xsxk_data. mdf。

② 辅助数据文件(secondary data file)：辅助数据文件是可选的，由用户定义并用于存储用户数据。它们可以分散到多个磁盘上，以提高数据的 I/O 性能和可用性。如果数据库超过了单个 Windows 文件的最大值，可以使用次要数据文件，这样数据库就能继续增长。一个数据库中，可以没有次要数据文件，也可以拥有多个次要数据文件。辅助数据文件的扩展名通常为. ndf。

③ 日志文件(. ldf)

事务日志文件(transaction log)包含用于恢复数据库的日志信息。每个数据库都必须至少有一个日志文件，其扩展名通常为. ldf。日志文件记录了数据库的所有更改操作，以便在需要时进行恢复。日志文件是维护数据完整性的重要工具，如果因为某种不可预料的原因使得数据库系统崩溃，那么数据库管理员仍然可以通过日志文件完成数据库的恢复与重建。

特别提示：

通常应将数据文件和事务日志文件分开放置，以保证数据库的安全性。

（2）文件组

文件组(file group)是文件的组合。当一个数据库由多个文件组成时，使用文件组可以合理地组合、管理文件。当系统硬件上包含多个硬盘时，可以把特定的文件分配到不同的磁盘上，加快数据读写速度。

① 主文件组

主文件组(primary file group)是每个数据库的默认文件组。它包含主数据文件以及未明确指定到其他文件组的所有辅助数据文件。系统表也存储在主文件组中。

② 用户定义的文件组

用户可以根据需要创建自定义的文件组，并将数据文件分配到这些文件组中。这有助于更好地组织和管理数据库中的数据，特别是在处理大型数据库时。

③ 内存优化数据文件组

内存优化数据文件组(memory optimized data file group)是 SQL Server 2019 及更高版本中引入的一种特殊文件组，用于存储内存优化表的数据。内存优化表是一种将数据存储在内存中以提高性能的表类型。

④ filestream 文件组

filestream 是 SQL Server 中用于存储大型二进制对象(如文档、图片和视频)的一种技术。filestream 文件组用于存储这些大型对象的数据。

3.1.3.4 创建数据库的语法结构

创建数据库语句的基本语法格式如下。

```
create database 数据库名
  [ on [primary]
    { ([name=数据文件的逻辑名称 ,]
filename=' 数据文件的物理名称 ',
[size=数据文件的初始大小 [ MB(默认) | KB | GB ] , ]
[maxsize={ 数据文件的最大容量[MB | KB| GB]
|unlimited(不受限制) } ,]
[filegrowth=数据文件的增长量[ MB |KB | GB | %  ] ])
    } [ ,…n ]
[ filegroup 文件组名
{ ( [name=数据文件的逻辑名称 ,]
[filename=' 数据文件的物理名称 ', ]
[size=数据文件的初始大小 [MB | KB | GB ] ,]
[maxsize={数据文件的最大容量 [ MB | KB | GB ]
      | unlimited } ,]
[filcgrowth=数据文件的增长量[ MB |KB |GB | %  ] ])
      } [ ,…n ]  ]
```

特别提示:

(1) “[ ]”中的内容表示可以省略,省略时系统取默认值。

(2) “{ }[, …n]”表示花括号中的内容可以重复书写 n 次,必须用逗号隔开。

(3) “|”表示相邻前后两项只能任取一项。

(4) 一条语句可以分成多行书写,但多条语句不允许写在一行。

```
log on
{ ( [name=事务日志文件的逻辑名称 ,]
[filename=' 事务日志文件的物理名称 ',]
[size=事务日志文件的初始大小 [MB | KB | GB ] ,] [maxsize= { 事务日志文件的最大容量 [MB
| KB | GB ]
| unlimited } ,]
[filegrowth=事务日志文件的增长量[MB|KB|GB| %  ]])
  } [ ,…n ] ]
```

特别提示：

(1) on 表示需根据后面的参数创建该数据库。

(2) log on 子句用于根据后面的参数创建该数据库的事务日志文件。

(3) primary 指定后面定义的数据文件属于主文件组 primary，也可加入用户创建的文件组。

(4) name='数据文件的逻辑名称'：是该文件在系统中使用的标识名称，相当于别名。

(5) filename='数据文件的物理名称'：指定文件的实际名称，包括路径和后缀。

(6) unlimited 表示在磁盘容量允许情况下不受限制。

(7) 文件容量默认单位为 MB，也可以使用 KB。

【实例 3-1】 在 D:\mydata 文件夹下创建一个数据库 mydb，该数据库的主数据文件的逻辑名称是 mydb，文件大小为 12 MB，最大容量为 500 MB，增量为 5 MB；该数据库的日志文件的逻辑名称是 mydb_log，初始文件的大小为 15 MB，最大容量为 100 MB，增长增量为 5 MB。

方法 1：使用 SSMS 创建 mydb 数据库

打开“新建数据库”对话框，根据实训要求设置如图 3-5 所示，更改的数据文件的自动增长设置，如图 3-6、图 3-7 所示。

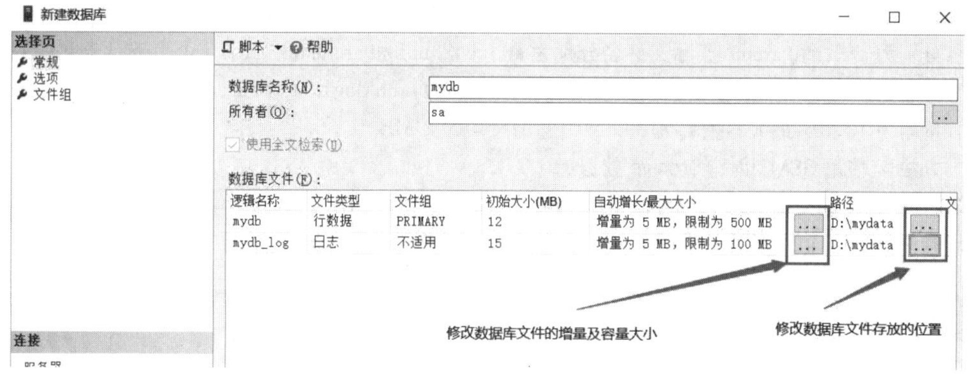

图 3-5　“新建数据库”窗口

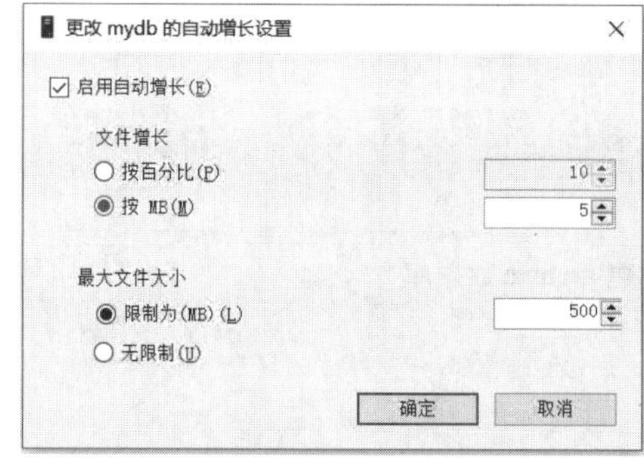

图 3-6　主数据文件自动增长设置

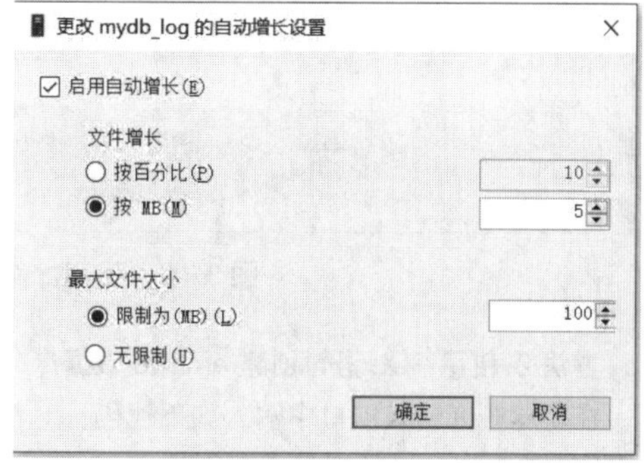

图 3-7 事务日志文件自动增长设置

方法 2:使用 SQL 语句创建 mydb 数据库

在新建查询输入窗口中输入如下代码。

```
/* 事先要在 D 盘上创建一个 mydata 的文件夹 */
create database mydb
on(
name=mydb_data,  /* 数据文件逻辑文件名 */
filename='D:\mydata\mydb_data.mdf',  /* 数据文件物理文件名 */
size=12 MB, /* 数据文件大小 */
maxsize=500 MB, /* 数据文件最大尺寸 */
filegrowth=5 MB) /* 数据文件增量 */
log on(
name=mydb_log, /* 事务日志文件逻辑文件名 */
filename='D:\mydata\mydb_log.ldf', /* 事务日志文件物理文件名 */
size=15 MB,  /* 事务日志文件大小 */
maxsize=100 MB, /* 事务日志文件最大尺寸 */
filegrowth=5 MB) /* 事务日志文件增量 */
```

【实例 3-2】 在 D:\mydata 文件夹下创建一个 archive 数据库,包含 3 个数据文件和 2 个事务日志文件。主数据文件的逻辑文件名为 arch1,实际文件名为 archdat1.mdf,2 个次数据文件的逻辑文件名分别为 arch2 和 arch3,实际文件名分别为 archdat2.ndf 和 archdat3.ndf。2 个事务日志文件的逻辑文件名分别为 archlog1 和 archlog2,实际文件名分别为 archklog1.ldf 和 archklog2。上述文件的初始容量均为 12 MB,最大容量均为 300 MB,递增量均为 2 MB。

方法 1:使用 SSMS 创建 archive 数据库

打开"新建数据库"对话框,根据实训要求数据库参数设计如图 3-8 所示,文件的大小、最大尺寸和增量值都是一样的,更改数据文件的自动增长设置可参见课堂实例 3-1 的方法。

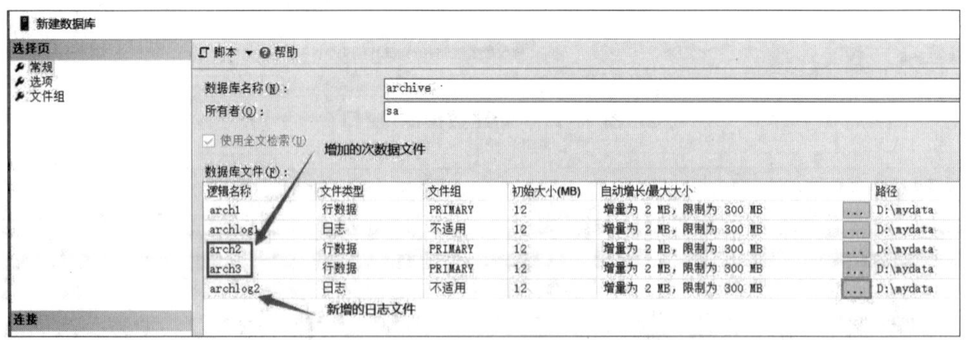

图 3-8 使用 SSMS 创建 archive 数据库

方法 2:使用 SQL 语句创建 archive 数据库

在新建查询输入窗口中输入如下代码。

```
/* 事先在 d 盘的根目录下创建 mydata 文件夹 */
```

```
create database archive
on(
name=arch1,
filename='d:\mydata\archdat1.mdf',
size=12 MB,
maxsize=300 MB,
filegrowth=2 MB
),          /* 主数据文件与次数据文件代码之间用逗号(,)隔开 */
(name=arch2,
filename='d:\mydata\archdat2.ndf',
size=12 MB,
maxsize=300 MB,
filegrowth=2 MB
), /* 次数据文件与次数据文件代码之间用逗号(,)隔开 */
(name=arch3,
filename='d:\mydata\archdat3.ndf',
size=12 MB,
maxsize=300 MB,
filegrowth=2 MB
)
log on
(name=archlog1,
filename='d:\mydata\archklog1.ldf',
size=12 MB,
maxsize=300 MB,
filegrowth=2 MB
), /* 事务日志文件与事务日志文件代码之间用逗号(,)隔开 */
(name=archlog2,
filename='d:\mydata\archklog2.ldf',
size=12 MB,
maxsize=300 MB,
filegrowth=2 MB
)
```

任务 3-2 修改数据库

3.2.1 任务情境

【微课】
修改数据库

修改数据库主要是针对创建的数据库在需求有变化时进行的操作，这些修改可分为数据库的名称、大小和属性 3 个方面。而小米在根据讲解创建“学生选课管理子系统”数据库 xsxk 时，将数据库的名称错写成 sxxk，而现在要求将默认的数据文件初始大小改为 15 MB，并添加辅助文件(次数据文件)xsxk_dat1.ndf，大小默认，让我们一起来和小米进行实践操作吧。

3.2.2 任务实现

子任务 1 修改数据库名称

方法 1：使用 SSMS 管理工具修改数据库名称

第 1 步：启动 SSMS，在“对象资源管理器”窗口中，选中新创建的数据库 sxxk，右键单击弹出快捷菜单。

第 2 步：选择“重命名”，在提示状态下将 sxxk 的数据名称改为 xsxk 后，即完成操作，如图 3-9 所示。

图 3-9 重命名数据库名称

方法 2：使用 SQL 语句修改数据库名称

在新建查询输入窗口中输入如下代码。

(1) alter database sxxk modify name= xsxk(使用 alter 语句)

(2) sp_renamedb 'sxxk','xsxk'(使用系统存储过程)

3.2.3 相关知识

3.2.3.1 修改数据库名称的方法

一般情况下,不建议用户修改创建好的数据库名称。因为许多应用程序可能已经使用了该数据库的名称,在更改了数据库的名称之后,还需要修改相应的应用程序。具体的修改方法有很多种,如使用 alter database 语句、sp_renamedb 存储过程和图形界面等。

(1) alter database 语句

该语句修改数据名称时只更改了数据库的逻辑名称,对于该数据库的数据文件和日志文件没有任何影响,语法结构如下:

```
alter database databasename modify name= newdatabasename
```

例如,将“学生”数据库更名为 student,语句为:

```
alter database 学生 modify name= student
```

(2) sp_renamedb 存储过程

执行 sp_renamedb 存储过程也可以修改数据库的名称,语法结构如下:

```
sp_renamedb '原数据库名称','新数据库名称'
```

例如,将“学生”数据库更名为 student,语句为:

```
sp_renamedb '学生','student'
```

(3) 图形界面

从“对象资源管理器”窗格中右击一个数据库名称节点,选择“重命名”命令后输入新的名称,即可直接改名。

3.2.3.2 修改数据库语句的基本语法格式

```
alter database 数据库名
        add file < 文件格式>  [to filegroup 文件组]
      | add log file < 文件格式>
      | remove file 逻辑文件名
      | add filegroup 文件组名
      | remove filegroup 文件组名
      | modify file < 文件格式>
      | modify name new_dbname
      | modify filegroup 文件组名
```

说明:

add file 为增加一个辅助数据文件(次数据库文件)[并加入指定文件组];

<文件格式> 为:

```
      ( name = 数据文件的逻辑名称
      [,filename = '数据文件的物理名称']
      [,size =  数据文件的初始大小 [ MB | KB|GB ] ]
  [,maxsize= { 数据文件的最大容量[ MB | KB|GB ]   | unlimited } ]
  [,filegrowth= 数据文件的增长量 [ MB | KB | GB|%  ] ] )
```

子任务 2　修改数据库文件大小

方法 1:使用 SSMS 管理工具修改 xsxk 数据库中数据文件的大小

第 1 步:在“对象资源管理器”窗格中,右键单击选中“xsxk”数据库,弹出的快捷菜单中,选择“属性”,弹出“属性”对话框,如图 3-10 所示。

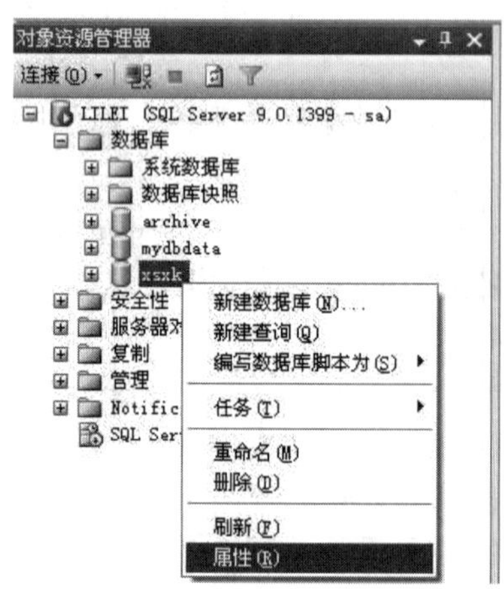

图 3-10　xsxk 数据库属性

第 2 步:在弹出的“数据库属性”对话框的“选择页”中选择“文件”页,设置如图 3-11 所示。

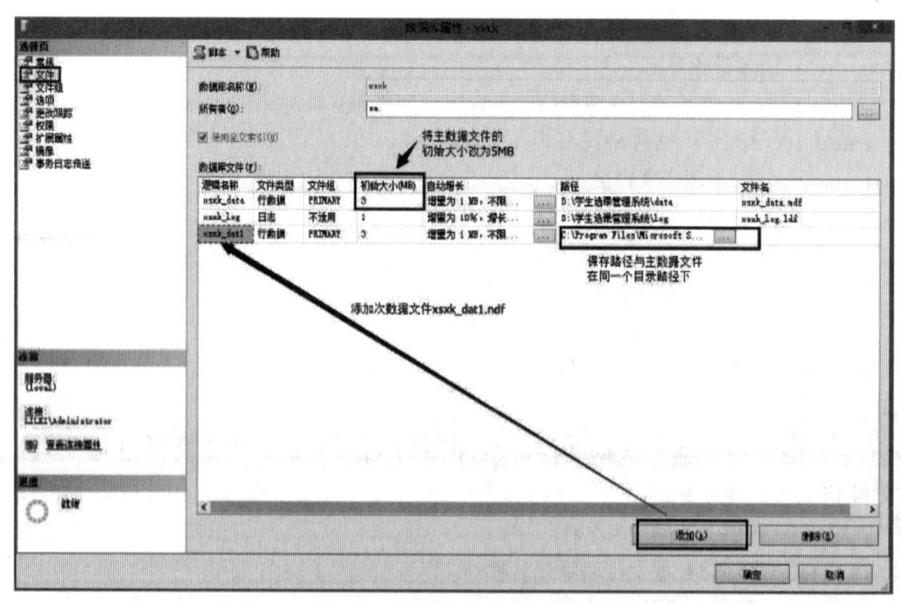

图 3-11　“数据库属性”对话框

方法 2:使用 SQL 语句修改数据库大小

在新建查询输入窗口中输入如下代码。

```
alter database xsxk
```

```
modify file
(name=xsxk_data,
size=15 MB)
```

【实例 3-3】 将实例 3-1 中创建数据库 mydb 的主数据文件大小调整为 20 MB，并向数据库中添加一个次数据文件，其逻辑文件名和实际文件名分别是 mydb_dat1 和 mydb_dat1. ndf，数据文件的初始容量为 15 MB，最大容量为 300 MB，递增量为 20%。

方法 1：使用 SSMS 修改 mydb 数据库

第 1 步：在“对象资源管理器”窗格中，右键单击选中“mydb”数据库，弹出的快捷菜单中，选择“属性”，弹出“数据库属性”对话框。

第 2 步：在弹出的“数据库属性”对话框的“选择页”中选择“文件”页，设置如图 3-12 所示。

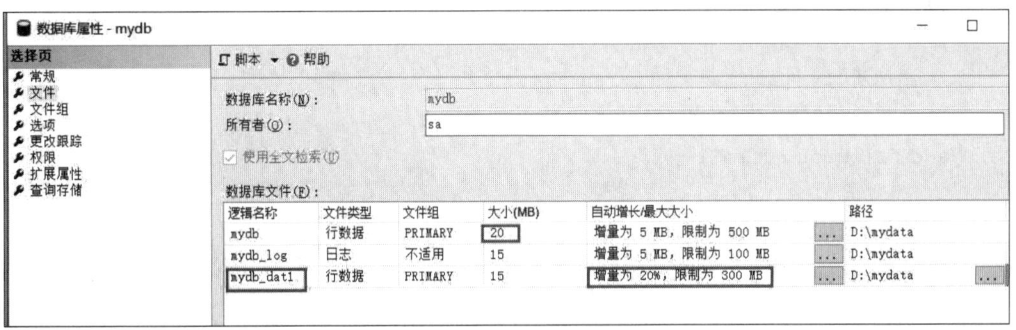

图 3-12　mydb 数据库属性

方法 2：使用 SQL 语句修改 mydb 数据库

在新建查询输入窗口中输入如下代码。

```
/* 添加新的次数据文件 */
alter database mydb
add file
(name=mydb_dat1,
filename='d:\mydata\mydb_dat1.ndf',
size=15 MB,
maxsize=300 MB,
filegrowth=20%
)
/* 修改主数据库文件的初始大小，由原来的 10 MB，更改为 20 MB */
/* 先查询 mydb 数据库的数据文件及日志文件的相关信息 */
select * from mydb.[dbo].[sysfiles]
/* 从查询到的数据文件中找到主数据文件的逻辑文件名，完成操作 */
alter database mydb
modify file
(name=mydb,
size=20 MB)
```

【实例 3 - 4】 使用 SQL 语句将实例 3 - 2 所创建的 archive 数据库中主数据文件的初始大小改为 15 MB,最大容量改为 200 MB,递增量改为 30%;再增加一个次数据文件,逻辑文件名和实际文件名分别为 arch4 和 archdat4. ndf,大小默认,存放在 fileG1 的文件组中;将文件组 fileG1 的名字更改为 fg1;删除 fg1 文件组。

```
/* 修改主数据文件的大小 */
alter database archive
modify file
(name=archdata1,
size=15 MB,
maxsize=200 MB,
filegrowth=30%
)
/* 添加新的文件组 fileG1 */
alter database archive
add filegroup fileG1

/* 添加新的次数据文件存放在 fileG1 文件组中 */
alter database archive
add file
(
name-arch4,
filename='d:\mydata\archdat4.ndf'
)to filegroup fileG1
/* 修改文件组 fileG1 的名字为 fg1 */
alter database archive
modify filegroup fileG1
name=fg1
```

任务 3 - 3　删除数据库

3.3.1　任务情境

随着数据库数量的增加,系统的资源消耗越来越多,运行速度也会变慢。这时,就需要对数据库进行调整,将不需要的数据库删除,释放被占用的磁盘空间和系统消耗。不过,数据库一旦被删除,它的所有信息,包括文件和数据均被从磁盘上物理删除。目前汤小米同学也存在这样的问题,她新建的 mydb 数据库已经完成的数据库大小的修改,现在没有什么用了,想将其删除,让我们一同帮助她吧。

【微课】
删除数据库

3.3.2　任务实现

方法 1:使用 SSMS 删除 mydb 数据库

启动 SSMS 管理工具,在“对象资源管理”窗格中,指向左侧窗口要删除的 mydb 数据库结点,右键单击,从弹出的快捷菜单中选择“删除”命令,打开“删除对象”对话框,如图 3－13 所示,单击“确定”按钮,指定数据库即删除。

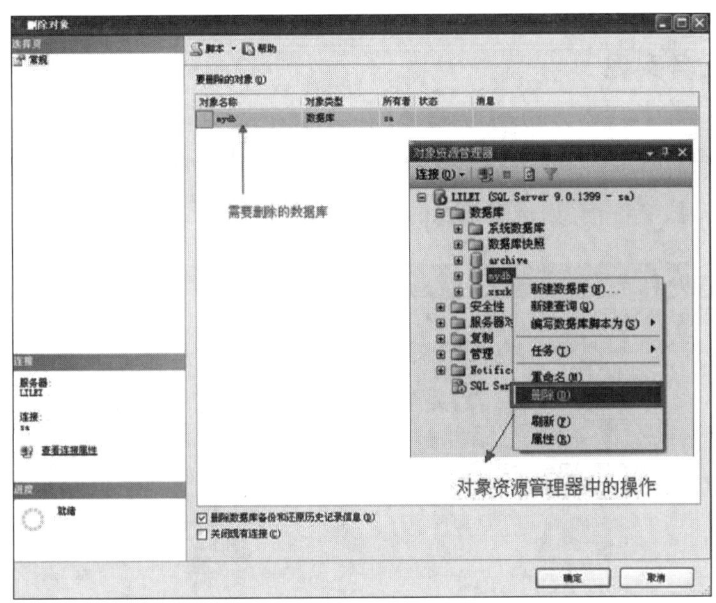

图 3－13　“删除对象”属性对话框

方法 2:使用 SQL 语句删除 mydb 数据库

使用 SQL 语句删除数据库的基本语法格式如下:

```
drop database< 要删除的数据库名> [,…n]
```

其中[,…n]表示可以有多个数据库名。

在新建查询输入窗口中输入如下代码:

```
drop database mydb
```

【实例 3－5】 使用 SQL 语句删除实例 3－4 中创建的文件组 fg1;并删除该文件组中存放的次数据文件;删除 archive 数据库。

```
/* 删除 fg1 文件组先要删除该文件组中的文件 arch4 */
alter database archive
remove file arch4
/* 删除文件组 fg1 */
alter database archive
remove filegoup fg1
/* 删除 archive 数据库 */
drop database archive
```

任务 3-4 查看数据库

3.4.1 任务情境

【微课】
查看数据库

汤小米同学想查看已经创建的"学生选课管理子系统"的 xsxk 数据库信息,让我们一起和她操作吧。

3.4.2 任务实现

启动 SSMS 管理工具,在"对象资源管理"窗格中,选中左侧窗口要查看的"xsxk"数据库,右键单击,从弹出的快捷菜单中选择"属性"命令,打开"数据库属性"对话框,即可查看该数据库的基本信息、文件信息、选项信息、文件组信息和权限信息等,如图 3-14 所示。

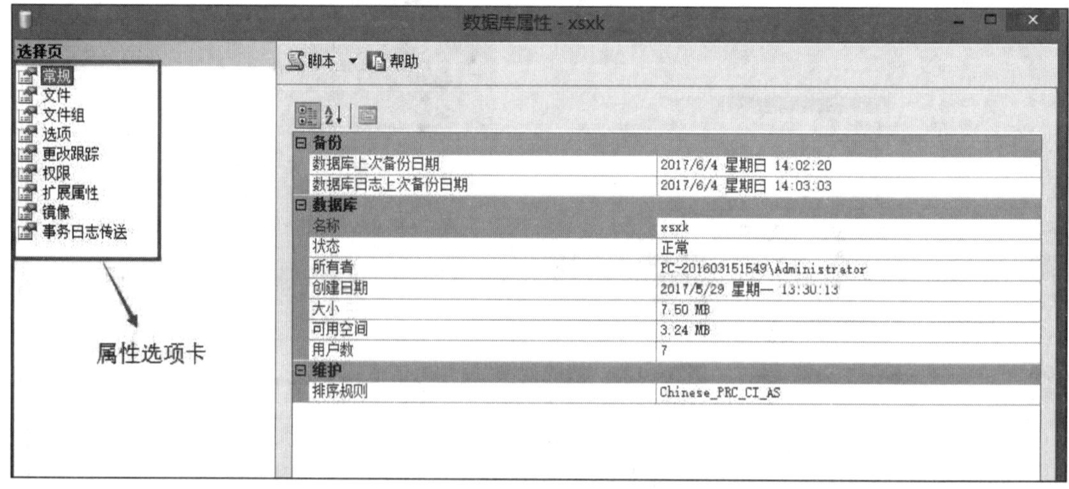

图 3-14 "数据库属性"对话框

【实例 3-6】 查询 xsxk 数据库的数据文件及日志文件的相关信息(包括文件组、当前文件大小、文件最大值、文件增长设置、文件逻辑名、文件路径等);查看 xsxk 数据库的详情。

```
select * from xsxk.[dbo].[sysfiles]
/* 查看指定数据库的详情 */
sp_helpdb xsxk
```

特别提示:

数据库相关操作命令

```
/* 获取所有数据库名 */
select name from master..sysDatabases order by name
/* 查询数据库服务器各数据库日志文件的大小及使用率 */
```

```
dbcc sqlperf(logspace)
/* 查询当前数据库的磁盘使用情况 */
exec sp_spaceused
/* 查询各个磁盘分区的剩余空间 */
exec master.dbo.xp_fixeddrives
```

任务 3－5 分离数据库

3.5.1 任务情境

【微课】
分离数据库

通过以上 4 个任务的学习，汤小米同学已经掌握了应用 SSMS 管理工具和 SQL 语句进行数据库的创建、修改、删除和查看的操作，不过，在查看数据库信息的时候，发现 xsxk 数据库的日志文件保存在了“d:\mydata”的文件夹中了，没有保存在指定的“d:\学生选课管理子系统\log”目录路径里，于是，小米同学采用了复制的方法想将保存在“d:\mydata”中的 xsxk_log. ldf 文件拷贝到指定的文件夹中，结果一直弹出“复制文件或文件夹时出错”的对话框，如图 3－15 所示。

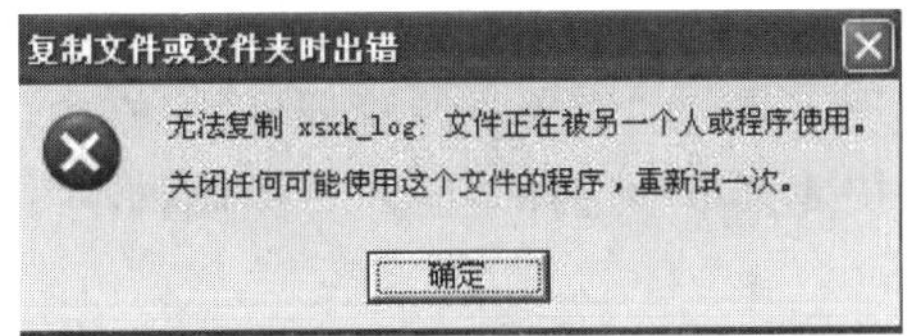

图 3－15 复制日志文件时出错信息

当然了，xsxk 数据库目前还作为 SQL Server 2019 的实例，正在被使用，所以，无法完成复制的工作。要想实现这样的操作，首先必须将该数据库从 SQL Server 2019 的实例中分离出去，分离数据是指将数据库从数据库实例中删除，但该数据库的数据文件和事务日志文件仍然保持不变，这与删除数据库是不同的。下面我们一起来帮助汤小米同学，完成 xsxk 数据库的分离操作。

3.5.2 任务实现

第 1 步：启动 SSMS 管理工具，在“对象资源管理器”窗格中，右键单击左侧窗口要查看的“xsxk”数据库，从弹出的快捷菜单中选择“任务”|“分离”命令，打开“分离数据库”对话框，如图 3－16 所示。

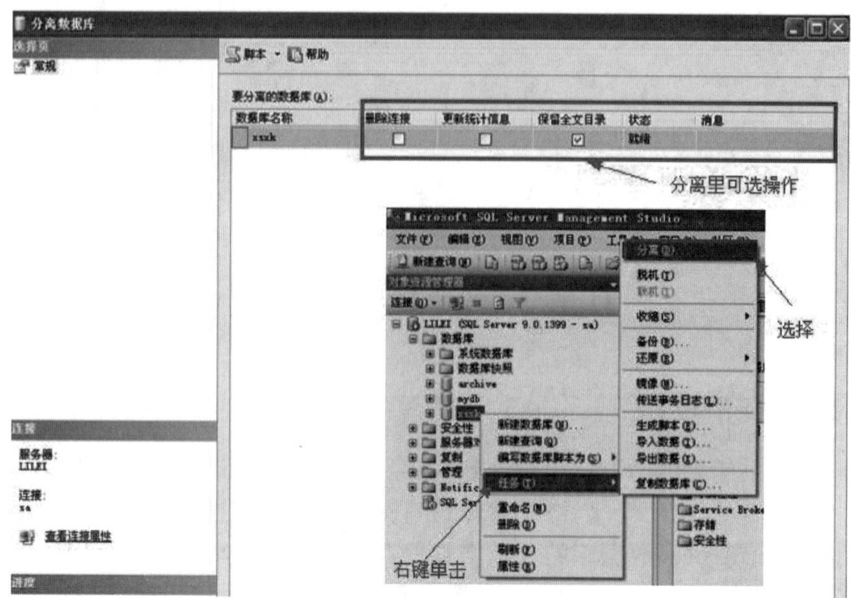

图 3-16 “分离数据库”属性

第 2 步:单击“确定”,即可完成指定数据库的分离操作。

3.5.3 生成脚本

第 1 步:启动 SSMS 管理工具,在“对象资源管理器”窗格中,右键单击左侧窗口要查看的“xsxk”数据库,从弹出的快捷菜单中选择“任务”|“生成脚本”命令,打开“生成脚本”对话框,如图 3-17 所示。

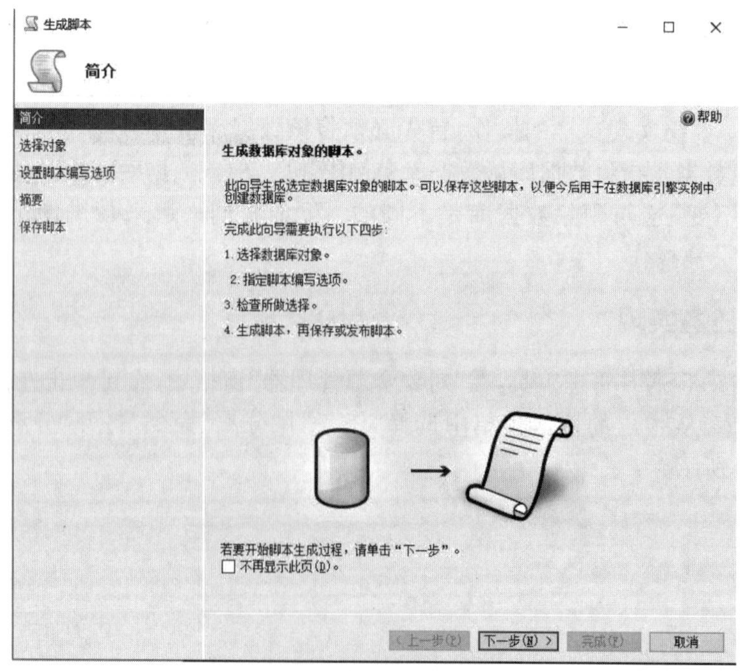

图 3-17 “生成脚本”对话框

第 2 步：单击“下一步”，进入“选择对象”选项，选择“为整个数据库及所有数据库对象编写脚本”，如图 3－18 所示。

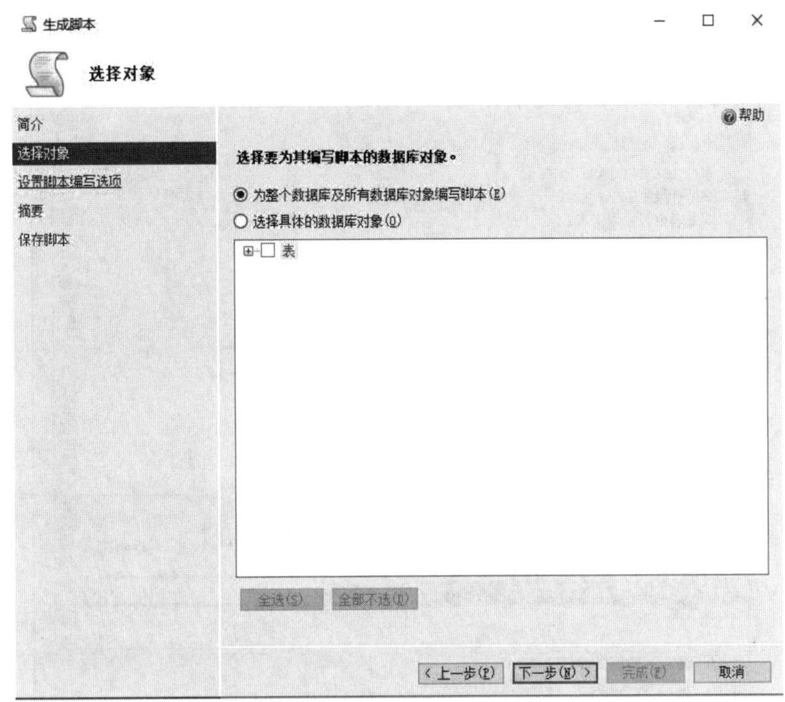

图 3－18　选择对象

第 3 步：单击“下一步”进入“设置脚本编写选项”，指定应如何保存脚本。

(1) 选中“另存为脚本文件”，要生成的文件是：一个脚本文件，文件名存放在用户指定的位置，脚本的名称也与数据库同名，如图 3－19 所示。

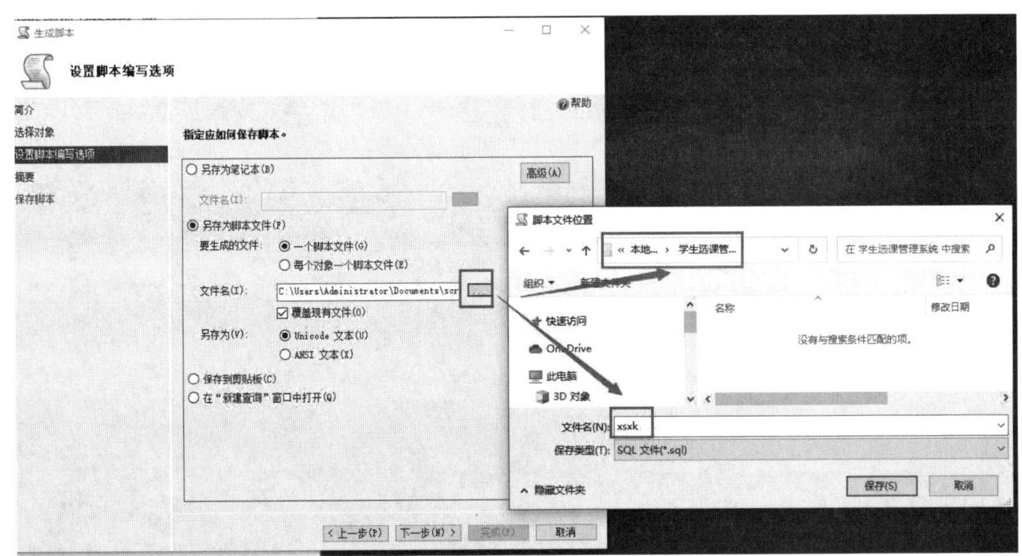

图 3－19　设置如何保存脚本

(2) 选中“高级”,打开“高级脚本编写选项”,选项中“服务器版本”选择“SQL Server 2005”,“要编写脚本的数据的类型”选项中选择“架构和数据”,如图 3-20 所示,单击“确定”后,直接单击“下一步”。

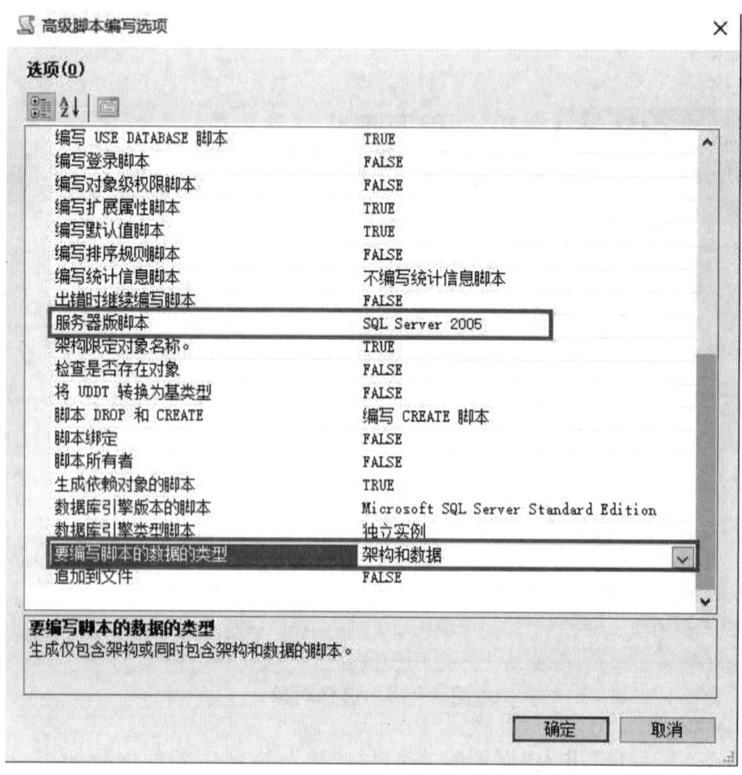

图 3-20 高级脚本编写选项设置

第 4 步:“摘要”选项中“检查所做的选择”,如果有问题可以单击“上一步”修改。如果没有问题直接单击“下一步”进入“保存脚本”选项,自动生成脚本,单击“完成”即可。如图 3-21 所示。

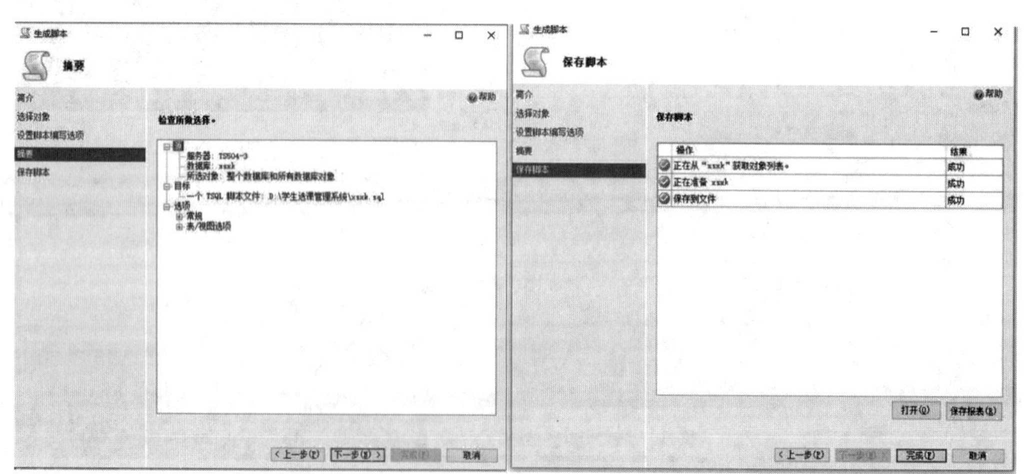

图 3-21 保存脚本

第5步: 需要分离的数据库生成新的脚本之后,再重新分离数据库。

任务3-6 附加数据库

3.6.1 任务情境

通过任务3-5的学习,汤小米同学已经掌握了应用SSMS管理工具分离数据库的操作,也掌握了因为误操作未将新建的数据库文件保存在指定的文件夹中后如何进行补救的方法,不过,文件都是拷贝到指定的文件夹中了,接下来,汤小米同学还想将xsxk数据库添加到SQL Server 2019的实例中进行更进一步的操作,可是,她不知道怎么办了。

【微课】

附加数据库

当然,xsxk数据库要成为SQL Server 2019的实例,必须将其附加至其中,让我们一起来帮助汤小米同学,和她一起完成将xsxk数据库附加为SQL Server 2019的实例的操作。

3.6.2 任务实现

第1步: 启动SSMS管理工具,在"对象资源管理器"窗格中右键单击左侧窗口"xsxk"数据库,从弹出的快捷菜单中选择"附加"命令,打开"附加数据库"对话框,如图3-22所示。

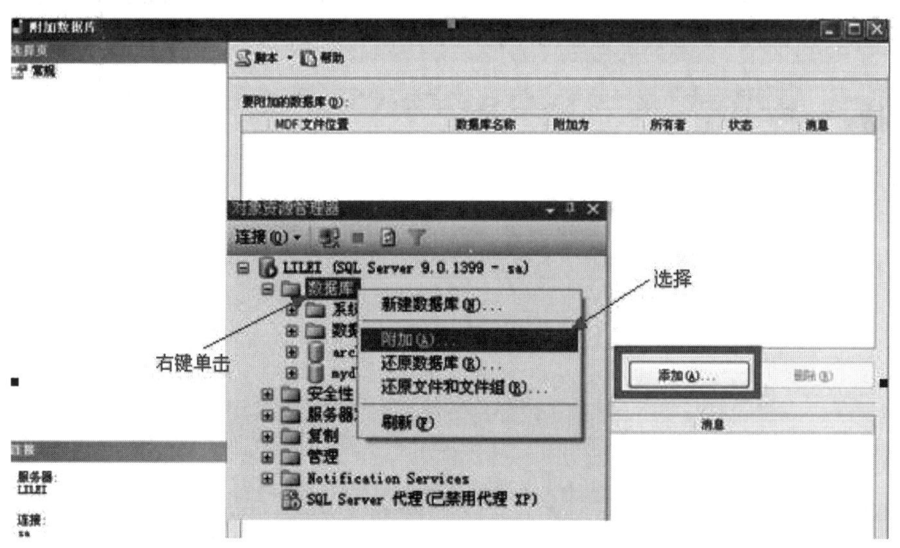

图3-22 "附加数据库"对话框

第2步: 单击"添加"命令,弹出"定位数据库文件"对话框,如图3-23所示,选择指定位置的xsxk数据文件。

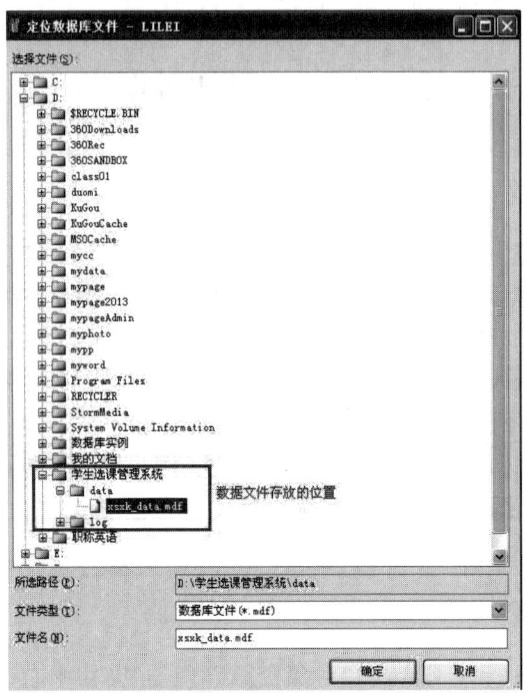

图 3-23 “定位数据库文件”对话框

第 3 步:单击“确定”按钮,弹出如图 3-24 所示的对话框,在“附加数据库”属性对话框中单击“确定”按钮,即可完成指定数据库的附加操作。

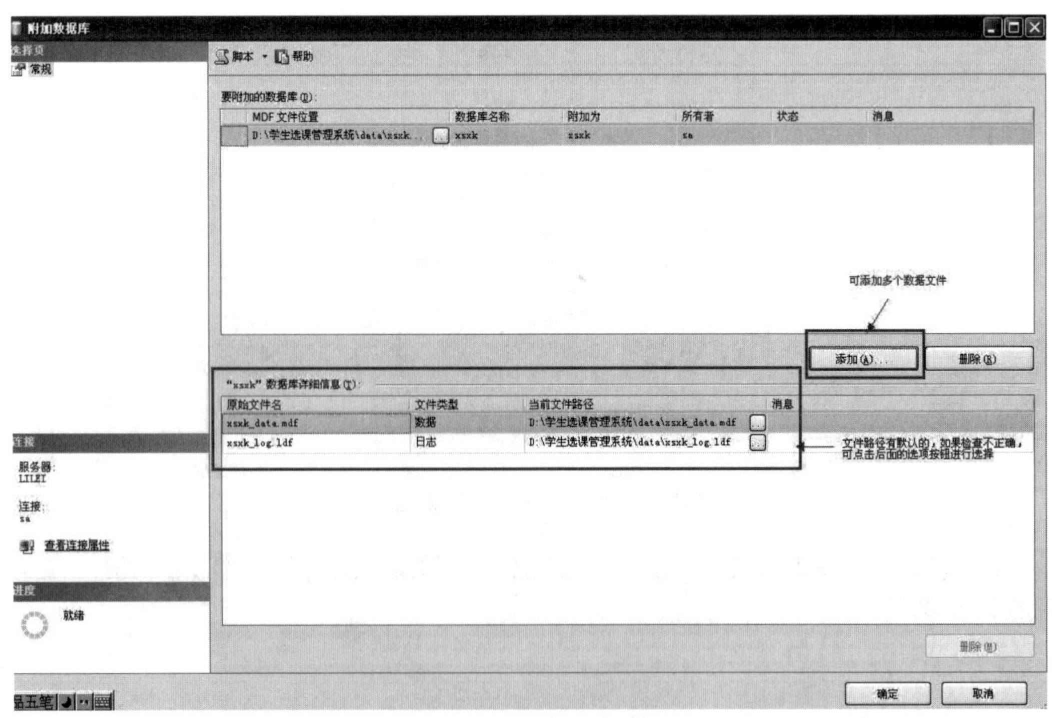

图 3-24 “附加数据库”属性

3.6.3　运行脚本

第 1 步:在 SSMS 可视化管理工具中选中“文件”菜单,单击“打开”,找到“文件”,打开“打开文件”对话框,如图 3-25 所示。

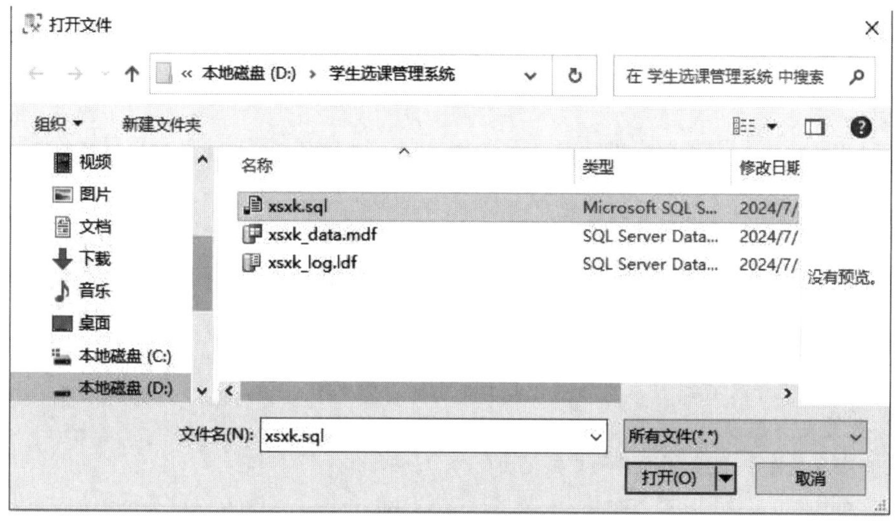

图 3-25　“打开文件”对话框

第 2 步:选中需要在 SQL Server 服务器中打开的 sql 脚本(此处以 xsxk.sql 脚本为例),单击“打开”,如图 3-26 所示。

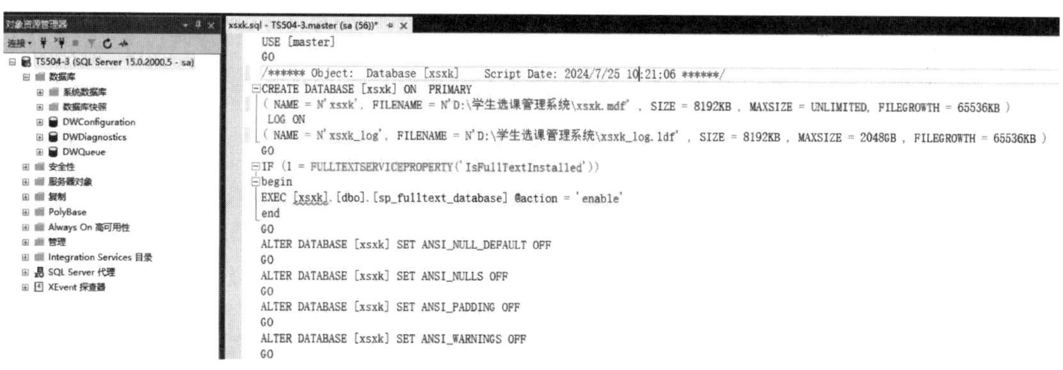

图 3-26　打开脚本

第 3 步:在脚本中可以修改生成的数据库存放的位置,还可以修改数据库名、主数据文件的物理文件和日志文件的物理文件名等。

此处只修改存放的位置为“D:\\xsxk”(xsxk 文件夹一定事条要存放在 D 盘),则脚本如下:

```
create database [xsxk] on primary
( name = n'xsxk', filename = n'D:\\xsxk\\xsxk.mdf' , size = 8192kb , maxsize =
unlimited, filegrowth = 65536kb )
log on
```

```
( name = n'xsxk_log', filename = n'D:\\xsxk\\xsxk_log.ldf' , size = 8192kb ,
maxsize = 2048gb , filegrowth = 65536kb )
go
```

第 4 步:选中执行,即可生成数据库,完成数据库的附加。

课堂习题

一、选择题

1. 下列数据库中,(　　)数据库作为系统数据库,其作用是系统运行时用于保存临时数据,称为临时数据库。

A. distribution　　B. master　　C. msdb　　D. tempdb

2. 下列数据库文件中,(　　)在创建数据库时是可选的。

A. 日志文件　　B. 主要数据文件　　C. 次要数据文件　　D. 都不是

3. 创建数据库时,(　　)参数是不能进行设置的。

A. 日志文件存放地址　　B. 是否收缩

C. 数据文件名　　D. 初始值

4. 在数据库文件中,主数据文件的扩展名为(　　)。

A. . ndf　　B. . mdf　　C. ldf　　D. 都不是

5. 用于存放数据库表和视图等数据库对象信息的文件为(　　)。

A. 主数据文件　　B. 文本文件

C. 事务日志文件　　D. 图像文件

6. 如果数据库中的数据量非常大,除了存储在主数据文件外,可以将一部分数据存储在(　　)。

A. 主数据文件　　B. 次数据文件

C. 日志文件　　D. 其他

7. 用户在 SQL Server 2019 中建立自己的数据库属于(　　)。

A. 用户数据库　　B. 系统数据库

C. 数据库模板　　D. 数据库管理系统

8. SQL 语言集数据查询、数据操纵、数据定义和数据控制功能于一体,其中,create、drop、alter 语句是实现(　　)功能。

A. 数据查询　　B. 数据操纵　　C. 数据定义　　D. 数据控制

9. 下列的 SQL 语句中,(　　)不是数据定义语句。

A. create table　　B. drop view

C. creat eview　　D. grant

10. 下列关于数据库的数据文件叙述错误的是(　　)。

A. 一个数据库只能有一个日志文件

B. 创建数据库时,primary 文件组中的第一个文件为主数据文件

C. 一个数据库可以有多个数据文件

D. 一个数据库只能有一个主数据文件

二、判断题

1. 在 SQL Server 中,创建数据库时可以不指定主数据文件的名称。　　(　　)

2. SQL Server 的数据库文件(mdf 和 ldf)的初始大小可以设置为 0 MB。　　(　　)

3. 在 SQL Server 中,一旦数据库被创建,就不能修改其主数据文件的最大大小(maxsize)。　　(　　)

4. filegrowth 参数仅适用于日志文件(ldf),不适用于数据文件(mdf 或 ndf)。 ( )

5. 在 SQL Server 中,删除数据库将同时删除其所有相关的数据文件(mdf、ndf)和日志文件(ldf)。 ( )

三、填空题

1. 创建名为 SchoolSystem 的数据库,SQL 语句应填写为:create database __________;

2. 修改 EmployeeRecords 数据库中的主数据文件,将其最大大小设置为 50 GB,文件自动增长设置为 500 MB,SQL 语句的 alter database 部分应填写为:

```
alter database EmployeeRecords modify file (name = n'EmployeeRecords_Data',
maxsize = __________, filegrowth = 500 MB);
```

3. 删除名为 TempTestDB 的数据库,SQL 语句应填写为:drop database __________;

4. 在创建 LibraryDB 数据库时,设置主数据文件(mdf)的初始大小为 30 MB,最大大小为 100 GB,文件自动增长为 10%,SQL 语句的 on 子句部分应填写为:

```
on (name = n'LibraryDB_Data', filename = n'D:\Data\LibraryDB.mdf', size= 30 MB,
maxsize = __________, filegrowth = 10% );
```

5. 修改 FinanceSystem 数据库中的日志文件,将其文件名和路径更改为 E:\Logs\FinanceLog. ldf,同时保持其他设置不变(假设原文件名和路径需要被替换),SQL 语句的 alter database 部分应填写为:

```
alter database FinanceSystem modify file (name = n'FinanceSystem_Log',
filename = n'__________');
```

课堂实践

【3-C-1】使用可视化工具创建“医院病房管理系统”数据库(hospital)。要求如下。

(1) 数据库名为:hospital。

(2) 该数据库中含有一个主数据文件和一个日志文件。

(3) 在本地 D 或 E 或 F 盘中创建文件夹“医院病房管理系统”,再在该文件夹中创建 data 和 log 文件夹,其中 data 用来存放数据文件,log 用来存放日志文件。

(4) 该数据库中的数据文件和日志文件的逻辑文件名和物理文件均默认,大小默认。

【3-C-2】使用可视化工具创建“体育比赛项目管理系统”数据库(sport)。要求如下。

(1) 数据库名为:sport。

(2) 该数据库中含有一个主数据文件、一个次数据文件和一个日志文件。

(3) 在本地 D 或 E 或 F 盘中创建文件夹“体育比赛项目管理系统”,再在该文件夹中创建 data 和 log 文件夹,其中 data 用来存放数据文件,log 用来存放日志文件;主数据文件存放在默认的文件组中;次数据文件存放在 fileG1 的文件组中。

(4) 该数据库的主数据文件的逻辑文件名为 sport_dat1,次数据文件名为 sport_dat2,初始大小均为 10 MB,增量为 5 MB,最大容量为 300 MB。

(5) 该数据库的日志文件的逻辑文件名为 sports_log,初始大小为 12 MB,其余默认。

【3-C-3】使用可视化工具创建“公司信息管理系统”数据库(commany)。要求如下。

(1) 数据库名为:commany。

(2) 该数据库中含有一个主数据文件和一个日志文件。

(3) 在本地 D 或 E 或 F 盘中创建文件夹“公司信息管理系统”,再在该文件夹中创建 data 和 log 文件夹,其中 data 用来存放数据文件,log 用来存放日志文件。

(4) 该数据库的主数据文件逻辑名称为 company_data,物理文件为 company. mdf,初始大小为 10 MB,

最大尺寸为无限大,增长速度为10%。

(5) 该数据库的日志文件逻辑名称为company_log,物理文件名为company.ldf,初始大小为1 MB,最大尺寸为50 MB,增长速度为1 MB。

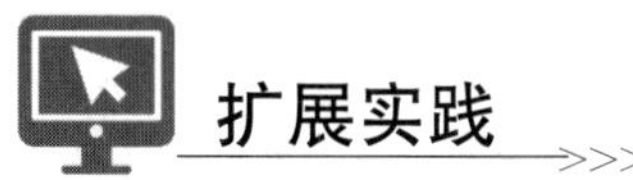

扩展实践

【3-B-1】使用SQL语句创建"学校管理系统"数据库(school)。要求如下。

(1) 数据库名为:school。

(2) 该数据库中含有一个主数据文件和一个日志文件。

(3) 在本地D或E或F盘中创建文件夹"学校管理系统",再在该文件夹中创建data和log文件夹,其中data用来存放数据文件,log用来存放日志文件。

(4) 该数据库中的数据文件和日志文件的逻辑文件名和物理文件均默认,大小默认。

【3-B-2】使用SQL语句创建"图书管理系统"数据库(book)。要求如下。

(1) 数据库名为:book。

(2) 该数据库中含有一个主数据文件和一个日志文件。

(3) 在本地D或E或F盘中创建文件夹"图书管理系统",再在该文件夹中创建data和log文件夹,其中data用来存放数据文件,log用来存放日志文件。

(4) 主数据文件的逻辑文件名为book_dat1,初始大小为10 MB,最大容量为300 MB。

(5) 日志文件的初始大小为10 MB,最大容易为200 MB。

【3-B-3】使用SQL语句创建"学生选课管理子系统"数据库(xsxk)。要求如下。

(1) 数据库名为:xsxk。

(2) 该数据库中含有一个主数据文件、一个次数据文件和两个日志文件。

(3) 在本地D或E或F盘中创建文件夹"学生选课管理子系统",再在该文件夹中创建data和log文件夹,其中data用来存放数据文件,log用来存放日志文件。

(4) 该数据库的主数据文件的逻辑文件名为xsxk_dat1,次数据文件名为xsxk_dat2,初始大小均为15 MB,增量为1 MB,最大容量为200 MB。

(5) 该数据库的其中一个日志文件逻辑文件名和大小等全部默认,另一个日志文件的逻辑文件名为xk1_log,初始大小为13 MB,最大容量不限。

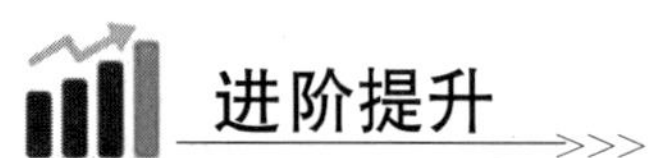

进阶提升

【3-A-1】以【3-C-1】中的创建"医院病房管理系统"数据库(hospital)为基础,完成如下操作。

(1) 使用SQL语句在hospital数据库中添加一个次数据文件,该次数据文件的名称为hospital_dat2,与主数据文件保存在同一个文件夹中,放在fileGroup1的文件组中。

(2) 使用SQL语句在hospital数据库中添加一个日志文件,该日志文件的名称为hTest_log,保存在book文件夹下的log文件夹中。

(3) 使用SQL语句修改hospital数据库文件中主数据文件的初始大小为15 MB,最大值不受限制。

(4) 使用SQL语句修改hospital数据库文件中初建的日志文件的初始大小为12 MB,最大容量为500 MB,增量为10%。

(5) 使用SQL语句,移除日志文件hTest_log。

(6) 使用SQL语句为数据文件创建新的文件组fileGroup2,再移除该文件组。

(7) 利有SQL语句将题1中创建的文件组更名为:Group1。

(8) 使用 SQL 语句删除文件组 Group1。

(9) 查询数据库的数据文件及日志文件的相关信息(包括文件组、当前文件大小、文件最大值、文件增长设置、文件逻辑名、文件路径等)。

(10) 使用 SQL 语句删除 hospital 数据库。

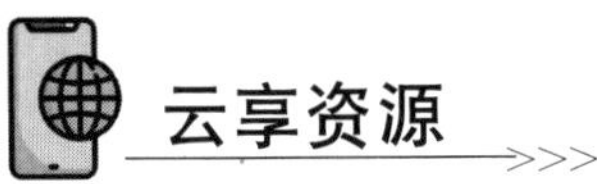

◎ 教学课件
◎ 教学教案
◎ 配套实训
◎ 参考答案

【微信扫码】

项目 4　数据表的定义与维护

【项目概述】

SQL Server 2019 中有两类表，一类是系统表，在创建数据库时由 model 库复制得到的；另一类是用户表。要用数据库存储数据，首先必须创建用户表。所以，汤小米通过项目 3 的学习，基本掌握了管理数据库方法和基本操作。如何在新建的数据库中创建数据表并管理维护数据表，又成了摆在汤小米同学面前的一项新的任务，那么，就让汤小米同学跟随我们讲解的思路，进入新知识的学习。通过实际操作，旨在使小米同学能够深入理解数据库表结构的设计原则，以及如何根据业务需求来优化和维护数据表。

【知识目标】

1. 掌握数据表的基本概念和结构。
2. 理解数据类型、约束、索引以及表属性等结构要素的作用和用法。
3. 学会使用 SQL 语句来定义、修改和删除数据表。
4. 了解数据完整性及其实现方式。
5. 掌握表间关系图。

【能力目标】

1. 能根据业务需求设计合理的数据表结构。
2. 能使用 SQL 语句进行数据表的创建、修改和删除。
3. 能解决数据表维护过程中遇到的常见问题。

【素养目标】

1. 培养学生规范化设计数据表的思维，提高系统设计和开发能力。
2. 培养学生的团队协作精神，提高项目管理和沟通能力。
3. 培养学生的自主学习和终身学习的能力，以适应不断变化的技术环境。

【重点难点】

教学重点：

1. 数据表的设计原则与步骤。

2. SQL 语言中用于数据表定义(create table)、修改(alter table)和删除(drop table)的 DDL 语句。

3. 数据表字段数据类型和约束条件的选择与设置。

教学难点：

1. 如何根据实际需求设计出既满足业务需求又具有良好扩展性的数据表结构。
2. 在修改数据表结构时，如何避免对已有数据的影响，确保数据的一致性和完整性。
3. 处理复杂约束条件(如外键约束)时可能遇到的问题及解决方案。

【知识框架】

本项目知识内容为如何在用户创建的数据库中依据数据表的表结构创建指定的数据表，并使用 SSMS 管理工具和 SQL 语句对数据表进行维护，学习内容知识框架如图 4－1 所示。

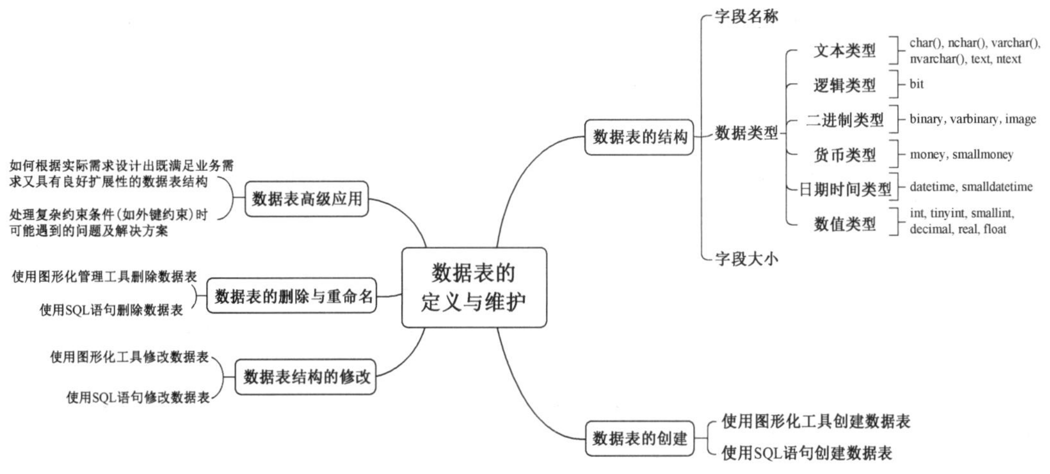

图 4－1　本项目内容知识框架

任务 4－1　创建数据表

4.1.1　任务情境

通过项目 2 的学习，我们得出了“学生选课管理子系统”数据库(xsxk)的关系模型，接下来，我们需要在新创建的 xsxk 数据库中存储 3 张数据表(学生信息表 s，课程信息表 c，成绩信息表 cs)。

【微课】
创建数据表

4.1.2　任务实现

方法 1：使用可视化工具创建数据表

第 1 步：启动 SSMS，在“对象资源管理器”窗口中，展开“数据库”|“xsxk”数据库节点。

第 2 步：右击“表”节点，选择“新建表”命令，打开表设计器窗口。

第 3 步：在表设计器窗口中，输入的列名、选择数据类型及是否允许为空的情况如表 4－1、表 4－2、表 4－3 所示。

表 4-1 (学生信息表)s 表的表结构设计

字段名	数据类型/大小	是否主键	是否为空	备注
sno	nvarchar(10)	是	否	学号
sname	nvarchar(10)	否	否	姓名
class	nvarchar(20)	否	否	班级
ssex	nvarchar(2)	否	否	性别
birthday	datetime(默认)	否	是	出生年月
origin	nchar(10)	否	是	籍贯
address	nvarchar(30)	否	是	住址
tel	nvarchar(11)	否	是	电话
email	nvarchar(20)	否	是	邮箱

表 4-2 (课程信息表)c 表的表结构设计

字段名	数据类型/大小	是否主键	是否为空	备注
cno	nvarchar(4)	是	否	课程号
cname	nvarchar(30)	否	是	课程名称
credit	tinyint(默认)	否	是	学分

表 4-3 (成绩信息表)sc 表的表结构设计

字段名	数据类型/大小	是否主键	是否为空	备注
sno	nvarchar(10)	是	否	学号
cno	nvarchar(4)	是	否	课程号
score	int(默认)	否	否	成绩

第 4 步:依据表 4-1、表 4-2、表 4-3 所提供的字段信息,设计 s 表、c 表、sc 表。

第 5 步:右键单击选中“sno”列,在弹出现快捷菜单中选择“设置主键”,设计效果如图 4-2、图 4-3、图 4-4 所示。

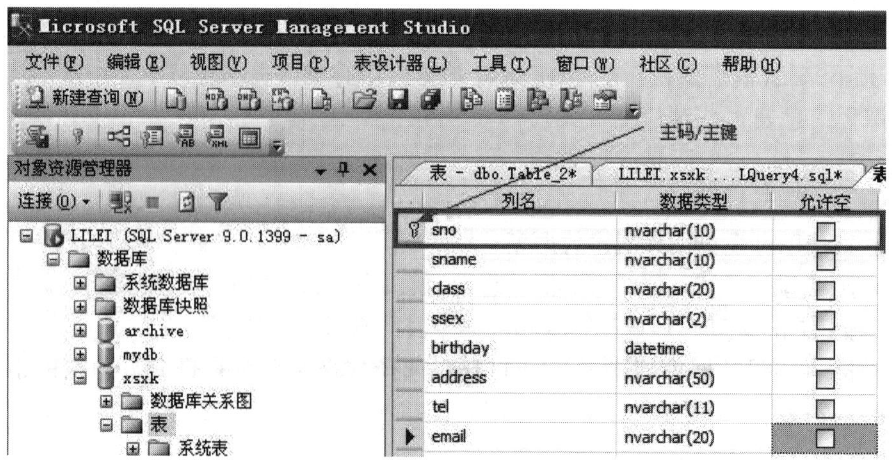

图 4-2 设计 s(学生信息)表

图 4-3　设计 c(课程信息)表

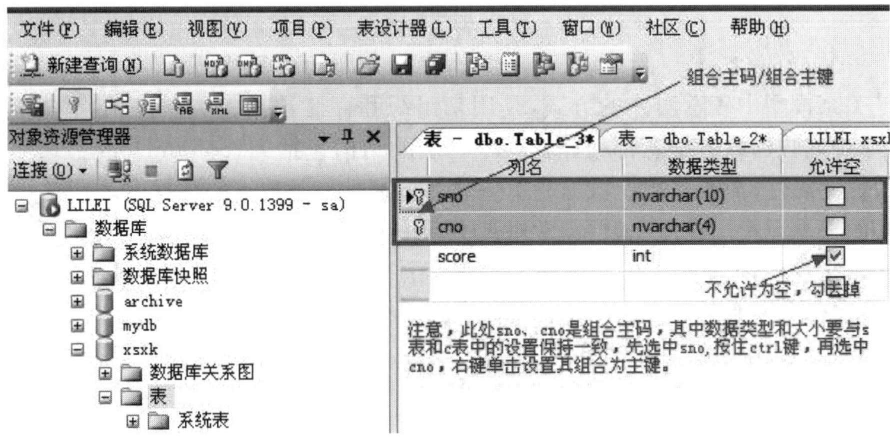

图 4-4　设计 sc(成绩信息)表

方法 2:使用 SQL 语句创建数据表

在"新建查询"的窗口中输入如下代码：

```
use xsxk  /* 打开 xsxk 数据库 */
go
/* 创建 s(学生)表的 SQL 语句 */
create table s(
sno nvarchar(10) not null,
sname nvarchar(10) not null,
class nvarchar(20) not null,
ssex nvarchar(2) not null,
origin nchar(10),
birthday smalldatetime,
address nvarchar(50),
tel nvarchar(11),
email nvarchar(20),
primary key(sno))
/* 创建 c(课程)表的 SQL 语句 */
```

```
create table c(
cno nvarchar(4) not null,
cname nvarchar(20),
credit tinyint,
primary key(cno))
/* 创建 sc(成绩)表的 SQL 语句 */
create table sc(
sno nvarchar(10) not null,
cno nvarchar(4) not null,
score int not null,
primary key(sno,cno))
```

4.1.3 相关知识

4.1.3.1 什么是表

表是关系模型中表示实体的方式,是用来组织和存储数据、具有行列结构的数据库对象,数据库中的数据或者信息都存储在表中。表的结构包括列(column)和行(row)。列主要描述数据的属性,而行是组织数据的单位。每行都是一条独立的数据记录,而每列表示记录中相同的一个元素。在使用时,经常对表中行按照索引进行排序或在检索时使用排序语句。列的顺序也可以是任意的,对于每一个表,用户最多可以定义 1 024 列,在一个表中,列名必须是唯一的,即不能有同名的两个或两个以上的列同时存在于一个表中。但是,在同一个数据库的不同表中,可以使用相同的列名。在定义表时,用户必须为每一个列指定一种数据类型。

特别提示:

(1) 表中行的顺序可以任意的。

(2) 表中列的顺序也可以任意的。

(3) 在一个表中,列名必须是唯一的,即不能有名称相同的两个或者两个以上的列同时存在于一个表中。

(4) 同一个数据库中,不同的数据表中,可以使用相同的列名。

4.1.3.2 表的类型

在 SQL Server 系统中,可以把表分为 4 种类型,即普通表、分区表、临时表和系统表。每一种类型的表都有其自身的作用和特点。

(1) 普通表

普通表又称为标准表,就是通常提到的作为数据库中存储数据的表,是最经常使用的表的对象,也是最重要的、最基本的表。普通表通常简称为表。其他类型的表都是有特殊用途的表,它们往往是在特殊应用环境下,为了提高系统的使用效率而派生出来的表。

(2) 分区表

分区表是将数据水平划分成多个单元的表,这些单元可以分散到数据库中的多个文件组里面，实现对单元中数据的并行访问。如果表中的数据量非常庞大，并且这些数据经常被以不同的使用方式来访问，那么建立分区表是一个有效的选择。分区表的优点在于可以方便地管理大型表，提高对这些表中数据的使用效率。

(3) 临时表

临时表，顾名思义，是临时创建的，不能永远存在的表。临时表又可以分为本地临时表和全局临时表。本地临时表的名称以单个数字符号“#”打头，它们仅对当前的用户连接是可见的，当用户从数据实例断开连接时被删除；全局临时表的名称以两个数字符号“##”打头，创建后对任何用户都是可见的，当所有引用该表的用户从数据库断开连接时被删除。

(4) 系统表

系统表与普通表的主要区别在于，系统存储了有关数据库服务器的配置、数据库设置、用户和表对象的描述系统信息。一般来说，只能由数据库管理人员(DBA)来使用该表。

4.1.3.3 数据类型

计算机中的数据有两种特征：类型和长度，其中，数据类型是指数据的种类。当为字段指定数据类型时，需要提供对象包含的数据种类：对象所存储值的长度或大小。对于数字数据而言，可能还需要指定数值的精度和数值的小数位数。下面列举 SQL Server 2019 中最常用的数据类型。

(1) 数值类型(包括整型和实型两类)

① tinyint(微整型)：占 1 字节的存储空间，存储数据范围为 0～255 之间的所有整数。

• tinyint 应用场景：存储简单调查问卷的选项(如 1 到 5 的评分)、IP 地址的最后一组数字、错误代码等。

• tinyint 应用示例：在一个在线调查中，我们需要记录用户对某个问题的满意度评分，评分范围从 1 到 5，由于这个数值很小，使用 tinyint 类型是合适的。

② smallint(短整型)：占 2 字节的存储空间，存储数据范围为 $-2^{15}\sim2^{15}-1$ 之间的所有整数。

• smallint 应用场景：存储小型活动的参与人数、简单的库存管理系统中的库存数量、学生的成绩排名等。

• smallint 应用示例：在一个小型企业的仓库管理系统中，我们需要记录每种商品的库存数量，由于库存数量通常不会太大，使用 smallint 类型就足够了。

③ int(整型)：占 4 字节的存储空间，存储数据范围为 $-2^{31}\sim2^{31}-1$ 之间的所有整数。

• int 应用场景：存储城市人口数量、中型公司的雇员数、一般应用程序的用户 ID 等。

• int 应用示例：如果我们要管理一个城市的居民信息，每个居民都有一个唯一的居民编号，由于城市人口通常不会超过 21 亿，我们可以使用 int 类型来存储这些编号。

④ bigint(大整型)：占 8 字节的存储空间，存储数据范围为 $-2^{63}\sim2^{63}-1$ 之间的所有整数。

• bigint 应用场景：存储全球人口数量、大型电子商务网站的订单编号、社交媒体上的帖子数量等。

• bigint 应用示例：假设我们要记录一个国际电商平台的总订单数量，由于订单数量可能非常大，超过了 int 类型的最大值，我们选择使用 bigint 类型来存储这个数值。

⑤ decimal(p,[,s])：小数类型，p 为数值总长度即精度，包括小数位数但不包括小数

点,范围为 1～38;s 为小数位数,默认时为 decimal(18,0),占 2～17 字节的存储空间,存储数据范围为$-10^{38}-1$～$10^{38}-1$之间的数值。

⑥ 精确数值 numeric(p[,s]):与 decimal(p,[,s])等价。

• 应用场景:金融领域、科学计算、需要精确计算的应用程序等。

• 应用示例:在银行系统中,我们需要记录客户的账户余额,由于涉及金钱交易,需要保证精确度,选择使用 decimal 或 numeric 类型来存储这些数值。

⑦ float[(n)]:浮点类型,占 8 字节的存储空间,存储数据范围为－1.79E－308～1.79E＋308 之间的数值,精确到第 15 位小数。

• float(n)应用场景:地理信息系统(GIS)、科学计算、图像处理等。

• float(n)应用示例:在地理信息系统中,我们需要记录地球上各个地点的经纬度坐标,由于地球是一个球体,经纬度的值通常非常大,我们可以选择使用 float(n)类型来存储这些坐标值,其中 n 表示精度。

⑧ real(短整型):浮点类型,占 4 字节的存储空间,存储数据范围为－3.40E－38～3.40E＋38 之间的数值,精确到第 7 位小数。

real 应用场景:科学计算、工程模拟、游戏开发等。

real 应用示例:在一个物理模拟程序中,我们需要记录物体的速度和加速度,由于速度和加速度的值通常不会太大,可以使用 real 类型来存储这些数值。

(2) 字符串类型

① char(n):定长字符串类型,默认为 char(10)。参数 n 为长度,范围为 1～8 000,如果字符数大于 n 则系统自动截断超出的部分,反之,则系统会自动在末尾添加空格。

② varchar[(n)]:变长字符串类型,默认为 varchar(50),其存储长度为实际长度,即自动删除字符串尾部空格后存储。

③ text:文本类型,专门用于存储数量庞大的变长字符数据,存储工度超过 char(8 000)的字符串,理论范围为 1～$2^{31}-1$ 字节,约 2GB。

(3) Unicode 字符数据类型

Unicode 是一种在计算机上使用的字符编号。它为每种语言中的每个字段设定了统一并唯一的二进制编码,以满足跨语言、跨平台进行文本转换、处理的要求。SQL Server 2019 中 Unicode 字符数据类型包括 nchar、nvarchar、ntext 等。

① nchar:其定义形式为 nchar(n),它与 char 数据类型类似,不同的是 nchar 数据类型 n 的取值范围为 1～4 000。

② nvarchar:其定义形式为 nvarchar(n)。与 varchar 数据类型类似,nvarchar 数据类型也采用 Unicode 标准字符集,n 的取值范围为 1～4 000。

③ ntext:与 text 数据类型类似,存储在其中的数据通常是直接能输出到显示设备上的字符,显示设备可以是显示器、窗口或者打印机。ntext 数据类型采用 Unicode 标准字符集,最大长度可以达到 $2^{30}-1$ 个字符。

(4) 逻辑类型

bit:占 1 字节的存储空间,其值为 0 或 1。当输入 0 和 1 以外的值时,系统自动转换为 1。通常存储逻辑量,表示真与假。

• 应用场景 1:存储用户偏好或设置

• 应用示例 1:在一个在线商店中,想要存储用户是否同意接收营销电子邮件的偏好。可以使用一个 bit 字段来存储这个信息,其中 1 表示同意,0 表示不同意。

```
create table users (
    userid int primary key,
    email varchar(255),
    receivemarketingemails bit
);
```

• 应用场景 2:跟踪权限或访问级别

• 应用示例 2:在一个管理系统中,需要跟踪用户是否有权访问某个特定的功能或区域。可以使用 bit 字段来指示用户的访问权限。

• 应用场景 3:存储简单的开关状态

• 应用示例 3:在一个智能家居系统中,需要存储设备的开关状态。一个 bit 字段可以很容易地表示设备是开启的(1)还是关闭的(0)。

```
create table smartdevices
( deviceid int primary key,
devicename varchar(100),
ison bit );
```

(5) 二进制类型

① binary[(n)]:定长二进制类型,占 n+4 字节的存储空间,默认时为 binary(50)。其中,n 为数据长度,范围为 1～8 000。

• 应用场景:二进制(binary)应用场景,存储二进制文件,如图片、音频、视频等;存储加密后的数据;存储压缩后的数据。

• 应用示例:创建了一个名为 images 的表,其中 image_data 字段用于存储二进制数据,如图片。

```
create table images
(
    id int primary key,
    image_data binary(max)
);
```

② varbinary[(n)]:变长二进制类型,默认时为 varbinary(50)。也 binary 不同的是,varbinary 存储的长度为实际长度。

• 应用场景:可变二进制(varbinary)应用场景,存储可变长度的二进制数据;存储二进制文件的一部分,例如文件的摘要或签名。

• 应用示例:创建了一个名为 file_digests 的表,其中 file_digest 字段用于存储文件的摘要,这是一个可变长度的二进制数据。

```
create table file_digests (
    id int primary key,
    file_digest varbinary(64)
);
```

③ image:大量二进制类型,实际也是为长二进制类型。通常用于存储图形等 OLE 对

象,理论范围为 $1 \sim 2^{31}-1$ 字节。

(6) 日期时间类型

日期时间类型数据同时包含日期和时间信息,没有单独的日期类型或时间类型。

① datetime:占 8 字节的存储空间,范围为 1753 年 1 月 1 日～9999 年 12 月 31 日,精确到 1/300 秒。

• 应用场景 1:高精度时间记录,在金融行业中,交易发生在非常精确的时间点,这可能涉及股票交易、外汇交易或任何需要毫秒级精度的场合。使用 datetime 数据类型可以确保记录这些关键时刻的准确时间,包括毫秒级的详细信息。

• 应用示例 1:如果一个交易系统需要记录每笔交易发生的确切时间(包括秒和毫秒),以便进行后续分析和审计,那么 datetime 因其较高的时间精度而是更合适的选择。

• 应用场景 2:历史数据保存需求,对于那些需要长期存储历史数据的应用场景,如历史档案管理或科学研究,datetime 类型的宽时间范围提供了一个长期的解决方案。这类应用通常涉及跨越多年的数据记录,需要保证数据的长期可访问性和准确性。

• 应用示例 2:假设一个历史天气观测数据库需要记录从 20 世纪初到现在每一天的天气情况,使用 datetime 类型将能够覆盖整个时间跨度,同时提供足够的精度来记录每一天的具体时间点。

② smalldatetime:占 4 字节的存储空间,范围为 1900 年 1 月 1 日～2079 年 12 月 31 日,精确到分。

• 应用场景 1:数据库性能优化,在有大量查询操作的数据仓库或大型数据集的应用场景中,性能是一个关键考虑因素。如果这些查询涉及日期和时间筛选,使用 smalldatetime 可能因为其较小的存储大小和较快的处理速度而提升整体性能。

• 应用示例 1:一个数据分析系统每天处理数以亿计的事件数据,如果事件的时间不需要精确到秒,使用 smalldatetime 可以节省存储空间并提高查询效率。

• 应用场景 2:常规业务应用,对于大多数标准的业务应用,如日程安排、会议管理或订单处理系统,通常时间精确到分钟已经足够。在这些情况下,smalldatetime 提供了一种简捷有效的方法来管理日期和时间信息,同时减少数据库的复杂性和存储需求。

• 应用示例 2:一个在线调度系统用于预约各种服务,如医疗咨询或酒店预订,其中预约的时间只需精确到分钟。使用 smalldatetime 既可以满足需求,又能保持较好的系统性能和资源使用效率。

(7) 货币类型

① money:占 8 字节的存储空间,具有 4 位小数,存储的数据范围为 $-2^{63} \sim 2^{63}-1$ 之间的数值,精确到 1/10 000 货币单位。

• money 应用场景:一个电商平台,它需要处理来自世界各地的订单,这些订单涉及不同的货币和金额。使用 money 数据类型可以确保无论订单的货币种类或金额大小如何,都能准确记录和处理交易。

• money 应用示例:无论是购买 50 欧元的书籍还是订购 3 000 美元的高端电子产品,money 类型都能提供足够的范围和精确度来管理这些交易。

② smallmoney:占 4 字节的存储空间,具有 4 位小数,存储的数据范围为 $-2^{31} \sim 2^{31}-1$ 之间的数值。

• smallmoney 应用场景：一个非营利组织，可能需要跟踪相对较小的捐款和使用情况。在这种场景下，smallmoney 数据类型适用于记录小额捐款（如几美元到几十美元）以及日常的运营支出。这有助于该组织在有限的资源内有效管理财务，并保持数据的精确记录。

• smallmoney 应用示例：开发一个手机支付应用程序，主要面向个人用户进行日常小额交易，如咖啡购买或公共交通乘车。在这种情况下，smallmoney 数据类型将更为合适，因为它既能满足小额交易的需求，又能节省存储空间和优化性能。

特别提示：

(1) 字符串类型常量两端应加单引号。

(2) 由于 varchar 类型的数据长度可以变化，处理时速度低于 char 类型数据，所以，存储长度大于 50 的字符串数据才应定义为 varchar 类型。

(3) 二进制类型常量以 ox 作为前缀。

(4) 日期时间类型常量两端应加单引号。

(5) 货币类型常量应以货币单位符号作前缀，默认为"Y"。

4.1.3.4 创建表的语法结构

```
create table[< 数据库名> .]< 表名>
(< 列名> < 数据类型> [< 列级完整性约束> ][,…n]
[< 表级完整性约束> ])
```

说明：< > 代表必填项

[ ]代表可选填项

[,…n] 代表可有多个列表项

完整性约束包括：

(1) 主键完整性约束(primary key)：保证列值的唯一性，且不允许为 null。在一个表中，不能有两 行包含相同的主键值，不能在主键内的任何列输入 null。每个表都应该有一个主键，且每个表只能创建一个主键完整性约束。

(2) 唯一完整性约束(unique key)：保证列值的唯一性。对于唯一完整性约束中的列，不允许出现相同的值。唯一完整性约束的例中允许输入空值 null，所有空值是作为相同的值对待的。一个表格可以创建多个唯一完整性约束，它主要用于不是主键但又要求不能有重复值的字段。

(3) 外键完整性约束(foreign key)：保证列的值只能以参照表的主键或唯一键的值或 null。外键完整性约束标识表之间的关系，建立两个表之间的联系。

(4) 非空完整性约束(not null)：保证列的值非 null。

(5) 默认完整性约束(dafault)：指定列的默认值。表中每一列都可以包含一个 default 定义，但每列只能有一个 default 定义，它的定义可以包含常量值、函数或 null。

(6) 检查完整性约束(check)：指定列取值的范围。检查完整性约束对可以放入列中的值进行限制，如限定其取值范围、数据格式等，以强制执行域的完整性。

【实例 4-1】 使用 SQL 语句,在图书管理系统(tsgl)数据库中建立一个图书表 Book,它由图书编号 Bno、书名 Title、作者 Author、出版社 Press、定价 Price 五个属性组成,其中图书编号不能为空,值是唯一的。

注意:先使用图形化管理工具 SSMS,创建一个 tsgl 的数据库后再在“新建查询”窗口中输入如下语句:

```
use tsgl
go
create table Book
(Bno char(10) primary key,
Title char(30) not null,
Author char(10) not null,
Press varchar(50) null,
Price decimal(4,1) null,
primary key(Bno))
```

【实例 4-2】 使用 SQL 语句在图书管理系统(tsgl)数据库中建立一个读者表 Reader,它由借书证号 Rno、姓名 Name、性别 Sex 三个属性组成,其中 Rno 为主码,非空;其余字段非空。

```
use tsgl
go
create table Reader(
Rno char(10) primary key,
Rname char(10) not null,
Sex char(2) not null,
primary key(Rno))
```

【实例 4-3】 使用 SQL 语句在图书管理系统(tsgl)数据库中创建借书表 BR,应用课堂实例 6-1、课堂实例 4-2 的基础上,它由借书证号 Rno、图书编号 Bno、借出日期 ODate、应还日期 IDate 四个属性组成,主码为(Bno,Rno)。

```
use tsgl
go
create table BR(
Bno char(10) not null,
Rno char(10) not null,
ODate smalldatetime,
IDate smalldatetime,
constraint pk_Bno_Rno
primary key(Bno,Rno))
```

特别提示：

使用 SQL 语句创建 BR 表时，Bno 字段和 Rno 字段分别来源于 Book 表中的 Bno 和 Reader 表中的 Rno，参照数据完整性原则，为对应的字段设置了外键。

```
use tsgl
go
create table BR(
Bno char(10) not null,
Rno char(10) not null,
ODate smalldatetime,
IDate smalldatetime,
constraint pk_Bno_Rno primary key(Bno,Rno)
constraint fk_Bno foreign key(Bno) references Book(Bno),
constraint fk_Rno foreign key(Rno) references Reader(Rno))
```

两张父表 Book 和 Reader 与子表 BR 之间的对应关系，如图 4-5 所示。

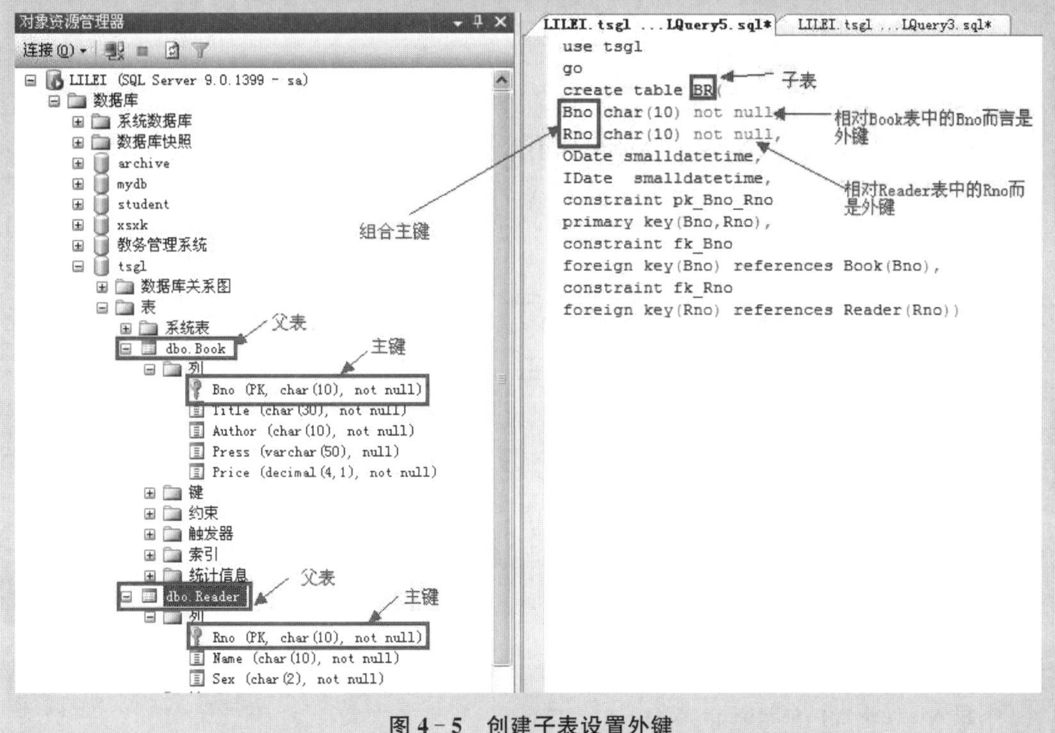

图 4-5 创建子表设置外键

【实例 4-4】 使用 SQL 语句在 D:\mydata 文件夹下创建一个数据库 student，该数据库的主数据文件的逻辑名称 student_data，实际文件名 student_data.mdf，数据库的日志文件的逻辑名 student_log，实际文件名是 student_log.ldf，其余设置均为默认。在该数据库中创建一个“学生”的数据表，包含学号、姓名、性别、年龄、民族、邮箱、备注等信息，各字段的设计如表 4-4 所示。

表 4-4 "学生"表的表结构设计

字段名	数据类型/大小	是否主键	是否为空	要求
学号	char(10)	是	否	学号列定义为主键约束
姓名	char(10)	否	否	姓名列字义唯一性约束
性别	char(2)	否	是	性别列默认值为"男"
年龄	smallint	否	是	年龄的范围在 18～25 岁之间
民族	char(10)	否	是	民族列默认字段值为"汉"
邮箱	char(20)	否	是	
所属班级	char(8)	否	是	
备注	text	否	是	

要求：

(1) 学号、姓名、性别、年龄、民族、邮箱等信息不能为空，备注信息可以为空。

(2) 年龄的范围在 18～25 岁之间。

(3) 给学号列定义一个主键约束。

(4) 为姓名列字义唯一性约束。

(5) 民族列默认字段值为"汉"，性别列默认值为"男"

```
/* 创建 student 数据库 */
create database student
on(name=student_data,
filename='d:\mydata\student_data.mdf')
log on(NAME=student_log,
filename='d:\mydata\student_log.ldf')
/* 在 student 数据库中创建学生数据表 */
use student
go
create table 学生
(学号 char(10) not null,
姓名 char(10)unique not null ,
性别 char(2) default('男'),
年龄 smallint check (年龄 between 18 and 25),
民族 char(10) default('汉'),
邮箱 char(20),
备注 text null,
班级编号 char(8),
primary key(学号))
```

【实例 4 - 5】 在 student 数据库中创建 class 数据表，其表结构如来不及 4 - 5 所示。

表 4 - 5 （班级信息表)class 表的表结构设计

字段名	数据类型/大小	是否主键	是否为空	备注
班级编号	char(8)	是	否	主码
班级名称	nvarchar(20)	否	是	
班级简介	text	否	是	
班级人数	int(默认)	否	是	

```
/* 创建 class 数据表 */
create table 班级
(
班级编号 char(8) not null,
班级名称 nvarchar(20),
班级简介 text,
班级人数 int,
primary key(班级编号)
)
```

任务 4 - 2 修改数据表

4.2.1 任务情境

通过本项目任务 4 - 1 的学习，汤小米能熟练地应用 SSMS 管理工具或 SQL 语句在指定的数据库中创建所需的数据表，不过，在实践过程中小米因为粗心，将有些数据表中的字段类型和大小输错，还出现了遗漏字段、忘记设置表中完整性约束条件等错误，在我们的提醒与帮助中小米很顺利地解决这些问题。

【微课】
修改数表

但目前遇到的一个非常特殊的情况，小米想让学生信息表(s)中的学号(sno)字段的数据类型能自动编号，初始值从 1001 开始。接下来，就让我们一起来帮助小米，解决这个问题。

4.2.2 任务实现

方法 1:使用 SSMS 管理工具修改数据表

第 1 步:启动 SSMS 管理工具，展开“对象资源管理器”窗格中所需操作的数据库 xsxk 中的“表”，右键单击选中的“s”表，弹出表设计器，如图 4 - 6 所示的对话框。

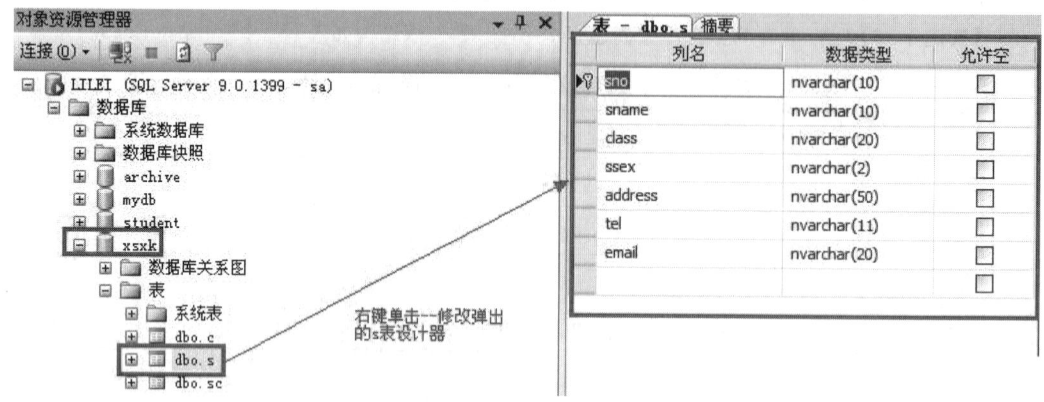

图 4-6　修改表 s 的表结构

第 2 步:选中 sno 字段,将其数据类型改为 int 类型。

第 3 步:在下面的列属性栏中,展开标识规范,将“是标识”改为“是”,标识增量设置为“1”,标识种子设置为“1001”,如图 4-7 所示。保存表 s,即完成了修改。

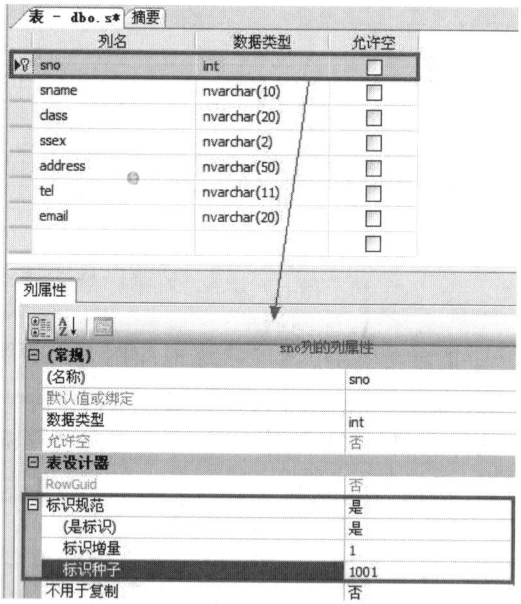

图 4-7　表 s 列 sno 的修改

方法 2:使用 SQL 语句修改数据表

在 SQL 语句中不能直接修改为标识列:可以先加新的标识列,再设置允许修改标识列,再用原来的字段值填充标识列,再删除原字段,再对字段改名。在“新建查询”窗口中输入以下 SQL 语句:

```
/* 创建新的字段 sno1,设置该字段自动编号,标识种子为 1001,标识增量为 1 */
use xsxk
go
alter table s
```

```
add sno1 int identity(1001,1)
/* 删除原数据表 s 中的字段 sno */
alter table s
drop column sno

/* 将新创建的 sno1 字段改名为 sno */
use xsxk
go
sp_rename 's.sno1','sno'
/* 设置字段 sno 为主码 */
alter talbe s
add constraint pk_sno
primary key(sno)
```

特别提示:

(1) 将一个列作为表中的标识列,可以使用属性窗口进行设置。此时,需要将该列的"标识规范"设置为"是",同时设置"标识增量"和"标识种子",当然,该列的数据库类型一定要设置为整型(tinyint 、smallint、int 或 bigint)。

(2) 也可以使用 SQL 语句定义列的 identity 属性,格式如下:

```
identity(标识种子,标识增量)
```

例如:新设计一个简单的员工信息表,要求员工编号为标识列,标识种子为 1,标识增量为 1,具体代码如下:

```
create table 员工信息
(
员工编号 int identity(1,1),
员工姓名 char(10)
)
```

4.2.3　相关知识

4.2.3.1　修改数据表的语法结构

```
alter table 表名
```

(1) 添加字段:add (字段名,类型,<约束>)

如为 student 数据库的学生表中增加一个"手机"字段。

```
alter table 学生 add 手机 char(11)
```

(2) 删除字段:drop column 字段名

如删除学生表中的"备注"列。

```
alter table 学生 drop column 备注
```

(3) 添加约束:add <constraint>约束类型

如为 student 数据库的学生表中"手机"列添加一个默认约束,默认值为:13855555555

(未设置约束名)。

```
alter table 学生 add default('13855555555') for 手机
```

如为 student 数据库的班级表中"班级人数"列添加一个检查约束,设置班级人数不得少于 30 人,但不能大于 60,约束名为 ck_num(设置约束名)。

```
alter table 班级 add constraint ck_num check(班级人数 between 30 and 60)
```

(4) 删除约束:drop constraint 约束名

如删除检查约束 ck_num。

```
alter table 学生 drop constraint ck_num
```

(5) 修改缺省值:add constraint 约束名 default(值) for 字段

如先设置 student 数据库的班级表中的班级人数列默认值为 0,约束名为 df_num;再修改"班级人数"的默认值为 40。

```
/* 为班级人数列设置默认约束,默认值为 */
alter table 班级 add constraint df_num DEFAULT(0) for 班级人数
/* 要改默认值,先要删除约束 */
alter table 班级 drop constraint df_num
/* 再创建新的默认约束 */
alter table 班级 add constraint df_num default(40) for 班级人数
```

(6) 修改字段类型:alter column 字段名 类型/大小

如修改 student 数据库的班级表中的班级人数列的类型为 smallint。

```
alter table 班级 alter column 班级人数 smallint
```

(7) 重命名字段:exec sp_rename '表名.字段名','新的字段名'

如将 student 数据库的学生表中的"手机"列的名字更改为"tel"。

```
exec sp_rename '学生.手机','tel'
```

(8) 重命名表名:exec sp_rename '原表名','新表名'

```
use xsxk
go
execute sp_rename '学生','s'
```

(9) 表中字段加注释:execute sp_addextendedproperty 'MS_Description','字段备注信息','user','dbo','table','字段所属的表名','column','添加注释的字段名';

如修改 xsxk 数据库中 s 表中 sid 字段的注释为:学号

```
use xsxk
go
execute sp_addextendedproperty 'MS_Description','学号', 'user', 'dbo',
'table','s','column','sid';
```

(10) 增加约束综合,在 xsxk 数据库中的 s(学生)、c(课程)、sc(成绩)表为例。

① 增加一个约束

```
alter table s add check (sname < >  ''):s 表中增加 sname 字段非空检查约束。
alter table s add constraint uq_name unique (sname):设置 sname 为唯一性约束
alter table sc add foreign key (sno) references s(sno):sc 表中设置外键约束
alter table s add constraint df_sex default('男') for ssex:s 表中设置默认约束
```

② 增加一个表约束的非空约束

```
alter table s alter column email varchar(30) not null;
```

4.2.3.2 数据的完整性约束

所谓数据完整性约束，就是指存储在数据库中的数据的正确性和一致性。设计数据完整性的目的是保证数据库中数据的质量，防止数据库中存在不符合规定的数据，防止错误信息的输入与输出。例如：xsxk数据库的s表（学生）、c表（课程）和sc表（成绩）中应有如下的约束。

① 在s表中，sno（学生的学号）必须唯一，不能重复。

② 在s表中，sname（学生的姓名）不能为空。

③ 在c表中，cno（课程的编号）必须是唯一的，不能重复的。

④ 在c表中，cname（课程的名称）不能为空。

⑤ 在sc表中，score（成绩）不能为负，若为百分制也不能大于100。

⑥ 在sc表中，sno和cno应分别在s表和c表中存在。

⑦ 在s表中，ssex（性别）的默认值可设置为“男”。

关系模型中有四类完整性约束：实体完整性、参照完整性、域完整性和用户自定义的完整性。

(1) 实体完整性

一个基本关系通常对应现实世界的一个实体集。例如：学生关系对应学生的集合。现实世界中的实体是可区分的，即它们具有某种唯一性标识。例如：xsxk数据库中的s表，sno取值必须唯一，否则重复的学号将造成学生记录的混乱。

(2) 参照完整性

参照完整性就是涉及两个或两个以上的关系的一致性维护。例如：在xsxk数据库中，sc表通过cno，sno将某条成绩记录和它所涉及的学生、课程联系起来。sc表中的cno必须在c表中存在；sc表中的sno必须在s表中存在，否则，记录学生成绩的这条记录引用了一个并不存在的学生或课程，这样的数据是没有意义的。

(3) 域完整性

域完整性是对表中的某数据的域值使用的有效性的验证限制，例如：在sc表中，score成绩字段，必须大于等于0，若为百分制还不能大于100。

(4) 用户自定义的完整性

用户自定义完整性是针对某一具体关系数据库的约束条件，它反映某一具体应用所涉及的数据必须满足的语义要求。

所以，SQL Server提供了一系列在列上强制数据完整性的机制，如各种约束条件、规则、默认值、触发器、存储过程等。那我们将如何使用约束条件实现数据的完整性呢？

(1) 主键完整性约束(primary key)

主键约束在表中定义一个主键来唯一确定表中每一行数据的标识符，即非空、唯一。当然，主键也可以由多个列组成时，某一列上的数据可以重复，但是几个列的组合值必须是唯一的。而文本和图形数据类型的数据量太大，所以不能创建主键。例如：如果Book表中在创建的时候忘记设置主键了，该如何修改呢？

方法1：使用SSMS管理工具创建主键

找到指定的数据库中的表Book，将鼠标定位在Bno处右键单击，在弹出的快捷菜单中选择“设置主键”命令，则该列就被设置为主键，并在该列的开头会出现图标；再次右键单击该字段，弹出的快捷菜单中选择“移除主键”命令，将取消对该列的主键约束。

方法 2:使用 SQL 语句创建主键

定义主键的语法结构如下：

```
constraint 约束名
primary key(列名 1[,列名 2……列名 16])
    use tsgl
    go
    alter table Book
    add
    constraint pk_Bno
    primary key(Bno)
```

(2) 外键完整性约束(foreign key)

外键约束主要用来维护两个表之间的一致性关系。在创建外键约束的时候，一定要保证父表中被引用的列必须唯一，同时父表中的被引用的列与子表中的外键列数据类型和长度必须相同，否则不能创建成功，也会产生错误的提示。例如：在实例 4－1、实例4－2 的基础上，创建一个借书表 BR，它由借书证号 Rno、图书编号 Bno、借出日期 ODate、应还日期 IDate 四个属性组成，主码为(Bno,Rno)。

方法 1:使用 SSMS 管理工具创建外键

第 1 步:启动 SSMS 管理工具

第 2 步:在“对象资源管理器”窗口中选中需要操作的数据库，展开后右键单击“表”|“新建表”，弹出新建表窗格，按要求输入字段名、类型及大小。

第 3 步:设置主键，选中 Bno 所在的列，按住 Ctrl 键，再选中 Rno 所在的列，右键单击，“设置主键”。

第 4 步:选中“表设计器”菜单|“关系”，弹出“外键关系”对话框，单击“添加”，按钮，如图 4－8 所示。

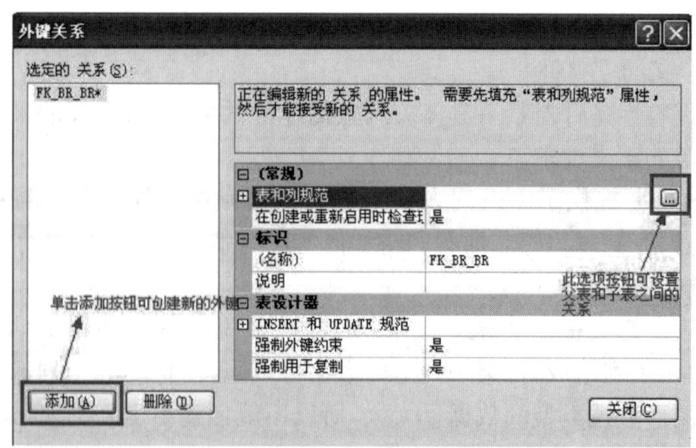

图 4－8 “外键关系”对话框

第 5 步：单击"表和列规范"所有行右侧的"选项按钮"，弹出设置"表与列"即"父表与子表间的外键对应关系"对话框，设置两个外键：fk_Bno、fk_Rno，如图 4－9、图 4－10 所示。

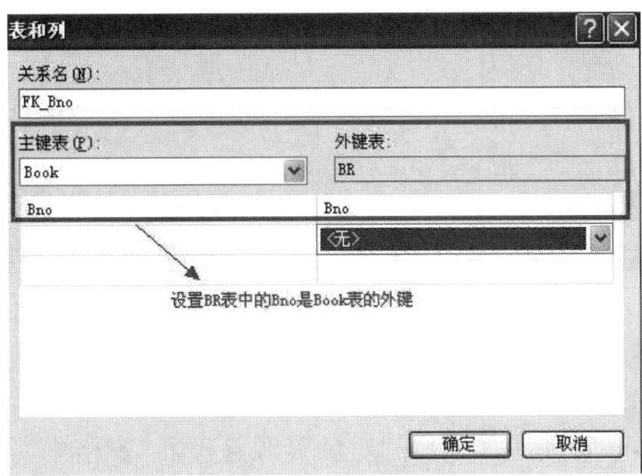

图 4－9　创建 fk_Bno 外键

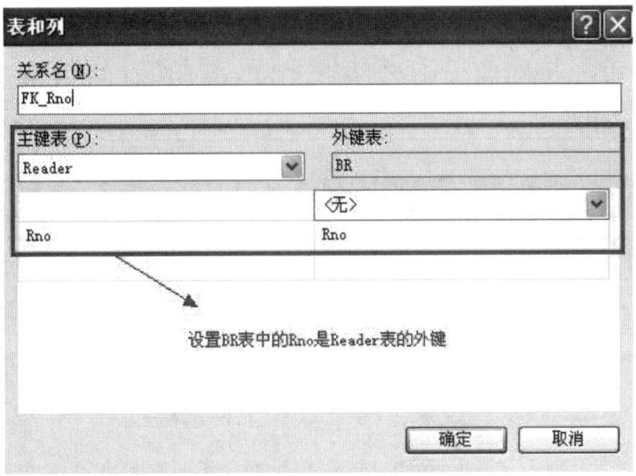

图 4－10　创建 fk_Rno 外键

第 6 步：确定之后，成功创建两个的外键如图 4－11 所示，即完成设计要求。

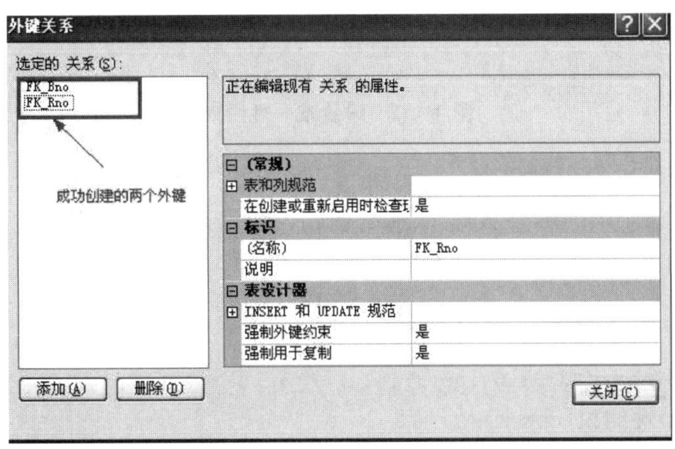

图 4－11　设置成功的外键关系

方法 2:使用 SQL 语句创建外键

```
use tsgl
go
alter table BR
add
constraint fk_Bno foreign key(Bno) references Book(Bno),
constraint fk_Rno foreign key(Rno) references Reader(Rno)
```

(3) 唯一完整性约束(unique)

唯一性约束主要是用来确保不受主键约束的列上的数据的唯一性。但唯一性约束主要作用在非主键的一列或多列上,并且唯一性约束允许该列上存在空值,而主键则不允许出现。所以,现要求将 tsgl 数据库中的 Book 表中的书名 Title 字段设置为唯一完整性约束。

方法 1:使用 SSMS 创建唯一性约束

第 1 步:启动 SSMS 管理工具,展开“对象资源管理器”窗格中所需操作的数据库 tsgl 中的“表”,右键单击选中的“Book”表,选择“修改”,打开表设计器。

第 2 步:选中“Titel”列,单击“表设计器”菜单下的“索引/键”命令,打开“索引/键”对话框,在该对话框中选择要建立唯一性约束的列 Title,并单击“确定”按钮,将右侧网络中的“是唯一”的属性改为“是”,同时将索引名称修改为 uq_title。最后单击“关闭”按钮,完成唯一性约束的创建工作,如图 4-12 所示。

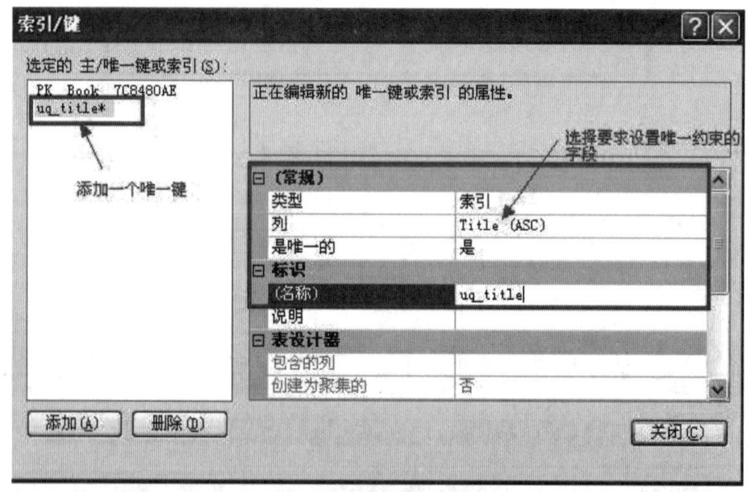

图 4-12 设置唯一性约束

方法 2:使用 SQL 语句创建唯一性约束

在“新建查询”的窗口中,输入以下 SQL 语句,执行后即可完成设置唯一性约束的工作。

```
use tsgl
go
alter table Book
add constraint uq_Title unique(Title)
```

(4) 检索完整性约束(check)

检查完整性约束可以限制列上可以接受的数据值,它就像一个过滤器依次检查每个要进入数据库的数据，只有符合条件的数据才允许通过。例如：在 tsgl 数据库中的 Book 数据表中，限制一本书的定价在 999.9～10.0 之间，就可以在“定价(Price)”列上设置 check 约束，确保定价的有效性。

方法 1：使用 SSMS 创建检查约束

第 1 步：启动 SSMS 管理工具，展开“对象资源管理器”窗格中所需操作的数据库 tsgl 中的“表”，右键单击选中的“Book”表，选择“修改”，打开表设计器。

第 2 步：选中“Price”列，单击“表设计器”菜单下的“CHECK 约束”命令，打开“CHECK 约束”对话框，单击“添加”按钮，此时添加一个 check 约束，该索引以系统提供的名称显示在“选定的 Check 约束”列表中，名称格式为 CK_Book，其中 Book 是所选表格的名称。

第 3 步：单击右侧网格中的“表达式”，再单击属性右侧出现的省略号按钮“…”，打开“CHECK 约束表达式”对话框。在该对话框中输入表达式“Price＞＝10.0 and Price＜＝999.9”，并单击“确定”按钮，即完成了创建的检查约束的操作，如图 4－13 所示。

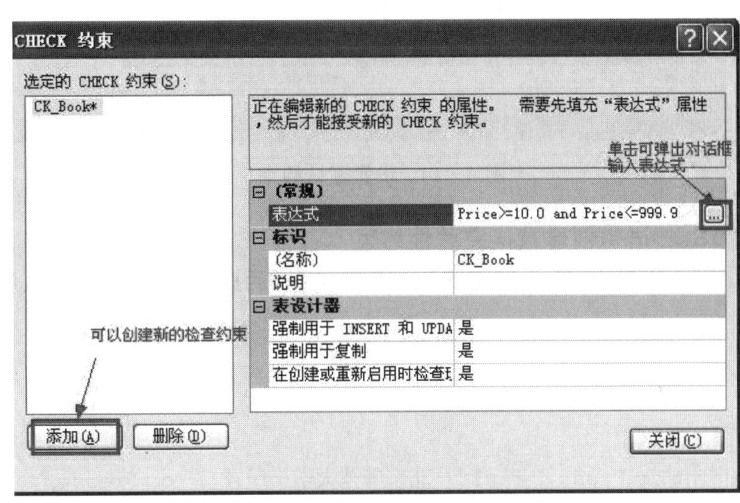

图 4－13　设置检查约束

方法 2：使用 SQL 语句创建检查约束

在“新建查询”的窗口中，输入以下 SQL 语句，执行后即可完成设置检查性约束的工作。

```
use tsgl
go
alter table Book
add constraint ck_Book check(Price> = 10.0 and Price < = 999.9)
```

(5) 默认完整性约束(default)

默认约束指定在输入操作中没有提供输入值时，系统将自动提供人某列的默认值。例如：在 tsgl 数据库的 Book 数据表中，设置 Press 列(出版社)的默认值为“北京师范大学出版社”。

方法 1：使用 SSMS 创建默认完整性约束

第 1 步：启动 SSMS 管理工具，展开“对象资源管理器”窗格中所需操作的数据库 tsgl 中的“表”，右键单击选中的“Book”表，选择“修改”，打开表设计器。

第 2 步:选中“Press”字段列,在对应的列属性设置中的“默认值或绑定”文本框中输入默认的表达式:“北京师范大学出版社”,保存表修改即可,如图 4－14 所示。

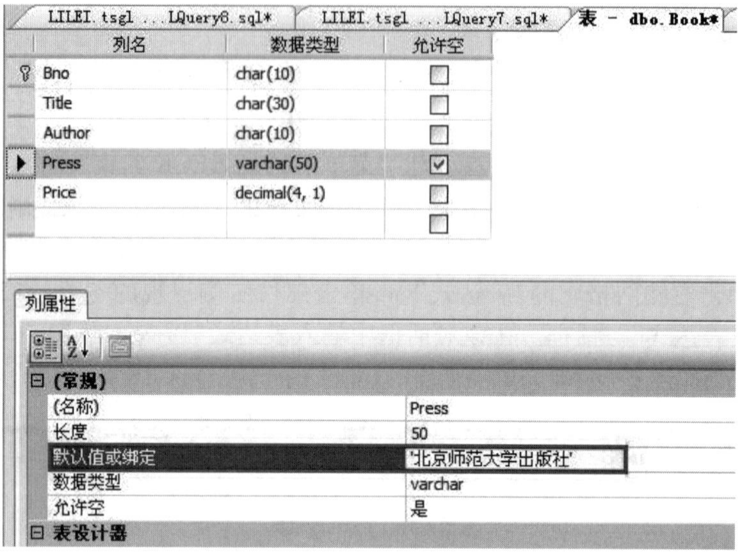

图 4－14　设置默认约束

方法 2:使用 SQL 语句创建默认完整性约束

在“新建查询”的窗口中,输入以下 SQL 语句,执行后即可完成设置默认完整性约束的工作。

```
use tsgl
go
alter table Book
add constraint df_Press default('北京师范大学出版社') for Press
```

【实例 4－6】　对已经创建成功的 s、c、sc 表进行修改,具体要求如下。

(1) 在表 s 中增加新的列 postcode、ssex、email,数据类型分别为字符型、大小为 6;字符型,大小为 2;字符型,大小为 30。

```
alter table s add postcode char(6)
alter table s add ssex char(2)
alter table s add email varchar(30)
```

(2) 设置表 sc 中的列 sno、cno 分别为外键

```
alter table sc
add constraint fk_sno foreign key(sno) references s(sno)
add constraint fk_cno foreign key(cno) references c(cno)
```

(3) 对于表 s,定义 sname 为非空完整约束,ssex 为默认完整性约束(默认值“男”),email 为唯一完整性约束。

```
alter table s
add constraint ck_sname check(sname! ='')
alter table s add constraint dk_ssex default('男') for ssex
alter table s add constraint uk_email unique(email)
```

(4) 为表 sc 的列 score 增加约束，范围在 0～100。

```
alter table sc
add constraint ck_score check(score> =0 and score< =100)
```

(5) 设置表 s 中的 class 为外键约束。

```
alter table s
add const
raint fk_class foreign key(class) references class(classname)
```

任务 4－3　删除数据表

4.3.1　任务情境

通过本项目任务 4－2 的学习，汤小米能熟练地应用 SSMS 管理工具或 SQL 语句在指定的数据库中修改所需的数据表，不过，因为有些数据表创建时候只是为了测试使用，于是，小米同学想将不用的表，或多余的字段、完整性约束删除。例如，给 xsxk 数据库中的数据表 s 中添加一个 postcode 的字段，再将此字段作删除操作。让我们一起与小米同学共同完成吧。

【微课】
删除数据表

4.3.2　任务实现

方法 1：使用 SSMS 管理工具删除数据表中的列

第 1 步：启动 SSMS 管理工具，在“对象资源管理器”窗格中，展开数据库至所需 xsxk 节点，右键单击 s 表，在弹出的快捷菜单中选择“修改”命令，进入表设计器窗口，输入需要添加的字段，如图 4－15 所示。

表 - dbo.s*　LILEI.tsgl ...uery14.sql*　LILEI.t

列名	数据类型	允许空
sno	int	☑
sname	nvarchar(10)	☐
class	nvarchar(20)	☐
ssex	nvarchar(2)	☐
address	nvarchar(50)	☐
tel	nvarchar(11)	☐
email	nvarchar(20)	☐
postcode	char(6)	☑

新添加的字段

图 4－15　添加新字段

第 2 步: 展开 xsxk 数据库节点,展开数据表 s 节点,找到新添加的 postcode 字段,右键单击,在弹出的快捷菜单中选择“删除”命令,如图 4-16 所示,即可完成对此字段的删除工作。

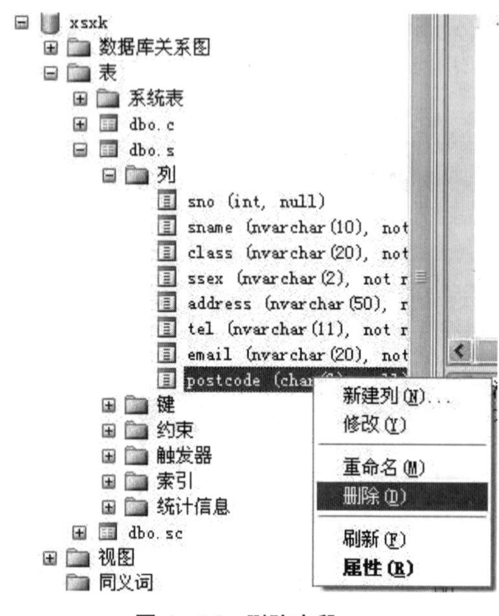

图 4-16 删除字段

注意:在“对象资源管理器”中对其他表,列或约束的删除,也可参考此方法。

方法 2:使用 SQL 语句删除数据表中的列

在“新建查询”的窗口中,输入以下 SQL 语句,执行后即可完成删除字段的工作。

```
/* 添加 postcode 字段 */
use xsxk
go
alter table s
add postcode char(6) not null

/* 删除 postcode 字段 */
alter table s
drop column postcode cascade
```

4.3.3 相关知识

4.3.3.1 表删除的语法结构

(1) 删除表的语法结构

```
drop table <表名>
```

例如:删除 xsxk 数据库中的 s 表:drop table s

注意:删除前请做好备份,否则无法恢复。

(2) 删除列的语法结构

```
drop column <列名>  cascade
```

例如:删除 xsxk 数据库中 c 表中的 credit 字段(列):drop column credit cascade

注意:cascade 选项表示将列和列中的数据删除,而不管其他对象是否引用这一列。

(3) 删除主键(外键等)约束的语法结构

```
drop constraint <主键名称>
```

例如:删除 xsxk 数据库中 c 表中的主键。

```
/* 创建 c 表中的主键约束 */
use xsxk
go
alter table c
add constraint pk_cno primary key(cno)

/* 删除 c 表中的主键约束 */
use xsxk
go
alter table c
drop constraint pk_cno
```

注意:删除约束的方法都是一样的,只不过在删除约束之前,需要知道约束名称。

课堂习题

一、选择题

1. 如果某一列的数据类型是 float,则不允许对该列使用的函数是(　　)。

   A. sum　　B. abs　　C. left　　D. round

2. 在 SQL 中,以下(　　)选项不属于数值型数据类型。

   A. numeric　　B. decimal　　C. int　　D. datetime

3. 在 SQL 中,以下(　　)语句用于创建新的数据表。

   A. select　　B. insert　　C. update　　D. create table

4. 如果想要修改一个已存在数据表的列的数据类型,应该使用(　　)SQL 语句。

   A. alter table　　B. modify table

   C. change table　　D. update table

5. 在关系数据库中,(　　)是主键(primary key)的主要作用。

   A. 用于唯一标识表中的每一行　　B. 用于在表中存储图片

   C. 用于提高查询速度　　D. 用于创建表的索引

6. 当想要删除一个数据表时,应该使用(　　)SQL 语句。

   A. drop table　　B. delete table

   C. remove table　　D. truncate table

7. 在 SQL 中,以下(　　)关键字用于指定外键约束。

   A. foreign key　　B. primary key

   C. unique　　D. check

8. 在关系数据库中,(　　)术语描述了两个表之间的关系,其中一个表的主键是另一个表的外键。

   A. 实体完整性　　B. 参照完整性

C. 域完整性　　　　　　　　　　　　D. 数据一致性

9. 在 SQL 中,如果想为一个数据表设置一个字段为唯一标识符,并且不允许 NULL 值,应该(　　)设置。

A. 使用 unique 约束和 not null 约束

B. 使用 primary key 约束

C. 使用 unique 约束

D. 使用 not null 约束

10. 在 SQL 中,如果想为表中的一个字段设置默认值,应该使用(　　)关键字。

A. default　　B. set　　C. value　　D. assign

二、判断题

1. 数据表是数据库的基本构成单元,用于保存用户的各种数据。(　　)

2. 创建数据表时,必须定义字段名、字段类型和字段长度。(　　)

3. 数据表中的所有字段都可以设置为空(null),除非在创建时明确指定了 not null 约束。(　　)

4. 在 SQL 中,修改数据表结构时,alter table 语句可以重命名表中的列。(　　)

5. 数据表中的主键不仅要求字段值唯一,而且必须包含表中的每一行记录。(　　)

三、填空题

1. 在 SQL 中,用于创建数据表的语句是__________。

2. 在修改数据表结构时,如果需要添加一个新字段,应使用__________语句。

3. 数据表由__________和__________两部分组成。

4. 在删除数据表时,如果表不存在但希望操作不报错,可以在 delete 语句前添加__________。

5. 数据表的主键(primary key)必须包含唯一的值,且__________允许为空。

课堂实践

【4-C-1】设计学生选课管理子系统数据库中数据表的表结构,并使用图形化工具 SSMS 设计数据表(结果截图)。

表结构是指表的框架,主要包括字段名称、数据类型和字段属性等。

表是由表名、表中的字段和表的记录三个部分组成的。设计数据表结构就是定义数据表文件名,确定数据表包含哪些字段,各字段的字段名、字段类型及宽度,并将这些数据输入计算机当中。

依据数据类型的设置原则和 3NF 关系模式,给出相应的表结构。表结构如下:

字段名称	字段类型	字段大小	是否主键	是否为空	备注

准备工作:使用可视化工具创建一个"学生选课管理子系统"数据库(数据库名为:db_xsxk),保存在用户指定的位置,该数据库文件含义一个主数据文件和一个日志文件,初始容量、最大容量和增长容量默认,逻辑文件名和物理文件名默认。

已知该数据库中包括:系、班级、学生、课程、教师、选修、讲授等数据表,关系模式结构如下:

系(<u>系编号</u>,系名称,系主任,系办公室,系秘书,系办公室电话)

班级(<u>班级编号</u>,班级名称,班级人数,系编号)

学生(<u>学号</u>,姓名,性别,年龄,手机,班级编号)

课程(<u>课程编号</u>,课程名称,学分)

教师(<u>教师工号</u>,姓名,性别,职称,学历,系编号)

选修(学号,课程编号,成绩)

讲授(课程编号,教师工号,授课时间,授课地点)

先设计出 7 张数据表的表结构。

1. 系(系编号,系名称,系主任,系办公室,系秘书,系办公室电话)

系部表(tb_depart)的表结构

字段名称	字段类型	字段大小	是否主键	是否为空	备注
					系编号,主键
					系名称
					系主任
					系办公室
					系秘书
					系办公室电话

2. 班级(班级编号,班级名称,班级人数,系编号)

班级表(tb_class)的表结构

字段名称	字段类型	字段大小	是否主键	是否为空	备注
					班级编号,主键
					班级名称
					班级人数
					系编号,外键

3. 学生(学号,姓名,性别,年龄,手机,班级编号)

学生表(tb_student)的表结构

字段名称	字段类型	字段大小	是否主键	是否为空	备注
					学号,主键
					姓名
					性别
					年龄
					手机
					班级编号,外键

4. 课程(课程编号,课程名称,学分)

课程表(tb_course)的表结构

字段名称	字段类型	字段大小	是否主键	是否为空	备注
					课程编号
					课程名称
					学分

5. 教师(教师工号,姓名,性别,职称,学历,系编号)

教师表(tb_teacher)的表结构

字段名称	字段类型	字段大小	是否主键	是否为空	备注
					教师工号,主键
					姓名
					性别
					职称
					学历
					系编号,外键

6. 选修(学号,课程编号,成绩)

成绩表(tb_grade)的表结构

字段名称	字段类型	字段大小	是否主键	是否为空	备注
					学号,外键
					课程编号,外键
					成绩

7. 讲授(课程编号,教师工号,授课时间,授课地点)

授课表(tb_teaching)的表结构

字段名称	字段类型	字段大小	是否主键	是否为空	备注
					课程编号,外键
					教师工号,外键
					授课时间
					授课地点

扩展实践

【4-B-1】在事先创建好的 db_studentxk 数据库中依据事先设计出 7 张数据表的表结构使用 SQL 语句创建数据表。

1. 系(系编号,系名称,系主任,系办公室,系秘书,系办公室电话)

系部表(tb_depart)的表结构

字段名称	字段类型	字段大小	是否主键	是否为空	备注
dp_id	nchar	2	是	否	系编号,主键
dp_name	nvarchar	30	否	否	系名称,唯一
dp_head	nvarchar	30	否	是	系主任
dp_office	nvarchar	30	否	是	系办公室
dp_secretary	nvarchar	30	否	是	系秘书
dp_tel	nvarchar	13	否	是	系办公室电话

2. 班级(班级编号,班级名称,班级人数,系编号)

班级表(tb_class)的表结构

字段名称	字段类型	字段大小	是否主键	是否为空	备注
class_id	nchar	8	是	否	班级编号,主键
class_name	nvarchar	30	否	是	班级名称,唯一
class_num	smallint	默认	否	是	班级人数,默认0
dp_id	nchar	2	否	是	系编号,外键

3. 学生(学号,姓名,性别,年龄,手机,班级编号)

学生表(tb_student)的表结构

字段名称	字段类型	字段大小	是否主键	是否为空	备注
stu_id	nchar	10	是	否	学号,主键
stu_name	nvarchar	10	否	是	姓名
stu_gender	nchar	2	否	是	性别,默认男
stu_age	Int	默认	否	是	年龄
stu_phone	nvarchar	13	否	是	手机
class_id	nchar	8	否	是	班级编号,外键

4. 课程(课程编号,课程名称,学分)

课程表(tb_course)的表结构

字段名称	字段类型	字段大小	是否主键	是否为空	备注
c_id	nchar	8	是	否	课程编号,主键
c_name	nvarchar	50	否	是	课程名称
c_credit	tinyint	默认	否	是	学分,默认4

5. 教师(教师工号,姓名,性别,职称,学历,系编号)

教师表(tb_teacher)的表结构

字段名称	字段类型	字段大小	是否主键	是否为空	备注
tea_id	nchar	10	是	否	教师工号,主键
tea_name	nvarchar	20	否	是	姓名
tea_gender	nchar	2	否	是	性别,默认男
tea_pro	nvarchar	20	否	是	职称
tea_edu	nvarchar	20	否	是	学历,默认研究生
dp_id	nchar	2	否	是	系编号,外键

6. 选修(学号,课程编号,成绩)

成绩表(tb_grade)的表结构

字段名称	字段类型	字段大小	是否主键	是否为空	备注
stu_id	nchar	10	是	否	学号,外键
c_id	nchar	8	是	否	课程编号,外键
score	decimal	(5,2))	否	是	成绩,范围 00.00～100.00

7. 讲授(课程编号,教师工号,授课时间,授课地点)

授课表(tb_teaching)的表结构

字段名称	字段类型	字段大小	是否主键	是否为空	备注
c_id	nchar	8	是	否	课程编号,外键
tea_id	nchar	10	是	否	教师工号,外键
tea_time	nvarchar	50	否	是	授课时间
tea_place	nvarchar	50	否	是	授课地点

进阶提升

使用 SQL 语句对“班级管理系统”数据库 db_classMIS 中的 3 张数据表进行管理与维护。

准备工作:先将 db_classMIS 数据库附加至 SQL Server 服务器中,或在 SQL Sever 服务器中打开 db_classMIS. sql 运行脚本生成 db_classMIS 数据库。

【4-A-1】tb_teacher 表的维护。

(1) 将 tb_teacher 表的表名修改为:tb_classHead。

(2) 为“教师性别”字段 tea_gender 增加一个默认约束,约束值为“男”,约束名以 df_为前缀,后缀名自定义。

(3) 为 tb_classHead 表增加一个字段:教师出生年月(tea_birth,类型为日期时间型,大小默认)。

【4-A-2】tb_class 表的维护。

(1) 为“班级名称”字段 class_name 增加一个唯一约束,约束名以 un_为前缀,后缀名自定义。

（2）为“班级人数”字段 class_num 增加一个默认约束，约束值为 0，约束名以 df_为前缀，后缀名自定义；班级人数不能超过 70。

（3）为“ tb_class” 表新增一个字段：所属系，depart_name，类型为不定长字符串，大小为 20。

【4－A－3】tb_student 表的维护。

（1）为“性别”字段 stu_gender 创建一个默认约束，约束值为“男”，约束名以 df_为前缀，后缀名自定义。

（2）为“政治面貌”字段 stu_political 添加一个默认约束，约束值为“群众”，约束名以 df_为前缀，后缀名自定义。

（3）为“QQ”字段 stu_qq 添加一个唯一约束，约束名以 un_为前缀，后缀自定义。

（4）将“政治面貌”的列名 stu_political 改为：stu_poli。

（5）删除“出生年月”字段 stu_birth。

（6）为“tb_student”表添加一个“年龄”字段 stu_age。

（7）为“tb_student”表添加个“宗教信仰”字段 stu_faith，类型为不定长字符串，默认为“无”。

云享资源

【微信扫码】

- 教学课件
- 教学教案
- 配套实训
- 参考答案
- 实例脚本

项目 5　数据的操作

【项目概述】

在项目 4 中,汤小米同学已经掌握了如何定义和创建数据表。但是,一个空的数据表并没有太多的实用价值。那么,数据表中的数据是如何添加进来的呢?这就是下面要探讨的内容——数据的操作。通过本项目的实践,汤小米同学将能够熟练掌握数据插入、更新和删除的基本操作,为未来的数据库管理工作打下坚实的基础。同时,汤小米同学也将更加深入地理解数据库在数据管理和分析中的重要作用,并提升其数据意识和数据素养。

【知识目标】

1. 掌握 insert 语句的基本语法和使用方法,能够向表中添加新的记录。
2. 掌握 update 语句的基本语法和使用方法,能够修改表中已存在的记录。
3. 掌握 delete 语句的基本语法和使用方法,能够删除表中不再需要的记录。

【能力目标】

1. 能根据实际需求,正确编写和执行 insert、update、delete 语句,完成数据的添加、修改和删除操作。
2. 能对数据库表进行简单的数据维护和管理,保证数据的准确性和完整性。
3. 能在数据库操作中考虑到数据安全和隐私保护的问题,遵守相关的法律法规和道德规范。

【素养目标】

1. 培养学生的数据意识和数据素养,使学生能够认识到数据在现代社会中的重要性和价值。
2. 培养学生的实践能力和解决问题的能力,使学生能够在实际操作中发现问题、分析问题和解决问题。
3. 培养学生的团队合作精神和沟通能力,使学生能够与他人合作完成数据库操作任务。

【重点难点】

教学重点:

掌握 insert、update、delete 语句的基本语法和使用方法,能够正确编写和执行这些语句。

教学难点：

1. 在执行 update 和 delete 操作时，如何确保只修改或删除指定的记录，避免误操作。

2. 如何在实际应用中根据业务需求选择合适的数据操作方式，并考虑到数据安全和隐私保护的问题。

【知识框架】

本项目知识内容为如何在数据表中使用可视化工具和 SQL 语句的方法为指定的数据表中添加数据，并能使用修改和删除的方法对数据表中的数据进行维护，学习内容知识框架如图 5－1 所示。

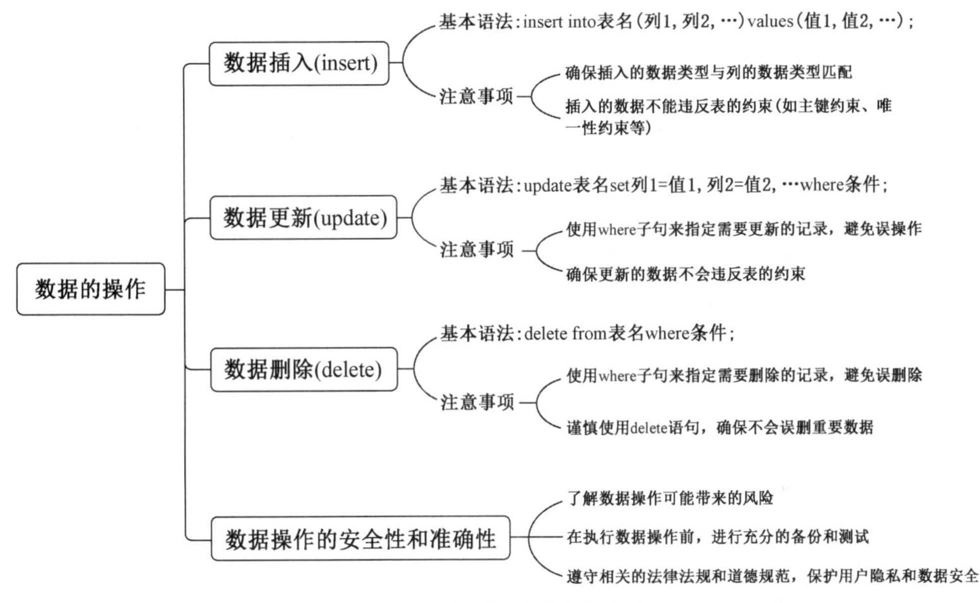

图 5－1　本项目内容知识框架

任务 5－1　插入数据

5.1.1　任务情境

通过项目 4 的学习，汤小米同学能熟练地应用 SSMS 管理工具或SQL语句对数据表结构进行操作，接下来就是如何向表中插入数据、修改数据和删除数据了，当然这又是一个新知识，对于汤小米同学来说，又面临新的学习任务。前面我们创建的 xsxk 数据库中目前包含 3 张数据表(没有记录)，于是，我们下面所要完成的任务，就是如何向这 3 张空表中插入数据。

【微课】
插入数据

5.1.2 任务实现

方法 1:使用 SSMS 管理工具给 s 表中插入一条记录

第 1 步:启动 SSMS,单击左侧窗口要编辑的表所在数据库中的“表”节点,指向右侧窗口中要编辑记录的表,单击鼠标右键,从弹出的快捷菜单中选择“编辑前 2 000 行”命令,打开如图5－2所示的对话框。

表 - dbo.s

	sno	sname	class	ssex	address	tel	email
*	NULL	NULL	NULL	NULL	NULL	NULL	NULL

图 5－2　表中的数据窗口

第 2 步:如果需要插入数据,直接录入即可;如果需要删除记录,可以单击记录第 1 列前的按钮选中该记录,按 Delete 键;如果需要修改数据,可以单击或将光标移至需要修改的位置,直接修改。

第 3 步:编辑完毕后,单击“关闭”按钮,保存编辑结果。

方法 2:使用 SQL 语句给 s 表中插入一条记录

打开“新建查询”窗口,输入以下代码,实现数据的插入。

```
use xsxk
go
insert into s(sno,sname,class,ssex,adress,tel,email) values('2013010102','赵三全','11 网络技术','男','杭州上城区','13456789876','zsq@126.com')
```

5.1.3 相关知识

5.1.3.1 insert 语句的语法结构

insert 语句是用于向数据表中插入数据的最常用的方法,使用 insert 语句向表中插入数据的方式有两种,一种是使用 values 关键字直接给各列赋值,另一种是使用 select 子句,从其他表或视图中取数据插入表中。

格式一:

```
insert [into] 表名或视图名 [列名列表]
values
(数据列表)
```

该语句完成将一条新记录插入一个已经存在的表中,其中,值列表必须与列名表一一对应,如果省略列名表,则默认表的所有列。

格式二:

```
insert [into]<目标表名> [(<列名表> )]
select <列名表>  from <源表名>  where <条件>
```

该语句完成将源表中所有满足条件的记录插入目标表。其中,目标表的列名表必须与源表的列名表一一对应,如果省略目标表的列名表,则默认目标表的所有列。

特别提示：

(1) 输入项的顺序和数据类型必须与表中列的顺序和数据类型相对应。当数据类型不符时，如果按照不正确的顺序指定插入的值，服务器会捕获到一个错误的数据类型。

(2) 不能对 identity 列进行赋值。

(3) 向表中添加数据不能违反数据完整性和各种约束条件。

5.1.3.2　使用 insert values 语句

以随书提供的素材库中的数据库实例“人事管理系统”为例。

【实例 5-1】 插入单条记录：假设来了一位新员工，需要在“人事管理系统”数据库中插入新员工的信息。

员工编号：100511；

员工姓名：张梅；

所在部门编号：10004；

籍贯：浙江

在“新建查询”窗口中编写 SQL 语句如下：

```
use 人事管理系统
go
insert into 员工信息(员工编号,员工姓名,所在部门编号,籍贯)values('100510','张梅','10004','浙江')
```

【实例 5-2】 假设根据业务的需要新增加一个部门“调研部”，并派出了 6 名员工从事该部门的工作。

在“新建查询”窗口中编写如下代码，执行即可完成操作。

```
use 人事管理系统
go
insert into 部门信息(部门编号,部门名称,员工人数) values(10007,'调研部',6)
```

【实例 5-3】 处理 null 值：在“人事管理系统”数据库中，给员工信息表中新增一个员工信息。

员工编号：100507

员工姓名：苏娜

所在部门编号：10005

“新建查询”窗口中编写如下代码，执行即可完成操作。

```
use 人事管理系统
go
insert into 员工信息(员工编号,员工姓名,所在部门编号,所任职位,性别)
values(100512,'沈东阳',10003,null,'')
```

5.1.3.3 使用 insert select 语句

在“人事管理系统”数据库中创建一个“新员工信息”表，该表包括员工编号、员工姓名、所在部门编号和入职时间 4 列，用于存储临时的新员工信息。操作前的准备工作：先创建“新员工信息”表(用 SQL 语句实现)。

【实例 5-4】 将“人事管理系统”数据库中的“员工信息”表中的数据插入新建的“新员工信息”表中。

在“新建查询”窗口中编写 SQL 语句如下：

```
/* 创建新员工信息表，所选取创建的字段与类型大小与员工信息表一致 */
use 人事管理系统
go
create table 新员工信息(
员工编号 int not null,
员工姓名 varchar(50) not null,
所在部门编号 int null,
入职时间 datetime null)

/* 将员工信息表中的信息插入新员工信息表 */
insert into 新员工信息(员工编号,员工姓名,所在部门编号)
select 员工编号,员工姓名,所在部门编号 from 员工信息
```

【实例 5-5】 将“人事管理系统”数据库的“员工信息”表中籍贯为“江苏”并且所在部门编号为 10003 的数据插入“新员工信息”表中。

在“新建查询”窗口中编写 SQL 语句如下：

```
use 人事管理系统
go
insert into 新员工信息(员工编号,员工姓名,所在部门编号)
select 员工编号,员工姓名,所在部门编号 from 员工信息
where 所在部门编号='10003' and 籍贯='江苏'
```

5.1.3.4 使用 select into 语句创建表

使用 select into 语句可以把任何查询结果集放置到一个新表中，还可以把导入的数据填充到数据库的新表中。

【实例 5-6】 使用 select into 语句将“人事管理系统”数据库中“技术部门”的员工的简明信息(包括：员工编号，员工姓名，部门名称，所任职位和文化程度)保存到临时表：“#技术部人员”中。

在“新建查询”窗口中编写 SQL 语句如下：

```
use 人事管理系统
go
select 员工编号,员工姓名,部门名称,所任职位,文化程度 into #技术部人员
```

```
from 部门信息 join 员工信息
on 员工信息.所在部门编号= 部门信息.部门编号
where 部门名称='技术部'
/* 查询临时表 #技术部人员中的数据 */
select * from #技术部人员
```

【实例5-7】 使用select into语句给s表、c表、sc表中分别插入表5-1～表5-4中所示的数据。注意:先录入主键表中的信息,再插入外键表中的信息,即外键表中的值来源于主键表。

表5-1　(学生信息表)s表的测试数据

sno	sname	class	ssex	birthday	origin	address	tel	email
2011010101	李海平	11网络技术	女	1992-04-01 ...	上海	上海虹桥	13900004000	12346@126.com
2011010102	梁海同	11网络技术	男	1992-04-03 ...	北京	北京海淀区	13900007000	14456@126.com
2011010103	庄子	11网络技术	男	1993-12-03 ...	云南	云南昆明市	13900000008	444456@126.com

表5-2　(课程信息表)c表的表结构设计

cno	cname	credit
c001	计算机文化基础	2
c002	网页设计	4
c003	数据库原理与应用	6

表5-3　(成绩信息表)cs表的表结构设计

sno	cno	score
2011010101	c001	70
2011010102	c001	95
2011010103	c003	100
2011010103	c004	67

表5-4　(班级信息表)class表的表结构设计

class	classnum
11会计电算化	0
11网络技术	0
12财务管理	0

```
(1) /* 班级表中数据插入 */
insert into class(classname,classnum) values('11会计电算化','0')
insert into class(classname,classnum) values('11网络技术','0')
insert into class(classname,classnum) values('12财务管理','0')
(2) /* 学生表中数据插入 */
insert into s values('2011010101','李海平','11网络技术','女','1992-04-01',
'上海','上海虹桥','13900004000','12346@126.com')
```

```
    insert into s values('2011010102','梁海同','11 网络技术','男','1992-04-03','北京','北京海淀区','13900007000','14456@126.com')
    insert into s values('2011010103','庄子','11 网络技术','男','1993-12-03','云南','云南昆明市','13900000008','444456@126.com')
    (3) /* 课程表中数据插入 */
    insert into c values('c001','计算机文化基础',2)
    insert into c values('c002','网页设计',4)
    insert into c values('c003','数据库原理与应用',6)
    (4) /* 成绩表中数据插入 */
    insert into sc values(2011010101,c001,70)
    insert into sc values(2011010102,c001,95)
    insert into sc values(2011010103,c001,100)
    insert into sc values(2011010104,c001,67)
```

任务 5-2　更新数据

5.2.1　任务情境

【微课】
更新数据

现在 xsxk 数据库中的 3 张数据表中都有了新的记录,不过,汤小米同学在录入记录的时候把 s 表中 11 网络技术班的学生性别字段的值输入错误了(该班级全是男生),一个一个改,工作量又大,所以,她想应该有更方便的方法修改这些信息,让我们和她一起操作吧。

5.2.2　任务实现

打开"新建查询"窗口,输入下面的代码,实现数据的统一更新。

```
use xsxk
go
update s set ssex='男' where class='11 网络技术'
```

5.2.3　相关知识

5.2.3.1　修改数据的语法格式

当数据插入表中后,会经常需要修改。要 SQL Server 2019 中,对数据的修改可使用 update 语句。update 语句由更新的表、要更新的列和新的值及以一个 where 子句形式给出要更新的行三个主要部分组成。update 语句格式如下:

```
update <表名或视图名>
set <更新列名> = <新的表达式值>
[where<条件>]
```

更新和数据的插入操作相同,也有两种实现方法,一是直接赋值进行修改;二是通过 select 语句将要更新的内容先查询出来,再更新它们,但是要求前后的数据类型和数据个数相同。

5.2.3.2 应用 update 语句更新数据

以随书提供的素材库中的数据库实例“人事管理系统”为例。

【实例 5-8】 根据表中数据更新行:使用 update 语句,对“人事管理系统”数据库中的“部门信息”表,将部门的员工人员设置为 10。

```
use 人事管理系统
go
update 部门信息 set 员工人数= 10
```

【实例 5-9】 在上述题的基础上,为每个部门在原有基础上增加 3 个人。

```
use 人事管理系统
go
update 部门信息 set 员工人数= 员工人数+ 3
```

【实例 5-10】 限制更新条件:对“人事管理系统”数据库的“员工信息”表进行操作,将文化程度为“大专”,并且在“2006-05-01”到“2007-05-01”之间入职的所有员工调动到编号是 10005 的部门。

```
use 人事管理系统
go
update 员工信息 set 所在部门编号= 10005
where 入职时间 between '2006-05-01' and '2007-05-01'
and 文化程度='大专'
```

【实例 5-11】 更新多列:在“人事管理系统”数据库中对部门进行了重组和调整,原来编号为 10006 的部门名称变为“技术部”,人数也调整为 15。

```
use 人事管理系统
go
update 部门信息
set 部门名称='技术部',人数= 15
where 部门编号= 10005
```

任务5-3 删除数据

5.3.1 任务情境

当数据表中数据的添加工作完成之后，随着使用和对数据的修改，表中可能存在一些无用的数据，这些无用的数据不仅占用空间，还会影响修改和查询的速度，所以应及时将它们删除。现在的情况是 xsxk 数据库的 s 表中有一学号为 2012010101 的学生退学了，我们帮助汤小米同学一起来完成操作吧。

【微课】
删除数据

5.3.2 任务实现

打开“新建查询”窗口，输入下面的代码，实现了数据删除的操作。

```
use xsxk
go
delete from s where sno='2012010101'
```

5.3.3 相关知识

5.3.3.1 删除数据的语法结构

在 SQL 语句中，使用 delete 语句删除记录，也 insert 语句一样，delete 语句也可以操作单行和多行数据，并可以删除基于其他表中的数据行，语句格式如下：

```
delete [from] <表名或视图名>
[where 条件]
```

特别提示：

(1) 如果 delete 语句中不加 where 子句限制，则表或视图中的所有数据都将被删除。

(2) delete 语句只能删除数据表中的数据，不能删除整个数据表

(3) drop table 语句才可以实现删除整个表的操作。

5.3.3.2 应用 delete 语句删除数据

以随书提供的素材库中的数据库实例“人事管理系统”为例。

【实例5-12】 删除单行数据：假设在“人事管理系统”数据库中，编号为“100503”的新员工升级成为正式员工，需要在“新员工信息”表中删除他的记录。

```
use 人事管理系统
go
delete from 新员工信息 where 员工编号= 100503
```

【实例 5 - 13】 删除多行数据:从“新员工信息”表中删除所有在编号为“10003”部门工作的员工记录。

```
use 人事管理系统
go
delete from 新员工信息 where 所在部门编号= 10003
```

【实例 5 - 14】 在“人事管理系统”数据库中,删除 20%的新员工信息。

```
use 人事管理系统
go
delete top(20) percent 新员工信息
```

【实例 5 - 15】 在“人事管理系统”数据库中,需要删除员工信息表中前 5 行信息。

```
use 人事管理系统
go
delete top(5) 新员工信息
```

【实例 5 - 16】 删除所有行的数据:删除“新员工信息”表里所有的员工记录

```
use 人事管理系统
go
delete from 新员工信息
```

【实例 5 - 17】 以 xsxk 数据库为例,完成以下操作。

(1) 将表 s 的男生记录插入表 s_bak 中,假设表 s_bak 已存在,且结构与表 s 相同。

```
/* 创建一个与 s 表结构相同的 s_bak 表 */
use xsxk
go
create table s_bak(
sno nvarchar(10) not null,
sname nvarchar(10) not null,
class nvarchar(20) not null,
ssex nvarchar(2) not null,
address nvarchar(50) not null,
tel nvarchar(11) not null,
email nvarchar(20) not null,
primary key(sno))
/* 将 s 表中满足条件的记录插入 s_bak */
insert into s_bak(sno,sname,class,ssex,address,tel,email)
select sno,sname,class,ssex,address,tel,email from s
```

(2) 删除表 s_bak 中的所有男生。

```
use xsxk
go
delete from s_bak where ssex='男'
```

(3) 将表 s 中学号为“2013010103”的学生住址改为“北京市”,电话改为“13900000000”。

```
use xsxk
go
update s set address='北京市',tel='13900000000'
where sno='2013010103'
```

(4) 将所有选修了“c003”课程的学生的成绩加 5 分。

```
use xsxk
go
update sc set score= score+ 5 where cno='c003'
```

任务 5-4　生成新表

5.4.1　任务情境

【微课】
生成新表

生成新表的数据查询的任务情境主要涉及从现有的数据库表中提取数据,并基于这些数据创建一个新的表。这种查询类型通常被称为“生成表查询”。

(1) 数据整合与归档:当需要整合多个表中的数据到一个新的表中时,可以使用生成表查询。例如,在教学管理数据库中,当一届学生毕业后,可能需要将他们的数据从多个相关表中提取出来,并整合到一个新的“毕业学生”表中。

(2) 数据备份与存档:在某些情况下,为了备份或存档特定时间段的数据,可以使用生成表查询来创建一个包含这些数据的新表。这样,原始数据可以保持不变,而备份数据则存储在新的表中。

(3) 数据转换与格式化:如果需要改变数据的格式或结构,可以使用生成表查询来创建一个新表,其中数据已经按照所需的格式或结构进行了转换。

目前,需要将 xsxk 数据库中学生信息表 s 中的学生的学号(sno)、姓名(sname)、性别(ssex)的信息保存在 stu 的表中,让我们帮助汤小米同学一起来完成操作吧。

5.4.2　任务实现

打开“新建查询”窗口,输入下面的代码,实现了生成新表的数据查询。

```
use xsxk
go
select sno,sname,ssex into stu from s
select * from stu  /* 查看新表 stu 中的数据 */
```

5.4.3 相关知识

使用 into 子句可以创建一个新表并将检索的记录保存在该表中，其语法结构如下：

into < 新表名>（生成的新表中包含的列由 select 子句的列名表决定）

(1) 生成临时表：当 into 子句创建的表名前“#”或“##”时，所创建的表就是一个临时表。临时表保存在临时数据库 tempdb 中，该内容在任务 5－1 中讲过。

【实例 5－18】 在 xsxk 数据库中，将检索的 s 表中的学生的学号(sno)、姓名(sname)的信息保存在临时文件 temp1 中。在“新建查询”窗口中输入 SQL 语句并执行，SQL 代码如下。

```
use xsxk
go
select sno,sname into #temp1 FROM s
select * from #temp1   /* 查看临时表#temp1 中的数据 */
```

(2) 生成永久表：当 INTO 子句前面没有加上“#”或“##”时，所创建的就是一个永久表。

【实例 5－19】 在 xsxk 数据库中，将检索包含“12 网络技术 1 班”的学生的学号(sno)、姓名(sname)，性别(ssex)、籍贯(origin)的信息保存在永久表 temp2 中。在“新建查询”窗口中输入 SQL 语句并执行，SQL 代码如下。

```
use xsxk
go
select sno,sname,ssex,origin into temp2 from s
where class='12 网络技术'
select * from temp2   /* 查看永久表 temp2 中的数据 */
```

【实例 5－20】 在 xsxk 数据库中，新建一张“新课程信息表”，与“课程信息表”c 的表结构一模一样。现要求将“课程信息表”c 中的数据插入新建的“新课程信息”表中。

```
/* 使用 SQL 语句在 xsxk 数据库中创建"新课程信息"表 */
create table 新课程信息
(
cno char(4) not null,
cname varchar(50) null,
credit int null,
primary key(cno)
)
/* 将 c 表中的数据添加到新课程信息表中 */
insert into 新课程信息 select * from c
/* 查看永久表新课程信息 */
select * from 新课程信息
```

【实例 5-21】 在 xsxk 数据库中,将"学生信息表"s 中的性别是"男"的所有学生的"学号,姓名"列的数据插入新建的永久表"男生信息"表中。

```
select snum,sname into 男生信息 from s where ssex='男'
/* 将满足条件的数据存放在新建的"男生信息"表中 */
select sno,sname into 男生信息 from s where ssex='男'
/* 查看"男生信息"表中的数据 */
select * from 男生信息
```

【实例 5-22】 在 xsxk 数据库中,将"11 网络技术"班的学生的学号、姓名和性别的信息保存在一张临时表"网络学生"中。

```
select sno,sname,ssex into #网络学生 from s where class='11 网络技术'
/* 方法 1 */
select sno,sname,ssex into ##网络学生 from s where class='11 网络技术'
/* 方法 2 */
/* 查看临时表中的数据 */
select * from #网络学生
/* 或者 */
select * from ##网络学生 /* 查看临时表##网络学生 */
```

【实例 5-23】 在 xsxk 数据库中,将"学生信息表"s 中年龄超过 20 岁的学生信息,存放在一个临时表"年龄超过 20 岁学生"表中。

```
select * into #年龄超过 20 岁学生 from s
where year(getdate())- year(birthday)> 20
select * from #年龄超过 20 岁学生 /* 查看临时表##年龄超过 20 岁学生 */
```

【实例 5-24】 在 xsxk 数据库中,新建一张"新学生信息表",包括学号,姓名两个列,与"学生信息表"s 的表结构中一模一样。现要求将"学生信息表"s 中的数据插入新建的"新学生信息表"表中。

```
/* 使用 SQL 语句在 xsxk 数据库中创建"新学生信息表" */
create table 新学生信息表
(
sno nvarchar(10) not null,
sname nvarchar(10) null,
primary key(sno)
)
/* 将 s 表中的数据添加到新课程信息表中 */
insert into 新学生信息 select sno,sname from s
/* 查看新学生信息表中的数据 */
select * from 新学生信息表
```

课堂习题

一、选择题

1. 在 SQL 中，用于过滤记录的子句是(　　)。
   A. select　　B. from　　C. where　　D. order by
2. 以下哪个关键字用于对查询结果进行排序？(　　)
   A. group by　　B. order by　　C. where　　D. having
3. 在 SQL 中，如果想要统计某个字段中不同值的数量，应该使用哪个函数？(　　)
   A. sum　　B. avg
   C. count(distinct)　　D. max
4. 在连接两个表时，如果想要返回左表中的所有记录，以及与右表匹配的记录，应该使用哪种连接？(　　)
   A. inner join　　B. left join　　C. right join　　D. full join
5. 在使用 group by 子句后，想要过滤分组结果，应该使用哪个子句？(　　)
   A. where　　B. order by　　C. having　　D. all

二、判断题

1. insert 语句可以一次性向表中插入多行数据。(　　)
2. update 语句必须包含 where 子句，否则将更新表中的所有记录。(　　)
3. delete 语句和 truncate table 语句都可以用来删除表中的数据，但 truncate table 不能回滚。(　　)
4. 在 SQL 中，insert 语句的 set 子句用于指定要插入的新数据。(　　)
5. update 语句只能更新一个字段的值。(　　)

三、填空题

1. 在 insert 语句中，用于指定要插入数据的表名的关键字是__________。
2. 在 update 语句中，用于指定新值的子句是__________。
3. 如果想要删除表中满足特定条件的记录，应该在 delete 语句中使用__________子句。
4. DML 代表__________语言，用于操作数据库中的数据。
5. 在 SQL 中，如果要在 update 语句中同时更新多个字段，不同字段的更新值之间应使用__________分隔。

课堂实践

准备工作：将 db_classMIS 数据库附加至 SQL Server 数据库服务器中。将 db_classMIS 数据库中包含三张数据表：tb_classHead(辅导员表)、tb_class(班级信息表)、tb_student(学生信息表)，其表结构如表 5-5、表 5-6、表 5-7 所示。

(1) 辅导员信息表(辅导员编号，辅导员姓名，辅导员性别，辅导员手机，辅导员出生年月)

表 5-5　tb_classHead 表的表结构

字段名称	字段类型	字段大小	是否主键	是否为空	备注
tea_id	char	10	是	否	辅导员工号 主键
tea_name	char	8	否	是	辅导员姓名

(续表)

字段名称	字段类型	字段大小	是否主键	是否为空	备注
tea_gender	char	2	否	是	辅导员性别
tea_phone	varchar	13	否	是	辅导员手机
tea_birth	datetime	默认	否	是	辅导员出生年月

```
/*  创建辅导员信息表 tb_classHead 的 SQL 语句  */
 use db_classMIS
 go
 create table tb_classHead
 (
 tea_id char(10) primary key,
 tea_name char(8),
 tea_gender char(2),
 tea_phone varchar(13),
 tea_birth datetime
 )
```

(2) 班级信息表(班级编号,班级名称,班级人数,班级简介,教师工号),教师工号是外键

表 5-6 tb_class 表的表结构

字段名称	字段类型	字段大小	是否主键	是否为空	备注
class_id	char	10	是	否	班级编号
class_name	varchar	20	否	否	班级名称,唯一
class_num	int	默认	否	是	班级人数
class_intro	text	默认	否	是	班级简介
tea_id	char	10	否	是	辅导员工号 外键
depart_name	varchar	20	否	是	所属系部名称

```
/*创建班级信息表 tb_class 的 SQL 语句*/
 use db_classMIS
 go
 create table tb_class
 (
 class_id char(10) not null,
 class_name varchar(20) unique not null,
 class_num int,
 class_intro text,
 tea_id char(10),
 depart_name varchar(20),
```

```
primary key(class_id),
foreign key(tea_id) references tb_classHead(tea_id)
)
```

(3) 学生信息表(学号,姓名,性别,出生年月,政治面貌,家庭住址,手机,QQ,寝室,班级编号)

表 5-7　tb_student 表的表结构

字段名称	字段类型	字段大小	是否主键	是否为空	备注
stu_id	char	10	是	否	学号 主键
stu_name	char	8	否	否	姓名
stu_gender	char	2	否	是	性别
stu_age	int	默认	否	是	年龄
stu_poli	varchar	8	否	是	政治面貌
stu_address	varchar	50	否	是	家庭住址
stu_phone	varchar	13	否	是	手机
stu_qq	varchar	20	否	是	QQ
stu_dorm	varchar	20	否	是	寝室
class_id	char	10	否	是	所属班级编号 外键

```
/* 创建学生信息表 tb_student 的 SQL 语句 */
use db_classMIS
go
create table tb_student
(
stu_id char(10) not null,
stu_name char(8) not null,
stu_gender char(2),
stu_age int,
stu_poli varchar(8),
stu_address varchar(50),
stu_phone varchar(13),
stu_qq varchar(20),
stu_dorm varchar(20),
class_id char(10),
primary key(stu_id),
foreign key(class_id) references tb_class(class_id)
)
```

【5-C-1】使用 SQL 语句向辅导员信息表(tb_classHead)插入如表 5-8 所示的数据。

表 5-8 辅导员表中插入数据示例

tea_id	tea_name	tea_gender	tea_phone	tea_birth
t001	毛毛			
t002	皮皮	男		
t003	蔡蔡	女	13800000000	1998-8-5
t004	笑笑			1993-9-13

【5-C-2】使用 SQL 语句向班级信息表(tb_class)插入如表 5-9 所示的数据。

表 5-9 班级信息表中插入数据示例

class_id	class_name	class_num	class_intro	tea_id	depart_name
2022001	23 网络 1 班			t004	
2022002	23 网络 2 班	60			
2022003	22 网络 3 班			t001	
2022004	22 云计算				

【5-C-3】使用 SQL 语句向学信息表(tb_student)插入如表 5-10 所示的数据。

表 5-10 学生信息表中插入数据示例

stu_id	stu_name	stu_gender	stu_age	stu_poli	stu_address	stu_phone	stu_qq	stu_dorm	class_id
s001	小黄		20					12-102	
s002	小白								
s003	明明						320320		
s004	花花								2022004
s005	胡胡								
s006	田田		21					11-203	2022001

扩展实践

以表 5-8、表 5-9、表 5-10 中示例数据为例，在 db_classMIS 数据库中使用 SQL 语句修改数据。

【5-B-1】修改辅导员信息表 tb_classHead 中的辅导员工号为 t004 的辅导员的手机:18562626262，性别:女。

【5-B-2】修改辅导员信息表 tb_classHead 中辅导员工号为 t002 的辅导员的名字:毛宁宁。

【5-B-3】补全辅导员信息表 tb_classHead 中辅导员工号为 t001 的辅导员的手机:17326026000，出生日期:1992-4-22。

【5-B-4】修改班级信息表 tb_class 中班级简介列的信息全部:暂无。

【5-B-5】修改班级信息表 tb_class 中班级人数列的信息全部:清零。

【5-B-6】分别为班级信息表 tb_class 中班级编号为 2022002 的班级分配辅导员 t002;为班级编号为 2022004 的班级分配辅导员 t003。

【5-B-7】在学生信息表 tb_student 中为学号为 s001，s002，s003 的学生分配班级，班级编号为：2022002；为学号为 s005 的学生分配班级，班级编号为：2022003。

【5-B-8】补全学生信息表 tb_student 中学号为 s001 的学生信息。

性别：女

政治面貌：团员

地址：小和山

【5-B-9】修改学生信息表 tb_student 中学号为 s002 的学生性别为女。

【5-B-10】将学生信息表 tb_student 中学号为 s002 的学生分配到与学号为 s001 的同学同一个寝室（前提：示例中的两位学生性别相同）。

进阶提升

以扩展实践示例数据为例，在 db_classMIS 数据库中使用 SQL 语句删除指定数据表的数据。

【5-A-1】学号为 t003 的班主任因身体原因辞职了，把 t003 原来带的班分配给 t002，并且从班主任表中删除，如何实现？

【5-A-2】班级编号为 2022001 的班级因招生原因没有招满，需要将该班级学生移到 2022004 的这个班，再在班级表中删除 2022001 这个班，如何实现？

【5-A-3】学号为 s005 的学生因病退学，把该学生从学生表中删除，如何实现？

云享资源

【微信扫码】

- 教学课件
- 教学教案
- 配套实训
- 参考答案
- 实例脚本

项目6　数据的查询

【项目概述】

在项目5中，汤小米同学已经成功掌握了数据的基本操作，如数据的插入、更新和删除。然而，仅仅掌握这些操作还不足以满足实际工作中的数据处理和分析需求。因此，本项目旨在进一步提升汤小米同学的数据处理能力，特别是数据查询的基本技能。项目还将涉及子查询和连接查询的学习，帮助汤小米同学解决更复杂的数据查询问题。她将了解子查询的概念和类型，学会编写和使用子查询，以及掌握连接查询的语法和用法，实现跨表查询和关联查询。通过本项目的学习和实践，汤小米同学将能够全面提升自己的数据处理和分析能力，为未来的职业生涯打下坚实的基础。现在，就让我们一起跟随汤小米同学的脚步，开启本项目的学习之旅吧！

【知识目标】

1. 理解数据库查询的基本概念和原理。
2. 掌握 SQL 语言的基本语法和常用函数。
3. 学会使用 select 语句进行数据检索。
4. 理解 where 子句的作用，掌握常用条件表达式和逻辑运算符。
5. 掌握 order by 和 group by 子句的用法，实现对数据的排序和分组。
6. 学会使用聚合函数对数据进行汇总分析。
7. 了解子查询和连接查询的概念和用法。

【能力目标】

1. 能独立编写 SQL 查询语句，实现数据检索和分析。
2. 能根据实际需求，选择合适的查询条件和排序方式。
3. 能使用聚合函数对数据进行汇总分析，并解释分析结果。
4. 能使用子查询和连接查询解决复杂的数据查询问题。
5. 能优化查询语句，提高查询性能。

【素养目标】

1. 培养学生的逻辑思维能力和数据分析能力。
2. 培养学生的自主学习能力和解决问题的能力。
3. 培养学生的团队合作精神和沟通能力，能够与他人协作完成数据查询任务。
4. 培养学生的信息安全意识和职业道德素养，遵守数据保护和使用规定。

【重点难点】

教学重点：

1. SQL 语言的基本语法和常用函数。
2. select 语句的编写和使用。
3. where 子句的条件表达式和逻辑运算符；order by 和 group by 子句的用法。
4. 聚合函数的使用和解释。

教学难点：

1. 复杂查询条件的构建和逻辑表达式的编写。
2. 子查询和连接查询的理解和应用。
3. 查询性能的优化策略和方法。
4. 跨表查询和关联查询的实现。

【知识框架】

本项目知识内容旨在让学生掌握数据查询的基本技能，通过 SQL（或其他数据库查询语言）进行数据检索、筛选、排序、聚合等操作，学习内容知识框架如图 6－1 所示。

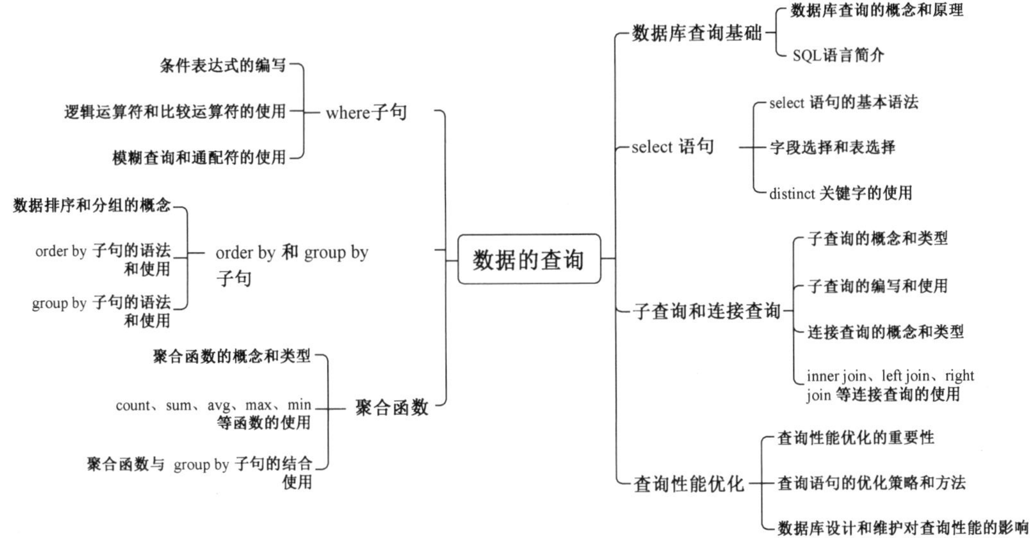

图 6－1　本项目内容知识框架

任务 6－1　DQL 数据查询语言——单表无条件数据查询

6.1.1　任务情境

【微课】
单表无条件数据查询

通过项目 5 的学习，汤小米掌握了使用 SSMS 管理工具和 SQL 语句编辑数据的操作应用，当然了，使用数据库的最基本、最重要的方式就是获取数据，如果想从存储在数据库中的数据中获取（检索）到所需要的重要数据，对于汤小米同学而言这又是一个新的内容。我们知道检索数据是通过 select 语句来实现的，那么，如何通过 select 语句来检索 s 表中所有学生的信息呢?

6.1.2 任务实现

启动 SSMS 管理工具，将所需的 xsxk 数据库，附加至 SQL Server 数据库实例中，打开“新建查询”窗口，输入 SQL 语句，实现检索 s 表中所有女生的信息，执行结果如图 6-2 所示。

```
use xsxk  /* 设置 xsxk 数据库为当前数据库 */
go
select sno,sname,ssex,birthday,origin,address,email,tel from s
```

或者:

```
use xsxk  /* 设置 xsxk 数据库为当前数据库 */
go
select * from s  /* 显示所的列名时可以用 * 替代 */
```

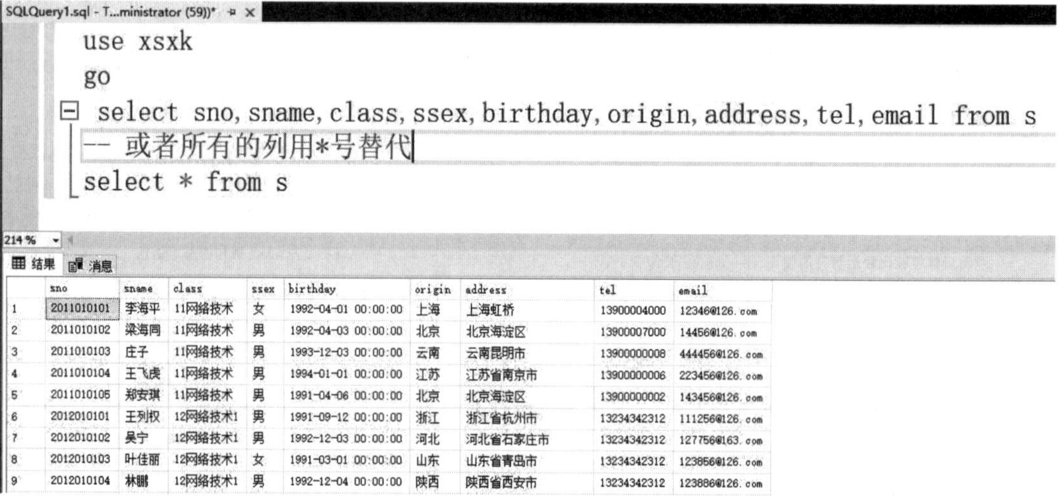

图 6-2 检索 s 表中所有学生的信息

6.1.3 相关知识

在 SQL 中，select 语句用于从数据库表中选择数据，单表无条件的基本的 select 语句的语法结构如下:

```
select column1, column2, ...
from table_name
```

其中:

select 关键字后面跟着想从表中选择的列名。可以指定多个列名，用逗号分隔。

from 关键字后面跟着想选择数据的表名。

使用 select 和 from 来选择表中的所有列，例如:

```
select * from table_name;
```

这里，* 是一个通配符，表示选择所有列。

6.1.4　单表无条件数据查询

使用 select 子句可以完成显示表中指定列的功能，即完成关系的投影运算。由于使用 select 语句的目的就是要输入检索的结果，所以，输出表达式的值是 select 语句的一项重要的功能。(附加 xsxk 数据库至 SQL Server 实例，根据要求操作)

【实例 6-1】 从 xsxk 数据库的 c 表中检索所有课程的信息，在"新建查询"窗口中输入 SQL 语句并执行，结果如图 6-3 所示。

```
select cno,cname,credit from c
/* 或者:select * from c */
/* select cno as 课程编号,cname as 课程名称,credit as 学分 from c */
/* as 关键字及其用于创建列别名的能力是 SQL 中一个非常有用和灵活的特性，当列名在查询结果中不直观或过长时，别名可以提高结果的可读性。在本次数据的查询中 as 是将 c 表中的列重命名为中文列名 */
```

结果　消息

	cno	cname	credit
1	c001	计算机文化基础	2
2	c002	网页设计	4
3	c003	数据库原理与应用	6
4	c004	局域网组建	4
5	c005	综合布线	4

结果　消息

	课程编号	课程名称	学分
1	c001	计算机文化基础	2
2	c002	网页设计	4
3	c003	数据库原理与应用	6
4	c004	局域网组建	4
5	c005	综合布线	4

图 6-3　查询课程信息表中所有课程的信息

【实例 6-2】 从 xsxk 数据库的 s 表中检索所有学生年龄(出生年月 birthday，年龄=系统当前的年份一出生年月中的年份)，在"新建查询"窗口中输入 SQL 语句并执行，结果如图 6-4 所示。

```
select sno,sname,year(getdate())-year(birthday)'age' from s
/*
getdate()获取系统当前的日期;year()从日期中获取年份;此处的 age 是列的别名，可以用单引号，也可用关键字:as
*/
select sno,sname,year(getdate())-year(birthday) as age from s
```

结果　消息

	sno	sname	age
6	2011010105	郑安琪	29
7	2012010101	王列权	29
8	2012010102	吴宁	28
9	2012010103	叶佳丽	29
10	2012010104	林鹏	28

图 6-4　查询所有学生的学号、姓名和年龄数据

【实例 6-3】 从 xsxk 数据库的 s 表中检索出所有学生的学号(sno)、姓名(sname)、手机(tel)和电子邮箱(email),在“新建查询”窗口中输入 SQL 语句并执行,结果如图 6-5 所示。

```
select sno'学号',sname'姓名',tel'手机',email'电子邮箱' from s
/* select sno as 学号 ,sname as 姓名,tel as 手机,email as 电子邮箱 from s */
```

结果　消息

	学号	姓名	手机	电子邮箱
1	2011010101	李海平	13900004000	12346@126.com
2	2011010102	梁海同	13900007000	14456@126.com
3	2011010103	庄子	13900000008	444456@126.com
4	2011010104	王飞虎	13900000006	223456@126.com
5	2011010105	郑安琪	13900000002	143456@126.com
6	2012010101	王列权	13234342312	111256@126.com
7	2012010102	吴宁	13234342312	127756@163.com

图 6-5　检索指定列的信息

【实例 6-4】 从 xsxk 数据库的 s 表中检索出所有“籍贯”(origin)列的信息,在“新建查询”窗口中输入 SQL 语句并执行,结果如图 6-6 所示。

```
select distinct origin as 籍贯 from s /* distinct 取消重复列 */
```

结果　消息

	籍贯
1	北京
2	福建
3	广东

图 6-6　取消重复列的检索

【实例 6-5】 从 xsxk 数据库的 s 表中检索“籍贯”(origin)列的前 5 条信息,在“新建查询”窗口中输入 SQL 语句并执行,结果如图 6-7 所示。

```
select distinct top 2 origin as 籍贯 from s
/* distinct 取消重复列;top n 前 n 条数据 */
```

结果　消息

	籍贯
1	北京
2	福建

图 6-7　top 关键字的应用

任务 6－2　DQL 数据查询语言——where 子句

6.2.1　任务情境

【微课】
where 子句的使用

通过任务 6－1 的学习，汤小米掌握了基本的 select 语句的应用，她现在已经能够检索数据表中的信息了。然而，随着对数据库查询的深入了解，她意识到仅仅检索所有数据并不总是有用的，有时候需要基于特定的条件来筛选数据。因此，她现在想要学习如何使用 where 子句来进一步过滤查询结果。那么，对于她来说，现在的问题是如何通过 select 语句结合 where 子句来检索 s 表中所有女生的信息呢？

6.2.2　任务实现

启动 SSMS 管理工具，将所需的 xsxk 数据库，附加至 SQL Server 数据库实例中，打开“新建查询”窗口，输入 SQL 语句，实现检索 s 表中所有女生的信息，执行结果如图 6－8 所示。

```
use xsxk  /* 设置 xsxk 数据库为当前数据库 */
go
select * from s where ssex='女'
```

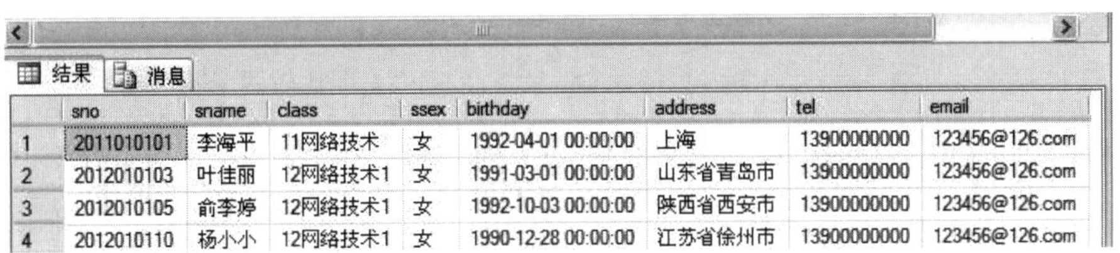

	sno	sname	class	ssex	birthday	address	tel	email
1	2011010101	李海平	11网络技术	女	1992-04-01 00:00:00	上海	13900000000	123456@126.com
2	2012010103	叶佳丽	12网络技术1	女	1991-03-01 00:00:00	山东省青岛市	13900000000	123456@126.com
3	2012010105	俞李婷	12网络技术1	女	1992-10-03 00:00:00	陕西省西安市	13900000000	123456@126.com
4	2012010110	杨小小	12网络技术1	女	1990-12-28 00:00:00	江苏省徐州市	13900000000	123456@126.com

图 6－8　检索 s 表中所有的女生信息

6.2.3　相关知识

6.2.3.1　select 语句的语法结构

```
select [all|distinct] <目标列表达式> [as 列名][,<目标列表达式> [as 列名] …]
from <表名> [,<表名> …]
[where <条件表达式> [and|or <条件表达式> …]
[group by 列名 [having <条件表达式> ]]
[order by 列名 [asc | desc]]
```

解释：

① [all|distinct]　all：全部；distinct：不包括重复行

② ＜目标列表达式＞ 对字段可使用 avg、count、sum、min、max、运算符等

③ ＜条件表达式＞

查询条件(谓词)：

比较(=、>,<,>=,<=,! =,<>)
确定范围(between and、not between and)
确定集合(in、not in)
字符匹配(like("%"匹配任何长度,"_"匹配一个字符)、not like)
空值(is null、is not null)
多重条件(and、or、not)
子查询(any、all、exists)
集合查询[(union(并)、intersect(交)、minus(差)]
④ <group by 列名> 对查询结果分组
⑤ [having <条件表达式>] 分组筛选条件
⑥ [order by 列名 [asc | desc] 对查询结果排序;asc:升序; desc:降序

6.2.3.2 含有 where 子句的数据检索

在数据库查询数据时,有时用户只希望得到一部分数据,如果还使用 select ... from ... 结构,会因为大量不需要的数据而很难实现,这时就需要在 select 语句中加入 where 条件语句。where 子句通过条件表达式描述关系中元组(行)的选择条件,where 子句使用的条件有比较运算符、逻辑运算符、范围运算符、列表运算符、字符匹配符和未知值等,可使用条件如表 6-1 所示。

表 6-1 where 子句常用的查询条件

查询条件	谓词	说明
比较	=,>,>=,<,<=,! =,<>,! >,! <	比较两个表达式
确定范围	between and, not between and	检索值是否在范围内
确定集合	in, not in	检索值是否属于列表值之一
字符匹配	like, not like	字符串是否匹配
空值	is null, is not null	检索结果是否为 null
多重条件	and, or, not	组合表达式的结果或取反

【实例 6-6】 从 xsxk 数据库的 s 表中,应用"比较运算符",检索出"籍贯(origin)"为"北京"的学生的学号(sno),姓名(sname),性别(ssex)。在"新建查询"窗口中输入 SQL 语句并执行,结果如图 6-9 所示。

```
select sno as 号,sname as 姓名,ssex as 性别 from s where origin='北京'
/* as 为当前字段取别名;s 是学生表 */
```

结果　消息

	号	姓名	性别
1	2011010102	梁海同	男
2	2011010105	郑安琪	男
3	2012010209	郑雷	男
4	2012020104	金罗翀	女
5	2012020105	郑康康	女
6	2012020202	张蕾	女
7	2012020205	叶聪	男

图 6－9　where 子句检索 1(比较运算符)

【实例 6－7】 从 xsxk 数据库的 s 表中，应用逻辑运算符，检索出“籍贯(origin)”是“北京”的并且“性别(ssex)”为“男”的学生的学号(sno)、姓名(sname)、所在班级(class)和手机号码(tel)信息，在“新建查询”窗口中输入 SQL 语句并执行，结果如图 6－8 所示。

```
select sno as 号,sname as 姓名,class as 所在班级,tel as 手机 from s
where ssex='男' and origin='北京'
```

结果　消息

	号	姓名	所在班级	手机
1	2011010102	梁海同	11网络技术	13900007000
2	2011010105	郑安琪	11网络技术	13900000002
3	2012010209	郑雷	12信息管理1	13900500000
4	2012020205	叶聪	12信息管理2	13900003300
5	2012030103	鑫城杰	12软件技术	13967880000
6	2012030106	吴一	12软件技术	13907890000
7	2012040104	林荣	12电子电工	13900033300

图 6－10　where 子句检索 2(逻辑运算符)

【实例 6－8】 在 xsxk 数据库的 sc 表中应用“范围运算符”查询出成绩在 70 到 80 之间的学生的学号(sno)、课程编号(cno)和成绩(score)信息，在“新建查询”窗口中输入 SQL 语句并执行，结果如图 6－11 所示。

```
select sno'学号',cno'课程号',score'选课成绩' from sc
where score between 70 and 80
```

结果　消息

	学号	课程号	选课成绩
1	2011010101	c003	75
2	2011010102	c003	80
3	2011010103	c004	70
4	2012010101	c002	79
5	2012010103	c001	72
6	2012010103	c002	79
7	2012010104	c001	73

图 6－11　where 子句检索 3(范围运算符)

【实例 6-9】 从 xsxk 数据库的 s 表中,应用“列表运算符”查询出“籍贯(origin)”是“浙江”“北京”和“上海”的学生的学号(sno)、姓名(sname)、性别(ssex)、籍贯(origin)信息,在“新建查询”窗口中输入 SQL 语句并执行,结果如图 6-12 所示。

```
select sno'学号',sname'姓名',ssex'性别',origin'籍贯' from s
where origin in('浙江','北京','上海')
```

结果 消息

	学号	姓名	性别	籍贯
1	2011010101	李海平	女	上海
2	2011010102	梁海同	男	北京
3	2011010105	郑安琪	男	北京
4	2012010101	王列权	男	浙江
5	2012010108	冯雷	男	浙江
6	2012010209	郑雷	男	北京
7	2012020101	林小康	男	浙江
8	2012020102	周志烟	男	上海

图 6-12 where 子句检索 4(列表运算符)

【实例 6-10】 从 xsxk 数据库的 s 表中,应用“字符匹配符”查询:“姓名”列中姓“李”字的数据信息;“姓名”列中含有“小”字的数据信息;姓名列中最后一个字是“小”字的数据信息。在“新建查询”窗口中输入 SQL 语句并执行,结果如图 6-13 所示。

```
select * from s where sname like'李% ' /* 姓"李"的学生信息 */
select * from s where sname like'% 小% ' /* 姓名中含"小"的学生信息 */
select * from s where sname like'% 小' /* 姓名最后一个字是"小"字的学生信息 */
```

结果 消息

	sno	sname	class	ssex	birthday	origin	address	tel	email
1	2011010101	李海平	11网络技术	女	1992-04-01 00:00:00	上海	上海虹桥	13900004000	12346@126.com
2	2012030104	李查	12软件技术	男	1992-01-03 00:00:00	上海	上海虹桥	13900888000	444456@126.com
3	2012030105	李泉	12软件技术	女	1990-12-12 00:00:00	上海	上海虹桥	13904430000	222356@126.com
4	2012030109	李秋平	12软件技术	女	1989-05-12 00:00:00	陕西	陕西省西安市	13900577400	675456@126.com

姓'李'的学生信息

	sno	sname	class	ssex	birthday	origin	address	tel	email
1	2012010110	杨小小	12网络技术1	女	1990-12-28 00:00:00	江苏	江苏省徐州市	13900050060	123446@126.com
2	2012020101	林小康	12网络技术2	男	1992-04-07 00:00:00	浙江	浙江省杭州市		133356@126.com
3	2012020203	钱龙小	12信息管理2	女	1993-11-24 00:00:00	上海	上海虹桥	13900034600	654456@126.com
4	2012020204	林小小	12信息管理2	女	1993-11-02 00:00:00	上海	上海虹桥	13900005430	553456@126.com

姓名中含'小'字的学生信息

	sno	sname	class	ssex	birthday	origin	address	tel	email
1	2012010110	杨小小	12网络技术1	女	1990-12-28 00:00:00	江苏	江苏省徐州市	13900050060	123446@126.com
2	2012020203	钱龙小	12信息管理2	女	1993-11-24 00:00:00	上海	上海虹桥	13900034600	654456@126.com
3	2012020204	林小小	12信息管理2	女	1993-11-02 00:00:00	上海	上海虹桥	13900005430	553456@126.com

姓名最后一个字是'小'字的学生信息

图 6-13 where 子句检索 5(字符匹配符)

【实例 6－11】 在 xsxk 数据库中,查询还未设置手机号码(tel)的学生信息,显示学号,姓名,性别,籍贯和手机,在“新建查询”窗口中输入 SQL 语句并执行,结果如图 6－14 所示。

```
select sno'学号',sname'姓名',ssex'性别',origin'籍贯',tel'手机号码'
from s
where tel=''
```

结果 消息

	学号	姓名	性别	籍贯	手机号码
1	2012010109	董辉	男	河北	
2	2012010206	史鹏	男	内蒙	
3	2012020101	林小康	男	浙江	

图 6－14 where 子句检索 5(未知值)

特别提示:

(1) 如果在 where 子句中使用 not 运算符,则将 not 放在表达式的前面,并且只应用于简单条件。

(2) 逻辑运算符的优先级由高到低是 not(非)、and(和)、or(或)。

(3) not between 表示检索设定范围之外的数据,在使用日期作为范围条件时,必须用单引号引起来,并且使用的日期型数据必须是“年-月-日”。

(4) not in 检索的是范围之外的信息。

(5) like 或 not like 实现模糊查询,通配符“%”表示任意多个字符,“_”表示单个字符,“[]”表示指定范围的单个字符,“[^]”表示不在指定范围内的单个字符。

(6) SQL 语言中将一个汉字视为一个字符而非两个字符。

任务 6－3 DQL 数据查询语言——order by 子句

6.3.1 任务情境

在任务 6－2 中,汤小米已经掌握了如何使用 where 子句来筛选数据库中的记录。现在,她想要学习如何对查询结果进行排序,以使得结果更加清晰和易于阅读,这就是 order by 子句的作用。我们一起和汤小米同学来学习吧!

【微课】order by 子句的使用

6.3.2 任务实现

启动 SSMS 管理工具,将所需的 xsxk 数据库,附加至 SQL Server 数据库实例中,打开“新建查询”窗口,输入 SQL 语句,实现检索课程信息表 c 中课程名称中含有设计的课程信息,查询结果按学分升序排列,执行结果如图 6－15 所示。

```
use xsxk  /* 设置 xsxk 数据库为当前数据库 */
go
select cno as 课程编号,cname as 课程名称,credit as 学分 from c
where cname like'% 设计% ' order by credit asc
```

	课程编号	课程名称	学分
1	c013	PHP程序设计	2
2	c007	ASP.NET动态网站设计	3
3	c009	C语言程序设计	3
4	c010	C#程序设计	3
5	c002	网页设计	4

图 6-15　查询结果按学分升序排列

6.3.3　相关知识

6.3.3.1　order by 语句的语法结构

使用 order by 子句对查询结果进行排序的基本语法：

```
select 列 1, 列 2, …
from 表名
[where 条件]
order by 排序字段 1 [asc|desc], 排序字段 2 [asc|desc], …;
```

其中：

asc 代表升序排序(从小到大),如果不写默认是升序。

desc 代表降序排序(从大到小)。

示例:假设有一个名为 students 的表,其中包含 student_id, name, 和 score 三个字段。按分数从高到低排序：

```
select student_id, name, score
from students
order by score desc;
```

6.3.3.2　含有 order by 子句的数据查询

【实例 6-12】 从 xsxk 数据库中的 s 表中,按照学生的年龄进行行降序排列,显示学号,姓名,性别,年龄,籍贯列。在“新建查询”窗口中输入 SQL 语句并执行,结果如图 6-16 所示。

```
select sno'学号',sname'姓名',ssex'性别',
year(getdate())- year(birthday)'年龄',origin'籍贯' from s
order by year(getdate())- year(birthday) desc
/* 学生表中的没有年龄字段列,但有出生年月字段,可以通过日期函数与出生年月日的运算得出年龄字段值;desc 是降序排列,asc 是升序排列,默认为升序排序 */
```

结果	消息			

	学号	姓名	性别	年龄	籍贯
1	2012030108	许明启	男	31	山西
2	2012030109	李秋平	女	31	陕西
3	2012030110	卫国	男	30	广东
4	2012040101	杨甫阳	男	30	山东
5	2012040102	柴一生	男	30	山东
6	2012040103	郭程	男	30	江西
7	2012040104	林荣	男	30	北京
8	2012040105	林梅	女	30	上海

图6-16　检索学生按年龄降序排列

【实例6-13】 从数据库xsxk中的sc表中，检索出成绩大于或等于90的学生选课成绩的信息，显示学号，课程号和成绩，并将检索出来的结果按“成绩”升序排列，在“新建查询”窗口中输入SQL语句并执行，结果如图6-17所示。

```
select sno'学号',cno'课程号',score'选课成绩' from sc
where score> = 90 order by score asc
```

	学号	课程号	选课成绩
1	2012010108	c002	91
2	2012040105	c007	91
3	2011010104	c004	92
4	2012010104	c002	92
5	2012030105	c007	92
6	2012040102	c003	92
7	2012020210	c002	93
8	2012030101	c008	94

图6-17　按条件进行排序

任务6-4　DQL数据查询语言——聚合函数

6.4.1　任务情境

通过之前的学习，汤小米已经掌握了使用select ... from ... where ... order by子句进行基本查询、条件查询和排序查询。现在，她需要学习如何使用聚合函数来进行更复杂的查询，如统计数量、计算总和、平均值等。让我们和汤小米一起踏上探寻聚合函数奥秘的学习之旅吧！

【微课】
聚合函数的使用

6.4.2 任务实现

启动SSMS管理工具，将所需的xsxk数据库，附加至SQL Server数据库实例中，统计课程信息表c中总课程数，打开“新建查询”窗口输入以下SQL语句：

```
use xsxk  /* 设置 xsxk 数据库为当前数据库 */
go
select count(cno) as 课程总数 from c
```

单击“运行”按钮执行命令，运行结果如图6-18所示

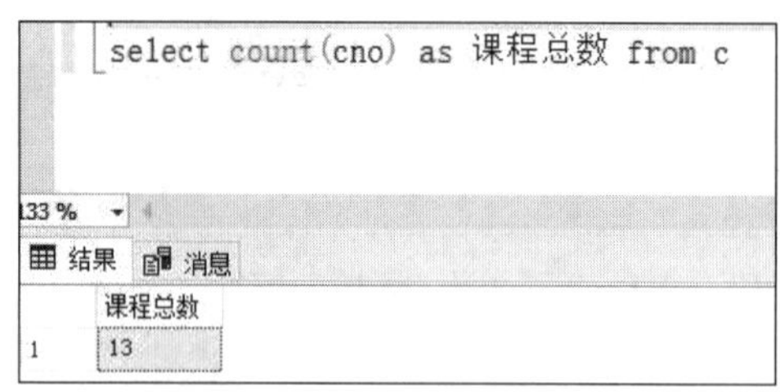

图6-18 统计课程总数

6.4.3 相关知识

6.4.3.1 聚合的语句的语法结构

聚合函数在SQL中用于对一组值执行计算，并返回单个值。这些函数在数据分析中特别有用，因为它们允许汇总大量数据并提取有意义的信息。常见的聚合函数如表6-2所示：

表6-2 常见的聚合函数

函数名称	作用	示例
count()	计算行数	select count(*) from employees;(计算 employees 表中的所有行)还可以与 distinct 一起使用，以计算唯一值的数量。
sum()	计算数值列的总和	select sum(salary) from employees;(计算 employees 表中所有员工的总薪资)
avg()	计算数值列的平均值	select avg(salary) from employees;(计算 employees 表中所有员工的平均薪资)
max()	返回数值列的最大值	select max(salary) from employees;(找出 employees 表中薪资最高的员工)
min()	返回数值列的最小值	select min(salary) from employees;(找出 employees 表中薪资最低的员工)

在使用聚合函数时，确保查询逻辑正确，并且对正确的列和数据进行操作。此外，不是所有的数据库系统都支持相同的聚合函数，因此请根据使用的数据库系统的文档进行查询。

6.4.3.2 聚合函数的数据查询

(1) count()函数的应用

在 SQL 中,count() 函数用于计算表中的行数或特定列中非 null 值的数量。这个函数可以接受不同的参数,但最常见的用法是两种:

① count()第一种用法:count(*)

计算表中的所有行数,包括 null 值。这是最常用的方式,因为它不依赖于任何特定的列,并且会计算表中的所有行。

示例:`select count(*) from employees;`

这条 SQL 语句会返回 employees 表中的总行数。

② count()第二种用法:count(column_name)

计算指定列中的非 null 值的数量。如果某行的指定列值为 null,那么该行不会被计入总数。

示例:`select count(salary) from employees;`

这条 SQL 语句会返回 employees 表中 salary 列非 null 值的数量。如果表中有些员工的薪资是 null,那么这些员工将不会被计入总数。

除了这两种常见的用法外,count() 函数在某些数据库系统中(如 MySQL)还支持其他参数,如 count(distinct column_name)。

③ count()第三种用法:count(distinct column_name)

计算指定列中不同(唯一)非 null 值的数量。即使表中有多行具有相同的列值,每个唯一值也只会被计数一次。

示例:`select count(distinct department) from employees;`

这条 SQL 语句会返回 employees 表中不同部门的数量。

请注意,当使用 count()函数时,应确保选择适当的参数以匹配查询需求。特别是只想计算非 null 值时,或者想要计算唯一值时,应该明确指定列名或使用 distinct 关键字。

【实例 6-14】 在 xsxk 数据库中的学生表(s)中,统计男生的总人数。在"新建查询"窗口中输入以下 SQL 语句。

```
select count(sno) as 男生总人数 from s where ssex='男'
```

单击"运行"按钮执行命令,运行结果如图 6-19 所示。

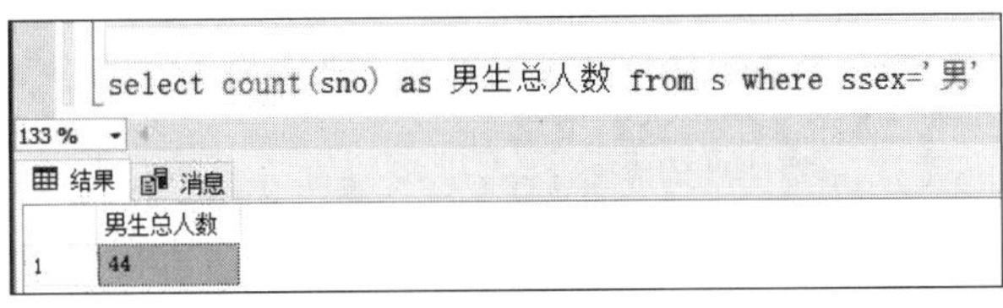

图 6-19 统计男生的总人数

(2) sum()函数的应用

在 SQL 中,sum()函数是一个聚合函数,用于计算一列中所有数值的总和。这个函数接受一个参数,这个参数通常是一个列名或者是一个表达式,该列或表达式应包含数值类型(如 int, float, decimal 等)的数据。

以下是 sum()函数的基本语法：

```
select sum(column_name) from table_name where condition;
```

其中：

column_name 是想要加起来的数值所在的列名。

table_name 是包含该列的表名。

where condition 是可选的，用于过滤需要加起来的行。

例如，假设有一个名为 orders 的表，其中包含了一个名为 amount 的列，这个列存储了每笔订单的金额。如果想要计算所有订单的总金额，可以使用以下的 SQL 查询：

```
select sum(amount) as total_amount from orders;
```

在这个查询中，sum(amount)会计算 amount 列中所有行的值的总和，而 as total_amount 则给这个计算结果起了一个别名 total_amount，这样就可以在结果集中引用这个计算得到的总和。

【实例 6-15】 在 xsxk 数据库中的成绩表(sc)中，计算学号为"2012010102"的学生总成绩。在"新建查询"窗口中输入以下 SQL 语句。

```
select sum(score) as 总成绩 from sc where sno='2012010102'
```

单击"运行"按钮执行命令，运行结果如图 6-20 所示

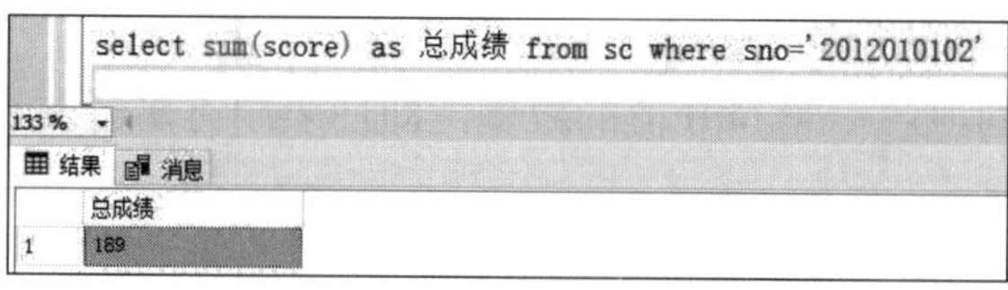

图 6-20　计算指定学生选课总成绩

(3) avg()函数的应用

在 SQL 中，avg() 函数用于计算某列的平均值。本函数接受一个参数，这个参数通常是一个列名或者是一个表达式，该列或表达式应包含数值类型(如 int，float，decimal 等)的数据。

计算某列的平均值示例：假设有一个名为 employees 的表，该表有一个名为 salary 的列，可以使用以下查询来计算平均工资：

```
select avg(salary) as average_salary from employees;
```

【实例 6-16】 在 xsxk 数据库中的成绩表(sc)中，计算学号为"2012010102"的学生选课成绩的平均分。在"新建查询"窗口中输入以下 SQL 语句。

```
select avg(score) as 选课平均成绩 from sc where sno='2012010102'
```

执行代码并查看结果如图 6-21 所示。

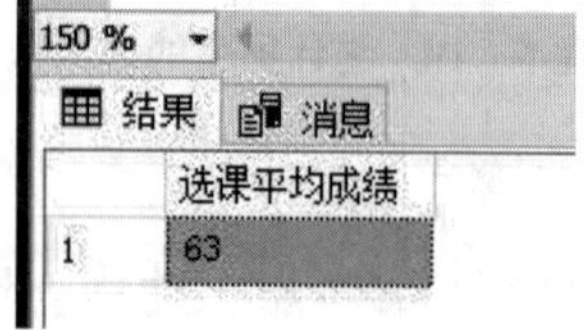

图 6-21　计算指定学生选课成绩的平均分

(4) max()函数和 min()函数的应用

在 SQL 中，max() 函数用于计算某列的最大值、min()函数用于计算某列的最小值。这两个函数均接受一个参数，这个参数通常是一个列名或者是一个表达式，该列或表达式应包含数值类型(如 int，float，decimal 等)的数据。

计算某列的最大值或最小值的示例：假设有一个名为 employees 的表，该表有一个名为 salary 的列，可以使用以下查询来计算最高工资或最低工资：

```
select max(salary) as average_salary from employees;   /* 最高工资 */
select min(salary) as average_salary from employees;   /* 最低工资 */
```

【实例 6-17】 在 xsxk 数据库中的成绩表(sc)中，计算学号为“2012010102”的学生选课成绩的最高分或最低。在“新建查询”窗口中输入以下 SQL 语句。

```
select max(score) as 选课成绩最高分,min(score) as 选课成绩最高分 from sc
where sno='2012010102'
```

执行代码并查看结果如图 6-22 所示。

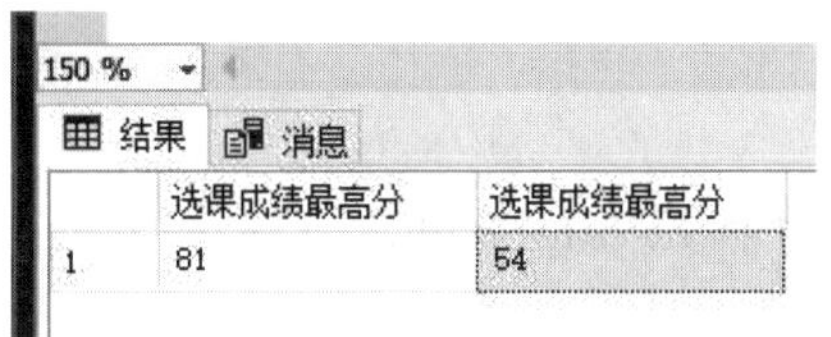

图 6-22　计算指定学生选课成绩的最高分

任务 6-5　DQL 数据查询语言——group by 子句

6.5.1　任务情境

在数据查询的海洋中，group by 子句无疑是一颗璀璨的明星。它赋予了用户强大的能力，允许我们按照指定的一个或多个列将查询结果进行分组，并对每个分组执行聚合函数操作，如统计数量(count)、计算总和(sum)、求取平均值(avg)等。

【微课】group by 子句的使用

通过之前的学习，汤小米已经能够熟练运用 count、sum 和 avg 等聚合函数进行基本的统计和计算。然而，当她遇到需要按特定条件对数据进行分组统计的复杂查询时，她意识到 group by 子句的重要性。现在，汤小米准备深入研究 group by 子句，以便更好地理解和应用这一强大工具。她渴望掌握分组查询的精髓，能够在数据查询的海洋中畅游无阻。目前需要分组统计学生信息表 s 中每个班的人数，那就让我们一起跟随汤小米的脚步，揭开 group by 子句的神秘面纱，探索分组查询的无限可能！

6.5.2 任务实现

启动 SSMS 管理工具,将所需的 xsxk 数据库,附加至 SQL Server 数据库实例中,分组统计学生信息表 s 中每个班的人数。打开"新建查询"窗口输入以下 SQL 语句:

```
select class as 班级名称,count(sno) as 学生人数 from s group by class
```

单击"运行"按钮执行命令,运行结果如图 6-23 所示。

150 %

结果 消息

	班级名称	学生人数
1	11网络技术	5
2	12财务管理	1
3	12电子电工	10
4	12软件技术	10

图 6-23 按班级统计学生人数

6.5.3 相关知识

6.5.3.1 group by 语句和 having 子句的语法结构

group by 语句在 SQL 中用于结合聚合函数,根据一个或多个列对结果集进行分组。这对于从多个记录中计算汇总值(如计数、总和、平均值等)非常有用。

以下是 group by 语句的基本语法结构:

```
select column_name(s), aggregate_function(column_name)
from table_name
where condition
group by column_name(s)
[having aggregate_condition]
```

其中主要的参数含义如下。

select:指定要返回的列。

column_name(s):要返回的列的名称。如果使用了聚合函数,这些列通常不包括在聚合函数内。

aggregate_function(column_name):一个或多个聚合函数[如 count(), sum(), avg(), max(), min() 等],它们应用于 group by 指定的列之外的列。

from table_name:指定要从中检索数据的表。

where condition(可选):指定要包括在结果集中的记录的条件。

group by column_name(s):指定如何对结果集进行分组。通常,这会是一个或多个列的名称,但也可以是基于这些列的表达式。

having 子句过滤由 group by 产生的分组。

① 示例 1:假设我们有一个名为 Orders 的表,其中包含 OrderID, CustomerID, ProductID, 和 Quantity 列。如果想找出每个客户购买的总数量,我们可以使用以下语句查询:

```
select CustomerID, sum(Quantity) as TotalQuantity
from Orders
group by CustomerID;
```

在这个例子中，我们选择了 CustomerID 列和 sum(Quantity)(作为 TotalQuantity 的别名)。然后，我们从 Orders 表中检索数据，并按 CustomerID 列对结果进行分组。这将为每个唯一的 CustomerID 返回一个行，其中包含该客户的总购买数量。

② 示例 2：假设我们有一个名为 orders 的表，其中包含订单信息。如果我们想要找出总订单金额超过 1 000 元的顾客(假设每个顾客都有一个唯一的 customer_id)，我们可以这样做：

```
select customer_id, sum(order_amount) as total_amount
from orders
group by customer_id
having total_amount >  1000;
```

在示例 2 中，我们选择了 customer_id 和 sum(order_amount) as total_amount。我们从 orders 表中检索数据。我们按 customer_id 对结果进行分组。我们使用 having 子句来过滤那些总订单金额超过 1 000 元的顾客。

注意：where 子句在数据分组之前过滤行，而 having 子句在数据分组之后过滤分组。因此，不能在 where 子句中使用聚合函数，而必须在 having 子句中使用它们。

6.5.3.2 聚合函数的数据查询

【实例 6－18】 在 xsxk 数据库中的成绩表(s)中，按“性别(ssex)统计男生和女生的人数”，在“新建查询”窗口中输入 SQL 语句并执行，结果如图 6－24 所示。

```
select ssex as 性别,count(sno) as 人数 from s group by ssex
```

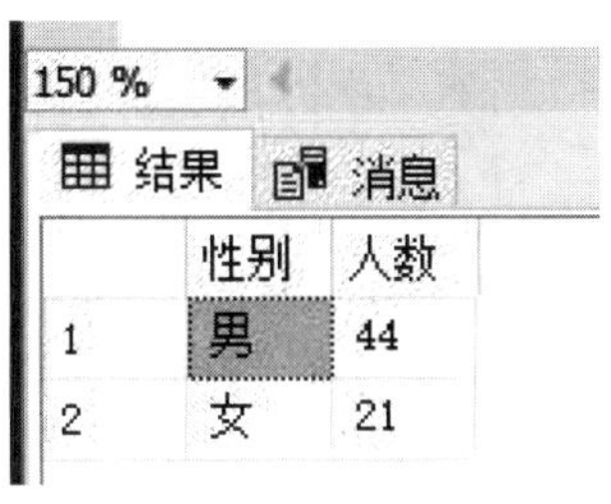

图 6－24 按性别分组统计学生人数

【实例 6－19】 在 xsxk 数据库中的成绩表(sc)中，检索每个学生所选课程的数量、总分、平均分、最高分和最低分，并按平均分排名次，如果平均分相同时，按最高分降序排序，在“新建查询”窗口中输入 SQL 语句并执行，结果如图 6－25 所示。

```
select sno'学号',count(sno)'选课总数',sum(score)'总成绩',
avg(score)'平均成绩',max(score)'最高分',min(score)'最低分'
from sc group by sno order by avg(score),max(score) desc
```

	学号	选课总数	总成绩	平均成绩	最高分	最低分
1	2012040103	2	113	56	80	33
2	2011010103	3	177	59	70	51
3	2011010102	2	124	62	80	44
4	2012010105	3	193	64	96	34
5	2012010102	3	197	65	85	56
6	2011010101	2	135	67	75	60
7	2012030101	9	619	68	94	45
8	2011010104	3	205	68	92	56

图 6－25　分类汇总

【实例 6－20】 在 xsxk 数据库中的成绩表(sc)中,检索每门课程的选课人数、选课成绩最高分和选课成绩最低分,并筛选出选课成绩最高分不低于 90 分的课程选课信息。在“新建查询”窗口中输入 SQL 语句并执行,结果如图 6－26 所示。

```
select cno'课程号',count(sno)'选课人数',max(score)'最高分',
min(score)'最低分'
from sc group by cno having max(score)> = 90
```

	课程号	选课人数	最高分	最低分
1	c001	12	96	44
2	c002	11	95	56
3	c003	13	94	51
4	c004	5	92	33
5	c005	4	56	34
6	c006	3	80	57
7	c007	4	92	48
8	c008	2	94	80
9	c009	2	74	74
10	c010	1	55	55
11	c011	1	70	70
12	c012	1	94	94

(1)所有课程的选课信息
(2)从所有课程的选课信息中再筛选出最高分不低于90的选课信息

	课程号	选课人数	最高分	最低分
1	c001	12	96	44
2	c002	11	95	56
3	c003	13	94	51
4	c004	5	92	33
5	c007	4	92	48
6	c008	2	94	80
7	c012	1	94	94

图 6－26　使用 having 子句在数据分组之后过滤分组

任务 6－6　DQL 数据查询语言——多表数据查询

6.6.1　任务情境

在数据查询的应用中单表数据查询无疑是基础,它赋予了用户强大的能力,允许他们根据特定的条件从单个表中检索、筛选和排序数据。通过之前的学习,汤小米已经能够熟练运用 select from、where、order by、group by 以及聚合函数进行基本的单表查询操作。然而,在实际应用中,数据往往分布在多个表中,这些表之间通过某种关系相互关联。那么,如何在多个表之间查询数

【微课】
多表数据查询

据呢？如何结合多个表中的数据来满足复杂的查询需求呢？让我们一起跟随汤小米的脚步，一起查询 xsxk 数据库中学生信息表 s 中学号是“2012010102”选课的成绩，显示选修课程的名称和选修课程的成绩，探索多表数据查询的奥秘吧！

6.6.2　任务实现

启动 SSMS 管理工具，将所需的 xsxk 数据库，附加至 SQL Server 数据库实例中，分组统计学生信息表 s 中学号是“2012010102”选课的成绩，显示选修课程的名称和选修课程的成绩。打开“新建查询”窗口输入以下 SQL 语句：

```
select cname as 课程名称,score as 课程成绩 from s,sc,c
where s.sno= sc.sno and c.cno= sc.cno and s.sno='2012010102'
```

单击“运行”按钮执行命令，运行结果如图 6－27 所示

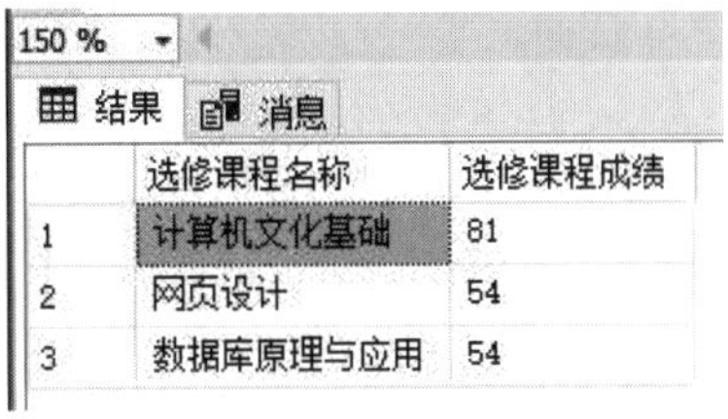

150 %　结果　消息

	选修课程名称	选修课程成绩
1	计算机文化基础	81
2	网页设计	54
3	数据库原理与应用	54

图 6－27　在多表中查询指定学生选修课程的成绩

6.6.3　相关知识

6.6.3.1　高级 select 子句的数据检索——内连接查询

所谓多表查询就是从几个表中检索信息，这种操作通常可以通过表的连接实现，实际上，连接操作是区别关系数据库管理系统与非关系数据库管理系统的最重要标志。

内连接是比较常用的一种数据连接查询方式。它使用比较运算符进行多个基表间的数据的比较操作，并列出这些基表中与连接条件相匹配的所有的数据行，即内连接查询操作列出与连接条件匹配的数据行，它使用比较运算符比较被连接列的列值，一般用 inner join 或 join 关键字来指定内容连接。内连接分为以下三种。

(1) 等值连接：在连接条件中使用等于号(＝)运算符比较被连接列的列值，其查询结果中列出被连接表中的所有列，包括其中的重复列。

(2) 非等值连接：在连接条件使用除等于运算符以外的其他比较运算符比较被连接的列的列值。这些运算符包括＞、＞＝、＜＝、＜、！＞、！＜和＜＞。

(3) 自然连接：在连接条件中使用等于(＝)运算符比较被连接列的列值，但它使用选择列表指出查询结果集合中所包括的列，并删除连接表中的重复列。连接不仅可以在表之间进行，也可使一个表同其自身进行连接。

例如，假设存在 authors 和 publishers 表，使用等值连接列出 authors 和 publishers 表中位于同一城市的作者和出版社：

```
select * from authors as a inner join publishers as p on a.city= p.city
```

又如使用自然连接，在选择列表中删除 authors 和 publishers 表中重复列(city 和 state)：

select a.* , p.pub_id, p.pub_name, p.country from authors as a inner join publishers as p on a.city= p.city

【实例 6-21】 在 xsxk 数据库中,筛选出“11 网络技术”班学生的选课成绩,包括学号、姓名、课程名称和成绩。在“新建查询”窗口中输入 SQL 语句并执行,结果如图 6-28 所示。

方法一之隐式内连接:select s.sno'学号',sname'姓名',cname'选课名称',score'选课成绩' from s,c,sc where class='11 网络技术' and c.cno= sc.cno and s.sno= sc.sno

方法二之显式内连接:select s.sno'学号',sname'姓名',cname'选课名称',score'选课成绩'

from s inner join sc on sc.sno= s.sno inner join c on sc.cno= c.cno

where class='11 网络技术'

/* 学号和姓名字段来源于 s 表;课程名称来源于 c 表;成绩来源于 sc 表,所以,该查询需要用到三张数据表,属于多表数据检索 */

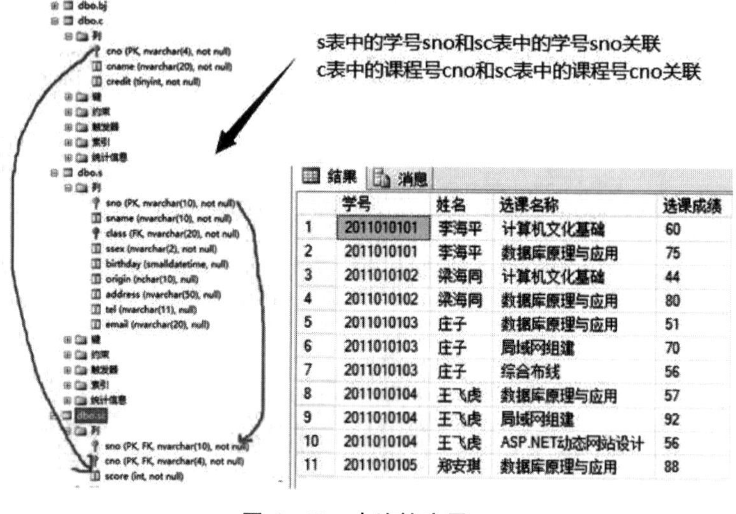

	学号	姓名	选课名称	选课成绩
1	2011010101	李海平	计算机文化基础	60
2	2011010101	李海平	数据库原理与应用	75
3	2011010102	梁海同	计算机文化基础	44
4	2011010102	梁海同	数据库原理与应用	80
5	2011010103	庄子	数据库原理与应用	51
6	2011010103	庄子	局域网组建	70
7	2011010103	庄子	综合布线	56
8	2011010104	王飞虎	数据库原理与应用	57
9	2011010104	王飞虎	局域网组建	92
10	2011010104	王飞虎	ASP.NET动态网站设计	56
11	2011010105	郑安琪	数据库原理与应用	88

图 6-28 内连接应用 1

【实例 6-22】 在 xsxk 数据库中筛选出学号为“2012030101”的学生选课成绩不及格的信息,显示课程号、课程名、成绩。在“新建查询”窗口中输入 SQL 语句并执行,结果如图 6-29 所示。

select c.cno'课程号',cname'选课名称',score'选课成绩' from sc

inner join c on sc.cno= c.cno and sno='2012030101' and score< 60

结果 消息

	课程号	选课名称	选课成绩
1	c001	计算机文化基础	45
2	c005	综合布线	51
3	c006	中小企业网站建设与管理	57
4	c007	ASP.NET动态网站设计	48

图 6-29 内连接应用 2

【实例 6-23】 在 xsxk 数据库中的 s 表和 sc 表中创建一个自然连接查询，筛选选课学生的成绩信息，限定条件为两表中的学号相同，返回学生的学号、姓名、课程号和成绩。在“新建查询”窗口中输入 SQL 语句并执行，结果如图 6-30 所示。

```
select s.sno'学号',s.sname'姓名',sc.cno'选课编号',sc.score'选课成绩'
from s inner join sc on s.sno= sc.sno
```

结果　消息

	学号	姓名	选课编号	选课成绩
1	2011010101	李海平	c001	60
2	2011010101	李海平	c003	75
3	2011010102	梁海同	c001	44
4	2011010102	梁海同	c003	80
5	2011010103	庄子	c003	51
6	2011010103	庄子	c004	70
7	2011010103	庄子	c005	56
8	2011010104	王飞虎	c003	57

图 6-30　自然连接

【实例 6-24】 在 xsxk 数据库中，筛选出同时选修了课程编号是 c001 和 c002 两门课的学生学号(sno)，在“新建查询”窗口中输入 SQL 语句并执行，结果如图 6-31 所示。

```
select cj1.sno'选课学生的学号' from sc as cj1,sc as cj2
where cj1.sno= cj2.sno and cj1.cno='c001' and cj2.cno='c002'
/* cj1 和 cj2 是选课表 sc 的别名，即构建两张虚拟表中，实现自连接 */
```

结果　消息

	选课学生的学号
1	2012010101
2	2012010102
3	2012010103
4	2012010104
5	2012010105
6	2012010106
7	2012010107
8	2012010108

图 6-31　用 where 子句实现自连接

6.6.3.2　高级 select 子句的数据检索——不相关子查询

不相关子查询，也称嵌套子查询，一个 select ... from ... where 查询语句块可以嵌套在另一个 select ... from ... where 查询块的 where 子句中，称为嵌套查询。外层查询称为父查询，又称主查询。内层查询称为子查询，又称从查询。在主查询中，子查询只需要执行一次，子查询结果不再变化，供主查询使用，其中，常用的逻辑运算符包括：in(包含于)；any(某个值)；some(某些值)；all(所有值)；exists(存在结果)。

子查询可以嵌套多层，子查询查询到的结果又成为父查询的条件。子查询中不能有 order by 分组语句。先处理子查询，再处理父查询。即子查询的条件不依赖于主查询，此类查询在执行时首先执行子查询，然后执行主查询，在主查询的 where 子句中，可以使用比较运算符以及逻辑运算符连接子查询，主要包含：

(1) 简单不相关子查询,当子查询跟随在=、! =、<、<=、>、>=之后,子查询的返回值只能是一个,否则应在外层 where 子句中用一个 in 限定符,即要返回多个值,要用 in 或者 not in。

(2) 带[not]in 的不相关子查询,只要主查询中列或运算式是在(不在)子查询所得结果列表中的话,则主查询的结果为我们要的数据。

(3) 带 exists 的不相关子查询,子查询的结果至少存在一条数据时,则主查询的结果为我们要的数据 (exists)或自查询的结果找不到数据时,则主查询的结果为我们要的数据(not exists)。

(4) select ... from ... where 列或运算式运算[any|all]子查询,只要主查询中列或运算式与子查询所得结果中任一(any)或全部(all)数据符合比较条件的话则主查询的结果为我们要的数据。

【实例 6-25】 在 xsxk 数据库中,查询选修课程号为"c003"并且成绩高于学生号为"2011010101"的所有学生成绩,在"新建查询"窗口中输入 SQL 语句并执行,结果如图 6-32 所示。

```
/* 先筛选出学号为的学号,选修了 c003 这门课程的成绩 */
select score'指定学生的选课成绩' from sc where sno='2011010101' and cno='c003'
/* 再从 sc 表中筛选出选修了 c003 的学生成绩大于这个同学的选修同一门课的成绩 */
select sno'学号',cno'课程号',score'成绩' from sc
where score> (select score from sc where sno='2011010101' and cno='c003')
```

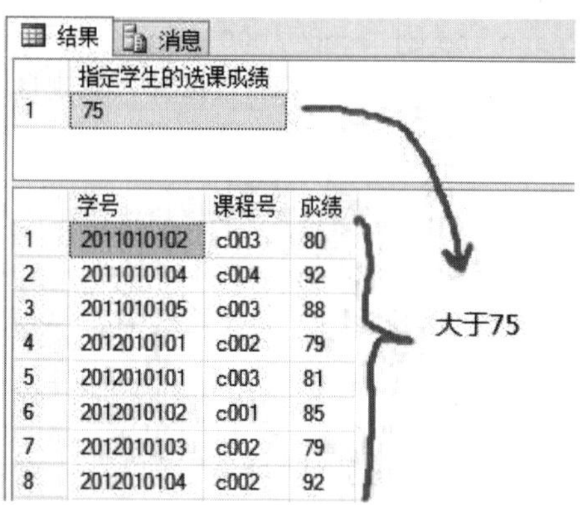

	指定学生的选课成绩
1	75

	学号	课程号	成绩
1	2011010102	c003	80
2	2011010104	c004	92
3	2011010105	c003	88
4	2012010101	c002	79
5	2012010101	c003	81
6	2012010102	c001	85
7	2012010103	c002	79
8	2012010104	c002	92

图 6-32　简单不相关子查询

【实例 6-26】 带[not] in 的不相关子查询:在"xsxk"数据库中,筛选出学生信息表中没有(或已经)选修过课程的学生的学号(sno)、姓名(sname)。在"新建查询"窗口中输入 SQL 语句并执行,结果如图 6-33 所示。

```
/* 未选课的学生信息 */
select sno'未选课的学生学号',sname'姓名' from s where sno not in(select distinct sno from sc where s.sno=sc.sno)
/* 已经选课的学生信息 */
select sno'已选课的学生学号',sname'姓名' from s where sno in(select distinct sno from sc where s.sno=sc.sno)
```

	未选课的学生学号	姓名
1	2012010110	杨小小
2	2012010201	章程
3	2012010202	何宁
4	2012010203	林梦珂
5	2012010204	郑成

	已选课的学生学号	姓名
1	2011010101	李海平
2	2011010102	梁海同
3	2011010103	庄子
4	2011010104	王飞虎
5	2011010105	郑安琪

图 6－33　带[not] in 的不相关子查询

【实例 6－27】 带 exists 的不相关子查询:在 xsxk 数据库中,筛选指定学生(学号:2011010101)已选课(或未选课)的课程详细信息。在"新建查询"窗口中输入 SQL 语句并执行,结果如图 6－34 所示。

```
/* 已选课程信息 */
select cno'已选课程编号',cname'课程名称',credit'学分' from c
where exists(select cno from sc where c.cno= sc.cno and sno='2011010101')
/* 未选课程信息 */
select cno'未选课程编号',cname'课程名称',credit'学分' from c
where not exists(select cno from sc where c.cno=sc.cno and sno='2011010101')
```

	已选课程编号	课程名称	学分
1	c001	计算机文化基础	2
2	c003	数据库原理与应用	6

	未选课程编号	课程名称	学分
1	c002	网页设计	4
2	c004	局域网组建	4
3	c005	综合布线	4
4	c006	中小企业网站建设与管理	4
5	c007	ASP.NET动态网站设计	3

图 6－34　带 exists 的不相关子查询

【实例 6－28】 select ... from ... where 列或运算式运算[any|all] 不相关子查询,在"xsxk"数据库中,检索学生 1993 年 12 月 3 日以后出生的所有学生的详细信息,包括 1993 年 12 月 3 日。在"新建查询"窗口中输入 SQL 语句并执行,结果如图 6－35 所示。

```
select * from s
where birthday> = any(select birthday from s where birthday='1993/12/3')
```

	sno	sname	class	ssex	birthday	origin	address	tel	email
1	2011010103	庄子	11网络技术	男	1993-12-03 00:00:00	云南	云南昆明市	13900000008	444456@126.com
2	2011010104	王飞虎	11网络技术	男	1994-01-01 00:00:00	江苏	江苏省南京市	13900000006	223456@126.com
3	2012010205	郑敏	12信息管理1	男	1993-12-03 00:00:00	内蒙	内蒙古自治区呼和浩特	13900060000	124556@126.com
4	2012010207	沈叶	12信息管理1	女	1994-01-01 00:00:00	云南	云南昆明	13900089000	123656@126.com
5	2012020102	周志烟	12网络技术2	男	1993-12-08 00:00:00	上海	上海市虹桥	13902400000	233456@126.com
6	2012020106	陆健	12网络技术2	男	1993-12-10 00:00:00	陕西	陕西省西安市	13900220000	773456@126.com

图 6-35 [any|all]子查询

6.6.3.3 高级 select 子句的数据检索——相关子查询

嵌套在其他查询中的查询称之子查询,子查询又称内部,而包含子查询的语句称之外部查询(又称主查询)。所有的子查询可以分为两类,即不相关子查询和相关子查询。

不相关子查询是独立于外部查询的子查询,子查询总共执行一次,执行完毕后将值传递给外部查询;相关子查询的执行依赖于外部查询的数据,外部查询执行一行,子查询就执行一次,是查询中再查询,通常是以一个查询作为条件来供另一个查询使用。故不相关子查询比相关子查询效率高。

许多查询都可以通过执行一次子查询并将得到的值代入外部查询的 where 子句中进行计算。在包括相关子查询(也称为重复子查询)的查询中,子查询依靠外部查询获得值。这意味着子查询是重复执行的,为外部查询可能选择的每一行均执行一次。

【实例 6-29】 不相关子查询和相关子查询方法比较:在 xsxk 数据库中查询"选修了课程编号的第一个字母是 c 的女学生的姓名",在"新建查询"窗口中输入 SQL 语句并执行,结果如图 6-36 所示:

```
/* 不相关子查询 */
select sname as 学生姓名 from s
where ssex = '女' and sno in ( select distinct sno from sc where cno like'c% ')
/* 相关子查询 */
select sname as 学生姓名 from s
where ssex='女' and exists ( select * from sc where sc.sno = s.sno and
sc.cno like'c% ');
```

	学生姓名
1	李海平
2	叶佳丽
3	俞李婷
4	钱龙小
5	林小小
6	李泉
7	林梅

图 6-36 相关子查询与不相关子查询

6.6.3.4 高级 select 子句的数据检索——外连接

外连接，就是将两个表或两个以上的表以一定的连接条件连接起来，不但返回满足连接条件的记录，而且会返回部分不满足条件的记录。在内连接中只有在两表中同时匹配的行才能在结果集中选出，而在外连接中可以只限制一个表，而不限制另一个表，其所有的行都出现在结果集中。

外连接分为左外连接、右外连接和全外连接。左外连接是对连接条件中左边的表不加限制；右外连接是对右边的表不加限制；全外连接是对两个表都不加限制，两个表中所有行都出现在结果集中。外连接的语法结构：

```
select <选择列表>
from <表 1>  [lefe|right|full] join <表 2>
on <表 1> .<列名>=<表 2> .<列名>
```

【实例 6－30】 在“xsxk”数据库中，应用左外连接查询学生的选课成绩信息，显示学号，姓名，课程编号，成绩。在“新建查询”窗口中输入 SQL 语句并执行，结果如图 6－37 所示。

```
/* 学生表(s)是主键表，成绩表(sc)是外键表 */
select s.sno,sname,cno,score  from s left outer join sc on
sc.sno=s.sno
/* 成绩表(sc)是主键表，学生表(s)是外键表 */
select s.sno,sname,cno,score  from sc left outer join s on
sc.sno=s.sno
```

结果　消息

	学号	姓名	选课编号	选课成绩
32	2012010110	杨小小	NULL	NULL
33	2012010201	章程	NULL	NULL
34	2012010202	何宁	NULL	NULL
35	2012010203	林梦珂	NULL	NULL
36	2012010204	郑成	NULL	NULL
37	2012010205	郑敏	NULL	NULL
38	2012010206	史鹏	NULL	NULL

s表是主表，sc表是外表的左连接结果

	学号	姓名	选课编号	选课成绩
32	2012020101	林小康	c003	84
33	2012020203	钱龙小	c003	75
34	2012020204	林小小	c003	84
35	2012020205	叶聪	c003	94
36	2012020210	王晓龙	c002	93
37	2012030101	朱兵	c001	45
38	2012030101	朱兵	c002	80

sc表是主表，s表是外表的左连接结果

图 6－37　左外连接

【实例 6－31】 在“xsxk”数据库中，应用右外连接查询学生的选课成绩信息，显示学号，姓名，课程编号，成绩。在“新建查询”窗口中输入 SQL 语句并执行，结果如图 6－38 所示。

```
/* 成绩表(sc)是主键表，学生表(s)是外键表 */
select s.sno,sname,cno,score  from s right outer join sc on
```

```
sc.sno= s.sno
/* 学生表(s)是主键表,成绩表(sc)是外键表 */
select s.sno,sname,cno,score  from sc right outer join s on
sc.sno= s.sno
```

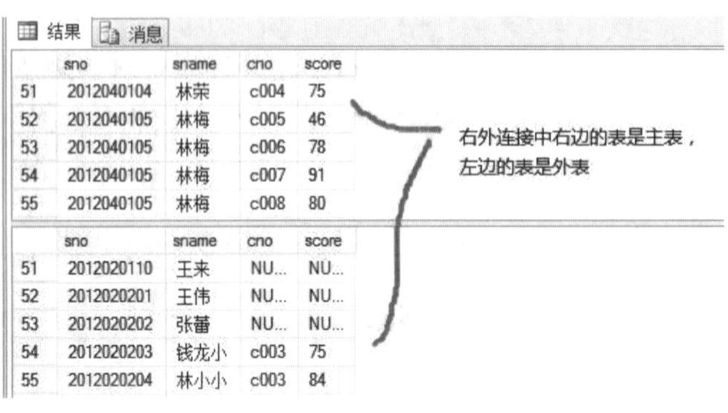

结果 消息

	sno	sname	cno	score
51	2012040104	林荣	c004	75
52	2012040105	林梅	c005	46
53	2012040105	林梅	c006	78
54	2012040105	林梅	c007	91
55	2012040105	林梅	c008	80

	sno	sname	cno	score
51	2012020110	王来	NU...	NU...
52	2012020201	王伟	NU...	NU...
53	2012020202	张蕾	NU...	NU...
54	2012020203	钱龙小	c003	75
55	2012020204	林小小	c003	84

图 6-38　右外连接

【实例 6-32】 在“xsxk”数据库中,在学生信息表 s 和成绩表 sc 中使用完全外连接,查询学号、姓名、所在班级、课程编号和成绩信息。在“新建查询”窗口中输入 SQL 语句并执行,结果如图 6-39 所示。

```
--完全连接:返回左边和右边中所有的数据行
select s.sno,sname,class,cno,score
from s full outer join sc on sc.sno= s.sno
```

结果 消息

	学号	姓名	所属班级	选课编号	选课成绩
67	2012030101	朱兵	12软件技术	c006	57
68	2012030101	朱兵	12软件技术	c007	48
69	2012030101	朱兵	12软件技术	c008	94
70	2012030101	朱兵	12软件技术	c009	74
71	2012030102	周涛	12软件技术	NULL	NULL
72	2012030103	鑫城杰	12软件技术	NULL	NULL
73	2012030104	李查	12软件技术	NULL	NULL
74	2012030105	李泉	12软件技术	c007	92

图 6-39　全外连接

特别提示:

(1) 内连接是连接的主要形式,连接条件可由 where 或 on 子句指定,一般是表间列的相等关系。

(2) 一般而言,大部分子查询都可以转换为连接,而且连接的效率高于子查询。由于连接有优化算法,所以应尽可能使用连接。

(3) 相关子查询一般用得比较少,因为难以理解和难以调试。

(4) 左(外)连接(left join),以左表为基准,查询出左表所有的数据和右表中连接字段相等的记录,如果右表中没有对应数据,则在左表记录后显示为空(null).如果把两个表分别看成一个集合的话,则显示的结果为join左边的集合。

(5) 同理,右(外)连接(right join)是以右表为基准,查询出右表所有的数据和左表中连接字段相等的记录,如果左表没有对应数据则在右表对应数据行显示为空(null).如果把两个表分别看成一个集合的话,则显示的结果为join右边的集合。

(6) 内连接(inner join)是查询出两个表对应的数据,如果把两个表分别看成一个集合的话,内连接的结果即为两个表的交集。

(7) 全连接(full join)将两个表的数据全部查出来,返回左右表中所有的记录和左右表中连接字段相等的记录,如果把两个表分别看成一个集合的话,全外连接的结果即为两个表的并集。

(8) 右外连接是左外连接的反向连接。

任务6-7　DQL数据查询语言——复杂的数据查询

6.7.1　任务情境

通过任务6-1～任务6-6的学习,汤小米已经熟练掌握了使用SQL语句从单表和多表中检索数据的基本技能。然而,现实世界中的数据查询需求往往更加复杂,需要运用更高级的SQL特性来满足。

【微课】
复杂的数据查询

在"xsxk"数据库中的学生信息表s中,我们存储了关于学生的信息,包括学生的姓名、性别、年龄、成绩等字段。现在,汤小米面临一个挑战:她需要编写一个SQL查询,以检索s表中所有女生的信息,并且还需要根据成绩的不同范围对学生进行分类。具体来说,她希望:检索所有女生的信息,对于每个学生的成绩,使用一个分类标签来表示其成绩水平。例如,如果成绩在90分以上,则标签为"优秀";如果成绩在80～89分之间,则标签为"良好";如果成绩在70～79分之间,则标签为"中等";如果成绩在60～69分之间,则标签为"及格";如果成绩低于60分,则标签为"不及格"。

为了实现这个查询,汤小米需要使用select语句结合where子句来筛选女生,并使用case when ... end结构来对成绩进行分类。这将是她学习SQL以来遇到的一个更具挑战性的任务。现在就让我们和汤小米同学一起探索case when ... end查询的奥秘吧!

6.7.2　任务实现

现在,让我们来帮助汤小米实现这个查询。首先,启动SSMS管理工具,将所需的xsxk数据库,附加至SQL Server数据库实例中,编写一个SQL查询语句,该语句将执行以下操作。

(1) 从s表中选择所有女生的信息。

(2) 使用case when ... end结构根据成绩字段的值为学生分配一个成绩分类标签。

在"新建查询"窗口中输入SQL语句并执行,结果如图6-40所示。

```
select sname as 姓名,ssex as 性别,cname as 课程名称,score as 成绩,
```

```
    case
        when score >=  90 then '优秀'
        when score between 80 and 89 then '良好'
        when score between 70 and 79 then '中等'
        when score between 60 and 69 then '及格'
        else '不及格'
    end as 成绩分类
from s,sc,c where s.sno= sc.sno and c.cno= sc.cno and ssex='女';
```

	姓名	性别	课程名称	成绩	成绩分类
1	李海平	女	计算机文化基础	70	中等
2	叶佳丽	女	计算机文化基础	69	及格
3	叶佳丽	女	网页设计	76	中等
4	俞李婷	女	计算机文化基础	92	优秀
5	俞李婷	女	网页设计	60	及格
6	俞李婷	女	综合布线	33	不及格
7	钱龙小	女	数据库原理与应用	72	中等

图 6－40　case when ... end 的简单应用

6.7.3　相关知识

6.7.3.1　字符串函数(string functions)的数据查询

在 MSSQL(Microsoft SQL Server)中,字符串函数是用于处理和操作字符串数据的重要工具。以下是一些常用的 MSSQL 字符串函数及其描述。

(1) len(string_expression)

功能:返回字符串的长度(以字符为单位)。

示例:`select len('Hello, World! ') as stringLength;` 返回 13。

(2) rtrim(string_expression)

功能:从字符串的右侧删除所有尾随空格。

示例:`select rtrim(' Hello, World! ') as trimmedstring;` 返回“ Hello, World! ”(注意左侧空格未删除)。

(3) ltrim(string_expression)

功能:从字符串的左侧删除所有前导空格。

示例:`select ltrim(' Hello, World! ') as trimmedstring;` 返回 “Hello, World! ”(注意右侧空格未删除)。

(4) left(string_expression, integer_expression)

功能:返回字符串左侧指定数量的字符。

示例:`select left('Hello, World! ', 5) as leftstring;` 返回“Hello”。

(5) right(string_expression, integer_expression)

功能:返回字符串右侧指定数量的字符。

示例:`select right('Hello, World! ', 5) as rightstring;` 返回“World!”。

(6) substring(string_expression，start_expression，length_expression)

功能：从字符串中提取子字符串。start_expression 是起始位置(基于 1)，length_expression 是要提取的字符数。

示例：`select substring('Hello, World! ', 8, 5) as substring;` 返回"World"。

(7) charindex(substring_expression，string_expression [，start_location])

功能：返回子字符串在字符串中第一次出现的位置(基于 1)。start_location 是可选参数，指定开始搜索的位置。

示例：`select charindex('World', 'Hello, World! ') as position;` 返回 8。

(8) patindex('%pattern%'，string_expression)

功能：返回模式在字符串中第一次出现的位置(基于 1)。%pattern% 是一个通配符模式。

示例：`select patindex('%orld%', 'Hello, World! ') as position;` 返回 8。

(9) stuff(character_expression，start，length，replace with_expression)

功能：从字符串中删除指定数量的字符，并在该位置插入另一个字符串。

示例：`select stuff('123456789', 4, 4, 'XXXX') as modifiedstring;` 返回"123XXXX9"。

这些函数在处理字符串数据时非常有用，可以帮助提取、比较、修改或格式化字符串。在实际应用中，可以根据具体需求选择合适的函数进行操作。

【实例 6-33】 在"xsxk"数据库中，查询学生信息表中年龄最大的学生的学号、姓名、性别、年龄列信息。在"新建查询"窗口中输入 SQL 语句并执行，结果如图 6-41 所示。

```
select top 1 sno as 学号,sname as 姓名,ssex as 性别,
year(getdate())- year(birthday) as 年龄
from s order by year(getdate())- year(birthday) desc
```

结果　消息

	学号	姓名	性别	年龄
1	2012030108	许明启	男	35

图 6-41　getdate 函数应用

【实例 6-34】 在"xsxk"数据库中，使用 LEFT 函数从学生信息表中的 address 列左边截取 2 个字符。在"新建查询"窗口中输入 SQL 语句并执行，结果如图 6-42 所示。

```
select distinct left(address,2) as 家庭住址字符截取 form s
where address is not null
```

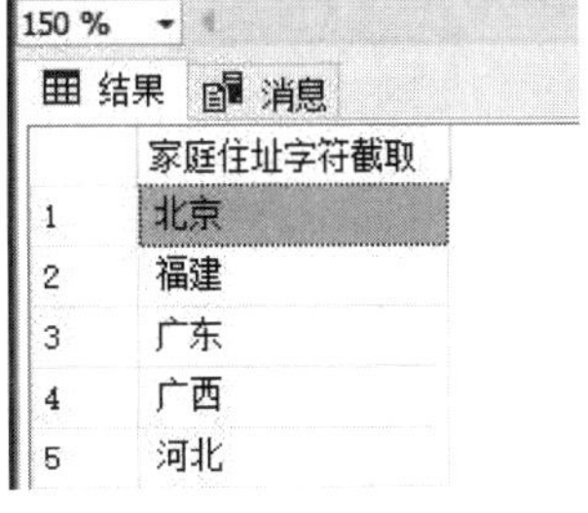
150 %

结果　消息

	家庭住址字符截取
1	北京
2	福建
3	广东
4	广西
5	河北

图 6-42　left 函数使用

【实例 6-35】 在"xsxk"数据库中,假设学生姓名列中最多有 3 个汉字,查询学生信息表(s)中姓"林"的学生学号、姓名、性别列信息,其中姓名根据长度显示"林"或"林 ** "。在"新建查询"窗口中输入 SQL 语句并执行,结果如图 6-43 所示。

```
select sno'学号',
(case
when len(sname)= 2 then left(sname,1)+ '*'
when len(sname)= 3 then left(sname,1)+ '**'
end)'姓名',
ssex'性别' from s where sname like'林%'
```

结果 消息

	学号	姓名	性别
1	2012010104	林*	男
2	2012010203	林**	女
3	2012020101	林**	男
4	2012020204	林**	女
5	2012020209	林*	男

图 6-43 简单的数据脱敏方法应用 1

【实例 6-36】 在"xsxk"数据库中,查询学生信息表(s)中学号,姓名,性别,出生年月列信息,其中姓名栏只显示"姓",即张三同学,姓名栏显示"张 * ";李四四,显示"李 ** "。在"新建查询"窗口中输入 SQL 语句并执行,结果如图 6-44 所示。

```
select sno'学号',sname'未脱敏姓名',
(
case
when len(sname)= 2 then left(sname,1)+ '*'
when len(sname)= 3 then left(sname,1)+ '**'
else left(sname,1)+ '***'
end
)'脱敏后姓名',
ssex'性别',birthday'出生年月' from s
```

结果 消息

	学号	未脱敏姓名	脱敏后姓名	性别	出生年月
1	2011010101	李海平	李**	女	1992-04-01 (
2	2011010102	梁海同	梁**	男	1992-04-03 (
3	2011010103	庄子	庄*	男	1993-12-03 (
4	2011010104	王飞虎	王**	男	1994-01-01 (
5	2011010105	郑安琪	郑**	男	1991-04-06 (

图 6-44 简单的数据脱敏方法应用 2

【实例 6－37】 在“xsxk”数据库中，查询学生信息表(s)中学号、姓名、性别、手机、邮箱信息，其中手机号码栏只显示前 3 个号码和后 4 位，中间的 4 位显示为 4 个 *，例如：手机为 193221027402 显示为 193 **** 7402。在“新建查询”窗口中输入 SQL 语句并执行，结果如图 6－45 所示。

```
select sno as 学号 ,sname as 姓名,(left(tel,3)+ ' **** '+ right(tel,4)) as 手机,
email as 邮箱 from s where! =''
```

结果 消息

	学号	姓名	手机	邮箱
1	2011010101	李海平	139****4000	12346@126.com
2	2011010102	梁海同	139****7000	14456@126.com
3	2011010103	庄子	139****0008	444456@126.com
4	2011010104	王飞虎	139****0006	223456@126.com
5	2011010105	郑安琪	139****0002	143456@126.com

图 6－45 简单的数据脱敏方法应用 3

【实例 6－38】 在“xsxk”数据库中，查询学生信息表中的学号、姓名、性别、出生日期信息，出生日期一栏中只显示年月日。在“新建查询”窗口中输入 SQL 语句并执行，结果如图 6－46 所示。

```
select sno as 学号,sname as 姓名,ssex as 性别,
convert(varchar(100),birthday,23) as 出生年月 from s
```

结果 消息

	学号	姓名	性别	出生年月
1	2011010101	李海平	女	1992-04-01
2	2011010102	梁海同	男	1992-04-03
3	2011010103	庄子	男	1993-12-03
4	2011010104	王飞虎	男	1994-01-01
5	2011010105	郑安琪	男	1991-04-06

图 6－46 convert 函数的简单应用

convert() 函数是把日期转换为新数据类型的通用函数。

convert() 函数可以用不同的格式显示日期/时间数据，其语法结构：

```
convert(data_type,expression_r_r[,style])
```

语句及查询结果：

- `select convert(varchar(100), getdate(), 0): 05 16 2006 10:57AM`
- `select convert(varchar(100), getdate(), 1): 05/16/06`
- `select convert(varchar(100), getdate(), 2): 06.05.16`
- `select convert(varchar(100), getdate(), 3): 16/05/06`
- `select convert(varchar(100), getdate(), 4): 16.05.06`
- `select convert(varchar(100), getdate(), 5): 16-05-06`
- `select convert(varchar(100), getdate(), 6): 16 05 06`
- `select convert(varchar(100), getdate(), 7): 05 16, 06`
- `select convert(varchar(100), getdate(), 8): 10:57:46`
- `select convert(varchar(100), getdate(), 9): 05 16 2006 10:57:46:827AM`

- select convert(varchar(100), getdate(), 10): 05-16-06
- select convert(varchar(100), getdate(), 11): 06/05/16
- select convert(varchar(100), getdate(), 12): 060516
- select convert(varchar(100), getdate(), 13): 16 05 2006 10:57:46:937
- select convert(varchar(100), getdate(), 14): 10:57:46:967
- select convert(varchar(100), getdate(), 20): 2006-05-16 10:57:47
- select convert(varchar(100), getdate(), 21): 2006-05-16 10:57:47.157
- select convert(varchar(100), getdate(), 22): 05/16/06 10:57:47 AM
- select convert(varchar(100), getdate(), 23): 2006-05-16
- select convert(varchar(100), getdate(), 24): 10:57:47
- select convert(varchar(100), getdate(), 25): 2006-05-16 10:57:47.250
- select convert(varchar(100), getdate(), 100): 05 16 2006 10:57AM
- select convert(varchar(100), getdate(), 101): 05/16/2006
- select convert(varchar(100), getdate(), 102): 2006.05.16
- select convert(varchar(100), getdate(), 103): 16/05/2006
- select convert(varchar(100), getdate(), 104): 16.05.2006
- select convert(varchar(100), getdate(), 105): 16-05-2006
- select convert(varchar(100), getdate(), 106): 16 05 2006
- select convert(varchar(100), getdate(), 107): 05 16, 2006
- select convert(varchar(100), getdate(), 108): 10:57:49
- select convert(varchar(100), getdate(), 109): 05 16 2006 10:57:49:437AM
- select convert(varchar(100), getdate(), 110): 05-16-2006
- select convert(varchar(100), getdate(), 111): 2006/05/16
- select convert(varchar(100), getdate(), 112): 20060516
- select convert(varchar(100), getdate(), 113): 16 05 2006 10:57:49:513
- select convert(varchar(100), getdate(), 114): 10:57:49:547
- select convert(varchar(100), getdate(), 120): 2006-05-16 10:57:49
- select convert(varchar(100), getdate(), 121): 2006-05-16 10:57:49.700
- select convert(varchar(100), getdate(), 126): 2006-05-16T10:57:49.827
- select convert(varchar(100), getdate(), 130): 18 ??? ??? 1427 10:57:49:907AM
- select convert(varchar(100), getdate(), 131): 18/04/1427 10:57:49:920AM

说明:

此样式一般在时间类型(datetime,smalldatetime)与字符串类型(nchar,nvarchar,char,varchar)相互转换的时候才用到。

示例:只显示出生日期中的年月日

convert(varchar,birthday,23)　格式:yyyy-mm-dd

select convert(varchar,birthday,111) from student　格式:yyyy/mm/dd

6.7.3.2　case when ... end 数据查询

case 函数在 SQL 中用于在查询中执行条件逻辑。它允许根据一个或多个条件来返回不同的值。case 函数有两种基本形式:简单 case 表达式和搜索 case 表达式。

(1) 简单 case 表达式

简单 case 表达式允许根据单个表达式的值与一系列可能的值进行比较，并返回相应的结果。如果所有值都不匹配，则返回 else 子句中的值(如果提供的话)。其语法结构：

```
case expression
    when value1 then result1
    when value2 then result2
    ...
    else default_result
end
```

示例 1：假设有一个名为 employees 的表，其中有一个名为 department_id 的列，根据 department_id 将部门转换为部门名称。

```
select department_id,
      case department_id
          when 1 then 'HR'
          when 2 then 'IT'
          when 3 then 'Finance'
          else 'Unknown'
      end as department_name
from employees;
```

(2) 搜索 case 表达式

搜索 case 表达式允许根据多个条件来评估表达式，并根据这些条件的真假返回相应的结果。如果没有条件为真，则返回 else 子句中的值(如果提供的话)。其语法结构：

```
case
    when condition1 then result1
    when condition2 then result2
    ...
    else default_result
end
```

其中：

expression：这是一个表达式，其值将与 when 子句中的值进行比较。

value1，value2，...：与 expression 进行比较的值。如果 expression 的值等于 value1，则返回 result1；如果等于 value2，则返回 result2，依此类推。

condition1，condition2，...：完整的条件表达式，它们会被评估为真(true)或假(false)。如果 condition1 为真，则返回 result1；如果 condition2 为真，则返回 result2，依此类推。

result1，result2，...：当相应的 value 或 condition 为真时，返回的结果值。这些值可以是任何有效的 SQL 表达式或值。

```
else default_result:
```

如果所有 when 子句的条件都不满足(即没有 value 匹配或没有 condition 为真)，则返回此默认值。这个 else 子句是可选的，但如果没有提供，并且没有 when 子句匹配，那么 case 表达式的结果将是 null。

end：标志着 case 表达式的结束。

示例 2:同样使用 employees 表,但这次我们根据员工的薪水来评估他们的薪资水平。

```
select salary,
      case
          when salary < 30000 then 'Low'
          when salary between 30000 and 60000 then 'Medium'
          when salary >  60000 then 'High'
          else 'Unknown'
      end as salary_level
from employees;
```

【实例 6-39】 在"xsxk"数据库中,使用 case when .. end 语句筛选出学生信息表(s)中学号、姓名、性别、班级名称信息。要求:性别是女,显示为 0;性别为男,显示为 1。在"新建查询"窗口中输入 SQL 语句并执行,结果如图 6-47 所示。

```
--第 1 步:先按要求查出数据
select sno'学号',sname'姓名',ssex'性别',class'班级名称' from s
--第 2 步:设置列中的条件,按条件数据。
select sno'学号',sname'姓名',
(
case
when  ssex='男' then 1
when  ssex='女' then 0
end
)'性别',class'班级名称' from s
```

	学号	姓名	性别	班级名称
1	2011010101	李海平	0	11网络技术
2	2011010102	梁海同	1	11网络技术
3	2011010103	庄子	1	11网络技术
4	2011010104	王飞虎	1	11网络技术
5	2011010105	郑安琪	1	11网络技术

图 6-47　简单 case 表达式应用修改性别显示内容

【实例 6-40】 在"xsxk"数据库中,使用 case when ... end 语句按班级名称统计学生信息表(s)中每个班级的总人数、男生人数和女生人数,其中在结果集中列标题分别指定为"班级名称、班级总人数、男生人数、女生人数"。在"新建查询"窗口中输入 SQL 语句并执行,结果如图 6-48 所示。

```
select class'班级名称',count(*)'总人数',
count(case when ssex='男' then 1 end)'男生人数',
count(case when ssex='女' then 1 end)'女生人数'
group by class
from s
```

	班级名称	总人数	男生人数	女生人数
1	11网络技术	5	4	1
2	12财务管理	1	0	1
3	12电子电工	10	7	3
4	12软件技术	10	7	3
5	12网络技术1	10	7	3

图 6－48　简单 case 表达式统计学生人数 1

【实例 6－41】 在“xsxk”数据库中,使用 case when ... end 语句根据人数判断每个班级的规模:若班级人数>=10 则该字段值为“大班”; >=6 则该字段值为“中班”,否则显示“小班”。在“新建查询”窗口中输入 SQL 语句并执行,结果如图 6－49 所示。

```
select class'班级名称',count(*)'班级人数',
(
case
when count(*)>=10 then '大班'
when count(*)>=6 then '中班'
else '小班'
end
)'班级规模'
from s
group by class
```

	班级名称	班级人数	班级规模
1	11网络技术	5	小班
2	12财务管理	1	小班
3	12电子电工	10	大班

图 6－49　简单 case 表达式统计学生人数 2

课堂习题

一、选择题

1. 在 SQL 中,用于选择表中所有列和所有行的查询语句是(　　)。

A. select * from 表名　　B. select all from 表名

C. show tables　　D. describe 表名

2. 假设 Orders 表包含 OrderID, CustomerID, OrderDate, 和 Amount 字段,要查询 2023 年所有订单的总金额,应使用(　　)聚合函数。

A. sum(OrderID)　　B. avg(Amount)

C. max(Amount)　　D. sum(Amount)

3. 在 SQL 查询中,group by 子句通常与(　　)子句一起使用来对分组后的结果进行过滤。

A. where　　B. having　　C. order by　　D. limit

4. order by 子句默认按照(　　)顺序对查询结果进行排序。

A. 升序(asc)　　B. 降序(desc)

C. 随机(random)　　D. 插入顺序

5. case when 语句在 SQL 中主要用于实现(　　)功能。

A. 循环遍历数据　　B. 条件逻辑判断

C. 分组统计　　D. 数据类型转换

6. 查找 like'_a%',下面(　　)是可能的。

A. afgh　　B. bak　　C. hha　　D. ddajk

7. 假如学生信息表(student)中有 20 条记录,可获得前面两条记录的查询命令是(　　)。

A. select 2 * from student

B. select top 2 * from student

C. select percent 2 * from student

D. select 20 percent * from student

8. 要查询一个班中成绩低于平均成绩的学生,需要用到(　　)子句。

A. top 子句　　B. order by 子句

C. having 子句　　D. 聚合函数 avg

9. 以下(　　)不是聚合函数。

A. max　　B. count　　C. not　　D. min

10. 在 SQL 查询中,count(distinct column_name)的作用是(　　)。

A. 计算指定列中非 null 值的数量

B. 计算指定列中不同值的数量

C. 计算查询结果中的总行数(不考虑 null)

D. 计算指定列的平均值

二、判断题

1. count(*)函数在 SQL 中用于计算查询结果中的行数,包括 null 值。(　　)

2. where 子句和 having 子句在 SQL 查询中都可以用于设置过滤条件,但它们的使用场景相同。(　　)

3. sum()、avg()等聚合函数不能直接在 where 子句中使用。(　　)

4. order by 子句可以基于多个列进行排序,列的排序顺序由它们在 order by 子句中出现的顺序决定。(　　)

5. 在 SQL 中,case when 语句必须配合 select 语句使用。(　　)

三、填空题

1. 在 SQL 中,用于计算表中记录总数的函数是__________。

2. 当想要根据某个字段的值对查询结果进行分组时,应使用__________子句。

3. 如果想要按照多个字段对查询结果进行排序,并且每个字段的排序顺序可能不同(升序或降序),应该在 order by 子句中为每个字段指定__________。

4. 在 SQL 查询中,avg()函数用于计算某个字段的__________值。

5. 当想要根据多个列对查询结果进行分组时,需要在 group by 子句中列出这些列,列与列之间用__________分隔。

课堂实践

以随书提供的“学生选课数据库”(xsxk)为数据实例。

【6-C-1】select 基本语句。

(1) 使用 SQL 语句筛选出学生信息表(s)中的所有数据

(2) 使用 SQL 语句筛选出学生信息表(s)中前 15 条信息(温馨提醒:使用 top 15)

(3) 使用 SQL 语句筛选出学生信息表(s)中所有学号、姓名、性别、年龄字段列的数据。[温馨提醒:使用 getdate()函数可以获取系统的日期和时间,使用 year()函数可以截取系统时间中的年份:year(getdate()]。

(4) 使用 SQL 语句筛选出学生信息表(s)中所有学号、姓名、性别和籍贯字段列的数据。

(5) 使用 SQL 语句筛选出课程信息表(c)中的所有数据。

(6) 使用 SQL 语句筛选出成绩信息表(sc)中的所有数据。

(7) 使用 SQL 语句筛选出学生信息表(s)中前 20%行的数据。(温馨提醒:使用 20 percent)

【6-C-2】条件子句 where。

(1) 使用 SQL 语句筛选出学生信息表中所有的男生信息,显示:学号、姓名、籍贯

(2) 使用 SQL 语句筛选出学生信息表中学生姓名是含有两个汉字的学生信息。

(3) 使用 SQL 语句筛选出学生信息表中所有姓"李"的学生信息。

(4) 使用 SQL 语句筛选出学生信息表中姓名列中最后一个字是"小"字的学生信息。

(5) 使用 SQL 语句筛选出学生信息表中学号为 2012010106 的学生信息(姓名、性别、所在班级)。

(6) 使用 SQL 语句筛选出学生信息表中学号为 2012020101 的学生的姓名。

(7) 使用 SQL 语句筛选出学生信息表中姓"王"的并且姓名是两个字的学生信息。

(8) 使用 SQL 语句筛选出成绩信息表中选修了 c003 课程的并且成绩在 80～85 分之间的学生学号。

(9) 使用 SQL 语句筛选出学生信息表(s)中所有籍贯列的信息,不包含空值(温馨提醒:使用 distinct 取消重复列)。

(10) 使用 SQL 语句筛选出学生信息表(s)中籍贯是北京、江苏、浙江的学生信息。

(11) 使用 SQL 语句筛选出课程信息表(c)中课程学分少于 3 学分的课程信息。

(12) 使用 SQL 语句筛选出课程信息表(c)中课程名中含有"数"字的课程信息。

(13) 使用 SQL 语句筛选出成绩信息表中 2012030101 的学生不及格的选课成绩信息,显示课程号(cno)、成绩(score)。

(14) 使用 SQL 语句筛选出成绩信息表中 2012030101 的学生选课成绩在 85 分以上的选课成绩信息,显示课程号(cno)、成绩(score)。

【6-C-3】排序子句 order by。

(1) 使用 SQL 语句,对课程信息表中的信息按学分升序排序(温馨提醒:asc 升序,默认;dsc 降序,需指定)。

(2) 使用 SQL 语句,筛选出学生信息表(s)中年龄大于或等于 30 岁的学生信息,并按姓名降序排列。

(3) 使用 SQL 语句,筛选出成绩信息表(sc)中 2011010103 的学生选修课程的成绩信息(cno,score),并按课程成绩升序排列。

【6-C-4】聚合函数的简单应用。

(1) 使用 SQL 语句筛选出学生信息表中女生的总人数(使用 count 函数)。

(2) 使用 SQL 语句筛选出成绩信息表中 2012030101 的学生选修课程数量。

(3) 使用 SQL 语句筛选出成绩信息表中 2012030101 的学生选修课程成绩的最高分和最低分。

(4) 使用 SQL 语句筛选出成绩信息表中 2012030101 的学生选修课程成绩的平均分和总分。

【6-C-5】分组子句 group by 和 having 子句。

(1) 使用 group by 语句筛选出学生信息表(s)中的男生和女生人数。

(2) 使用 group by 子句统计每班的学生人数,并按学生人数降序排列。

(3) 统计成绩信息表(sc)中每位学生选课的数量。

(4) 在前一题的基础上,筛选出选课数量超过3门的学生的学号。

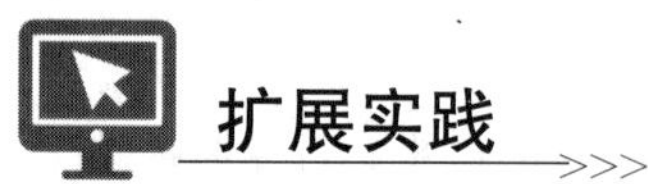

扩展实践

【6-B-1】studentXK 数据库中有三张数据表(student:学生信息表、course:课程信息表、grade:学生成绩表),附加至 SQL Server 服务器中并完成查询操作。

(1) 查询其他系里比计算机系学生年龄都小的学生信息。

(2) 查询姓"张"的前两个学生(按姓名升序排列)的信息。

(3) 查询与"张力"是同一个院系的所有学生信息。

(4) 查询年龄大于女同学平均年龄的男同学的姓名和年龄。

(5) 将201715002学生选修"c003"号课程的成绩改为该课的平均成绩。

(6) 输出在1998年和1999年之间出生的学生的基本信息。

(7) 查询出课程名含有"网"字的所有课程的成绩信息,包括:学号、课程号、课程名和成绩。

(8) 列出选修了"数学"课程的学生成绩,按成绩的降序排列,显示:学号、成绩(要求:用两种语句实现该查询)。

(9) 查询年龄超过平均值的所有学生名单(学号、姓名、性别、院系),按年龄的降序显示。

(10) 按照出生年份升序显示所有学生的学号、姓名和院系信息,如果出生年份相同则按系部信息降序排列。

(11) 按照课程号、成绩降序显示课程成绩在70~80分之间的学生的学号、课程号及成绩。

(12) 查询学生信息表中的学生总人数及平均年龄,在结果集中列标题分别指定为"学生总人数、平均年龄"。

(13) 查询选修课程数大于3的各个学生的选修课程数,显示:学号、选课数量。

(14) 按课程号降序显示选修各个课程的课程编号、课程名称、选课总人数、课程最高成绩、课程最低成绩及课程平均成绩。

(15) 查询每个学生所选课程的平均成绩大于"201715001"的学生平均成绩的学生成绩信息(不包括空值),显示:学号、平均成绩。

(16) 查询成绩表中选修课程的及格人数,显示:课程名称、及格人数。

(17) 查询选修4门以上课程的学生学号与课程数。

(18) 列出有2门以上课程不及格的学生的学号及该学生的平均成绩。

(19) 查询选修4门以上(包括4门)课程的学生的总成绩(不统计不及格的课程),并按总成绩的降序排列。

(20) 查询成绩中有选修课程不及格的学生成绩信息,输出:学号、课程名和成绩。

(21) 查询计算机系的学生选修课程数大于3的学生姓名,平均成绩和选课门数,并按平均成绩降序排列。

(22) 查询选课的学生的学号和姓名。

(23) 查询没有选课的学生的学号和姓名。

(24) 统计各处院系不及格的学生名单,显示:院系、学号、姓名、课程名称、成绩。

进阶提升

【6-A-1】studentXK 数据库中有三张数据表(student:学生信息表、course:课程信息表、grade:学生成绩表),附加至 SQL Server 服务器中并完成查询操作。

(1) 查询院系名称为“计算机系”的学生的基本信息(学号、姓名、性别、年龄)。

(2) 查询学号为201715008的学生的姓名。

(3) 查询成绩在75～85之间的所有学生的学号。

(4) 查询所有姓刘,并且姓名为两个字的学生的信息。

(5) 查询选修课程号为“c001”且成绩非空的学生学号和成绩,成绩按分制输出(每个成绩乘以系数1.5)。

(6) 查询有选课记录的所有学生的学号,用distinct限制结果中学号不重复。

(7) 查询选修课程“c001”的学生学号和成绩,结果按成绩的升序排列,如果成绩相同则按学号的降序排列。

(8) 列出所有不姓刘的所有学生。

(9) 显示1994年以后出生的学生的基本信息。

(10) 查询出课程名含有“数据”字串的所有课程基本信息。

(11) 列出选修了“c001”课程的学生成绩,按成绩的降序排列。

(12) 列出年龄超过平均值的所有学生名单(学号、姓名、性别、院系),按年龄的降序显示。

(13) 按照出生年份升序显示所有学生的学号、姓名、性别、出生年份及院系。

(14) 按照课程号、成绩降序显示课程成绩在70～80分之间的学生的学号、课程号及成绩。

(15) 显示学生信息表中的学生总人数及平均年龄,在结果集中列标题显示“学生总人数、平均年龄”。

(16) 显示选修的课程数大于3的各个学生的选修课程数。

(17) 检索平均成绩大于“201715001”的学生平均成绩的信息,并显示学号和平均成绩。

(18) 显示选修各个课程的及格的人数。

云享资源

【微信扫码】

- 教学课件
- 教学教案
- 配套实训
- 参考答案
- 实例脚本

项目 7　视图的创建与维护

【项目概述】

本项目旨在通过实践操作，让学生掌握数据库视图的创建、使用、修改以及删除等基本技能。视图是数据库中的一个重要概念，它提供了一种虚拟的表，其内容由查询定义。通过视图，用户可以以更简洁、更安全的方式访问数据库中的数据，而无需直接操作底层数据表。

【知识目标】

1. 掌握视图的概念、作用及与数据表的区别。
2. 掌握使用 SQL 语句创建视图的基本语法和步骤。
3. 理解如何通过视图进行数据的查询、插入、更新和删除(根据视图的定义和数据库系统的支持程度)。
4. 理解视图在数据库安全性方面的重要作用，如数据隔离、访问控制等。
5. 掌握视图的修改、定义和删除的 SQL 语句。

【能力目标】

1. 能根据实际需求创建合适的视图，并通过视图进行数据查询和管理。
2. 能面对复杂的查询需求，设计并优化视图以提高查询效率。
3. 能在数据库设计和维护项目中与团队成员有效沟通，共同制订视图创建与维护策略。
4. 能熟练查询官方文档、技术论坛等资源，自主学习最新数据库视图相关技术。

【素养目标】

1. 培养学生的责任心，使其认识到数据库视图对数据安全性和性能的重要性，以高度的责任心进行视图的创建与维护。

2. 培养学生做事的严谨性，在创建视图时，确保 SQL 语句的准确性和高效性，避免数据错误和性能瓶颈。

3. 培养学生持续学习的能力，保持对数据库新技术和新特性的关注，不断提升自己的专业技能。

【重点难点】

教学重点：

1. 视图的创建，包括基于单表和多表的视图创建，以及使用复杂查询(如聚合函数、连接、子查询等)创建视图。

2. 视图的数据操作,理解并实践通过视图进行数据查询、插入、更新和删除(如果支持)的操作。

3. 视图的安全性与性能,探讨视图在数据安全性和性能优化方面的应用。

教学难点:

1. 复杂视图的创建,涉及多表连接、子查询、聚合函数等复杂 SQL 语句的视图创建。

2. 视图的数据更新限制,理解并解释为什么某些视图不支持数据更新操作,以及如何通过修改视图定义来支持更新。

3. 性能优化,针对特定查询需求,设计高效的视图以提高数据检索性能。

【知识框架】

本项目知识内容旨在让学生掌握视图的概念、视图的创建、视图的操作、视图的管理等,学习内容知识框架如图 7-1 所示。

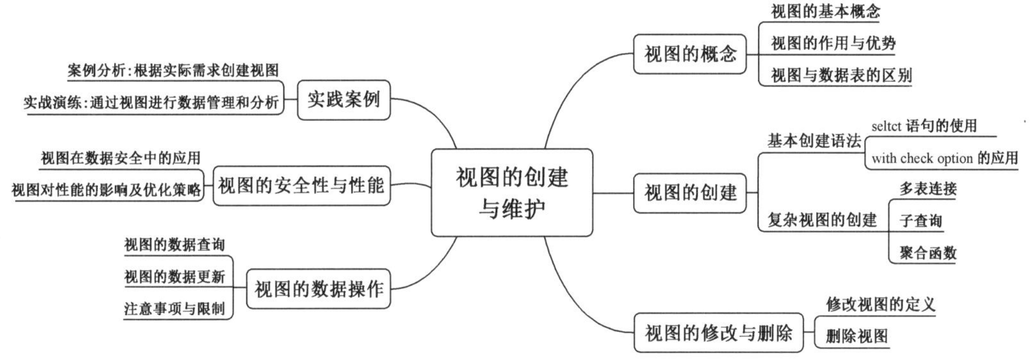

图 7-1　本项目内容知识框架

任务 7-1　视图的创建

7.1.1　任务情境

在项目 6 的数据检索学习中,汤小米虽努力却面临语法记忆挑战,依赖笔记完成检索让她感到不便。她渴望找到更简便的方法。咨询了在公司工作的哥哥后,得知了视图的妙用。视图,作为基表的虚拟映射,让用户能轻松浏览跨表数据,极大地简化了复杂 SQL 查询的重复编写工作。得知这一信息,小米倍感兴奋,决定深入探究视图的创建技巧,以充分发掘其优势。她认识到,掌握视图不仅能提升工作效率,还能优化数据访问的灵活性与安全性。让我们跟随小米的脚步,探索创建视图的奥秘吧!

【微课】视图的创建

7.1.2　任务实现

在"xsxk"数据库中,创建一个包含 sno、sname 列的视图,视图名为 view_sno。

方法 1:使用可视化工具实现视图的创建

第 1 步:启动 SSMS,展开左侧窗口 xsxk 数据库(事先需要附加到数据库实例中)中的“视图”,右键单击选择“视图”|“新建视图”,弹出“添加表”对话框。

第 2 步:因为所创建的视图中包含的信息来源于一张表:s,所以,该张表选中后,单击“添加”,即将此表添加至“新建视图”的窗口中。

第 3 步:在“新视图”窗口中选中表 s 中的所需列的复选框,可以定义视图的输出列,设置参数如图 7-2 所示。

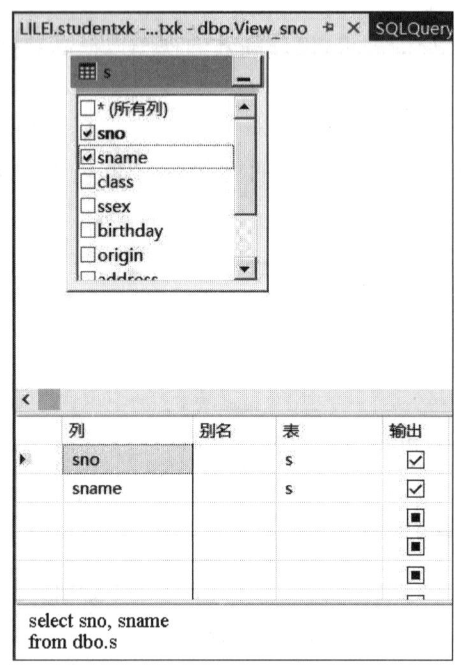

图 7-2　创建视图 view_sno

第 4 步:单击保存,视图名命名为“view_sno”

方法 2:使用 SQL 语句实现视图的创建

在“新建查询”窗口中输入 SQL 语句并执行,SQL 代码如下:

```
go
create view view_sno
as
select sc.sno as 学号,sname as 姓名
from s
go
select * from view_sno   /* 检索视图表 v_sno 中的信息 */
```

7.1.3　相关知识

7.1.3.1　视图概述

视图是数据库中非常重要的一种对象,是同时查看多个表中数据的一种方式。从理论上讲,任何一条 select 语句都可以构造一个视图。在视图中被检索的表称为基表,一个视图

可以包含多个基表。一旦视图创建，就可以像表一样对视图进行操作。与表不同的是，视图只存在结构，数据是在运行视图时从基表中提取的。所以，如果修改了基表的数据，视图并不需要重新构造，当然也不会出现数据不一致的问题。数据库所用者可以有目的的对分散在多个表中的数据构造视图，以方便以后的数据检索。

7.1.3.2 视图的语法格式

(1) 创建视图语句的基本语法格式如下：

```
create view<视图名> [列名[,…]]
as <select 语句>
```

(2) 修改视图语句的基本语法格式如下：

```
alter view <视图名> [列名[,…]]
as <select 语句>
```

(3) 删除视图语句的基本语法格式如下：

```
drop view< 视图名> [,…]
```

【实例7-1】 使用SQL语句创建视图：在"学生选课管理子系统"(xsxk)数据库中，创建一个简单视图view_sname，查询与"王权"同学同一班级的学生信息，显示学号，姓名，性别，出生日期。

启动SSMS管理工具，将所需的xsxk数据库，附加至SQL Server数据库实例中，打开"新建查询"窗口输入以下SQL语句。

```
use xsxk
go
create view view_sname
as
select sno,sname,ssex,birthday from s
where class= (select class from s where sname='王权')
go
```

单击"运行"按钮执行命令，命令已成功完成视图view_sname的创建。

【实例7-2】 使用SQL语句创建视图：在"学生选课管理子系统"(xsxk)数据库中，创建一个指定班级的学生选修课程不及格的视图view_score，包括：学号、姓名、课程编号、课程名称和成绩(指定的班级：12电子电工)。

启动SSMS管理工具，将所需的xsxk数据库，附加至SQL Server数据库实例中，打开"新建查询"窗口输入以下SQL语句。

```
go
create view view_score
as
select class,sc.sno as 学号,sname as 姓名,sc.cno as 选课编号,
cname as 选课名称,score as 成绩 from s,sc,c
where s.sno= sc.sno and c.cno=sc.cno
and score< 60 and class='12 电子电工'
go
```

单击"运行"按钮执行命令，命令已成功完成视图view_score的创建。

【实例 7-3】 使用 SQL 语句创建视图:在“学生选课管理子系统”(xsxk)数据库中,创建一个简单视图 view_class_count,

统计非空班级的班级总人数,男生人数和女生人数,将统计结果放在 v_class_count 的视图中。

启动 SSMS 管理工具,将所需的 xsxk 数据库,附加至 SQL Server 数据库实例中,打开“新建查询”窗口输入以下 SQL 语句。

```
go
create view view_class_count
as
select class as 班级名称,count(class) as 班级人数,
sum(case when ssex='男' then 1 end) as 男生人数,
sum(case when ssex='女' then 1 end) as 女生人数
from s
group by class
go
```

单击“运行”按钮执行命令,命令已成功完成视图 view_class_count 的创建。

【实例 7-4】 创建视图:在“学生选课管理”(xsxk)数据库中,创建一个包含 sno、sname、cno、cname、score 等列的视图,视图名为 view_s_score。

方法 1:使用可视化工具创建视图

第 1 步:启动 SSMS,展开左侧窗口 xsxk 数据库(事先需要附加到数据库实例中)中的“视图”,右键单击选择“视图”|“新建视图”,弹出“添加表”对话框。

第 2 步:因为所创建的视图中包含的信息来源于一张表:s,所以,该张表选中后,单击“添加”,即将此表添加至“新建视图”的窗口中。

第 3 步:在“新视图”窗口中选中基表中的所需列的复选框,可以定义视图的输出列,设置参数如图 7-3 所示。

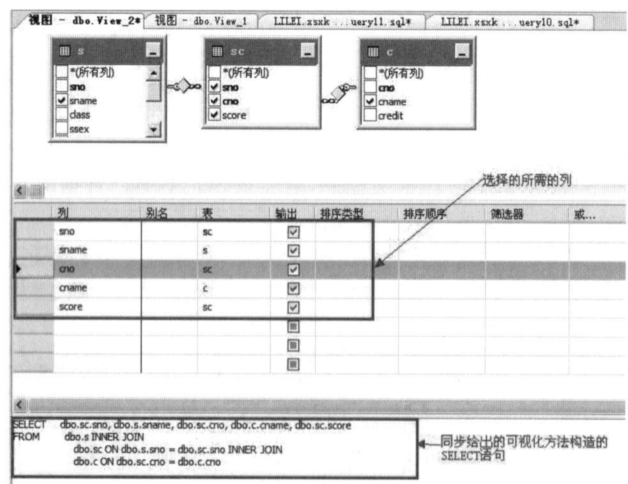

图 7-3 创建视图 v_s_score

第 4 步:单击"保存",视图名命名为"view_s_score"

方法 2:使用 SQL 语句实现视图的创建

在"新建查询"窗口中输入 SQL 语句并执行,SQL 代码如下。

```
go
create view view_s_score
as
select sc.sno as 学号,sname as 姓名,sc.cno as 选课编号,
cname as 选课名称,score as 选课成绩 from s,sc,c
where s.sno= sc.sno and c.cno= sc.cno
go
select * from view_s_score   /* 检索视图表中的信息 */
```

【实例 7-5】 创建视图:在"学生选课管理子系统"(xsxk)数据库中,创建一个包含列 sno、sname、cno、cname、score 的所有选修了"数据库原理与应用"课程的学生视图 view_cname。

方法 1:使用可视化工具创建视图

第 1 步:启动 SSMS,展开左侧窗口数据库 xsxk(事先需要附加到数据库实例中)中的"视图",右键单击选择"视图"|"新建视图",弹出"添加表"对话框。

第 2 步:因为所创建的视图中包含的信息来源于三张表:c、s、sc,所以,三张表全部选中后(同时选中按 Ctrl 键)。单击"添加",即将三张表添加至"新建视图"的窗口中。

第 3 步:在"新视图"窗口中选中基表中的所需列的复选框,可以定义视图的输出列,设置参数如图 7-4 所示。

第 4 步:单击"保存",视图名命名为"view_cname"

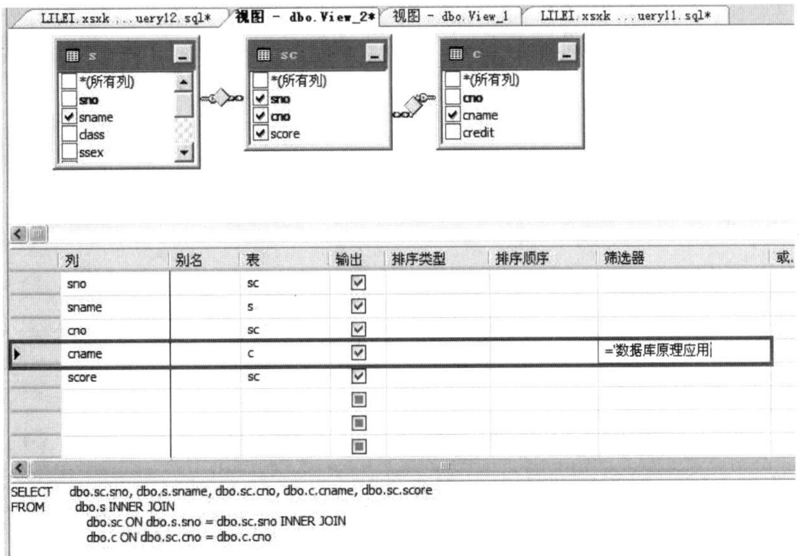

图 7-4　创建视图 v_cname

方法 2:使用 SQL 语句创建视图

在"新建查询"窗口中输入 SQL 语句并执行,SQL 代码如下。

```
use xsxk
go
create view v_cname
as
select sc.sno,sname,sc.cno,cname,score from s,sc,c
where c.cname='数据库原理与应用' and (s.sno= sc.sno and c.cno= sc.cno)
go
select * from v_cname   /* 检索视图表中的信息 */
```

任务 7-2　视图的修改

7.2.1　任务情境

【微课】
视图的修改

在数据库中,视图的修改是一个常见的操作,尤其是在需要调整视图结构或更新视图定义时。以下是在 SQL 中修改视图的步骤和示例,这些步骤可以帮助汤小米理解并实践视图的修改。

7.2.2　任务实现

在"xsxk"数据库中,使用 SQL 语句修改任务 7-1 中创建的视图 v_sno(原来的视图中只显示学生的学号、姓名的信息),修改后的视图中显示学号、姓名、性别。启动 SSMS 管理工具,将所需的 xsxk 数据库,附加至 SQL Server 数据库实例中,打开"新建查询"窗口输入以下 SQL 语句:

```
use xsxk
go
alter view view_sno
as
select sno as 学号,sname as 姓名,ssex as 性别 from s
go
```

7.2.3　相关知识

在 SQL Server 中,更新视图(即修改视图定义)的语法结构实际上与创建视图时使用的 create view 语句不同。更新视图的定义需要使用 alter view 语句。alter view 语句允许修改现有视图的查询定义,而不会影响基表中的数据。更新视图的语法结构:

```
alter view 视图名称
as
select 语句;
```

其中,视图名称:想要修改的视图的名称;select 语句:新的查询语句,定义了视图的内容。这个语句将替换掉视图中原有的查询语句。

假设有一个名为 EmployeeSummary 的视图，它目前显示员工的姓名、部门和职位。现在希望修改这个视图，以便它还包含员工的薪水信息。

```
/* 假设这是原始的视图定义 */
create view EmployeeSummary
as
select EmployeeID, Name, Department, Position
from Employees;
/* 现在想要更新这个视图，以便它还包含薪水信息 */
alter view EmployeeSummary
as
select EmployeeID, Name, Department, Position, Salary
from Employees;
```

在上述的示例中，alter view 语句修改了 EmployeeSummary 视图的定义，现在它将包括 Salary 列。

特别提示：

(1) 在使用 alter view 语句时，请确保新的查询语句是有效的，并且返回的结果集符合预期。

(2) 修改视图定义不会更改基表中的数据。它只更改了视图的“表现”，即当查询该视图时，它将基于新的查询语句返回数据。

(3) 如果视图基于的基表结构发生了变化(例如，添加了新列、删除了列或更改了列的数据类型)，可能需要相应地更新视图定义以保持一致性。

(4) 视图中的计算列和常量列(即不由基表直接提供的列)在 alter view 语句中也可以被修改或删除，但请注意，这可能会影响到依赖该视图的其他数据库对象(如存储过程、触发器或报告)。

(5) 并不是所有的视图都可以被更新以包含 insert、update 或 delete 语句(这通常称为“可更新视图”)。这些类型的操作受到视图定义和基表约束的限制。然而，alter view 语句仅用于修改视图的查询定义，与视图的可更新性无关。

【实例 7-6】 使用 SQL 语句在“xsxk”数据库中，创建一个包含 cno、cname 列的视图，视图名为 view_cno，然后修改该视图，显示 cno、cname 和 credit 列，查看视图，对比修改之前和修改之后的视图信息。

第 1 步：先启动 SSMS 管理工具，将所需的 xsxk 数据库，附加至 SQL Server 数据库实例中，打开“新建查询”窗口输入以下 SQL 语句：

```
use xsxk
go
create view view_cno
```

```
as
select cno as 课程编号,cname as 课程名称
from c
go
```

第 2 步:打开“新建查询”窗口输入以下 SQL 语句,编写查看 view_cno 视图的代码,运行后的效果如图 7-5 所示。

```
/* 查看创建的 view_cno 视图的信息 */
use xsxk
go
execute sp_helptext view_cno
```

结果 消息

	Text
1	create view view_cno
2	as
3	select cno as 课程编号, cname as 课程名称
4	from c

图 7-5　创建的视图 view_cno 信息

第 3 步:编写修改 view_cno 视图的 SQL 语句,再查看视图信息,如图 7-6 所示。

```
/* 修改 view_cno 视图 */
go
alter view view_cno
as
select cno as 课程编号,cname as 课程名称,credit as 学分
from c
go
/* 查看修改后的 view_cno 视图的信息 */
use xsxk
go
execute sp_helptext view_cno
```

结果 消息

	Text
1	CREATE view view_cno
2	as
3	select cno as 课程编号, cname as 课程名称, credit as 学分
4	from c

图 7-6　修改后的视图 view_cno 信息

【实例 7-7】 使用 SQL 语句创建一个显示学生成绩的视图:v_view1,SQL 语句如下。

```
go
create view v_view1
as
select sc.sno as 学号,sname as 姓名,sc.cno as 选课编号,
cname as 选课名称,score as 选课成绩 from s,sc,c
where s.sno= sc.sno and c.cno= sc.cno
go
```

需要修改视图:将 v_view1 视图中显示包含 sno、sname、cno、sname、score 的成绩信息修改为只选修了"数据库原理与应用",并且成绩在 70～80 分的学生成绩信息。

方法 1:使用 SSMS 管理工具修改视图

第 1 步:启动 SSMS 管理工具,单击左侧窗口要修改的视图所在的数据库中的"视图"节点,指向右侧窗口中要修改的视图,单击右键弹出快捷菜单中选择"修改"命令,即打开"修改视图"窗口。该窗口与"创建视图"的窗口完全相同。

第 2 步:在 score 列对应的"筛选器"位置输入">=70and <=80",与创建视图相同的方法修改视图,完成后单击"关闭"即可,如图 7-7 所示。

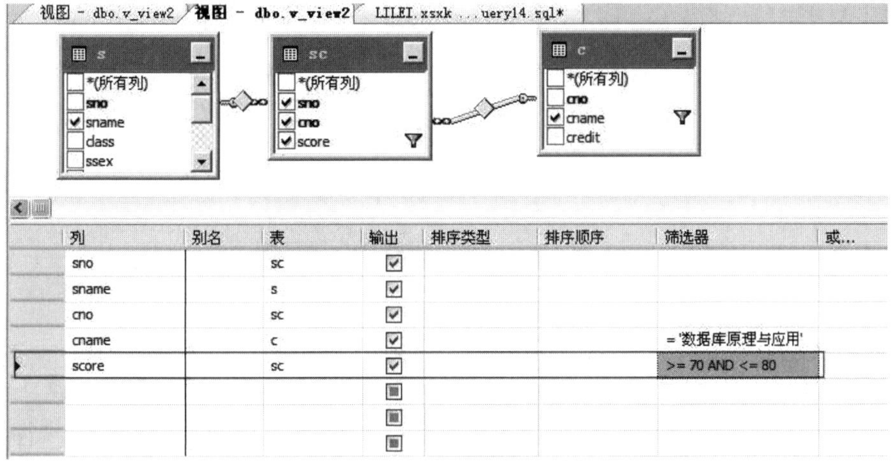

图 7-7 修改视图

方法 2:使用 SQL 语句实现修改视图

在"新建查询"窗口中输入 SQL 语句并执行,SQL 代码如下。

```
use xsxk
go
alter view v_view1
as
select sc.sno as 学号,sname as 姓名,sc.cno as 选课编号,
cname as 选课名称,score as 选课成绩 from s,sc,c
where s.sno= sc.sno and c.cno= sc.cno
```

```
and cname='数据库原理与应用' and score between 70 and 80
go
```

/* 显示视图的数据信息 */,如图 7 - 8 所示。

```
select * from v_view1
```

结果 消息

	学号	姓名	选课编号	选课名称	选课成绩
1	2011010104	王飞虎	c003	数据库原理与应用	74
2	2012010102	李宁	c003	数据库原理与应用	77
3	2012020205	叶聪	c003	数据库原理与应用	74
4	2012030101	朱兵	c003	数据库原理与应用	70

图 7 - 8　视图 v_view1 中存放的数据

/* 查看 v_view1 中视图信息 */,如图 7 - 9 所示。

结果 消息

	Text
1	CREATE view v_view1
2	as
3	select sc.sno as 学号,sname as 姓名,sc.cno as 选课编号,
4	cname as 选课名称,score as 选课成绩 from s,sc,c
5	where s.sno=sc.sno and c.cno=sc.cno
6	and cname='数据库原理与应用' and score between 70 and 80

图 7 - 9　视图 v_view1 的 SQL 信息

任务 7 - 3　视图的删除

7.3.1　任务情境

【微课】
视图的删除

目前汤小米已经是一家在线教育平台的数据库管理员了。随着平台的不断扩展,早期为了快速获取课程分类下的学生报名情况,创建了一个名为 vw_EnrollmentByCategory 的视图。这个视图通过连接课程表、学生表以及报名表,展示了每个课程分类下的学生报名数量。然而,近期平台引入了新的数据分析系统,该系统能够实时、更精确地处理这类数据,并且能够生成更为详细的报告。因此,vw_EnrollmentByCategory 视图已经变得冗余,不再需要被频繁查询,甚至它的存在还可能对数据库性能产生不必要的负担。下面就让我们跟随着汤小米的步伐,理解并实践视图的删除。

7.3.2　任务实现

方法 1:使用 SSMS 管理工具删除视图

第 1 步:连接到数据库,打开 SSMS 并连接到包含该视图的数据库实例。

第 2 步:展开数据库对象,在“对象资源管理器”中,展开“数据库”节点,找到并展开包含视图的数据库。

第 3 步：定位视图，继续展开“视图”节点，找到 vw_EnrollmentByCategory 视图。

第 4 步：删除视图，右键单击 vw_EnrollmentByCategory 视图，选择“删除”选项。在弹出的确认对话框中，单击“确定”以确认删除操作。

方法 2：使用 SQL 语句删除视图

在“新建查询”窗口中输入 SQL 语句并执行，编写如下 SQL 代码并执行：

```
drop view vw_EnrollmentByCategory
```

执行成功后，vw_EnrollmentByCategory 视图将被从数据库中删除。

7.3.3 相关知识

随着数据库结构的变化和业务需求的调整，一些早期创建的视图可能变得不再需要或冗余。这些视图可能会占用系统资源，影响数据库的整体性能。删除不再需要的视图可以减少数据库管理员的维护工作，避免在后续的数据库更新或维护中对这些无用视图进行处理。如果视图中的数据已经不再准确或不再需要被访问，保留这些视图可能会导致数据混淆或误导用户。

在 SQL Server 中，删除视图的语句是 drop view。如果想删除一个名为 YourViewName 的视图，可以使用以下 SQL 语句：

```
drop view YourViewName;
```

如果想要删除多个视图，可以在同一个 drop view 语句中列出所有要删除的视图名称，用逗号隔开：

```
drop view ViewName1, ViewName2, ViewName3;
```

【实例 7-8】 删除视图：删除实例 7-7 中创建的 v_view1 视图。

方法 1：使用 SSMS 管理工具实现删除视图操作

第 1 步：启动 SSMS 管理工具，单击展开左侧窗口的 xsxk 数据库中的“视图”节点。

第 2 步：选中要删除的社图，右键单击在弹出的快捷菜单中选择“删除”命令，即完成视图的删除。

方法 2：使用 SQL 语句删除视图

在“新建查询”窗口中输入 SQL 语句并执行，SQL 代码如下。

```
use xsxk
go
drop view view_view1
```

任务 7-4 视图的数据操作

7.4.1 任务情境

【微课】
视图的数据操作

使用视图来操作表数据是数据库管理中一种高效且灵活的方法。视图本身不存储数据，而是作为数据库表的逻辑表示，它基于 SQL 查询语句定义，并展示了表数据的特定子集或计算结果。通过视图，用户可以像操作普通表一样执行数据的查询、添加、删除和修改操作(尽管不是所有视图都支持直接的数据修改操作,这取决于视图的定义和底层表的结构)。在视图中查询数据是最常见的操作,也是视图设计的主要目的之一。查询视图就像查询任何普通表一样简单,使用 select 语句,查询实例 7-2 中创建的 view_score 视图。

7.4.2 任务实现

在"新建查询"窗口中输入 SQL 语句并执行,运行结果如图 7-10 所示。

```
select * from view_score
```

结果 消息

	class	学号	姓名	选课编号	课程名称	成绩
1	12电子电工	2012040105	林梅	c005	综合布线	53
2	12电子电工	2012040105	林梅	c006	中小企业网站建设与管理	54

图 7-10 查询视图 view_score 中的数据

7.4.3 相关知识

视图是一个虚拟的表,它在数据库中作为一个独立的对象存在。虽然视图本身不存储数据,但它通过存储的 SQL 查询语句来动态地表示数据。这使得对视图的操作在很多方面与对基本表的操作相似,包括查询、插入、删除和修改数据。

与基本表不同的是,视图的创建可以基于单张表,也可以基于多张数据表的复杂查询结果。然而,由于视图是基于查询定义的,在视图上进行插入、更新或删除操作时,这些操作必须能够明确地映射到视图所基于的基本表(或表们)上。特别地,如果视图是基于多张表的联合查询创建的,那么直接在这些视图上进行插入、更新或删除操作可能会因为无法确定操作应作用于哪张表而报错,或者根本不被支持。

尽管如此,对于只涉及单张基本表的视图,或者那些通过特定方式(如使用可更新视图技术)定义的视图,我们仍然可以像操作基本表一样,在视图上进行插入、更新和删除操作。这些操作将直接影响视图所基于的基本表中的数据。

对视图的操作既可以通过图形化数据库管理工具进行,这些工具提供了用户友好的界面来创建、管理和查询视图;也可以通过编写 SQL 语句来直接操作视图,这种方式提供了更高的灵活性和控制能力。无论采用哪种方式,操作视图时都需要考虑到视图背后的查询逻辑和它所基于的基本表结构,以确保操作的正确性和有效性。

【实例 7-9】 查询视图的数据。

启动 SSMS 管理工具,在"新建查询"窗口中输入 SQL 语句,查询实例 7-1 中创建的视图 view_sname 数据和实例 7-3 中创建的视图 view_class_count 数据。

```
use xsxk
go
select * from view_sname
select * from view_class_count
```

单击"运行"按钮执行命令,运行结果如图 7-11 和图 7-12 所示。

	学号	姓名	性别	出生日期
1	2012010101	王权	男	1991-09-12
2	2012010103	叶佳丽	女	1991-03-01
3	2012010104	林鹏	男	1992-12-04
4	2012010105	俞李婷	女	1992-10-03
5	2012010106	陈杨	男	1993-11-03
6	2012010107	马佳林	男	1993-11-08

图 7-11　视图 view_sname 的查询数据

	班级名称	班级人数	男生人数	女生人数
1	11网络技术	6	5	1
2	12财务管理	5	1	4
3	12电子电工	10	7	3
4	12软件技术	10	7	3
5	12网络技术1	9	6	3

图 7-12　视图 v_class_count 的查询数据

【实例 7-10】　向视图中插入数据。

已经创建好的视图 view_stu,包含学号,姓名,所属班级,性别等相关信息。

```
go
create view view_stu
as
select sno,sname,class,ssex
from s
go
```

目前向视图 view_stu 中插入一条记录,各列的值分别如下。

学号:2201010110

姓名:吴天乐

所属班级:22 云计算

性别:男

在“新建查询”窗口中输入 SQL 语句:

```
insert into view_stu values('2201010110','吴天乐','22 云计算','男')
```

或

```
insert into view_stu(sno,sname,class,ssex)
values('2201010110','吴天乐','22 云计算','男')
```

单击“运行”按钮执行命令,分别在视图和基本表 s 表查询 2201010110 的学生信息。SQL 语句如下:

```
/* 查询视图 view_stu 中的数据 */
select * from view_stu where sno='2201010110'
/* 查询基本表 s 中的数据 */
```

```
select * from s  where sno='2201010110'
```

运行的结果如图 7－13 所示。

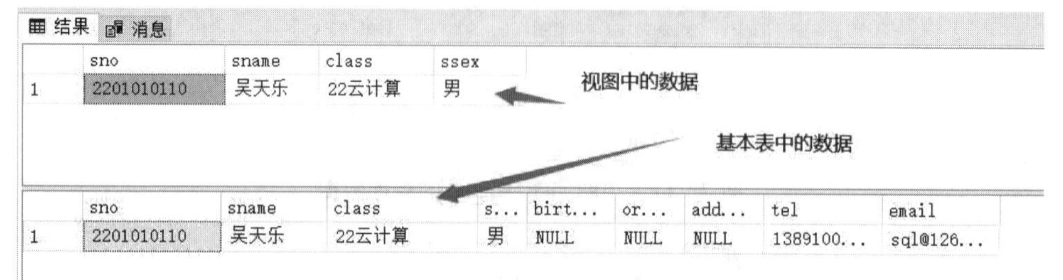

	sno	sname	class	ssex
1	2201010110	吴天乐	22云计算	男

	sno	sname	class	s...	birt...	or...	add...	tel	email
1	2201010110	吴天乐	22云计算	男	NULL	NULL	NULL	1389100...	sql@126...

图 7－13　基本表和视图中的查询结果

【实例 7－11】 更新视图中的数据。

更新视图 view_stu 中学号为 2201010110 的学生，姓名改为“吴天天”。在“新建查询”窗口中输入 SQL 语句：

```
select sno,sname as 视图中修改前的姓名,class,ssex from view_stu where sno='
2201010110'
select sno, sname as 基本表中修改前的姓名, class, ssex from s where sno='
2201010110'
update view_stu set sname='吴天天' where sno='2201010110'
select sno,sname as 视图中修改后的姓名,class,ssex from view_stu where sno='
2201010110'
select sno, sname as 基本表中修改后的姓名, class, ssex from s where sno='
2201010110'
```

单击“运行”按钮执行命令，运行的结果如图 7－14 所示。

结果　消息

	sno	视图中修改前的姓名	class	s...
1	2201010110	吴天乐	22云计算	男

	sno	基本表中修改前的姓名	class	s...
1	2201010110	吴天乐	22云计算	男

	sno	视图中修改后的姓名	class	s...
1	2201010110	吴天天	22云计算	男

	sno	基本表中修改后的姓名	class	s...
1	2201010110	吴天天	22云计算	男

图 7－14　视图中修改数据同步基本表

【实例 7－12】 删除视图中的数据。

删除视图 view_stu 中学号为 2201010110 的学生，在“新建查询”窗口中输入 SQL 语句：

```
select sno,sname as 视图中删除前的数据,class,ssex from view_stu where sno='2201010110'
select sno, sname as 基本表中删除前的数据, class, ssex from s where sno='2201010110'
delete from view_stu where sno='2201010110'
select sno,sname as 视图中删除后的数据,class,ssex from view_stu where sno='2201010110'
select sno, sname as 基本表中删除后的数据, class, ssex from s where sno='2201010110'
```

单击“运行”按钮执行命令，运行的结果如图 7－15 所示。

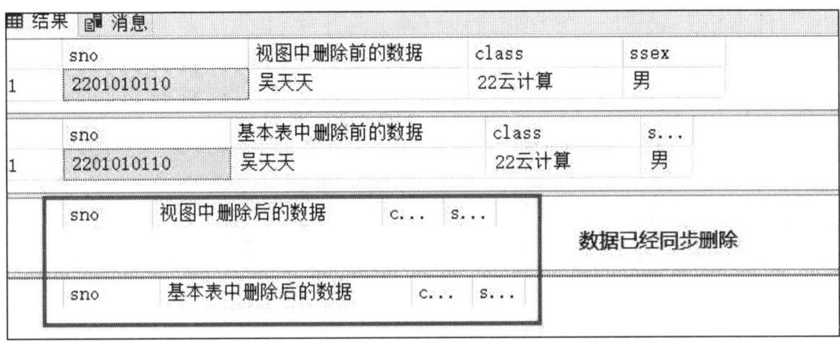

图 7－15 视图中删除数据同步基本表

课堂习题

一、选择题

1. 在数据库系统中，视图主要用于(　　)。

   A. 数据加密　　B. 数据抽象与简化复杂查询

   C. 数据备份　　D. 数据恢复

2. 关于视图，以下(　　)说法是不正确的。

   A. 视图是一个虚拟表

   B. 视图的内容存储在数据库中

   C. 视图可以包含表中的数据行和列的子集

   D. 视图可以基于一个或多个表创建

3. 在 SQL 中，创建视图的命令是(　　)。

   A. create index　　B. create table

   C. create view　　D. create database

4. 视图的更新的取决于(　　)。

   A. 总是可以

   B. 总是不可以

   C. 取决于视图的定义是否包含聚合函数或 distinct 关键字

D. 取决于数据库的类型

5. 若要在视图中添加新数据,实际上是将数据添加到(　　)对象。

A. 视图本身　　B. 视图依赖的基础表

C. 数据库的临时表　　D. 另一个不相关的表

6. 修改视图定义时,应使用(　　)SQL 命令。

A. alter view　　B. modify view

C. update view　　D. change view

7. 以下(　　)不是视图的主要优点。

A. 提高数据安全性　　B. 简化数据操作

C. 提高数据查询效率(对于复杂查询)　　D. 节省存储空间

8. 在 SQL 中,删除视图的命令是(　　)。

A. delete view　　B. drop view

C. remove view　　D. erase view

9. 视图不能用于以下(　　)情况。

A. 复杂查询的封装　　B. 数据的物理存储

C. 简化数据访问　　D. 权限控制

10. 在数据库中,若视图基于多个表创建,则这些表之间的关系通常是(　　)。

A. 一对一　　B. 一对多

C. 多对多,通过外键连接　　D. 没有特定要求

二、判断题

1. 视图可以包含复杂的 SQL 查询语句。(　　)

2. 所有视图都可以进行增删改操作。(　　)

3. 视图在物理上不存在,但在逻辑上表示一个表。(　　)

4. 删除视图后,基于该视图的数据也会被删除。(　　)

5. 视图可以提高数据库的安全性,因为它可以控制用户对数据的访问。(　　)

三、填空题

1. 在 SQL 中,用于创建视图的语句以__________开头。

2. 视图是基于__________的虚拟表。

3. __________是视图的一个重要特性,它允许用户通过更高级别的抽象来访问数据,而无需了解底层表的详细结构。

4. 当尝试在视图中插入数据时,如果视图是基于多表联合查询创建的,这通常会导致__________。

5. 为了更新或修改视图中的数据,实际上是在更新或修改__________中的数据。

课堂实践

以随书提供的“学生选课数据库”(xsxk)为数据实例。

【6-C-1】单个基本表的视图创建。

(1) 在学生信息表 s 中为“11 网络技术”班的学生创建一个视图,视图名为 view_class。

(2) 在学生信息表 s 中为年龄在 28 到 30 岁的学生创建一个视图,视图名为 view_sage。

(3) 在学生信息表 s 中为籍贯是“浙江”的学生创建一个视图,视图名为 view_origin。

(4) 在学生信息表 s 中为姓“王”的学生创建一个视图,视图名为 view_sname。

(5) 在课程信息表 c 中为学分在 4 学分上(包含 4 学分)的课程创建一个视图,视图名为 view_cname。

(6) 在学生成绩表 sc 中为学号为'2012030101'的学生创建一个显示课程编号和课程成绩的视图,视图名为 view_score。

(7) 查看【6-C-1】(4)中创建的视图信息(提醒:用 execute sp_helptext)。

扩展实践

【6-B-1】多个基本表的视图创建。

(1) 统计非空班级的总人数,男生人数和女生人数,将统计结果放在 view_class _count 的视图中。

(2) 将指定某学生的选课成绩存放在 view_sno_score 的视图中,包含课程号、课程名、所修学分和成绩列(指定的学生的学号:2012030101)。

(3) 创建一个指定班级的学生选修课程不及格的视图 view_class_score,包括:学号、姓名、课程编号、课程名称和成绩(指定的班级:11 网络技术)。

(4) 创建一个简单视图 view_sname_class,查询与"王列权"同学同一班级的学生信息。

(5) 创建一个显示课程名称、选课总人数、课程总成绩和平均成绩的视图 view_coure_score。

进阶提升

【6-A-1】视图的修改与删除。

(1) 修改视图名为 view_ssex 的视图,存放"11 网络技术"班男生信息。

(2) 修改视图名为 view_sage 的视图,存放 1992 年 9 月 1 日之后出生的学生信息。

(3) 修改视图名为 view_sno_score 的视图,存放课程号、课程名、成绩列。

(4) 修改视图名为 view_score 的视图,存放不及格的课程编号和课程成绩信息。

(5) 修改视图名为 view_origin 的视图,存放籍贯是浙江、江苏和北京的学生信息。

(6) 查看【6-B-1】(5)中创建的视图信息(提醒:用 execute sp_helptext)。

(7) 同时删除 view_class、view_sage 和 view_origin 的视图。

云享资源

⊙ 教学课件
⊙ 教学教案
⊙ 配套实训
⊙ 参考答案
⊙ 实例脚本

【微信扫码】

项目 8　索引的创建与维护

【项目概述】

本项目旨在通过理论讲解与实践操作相结合的方式，使学生深入理解数据库索引的概念、作用、类型以及创建、维护和管理索引的方法。索引是数据库性能优化的重要手段，通过合理创建和维护索引，可以显著提高数据库的查询效率，减少数据检索时间，优化系统性能。接下来，就让我们一起跟随汤小米同学的脚步，开启本项目的学习之旅吧！

【知识目标】

1. 理解索引的基本概念，掌握索引的定义、作用、原理及在数据库中的作用。
2. 了解索引的类型，熟悉聚集索引、非聚集索引、唯一索引、非唯一索引、单列索引、多列索引等不同类型的索引及其特点。
3. 掌握索引的创建方法，熟悉使用 SQL 语句创建索引的基本语法和步骤，能够根据实际需求选择合适的索引类型进行创建。
4. 理解索引的维护与管理，了解索引的维护操作，包括重建索引、优化索引、删除无用索引等，以及如何通过索引评估和分析工具来监控和优化索引性能。

【能力目标】

1. 能根据实际业务需求和数据库表结构，设计合理的索引策略，以提高数据库查询效率。
2. 能使用 SQL 语句创建、修改和删除索引的操作。
3. 能通过对索引的评估和分析，识别和解决索引使用中的性能问题，优化数据库性能。
4. 能在数据库设计和维护项目中，与团队成员有效沟通，共同制订索引创建与维护策略。

【素养目标】

1. 培养能够设计合理的索引策略以提升数据库查询效率的能力。
2. 培养熟练掌握使用 SQL 语句进行创建、修改和删除索引的操作技能。
3. 培养识别和解决索引使用中的性能问题，进而优化数据库性能的能力。
4. 培养与团队成员有效沟通，共同制订索引创建与维护策略的能力。

【重点难点】

教学重点：

1. 深入理解索引的作用、原理及其在数据库中的作用。

2. 熟悉不同类型的索引及其特点，包括聚集索引、非聚集索引、唯一索引、非唯一索引、单列索引、多列索引等。

3. 掌握使用 SQL 语句创建索引的基本语法和步骤，能够根据实际需求选择合适的索引类型进行创建。

4. 了解索引的维护操作，包括重建索引、优化索引、删除无用索引等，以及索引评估和分析工具的使用方法。

教学难点：

1. 涉及多表连接、子查询、聚合函数等复杂 SQL 语句的索引创建。

2. 如何根据实际需求和数据表结构，选择合适的索引类型并进行优化，以提高数据库查询效率。

3. 掌握使用索引评估和分析工具来监控和优化索引性能的方法，识别和解决索引使用中的性能问题。

【知识框架】

本项目知识内容旨在让学生掌握索引的概念、索引的创建、索引的操作、索引的管理等，学习内容知识框架如图 8-1 所示。

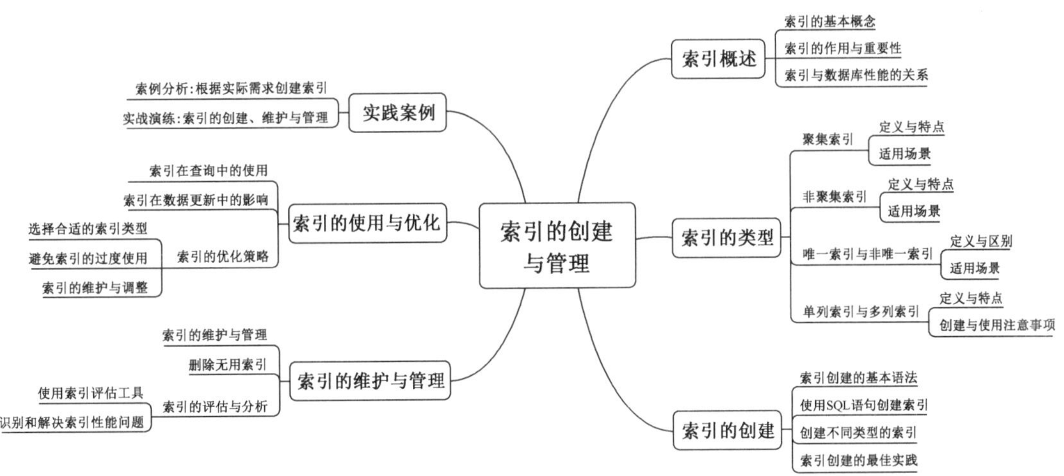

图 8-1　本项目内容知识框架

任务 8－1 索引的创建

8.1.1 任务情境

通过项目 6 的学习，让汤小米同学在数据检索方面不但有收获还有成就感。同时，小米又在思考一个问题：如果表中的数据有顺序，则检索的时候必须表中的每一行数据，这样，就比较浪费时间，那这样的情况下，如何提高数据的检索速度呢？带着这样的问题，小米同学请教了在公司上班的哥哥，小米的哥哥从事的是数据库系统开发工作，所以，哥哥告诉小米，要提高检索速度，就必须对表中记录按检索字段的大小进行排序。检索时，可以先检索索引表，然后再直接定位到表中记录，当然就是提高检索目标数据的速度。听了哥哥一番讲解，小米茅塞顿开，接下来，她就要多实践了。那么，下面就让我们一起和小米来学习吧！

【微课】
索引的创建

8.1.2 任务实现

在 xsxk 数据库中，对于 c 表，定义列 cname 唯一性非聚集索引。

方法 1：使用 SSMS 管理工具实现为表中字段创建索引

第 1 步：启动 SSMS，展开左侧窗口数据库 xsxk(事先需要附加到数据库实例中)中的“c”表，右键单击选择“索引”|“新建索引”，弹出“新建索引”对话框。

第 2 步：在“索引名称”输入所需创建索引的名称：ix_cnmae，索引类型选择“非聚集”。

第 3 步：单击对话框右侧的“添加”按钮，弹出“从 dbo.c 中选择列”的对话框，在表列中选择“cname”单击“确定”后，操作内容即可在“索引键列”查看。

第 4 步：选中“唯一”，单击对话框中的“确定”按钮，即完成所需操作，如图 8－2 所示。

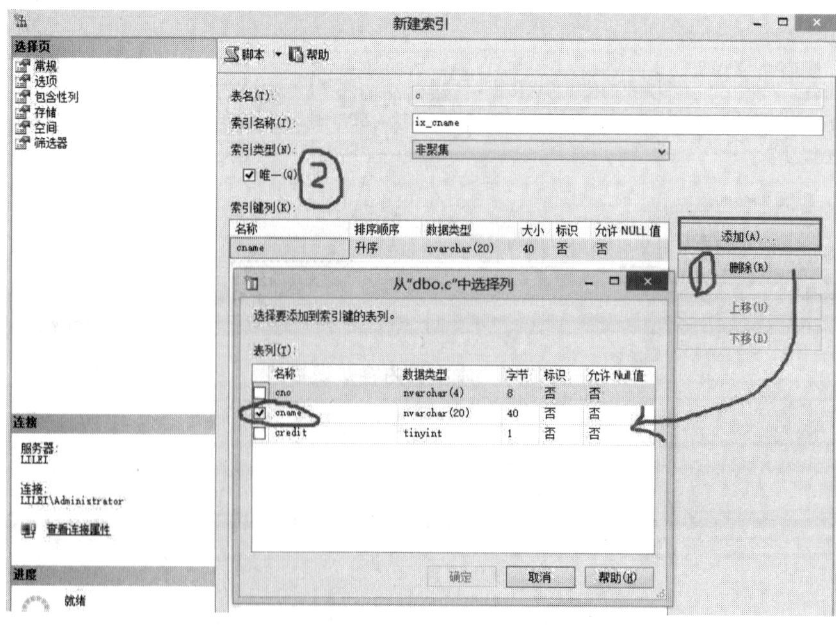

图 8－2 创建表 c 列 cname 的唯一的非聚集索引

方法2:使用SQL语句实出创建表中列的索引

在"新建查询"窗口中输入SQL语句并执行,代码如下:

```
use xsxk
go
create unique nonclustered index ix_cname on c(cname)
```

8.1.3 相关知识

8.1.3.1 索引概述

索引是数据库中依附于表的一种特殊的对象,使用索引可快速访问表中的特定信息。索引是对数据库表中一列或多列的值进行排序的一种结构。在关系数据库中,索引是一种与表有关的数据库结构,它可以使对应于表的SQL语句执行得更快。

(1) 索引的优点

① 大大加快数据的检索速度。

② 创建唯一性索引,保证数据库表中每一行数据的唯一性。

③ 加速表和表之间的连接。

④ 在使用分组和排序子句进行数据检索时,可以显著减少查询中分组和排序的时间。

(2) 建立索引的缺点

① 索引需要占物理空间。

② 当对表中的数据进行增加、删除和修改时候,索引也要动态的维护,降低了数据的维护速度。

(3) 索引类型

在SQL Server 2019系统中,常见的索引有聚集索引和非聚集索引,除此之外,还有唯一索引、包含索引、索引视图、全文索引、XML索引等。在这些索引类型中,聚集索引和非聚集索引是数据引擎中索引的基本类型,是理解唯一索引、包含索引和索引视图的基础。

① 聚集索引:索引的顺序与记录的物理顺序相同。由于一个表的记录只能按一个物理顺序存储,所以,一个表只能有一个聚集索引。

② 非聚集索引:是在不改变记录的物理顺序的基础上,通过顺序存放指向记录位置的指针来实现建立记录的逻辑顺序的方法,逻辑顺序不受物理顺序的影响,一个表的非聚集索引最多可以有249个。

(4) 索引的规则

① 索引是隐式的,如果对某列创建了索引,则对该列检索时将自动调用该索引,以提高检索速度。

② 创建主键时,自动创建唯一性聚集索引。

③ 创建唯一键时,自动创建唯一性非聚集索引。

④ 可以创建多列索引,以提高基于多列检索的速度。

⑤ 索引可以提高检索数据的速度,但维护索引要占一定的时间和空间。所以,对经常要检索的列创建索引,对很少检索甚至根本不检索的列以及值域很小的列,不创建索引。

⑥ 索引可以根据需要创建或删除,以提高性能,即当对表进行大批量数据插入时,可先删除索引,等数据插入成功后,再重新创建索引。

8.1.3.2 索引的基本语法结构

SQL Server 中创建索引的基本语法结构：

```
create [ unique ] [ clustered | nonclustered ] index 索引名
on 表名 (列名 [ asc | desc ] [ ,...n ] )
    [ with ( <索引选项> [ ,...n ] ) ]
    [ on { 文件组名 | default } ]
    [ ; ]
```

其中：

(1) unique:可选。表示索引为唯一索引,索引列中的每个值都必须是唯一的。

clustered | nonclustered:指定索引的类型。一个表只能有一个聚集索引,因为它决定了表中数据的物理顺序。非聚集索引不改变表中数据的物理顺序,它存储了指向表中数据行的指针。如果省略此选项,并且表中没有聚集索引,则默认创建的是非聚集索引。

(2) 索引名:给创建的索引起一个新名称,这个名称在数据库中是唯一的。

(3) 表名:指定要创建索引的表的名称。

(4) 列名 [asc | desc]:指定要包含在索引中的一列或多列的名称。可以指定每列的排序顺序(升序 asc 或降序 desc),如果省略,则默认为升序。

(5) with (<索引选项>):可选。用于指定索引的各种选项,如填充因子(fillfactor)、索引的存储位置(on 子句指定的文件组或分区方案)等。

(6) on { 文件组名 | default }:可选。指定索引存储的文件组。如果省略,索引将存储在表的默认文件组中。

示例 1:创建非聚集索引。

```
create nonclustered index idx_LastName
on Employees (LastName asc);
/* 示例 1 在 Employees 表的 LastName 列上创建了一个非聚集索引 */
```

示例 2:创建唯一非聚集索引。

```
create unique nonclustered index idx_Email
on Users (Email asc);
/* 示例 2 在 Users 表的 Email 列上创建了一个唯一非聚集索引,确保每个电子邮件地址都是唯一的 */
```

示例 3:创建聚集索引。

```
create clustered index idx_SalesOrderID
on Sales.SalesOrderDetail (SalesOrderID, SalesOrderDetailID);
/* 注意:由于一个表只能有一个聚集索引,如果表中已经存在聚集索引,尝试创建另一个聚集索引将会失败。示例 3 尝试在 Sales.SalesOrderDetail 表的 SalesOrderID 和 SalesOrderDetailID 列上创建一个复合聚集索引。但请注意,实际场景中,选择哪个列作为聚集索引的键应基于查询模式和数据访问模式 */
```

【实例 8-1】 使用 SSMS 管理工具创建索引。

准备工作:将 xsxk 数据库中的学生信息表的全部信息存放在一张永久表 tb_stu 中。在"新建查询"窗口中输入 SQL 语句并执行,代码如下:

```
/* 新的表 tb_stu 作为实践 8-1 的示例数据表 */
select * into tb_stu from s
```

在新生成的永久表 tb_stu 上为"学号"字段添加唯一的聚集索引,将索引名命名为:ix_sno

第 1 步：启动 SSMS 工具，在“对象资源管理器”中依次展开结点，找到 xsxk 数据库下的表 tb_stu，展开 tb_stu 表，在“索引”上右键单击，快捷菜单中选择“新建索引”|“聚集索引”，如图 8－3 所示。

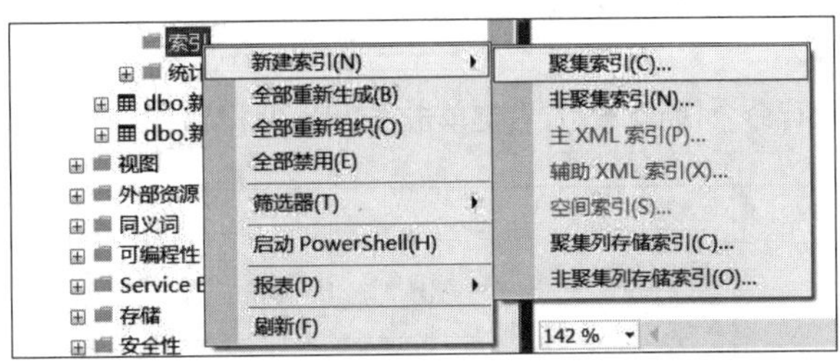

图 8－3　快捷菜单中的“新建索引”|“聚集索引”

第 2 步：在“新建索引”对话框中，输入索引名：ix_sno，在索引类型勾选“唯一”复选框，在“索引键列”处添加需要建立索引的“列”(sno)，设置完成确定如图 8－4 所示。

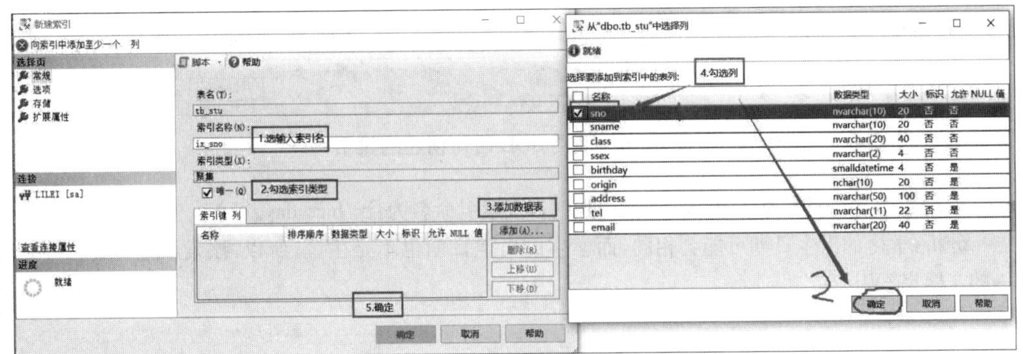

图 8－4　S 索引创建过程

第 3 步：查看新创建的索引 ix_sno，如图 8－5 所示。

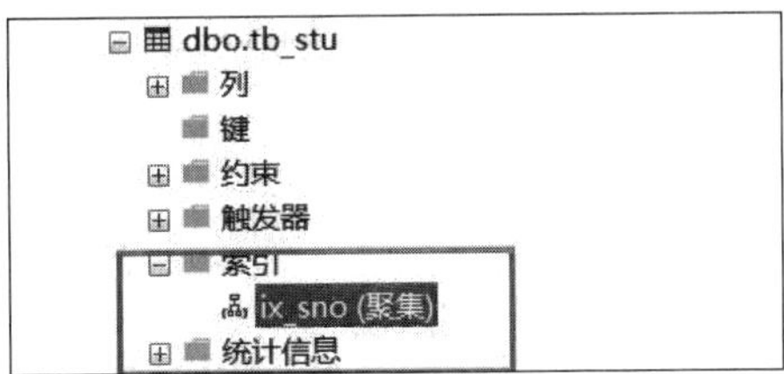

图 8－5　新创建的索引 ix_sno

【实例 8－2】　使用 SQL 语句创建索引。

(1) 在 tb_stu 表上为“sname”列添加索引，该索引命名为：ix_sname。

分析：学生的姓名可能会相同，所以建议建立为非唯一索引。又因为一般都是基于主键列作为聚集索引列，而姓名不是主键，所以建议是非聚集索引，在“新建查询”窗口中输入 SQL 语句：

```
use xsxk
go
create nonclustered index ix_sname
on tb_stu(sname)
```

单击“运行”按钮执行命令，刷新索引，右键单击查看索引详情如图 8-6 所示。

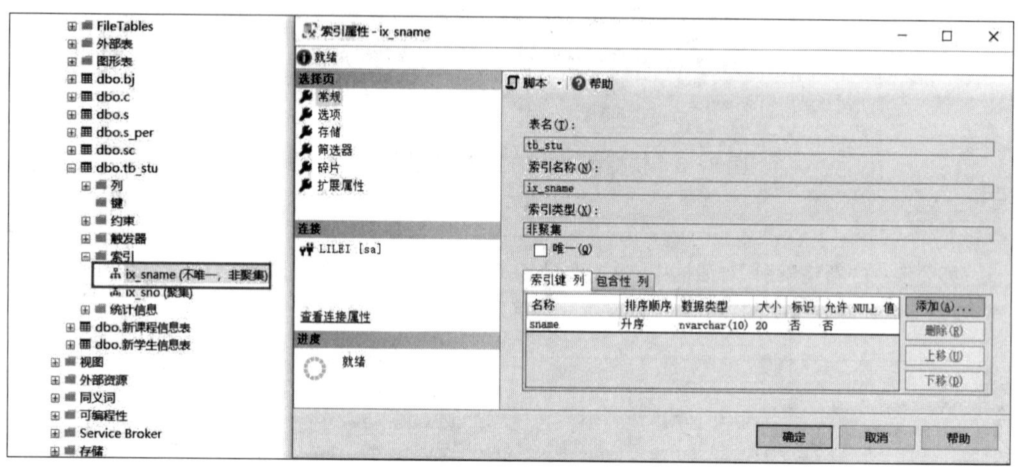

图 8-6　使用 SQL 语句创建的索引

(2) 在 tb_stu 表上为“birthday”列添加索引，该索引命名为:ix_birtyday。

分析:学生的出生日期可能会相同，而学生的出生日期也不是主键，所以，该索引建议是非不唯一的非聚集索引。

```
use xsxk
go
create nonclustered index ix_birthday
on tb_stu(birthday)
go
```

【实例 8-3】 为 tb_stu 表的“tel”列创建唯一的非聚集索引，索引名为 ix_tel。

在“新建查询”窗口中输入 SQL 语句:

```
use xsxk
create unique nonclustered index ix_tel
on tb_stu(tel)
go
```

任务 8－2　索引的管理

8.2.1　任务情境

【微课】
索引的管理

通过任务 8－1 中对索引创建的学习，汤小米同学已经对数据库索引的基本概念、作用以及如何在数据库中创建索引有了深入的了解。索引作为提高数据库查询效率的重要手段，其正确管理和维护对于数据库性能的优化至关重要。然而，索引并非越多越好，不当的索引配置反而会降低数据库的性能，占用过多的磁盘空间，并可能拖慢更新表的速度（如 insert、update、delete 操作）。

因此，掌握如何有效地查看当前数据库中的索引状态，以及根据实际需求删除不再需要的索引，是数据库管理员和开发者必须掌握的技能。本次任务将引导汤小米同学学习如何查看数据库中已存在的索引信息，以及如何安全地删除不再需要的索引，以便更合理地优化数据库结构，提升系统性能。

8.2.2　任务实现

使用 SSMS 查看 tb_stu 表中创建的索引。

在 SSMS 的“对象资源管理器”中，展开数据库，找到对应的表，展开表，找到索引，展开。右键单击该表下任意一个索引名称，选择“属性”后，即可查看该索引的属性。如图8－7所示。

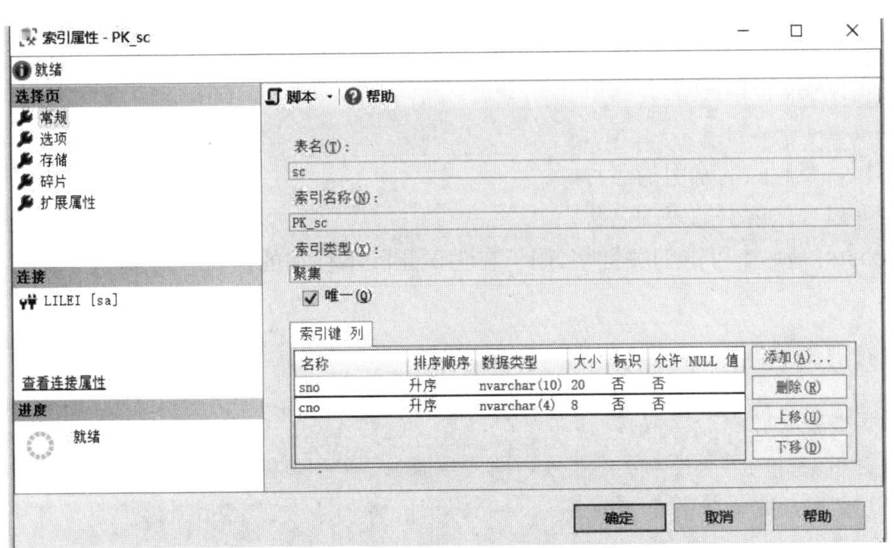

图 8－7　“索引属性”对话框

8.2.3　相关知识

在数据库管理中，索引的查看与删除是维护数据库性能的重要环节。为了优化查询速度和数据存储效率，我们首先需要了解当前数据库中各表的索引配置情况。这可以通过使用 SQL Server 提供的系统存储过程(如 sp_helpindex)来实现,这些工具能够详细展示每个索引的名称、类型、包含的列等信息。此外,通过 SSMS 的图形界面,我们也可以直观地查看和管理索引。

然而,索引并非越多越好。过多的索引会占用额外的磁盘空间,并可能拖慢数据插入、更新和删除的速度。因此,在发现某些索引不再被频繁使用或已经不再需要时,我们就需要将其删除。这个过程涉及使用 drop index 语句,该语句可以指定要删除的索引名称和所在的表名。为了避免在索引不存在时执行删除操作引发错误,我们还可以在 drop index 语句前加上 if exists 条件判断。

(1) 索引的查看

在 SQL Server 中,查看索引的方式主要有以下几种。

① 使用系统存储过程

exec sp_helpindex [表名称]:该存储过程可以返回指定表的索引信息,包括索引名称、索引类型、索引键列等。这是查看索引信息的常用方法之一。

② 查询系统视图

可以通过查询系统视图如 sys. indexes、sys. index_columns 等来获取索引的详细信息。例如,可以联合这些视图来查询表的索引名称、所属表名、索引包含的列名及索引类型等。

③ 使用 SQL Server Management Studio (SSMS)

在 SSMS 中,也可以通过图形界面来查看索引信息。首先,连接到 SQL Server 实例,然后展开数据库和表节点,右击要查看索引的表,选择“属性”或“设计”等选项,在弹出的对话框中可以找到索引相关信息。

(2) 索引的删除

在 SQL Server 中,删除索引通常使用 drop index 语句。其基本语法如下:

```
drop index [if exists] 索引名 on 表名;
```

其中:

索引名:要删除的索引的名称。

表名:包含该索引的表的名称。

if exists:是一个可选的关键字,用于在尝试删除不存在的索引时避免产生错误。

特别提示:

(1) 删除索引前,应仔细评估其对数据库性能的影响。索引虽然可以加快查询速度,但也会占用额外的存储空间,并可能影响数据插入、更新和删除的性能。

(2) 索引的删除操作是不可逆的,一旦执行,将无法恢复被删除的索引。因此,在执行删除操作前,建议备份相关数据。

(3) 某些索引可能是由主键或唯一约束自动创建的。对于这些索引,不能直接使用 drop index 语句删除,而需要使用 alter table 语句并指定 drop constraint 来删除约束,从而间接删除索引。

【实例 8-4】 使用 SQL 语句查看 tb_stu 表中的全部索引。

在"新建查询"窗口中输入 SQL 语句:

```
use xsxk
execute sp_helpindex tb_stu
go
```

单击"运行"按钮执行命令,运行结果如图 8-8 所示。

	index_name	index_description	index_keys
1	ix_sname	nonclustered located on PRIMARY	sname
2	ix_sno	clustered, unique located on PRIMARY	sno

图 8-8 使用命令查看索引

【实例 8-5】 使用 SSMS 修改索引。

在 SSMS 的"对象资源管理器"中,展开数据库,找到对应的表,展开表,找到索引,展开。右键单击该表下任意一个索引名称,选择"属性"后,即可查看并修改该索引。

【实例 8-6】 指明引用索引。

索引是数据库中的一种数据结构,用于加速数据的检索。虽然 with 子句不直接用于引用索引,但索引的选择和使用是由查询优化器根据查询条件、表结构和索引等因素决定的。

使用 ix_birthday 查询出生日期在 1993 年以后的学生。在"新建查询"窗口中输入 SQL 语句:

```
use xsxk
select * from tb_stu
with (index(ix_birthday))
where birthday> ='1993-1-1'
go
```

单击"运行"按钮执行命令,运行结果如图 8-9 所示。

	sno	sname	class	s...	birthday
1	2012050105	陈倩	12财务管理	女	1993-04-12
2	2012020208	郑...	12信息管理2	男	1993-05-25
3	2012020209	林伟	12信息管理2	男	1993-06-07
4	2012020210	王...	12信息管理2	男	1993-06-15
5	2012010206	史鹏	12信息管理1	男	1993-06-23
6	2012020104	金...	12网络技术2	女	1993-10-19
7	2012020105	郑...	12网络技术2	女	1993-10-20
8	2012010108	冯雷	12网络技术1	男	1993-10-22
9	2012020204	林...	12信息管理2	女	1993-11-02
10	2012010106	陈杨	12网络技术1	男	1993-11-03

图 8-9 指明引用索引查询

【实例 8-7】 索引的使用情况和查询的执行计划。

set showplan_all on 和 set showplan_all off 用于控制是否显示查询的执行计划。这对于分析和优化查询性能非常有用。在进行数据库查询优化时,了解索引的使用情况和查询的执行计划是非常重要的。通过合理使用索引和根据执行计划进行调整,可以显著提高数据库的查询性能。

使用 ix_birthday 查询出生日期在 1993 年以后的学生,并分析哪些索引被系统采用。在"新建查询"窗口中输入 SQL 语句:

```
set showplan_all on
go
select * from tb_stu
with (index(ix_birthday))
where birthday> ='1993-1-1'
go
set showplan_all off
go
```

单击"运行"按钮执行命令,运行结果如图 8-10 所示。

结果 消息

<table>
<tr><th></th><th>StmtText</th><th>StmtId</th><th>NodeId</th><th>Pa...</th><th>PhysicalOp</th><th>LogicalOp</th><th>Argument</th><th>DefinedValues</th></tr>
<tr><td>1</td><td>select * from tb_stu with (index(ix_birthday)) where birthday>='1993-1-1'</td><td>1</td><td>1</td><td>0</td><td>NULL</td><td>NULL</td><td>1</td><td>NULL</td></tr>
<tr><td>2</td><td>|--Nested Loops(Inner Join, OUTER REFERENCES:([studentxk].[dbo].[tb_stu...</td><td>1</td><td>2</td><td>1</td><td>Nested Loops</td><td>Inner Join</td><td>OUTER REFERENCES:([...</td><td>NULL</td></tr>
<tr><td>3</td><td>|--Index Seek(OBJECT:([studentxk].[dbo].[tb_stu].[ix_birthday]), S...</td><td>1</td><td>3</td><td>2</td><td>Index Seek</td><td>Index Seek</td><td>OBJECT:([studentxk]...</td><td>[studentxk].[dbo].[tb_st</td></tr>
<tr><td>4</td><td>|--Clustered Index Seek(OBJECT:([studentxk].[dbo].[tb_stu].[ix_sno...</td><td>1</td><td>5</td><td>2</td><td>Clustered Index ...</td><td>Clustered Index ...</td><td>OBJECT:([studentxk]...</td><td>[studentxk].[dbo].[tb_st</td></tr>
</table>

图 8-10 查询计划显示

【实例 8-8】 删除索引。

当某一索引不再需要时,可以将其从数据库中删除。以释放存储空间。删除 tb_stu 表中的索引 ix_birthdayt 和 ix_sname。

在"新建查询"窗口中输入 SQL 语句,单击"运行"按钮执行命令即可完成。

```
use xsxk
drop index tb_stu.ix_sname,tb_stu.ix_birthday
go
```

课堂习题

一、选择题

1. 在 SQL Server 中,创建唯一索引的关键字是(　　)。

   A. unique　　B. primary key　　C. foreign key　　D. check

2. 聚集索引的特点是(　　)。

   A. 加快查询速度,但不改变表中数据的物理顺序

   B. 表中可以有多个聚集索引

   C. 表中数据的物理顺序与索引的顺序相同

   D. 仅适用于非主键列

3. 以下(　　)命令用于查看表的索引信息。

A. exec sp_helpindex 'TableName'
B. select * from indexes
C. show index from TableName
D. describe indexes of TableName

4. 当在 SQL Server 中使用 create unique index 创建唯一索引时,如果尝试插入或更新导致索引列中出现重复值,会发生(　　)。

A. 插入/更新操作将成功执行,但 SQL Server 将不会抛出错误
B. 插入/更新操作将失败,并返回一个错误,指出违反了唯一性约束
C. SQL Server 将自动删除重复的行以保持唯一性
D. 索引创建将失败,因为无法确定重复值

5. 非聚集索引与表的数据存储关系是怎样的?(　　)

A. 非聚集索引直接存储表中的数据
B. 非聚集索引包含表中数据的物理地址
C. 非聚集索引与表数据存储无关
D. 非聚集索引仅包含索引列的数据

6. (　　)类型的索引适用于频繁更新的列。

A. 聚集索引　B. 非聚集索引　C. 唯一索引　D. 都不适合

7. SQL Server 中的索引碎片主要是由于(　　)数据库操作引起的。

A. 数据插入　B. 数据删除　C. 数据更新　D. 所有上述操作

8. 以下(　　)命令用于删除索引。

A. delete index　B. drop index　C. remove index　D. erase index

9. 在 SQL Server 中,如果想要为一个经常进行范围查询的列创建索引,应该选择(　　)类型的索引。

A. 唯一索引　B. 聚集索引　C. 非聚集索引　D. 过滤索引

10. 在 SQL Server 中,如果想要为一个表创建索引,但又不希望它影响表中数据的物理顺序,应该选择(　　)类型的索引。

A. 聚集索引　B. 非聚集索引　C. 唯一索引　D. 复合索引

二、判断题

1. SQL Server 允许在单个表上创建多个聚集索引。(　　)
2. 索引可以提高查询性能,但会降低数据插入、更新和删除的速度。(　　)
3. 索引一旦创建,其结构就不能更改。(　　)
4. 索引的碎片率越高,索引的维护成本就越高,但查询性能不一定会受到影响。(　　)
5. SQL Server 中的聚集索引会自动对表中的数据进行排序。(　　)

三、填空题

1. 在 SQL Server 中,使用__________ index 语句来创建索引。
2. 聚集索引决定了表中数据的__________顺序。
3. SQL Server 中的索引主要分为两大类:__________和__________。
4. 在 SQL Server 中,如果表没有指定聚集索引,那么数据将以__________的形式存储。
5. 索引可以提高__________性能,但可能会降低__________性能。

课堂实践

以随书提供的"学生选课数据库"(xsxk)为数据实例。

准备工作:将 xsxk 数据库中的班级信息表的全部信息存放在一张永久表 tb_bj 中;学生信息表的全部信息存放在一张永久表 tb_s 中;课程信息表的全部信息存放在一张永久表 tb_c 中;学生成绩表的全部信息存放在一张永久表 tb_sc 中。

在"新建查询"窗口中输入 SQL 语句并执行,代码如下:

```
select * into tb_bj from bj
select * into tb_stu from s
select * into tb_c from c
select * into tb_sc from sc
```

【8-C-1】使用 SSMS 图形化管理工具创建索引。

(1) 在新生成的表 tb_s 上为“学号(sno)”字段添加唯一的聚集索引,将索引名命名为:ix_tb_s。

(2) 在新生成的表 tb_c 上为“课程编号(cno)”字段添加唯一的聚集索引,将索引名命名为:ix_tb_c。

(3) 在新生成的表 tb_sc 上为“学号、课程编号(sno,cno)”组合字段添加唯一的聚集索引,将索引名命名为:ix_tb_sc。

扩展实践

【8-B-1】使用 SQL 语句创建索引。

(1) 在新生成的 tb_s 上为“邮箱(email)”字段添加唯一的非聚集索引,将索引名命名为:ix_tb_email。

(2) 在新生成的 tb_s 上为“姓名(sname)”字段添加非聚集索引,将索引名命名为:ix_tb_sname。

(3) 在新生成的 tb_c 上为“课程名称(cname)”字段添加唯一的非聚集索引,将索引名命名为:ix_tb_cname。

(4) 在新生成的 tb_s 上为“出生日期(birthday)”字段添加非聚集索引,将索引名命名为:ix_tb_birthday。

(5) 在新生成的 tb_s 上为“手机(tel)”字段添加唯一的非聚集索引,将索引名命名为:ix_tb_tel。

(6) 在新生成的 tb_bj 上为“班级名称(class)”字段添加唯一的聚集索引,将索引名命名为:ix_tb_bj。

进阶提升

【8-A-1】索引的管理。

(1) 把 tb_bj 表中为班级名称列 class 创建一个索引“ix_tb_bj”更名为:ix_tb_ClassName。

(2) 使用 sp_helpindex 命令查看 tb_s、tb_c、tb_sc、tb_bj 表中所有的索引。

(3) 应用 with 子句指明引用索引,使用 ix_tb_sname 查询姓“王”的学生。

(4) 应用 with 子句指明引用索引,使用 ix_tb_birthday 查询在 1993 年 9 月 1 日之后出生的学生。

(5) 使用 ix_tb_cname 查询课程名称中含有“设计”的课程信息,分析哪些索引被系统采用。

(6) 删除 ix_tb_tel 索引和 ix_tb_email 索引。

云享资源

⊙ 教学课件
⊙ 教学教案
⊙ 配套实训
⊙ 参考答案
⊙ 实例脚本

【微信扫码】

项目 9　数据库高级对象操作与维护

【项目概述】

本项目旨在通过实践操作与理论讲解相结合的方式，使学生深入理解并掌握数据库高级对象（变量、存储过程、触发器、事务、锁、游标）的基本概念、操作方法及维护技巧。通过本项目的学习，学生能够在实际项目中灵活运用这些高级对象，提高数据库设计、开发与维护的效率与质量。

【知识目标】

1. 了解变量在数据库编程中的重要作用，理解变量的定义与分类（如局部变量、全局变量），掌握变量的声明、赋值与使用方法。
2. 了解存储过程在提高数据库操作效率、减少网络传输量方面的优势，理解存储过程的概念与作用，掌握存储过程的创建、调用、修改与删除方法。
3. 了解触发器在维护数据完整性、实现复杂业务逻辑方面的应用，理解触发器的定义与类型（如 insert、update、delete 触发器），掌握触发器的创建、触发时机与触发条件设置。
4. 了解事务在并发控制、数据一致性保证方面的作用，理解事务的概念、特性（原子性、一致性、隔离性、持久性），掌握事务的提交、回滚与保存点设置方法。
5. 了解锁机制在解决并发访问冲突、保证数据一致性方面的原理，理解锁的概念、类型（如共享锁、排他锁）及其作用。
6. 了解游标在逐行处理查询结果集的应用，理解游标的概念与作用，掌握游标的声明、打开、读取与关闭方法。

【能力目标】

1. 能设计符合实际需求的数据库高级对象（如存储过程、触发器）。
2. 能应用数据库高级对象的创建、修改、删除及调用方法解决实际问题。
3. 能运用数据库高级对象解决复杂的数据库操作与维护问题。
4. 能在团队项目中与其他成员协作完成数据库高级对象的开发与维护工作。

【素养目标】

1. 培养对数据库高级对象的设计、开发与维护工作保持高度的责任心。
2. 培养在操作过程中保持严谨的态度，确保数据的准确性与完整性。
3. 培养持续学习最新的数据库技术与理论，不断提升自己的专业技能。
4. 培养具备良好的沟通能力，能够清晰地表达自己的观点与需求。

【重点难点】

教学重点：
1. 存储过程的创建、调用与优化。
2. 触发器的设计与实现，以及其在数据完整性维护中的应用。
3. 事务的提交、回滚与并发控制策略。
4. 锁机制的理解与应用，解决并发访问冲突的方法。

教学难点：
1. 存储过程与触发器复杂逻辑的编写与调试。
2. 事务并发控制策略的设计与实现，确保数据的一致性与隔离性。
3. 锁机制的选择与优化，减少死锁的发生。
4. 游标的正确使用与性能优化，避免过度使用导致的性能问题。

【知识框架】

本项目知识内容旨在让学生掌握存储过程、触发器和游标等数据库高级对象的创建与管理，学习内容知识框架如图 9-1 所示。

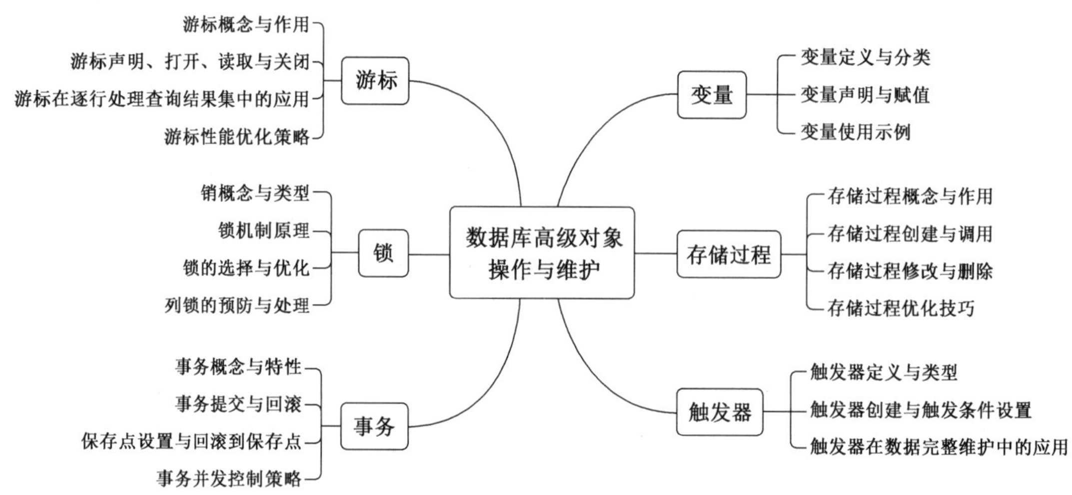

图 9-1 本项目内容知识框架

任务 9-1 Transact-SQL 语言应用

9.1.1 任务情境

【微课】

T-SQL 语言应用

项目 2～项目 8 的内容用到的 create 语句、alter 语句、drop 语句、insert 语句、delete 语句、update 语句、select 语句等都是 Transact-SQL 语句最基础的应用。

因此，了解其基本语法和流程语句的构成是必须的，主要包括常量、变量、运算符、表达式、注释、控制语句等，如要声明一个变长字符型变量@var1，用 select 赋值语句为它赋上从 xsxk 数据库的 s 表中查询出来的学号为“2012010103”学生姓名，再用 select 输出语句输入变量@var1 的值，这样操作该如何通过 SQL 语言来解决呢？

9.1.2 任务实现

第 1 步：启动 SSMS 管理工具，打开“新建查询”窗口。
第 2 步：在此新建的窗口中输入如下的 SQL 语言。
第 3 步：执行，查看结果，即完成了变量定义的、值的赋值与输出。

```
use xsxk
go
declare @var1 nvarchar(10)
set @var1=(select sname from s where sno='2012010103')
select @var1'学生姓名'
/* print @var1 也可以用 print 输出 */
```

注意：go 并不是 SQL 语句，而是一个批处理命令；变量输出可以用 select 语句(结果显示在“结果”窗格)，也可以用 print 语句(结果显示在“显示”窗格)。

9.1.3 相关知识

9.1.3.1 Transact-SQL 概述

Transact-SQL(又称 T-SQL)，是 Microsoft 公司在关系型数据库管理系统 SQL Server 中的 SQL—3 标准的实现，是微软对 SQL 的扩展，具有 SQL 的主要特点，同时增加了变量、运算符、函数、流程控制和注释等语言元素，使得其功能更加强大。T-SQL 对 SQL Server 十分重要，SQL Server 中使用图形界面能够完成的所有功能，都可以使用 T-SQL 来实现。使用 T-SQL 操作时，与 SQL Server 通信的所有应用程序都通过向服务器发送 T-SQL 语句来进行，而与应用程序的界面无关。根据其完成的具体功能，可以将 T-SQL 语句分为四大类，分别为：数据定义语句、数据操纵语句、数据控制语句和一些附加的语言元素。

(1) 数据定义语言(data definition language, DDL)

数据定义语言是 SQL 语言集中负责数据结构定义与数据库对象定义的语言，由 create、alter 与 drop 三个语法所组成，最早是由 Codasyl (conference on data systems languages) 数据模型开始，现在被纳入 SQL 指令中作为其中一个子集。目前大多数的 DBMS 都支持对数据库对象的 DDL 操作，部分数据库 (如 PostgreSQL) 可把 DDL 放在交易指令中，也就是它可以被撤回(rollback)。较新版本的 DBMS 会加入 DDL 专用的触发程序，让数据库管理员可以追踪来自 DDL 的修改。

(2) 数据操纵语言(data manipulation language, DML)

数据操纵语言是用于操纵表、视图中数据的语句。当创建表对象后，初始状态该表是空的，没有任何数据。如何在表中查询数据、插入数据、更新数据以及删除数据呢？这时就需要用到数据操纵语言。

例如，可以使用 select 语句查询表中的数据，可以使用 insert 语句向表中插入数据，如果表中数据不正确，则可以通过 update 语句进行修改，当然也可以用 delete 语句对表中多余的数据进行删除。事实上,数据操纵语言正是包含了 insert、delete、update 和 select 等语句。

(3) 数据控制语言(data control language, DCL)

数据控制语言是用来设置或者更改数据库用户或角色权限的语句,这些语句包括 grant、deny、revoke 等语句,在默认状态下,只有 sysadmin、dbcreator、db_owner 或 db_securityadmin 等角色的成员才有权利执行数据控制语言。

9.1.3.2 Transact-SQL 的语言基础

(1) 常量

常量,也称为文字值或标题值,是指在程序运行过程中其值始终固定不变的量。定义常量的格式取决于它所表示的值的数据类型,表 9-1 列出了 Transact-SQL 的常量类型及常量的表示说明。

表 9-1 常量类型及表示说明

常量的类型	说明
字符串常量	包含在单引号或双引号中,由字母数字字符(a~z,A~Z,0~9)以及特殊字符(!、@、#)组成,如 'Mary'(字符串常量)、N'Mary'(前面加 N 表示 Unicode 字符串常量)
数值常量	二进制常量:由 0 和 1 构成的串,不需要加引号,如果使用一个大于 1 的数字,它将转换为 1 integer 常量:整数常量,不能包含小数点,如 193 decimal 常量:可以包含小数点的数值常量,如 2345.6 float 常量和 real 常量:使用科学记数法表示,如 110.4E3 等 money 常量:货币常量,以 $ 作为前缀,可以包含小数点。如 $ 12.3 十六进制常量:使用前缀 OX 后跟十六进制数字串表示。如 OXFF
日期常量	使用特定格式的字符日期值表示,并被单引号括起来,例如:'19831231'、'1985/07/24'、'12:43:23'、'16:38AM'、'May 18,2013'
uniqueidentifier 常量	表示全局唯一标识符(GUID)值的字符串,可以使用字符或二进制字符串格式指定

(2) 变量

变量是在程序运行过程中其值可以变化的量,使用变量可以存储程序执行过程中涉及的数据,如表名、用户密码、用户输入的字符串以及数值数据等。变量由变量名和变量值构成,其类型和常量一样。注意:变量名不能与命令和函数名相同。SQL Server 中支持两种形式的变量,一种是全局变量,一种是局部变量。

① 全局变量

全局变量是 SQL Server 系统提供并赋值的变量,用来记录 SQL Server 服务器活动状态的一组数据。全局变量不能由用户定义和赋值,对用户而言是只读的,通常将全局变量赋值给局部变量,以方便使用,全局变量以@@开头。SQL Server 一共提供了 30 多个全局变量,表 9-2 列出的是比较常用的全局变量及其功能。

表 9－2　常用的全局变量及其功能

常量的类型	说明
@@connections	记录最近一次服务器启动以来,针对服务器进行的连接数目
@@cursor_rows	返回在本次服务器连接中,打开游标取出的数据行的数目
@@identity	返回最近一次插入的 identity 列的数值
@@fetch_status	返回上一次游标 fetch 操作所返回的状态值(若成功,该变量值为 0)
@@trancount	返回当前连接中,处于活动状态的事务的数目
@@rowcount	返回上一次 SQL 语句所影响的数据行数
@@error	返回执行上一次 T-SQL 语句所返回的错误号(若成功,该变量值为 0)
@@version	返回当前 SQL Server 服务器的安装日期、版本及处理器类型

【实例 9－1】 显示 SQL Server 的版本 version 及提供服务器 servicename 的名称。

在"新建查询"窗口中输入以下 T-SQL 语句,执行即可完成全局变量输出,运行结果如图 9－2 所示。

```
--返回当前 SQL Server 服务器的安装日期、版本及处理器类型
print @@version
--返回 SQL Server 正在其下运行的注册表项的名称。若当前实例为默认实例,则@@SERVICENAME 返回 MSSQLSERVER。
print @@servicename
```

```
100 %
消息
Microsoft SQL Server 2017 (RTM) - 14.0.1000.169 (X64)
    Aug 22 2017 17:04:49
    Copyright (C) 2017 Microsoft Corporation
    Express Edition (64-bit) on Windows 10 Pro 10.0 <X64> (Build 18362: )

MSSQLSERVER
```

图 9－2　全局变量输出结果

② 局部变量

局部变量是作用域限在一定范围内的 T-SQL 对象。通常情况下,它在一个批处理(或存储过程或触发器)中被声明或定义,然后该批处理内的 SQL 语句就可以设置这个变量的值,或者是引用这个变量已经被赋予的值,当整个批处理过程结束后,这个局部变量的生命周期也随着消亡。局部变量的声明使用 declare 语句,具体的语法结构如下:

```
declare @变量名 数据类型
```

特别提示:

(1) 全局变量以@@开头,局部变量以@开头。

(2) 数据类型可是系统数据类型,也可以是用户自定义的数据类型。

(3) 局部变量声明后,系统自动给它初始化为 null 值。
(4) 使用 set 语句为局部变量赋值。
(5) 使用 select 语句为局部变量赋值。

【实例 9-2】 将局部变量 homepage 声明为 char 类型,长度为 100,并为其赋值为"http://www.zjczxy.cn"

在"新建查询"窗口中输入以下 T-SQL 语句,执行即可完成变量声明、赋值与输出操作。

```
declare @homepage char(100)
set @homepage='http://www.zjczxy.cn'
print @homepage
```

(3) Transact-SQL 运算符

运算符实现运算功能,它将数据按照运算符的功能定义实施转换,产生新的结果。表 9-3 列出了 Transact-SQL 的运算符。

表 9-3 T-SQL 运算符

运算符	功能描述及运算符号
算术运算符	对数值类型或货币类型数据进行计算,算术运算符包括+(加)、-(减)、*(乘)、/(除)、%(取余)
字符串运算符	可以对字符串、二进制串进行连接运算,字符串的运算符为:+(连接)
关系运算符	在相同的数值类型间进行运算,并返回逻辑值 true(真)或 false(假),关系运算符包括:=(等于)、>(大于)、<(小于)、>=(大于等于)、<=(小于等于)、<>(不等于)、! =(不等于)、! >(不大于) ! <(不小于)
逻辑运算符	对逻辑值进行运算,并返回逻辑值 true(真)或 false(假)。逻辑运算符包括:not(非)、and(与)、or(或)、between(指定范围)、like(模糊匹配)、all(所有)、in(包含于)、any(任意一个)、some(部分)、exists(存在)
赋值运算符	将表达式的值赋给一个变量,赋值运算符为:=

【实例 9-3】 在 xsxk 数据库定义一个基于用 set 赋值语句,将 s 表统计查询出的学生总数赋值给局部变量@count,并用 select 语句输出。

在"新建查询"窗口中输入以下 SQL 语句,执行即可完成变量声明、赋值与输出操作。

```
use xsxk
go
declare @count int
set @count= (select count(sno) from s)
print '学生总数:'+@count  /* 用 print 输出 */
/* select @ count'学生总数' 用 select 输出 */
```

【实例 9-4】 为 xsxk 数据库声明两个变量@sno,@cno,并为它们赋值,然后将他们应用到 select 语句中,用来查询指定学生和课程的成绩(注意:学生的学号和课程号自定)。

在"新建查询"窗口中输入以下 SQL 语句,执行即可完成变量声明、赋值与输出操作。

```
use xsxk
go
declare @sno nvarchar(10)
declare @cno nvarchar(4)
set @sno='2012010101'
set @cno='c002'
select sno,cno,score from sc where sno=@sno and cno=@cno
```

(4) 控制语句

流程控制语句就是指用来控制程序执行流程的语句,又被称为控制语句或者控制流语句。它主要包括条件判断控制语句、select case 控制语句、循环控制语句、跳转控制语句等。

① begin ... end 语句块

begin ... end 语句块作为一组语句执行,允许语句嵌套;关键字 begin 定义 T-SQL 语句的起始位置,end 标识同 SQL 语句块的结尾。

② if ... else 条件语句

用于指定 SQL 语句的执行条件。

【实例 9-5】 在 xsxk 数据库中检索"s"表中有没有家庭住址(address)含有"杭州"的,如果有,统计其数量,否则显示"没有查到相关信息"的提示。

在"新建查询"窗口中输入以下 SQL 语句,执行即可完成变量声明、赋值与输出操作。

```
use xsxk
go
declare @num int
set @num=(select count(sno)from s where address like'%杭州%')
if(@num> 0)
print '家庭住址在杭州的有:'+ str(@num)+ '人'  else
print '没有查到相关信息'
```

注意:此处的 str()函数是将数值变量转换成字符型。

(5) case 分支语句

case 关键字可根据表达式的真假来确定是否返回某个值,可以允许在任何位置使用这一关键字。使用 case 语句可以进行多个分支的选择。

【实例 9-6】 在 xsxk 数据库中,设置考核等级,如果学生 2012020102 的课程 c003 的成绩高于 90 分(含 90 分),考核等级为优秀,大于 70 分(含 70 分)的考核等级为良好,大于 60 分(含 60 分)的考核等级为及格,否则为不及格。

在"新建查询"窗口中输入以下 SQL 语句,执行即可完成变量声明、赋值与输出操作。

```
use xsxk
go
declare @score int
set @score= (select score from sc where sno='2012020102' and cno='c003')
if @score<=90
print '优秀'
else if @score>=70
print '良好'
else if @score>=60
print '及格'
else
print '不及格'
```

(6) waitfor 语句

该语句可以将它之后的语句在一个指定的时间间隔之后执行，或在将来的某指定时间执行。该语句通过暂停语句的执行而改变语句的执行过程。语法格式：

```
waitfor
delay < 延时时间>    /* 用于暂停执行指定的时间间隔 */
time < 到过时间>    /* 用于暂停执行，直到达到指定的时间点 */
```

【实例 9-7】 对 xsxk 数据库中的 s 表延迟 10 秒执行查询(查询 s 表的所有学生的信息)。在“新建查询”窗口中输入以下 SQL 语句，执行即可完成操作。

```
use xsxk
go
begin
waitfor delay '00:00:10'
select * from s
end
```

任务 9-2 存储过程的创建与管理

9.2.1 任务情境

存储过程是存储在服务器上的一组预先定义并编译好的，用来实现某种特定功能的 SQL 语句。在网络环境下使用存储过程，可以减轻网络流量，并可提高 SQL 语句的执行效率。为了体验存储过程的这一功能，下面我们就以在 xsxk 数据库中创建一个名为 proc_studentInfo 的存储过程为例，返回学生的学号(sno)、姓名(sname)、性别(ssex)、班级(class)和籍贯(origin)信息。

【微课】存储过程的创建与管理

9.2.2　任务实现

第 1 步:创建存储过程:在“新建查询”窗口使用 create procedure 语句创建存储过程并执行,SQL 代码如下:

```
use xsxk
go
create procedure proc_studentinfo
as
select sno,sname,ssex,origin,class from s
```

第 2 步:执行存储过程

方法 1:使用 SSMS 管理工具,展开左侧 xsxk 数据库节点下面的“可编程性”|“存储过程”,选中需要执行的过程名,右键单击弹出快捷菜单,选择“执行存储过程”命令,弹出“执行过程”对话框,确定后即可运行,在右侧结果窗格中,即可查看执行结果。

方法 2:使用 execute 关键字执行存储过程,在“新建查询”窗口中输入如下的 SQL 语句,执行,即完成了存储过程的执行,也可以右侧结果窗格中查看结果。

```
use xsxk
go
execute proc_studentinfo
```

9.2.3　相关知识

9.2.3.1　存储过程概述

存储过程是一组编译上单个执行计划中的 T-SQL 语句,它将一些固定的操作集中起来交给 SQL Server 服务器完成,以实现某个任务。在大型数据库系统中,存储过程具有很重要的作用。存储过程在运算时生成执行方式,所以,以后对其再运行时其执行速度很快。SQL Server 2019 不仅提供了用户自定义存储过程的功能,而且也提供了许多可作为工具使用的系统存储过程。

(1) 存储过程分类

① 系统存储过程:以 sp_开头,用来进行系统的各项设定、取得信息、相关管理工作。

② 本地存储过程:用户创建的存储过程是由用户创建并完成某一特定功能的存储过程,事实一般所说的存储过程就是指本地存储过程。

③ 临时存储过程:分为两种存储过程,一是本地临时存储过程,以井字号(#)作为其名称的第一个字符,则该存储过程将成为一个存放在 tempdb 数据库中的本地临时存储过程,且只有创建它的用户才能执行它;二是全局临时存储过程,以两个井字号(##)号开始,则该存储过程将成为一个存储在 tempdb 数据库中的全局临时存储过程,全局临时存储过程一旦创建,以后连接到服务器的任意用户都可以执行它,而且不需要特定的权限。

④ 远程存储过程:在 SQL Server 2019 中,远程存储过程(remote stored procedures)是位于远程服务器上的存储过程,通常可以使用分布式查询和 execute 命令执行一个远程存储过程。

⑤ 扩展存储过程:扩展存储过程(extended stored procedures)是用户可以使用外部程

序语言编写的存储过程,而且扩展存储过程的名称通常以 xp_开头。

(2) 存储过程的基本语法结构

① 创建存储过程

```
create procedure sp_name
@[参数名] [类型],@[参数名] [类型]
as
begin
……
end
```

以上格式还可以简写成:

```
create proc sp_name
@[参数名] [类型],@[参数名] [类型]
as
begin
……
end
/* 注:"sp_name"为需要创建的存储过程的名字,该名字不可以以阿拉伯数字开头 */
```

② 调用存储过程

```
exec sp_name [参数名]或 execute sp_name [参数名]
```

③ 删除存储过程

```
drop procedure sp_name
```

注意:不能在一个存储过程中删除另一个存储过程,只能调用另一个存储过程

9.2.3.2 创建存储过程

【实例 9-8】 创建普通存储过程。

在 xsxk 数据库中,创建一个查询课程信息的存储过程 proc_course

(1) 创建存储过程,在"新建查询"窗口中输入如下的 SQL 语句:

```
use xsxk
go
create procedure proc_course
as
select * from c
```

(2) 执行存储过程,在"新建查询"窗口中输入如下的 SQL 语句:

```
use xsxk
go
execute proc_course
```

【实例 9-9】 使用存储过程参数。

实例 9-8 所创建的存储过程只能对表进行特定的查询。要使这个存储过程能够通用,灵活地查

询某个班级中对应的学生信息，那么班级名称就要应该是可变的，这样存储过程才能返回某个班级的学生信息：在“xsxk”数据库中按班级名称(class)创建一个名为 proc_getClassStudent 的存储过程，它返回指定某个班级的学生信息：学号(sno)、姓名(sname)、性别(ssex)、籍贯(origin)和电子邮件(email)。

• 按位置传递，“新建查询”窗口输入如下 SQL 语句，分别选中执行“创建过程”部分与“调用执行过程”部分的代码，执行后即完所需的操作。

```
/* 创建存储过程 */
use xsxk
go
create procedure proc_getClassStudent1
@classname nvarchar(20)
as
select sno,sname,ssex,origin,email from s
where class= @classname

/* 通过位置传递参数,调用存储过程 */
execute proc_getClassStudent1 '12 网络技术'
```

• 通过参数名传递，“新建窗口”中输入所需 SQL 语句，分别选中执行“创建过程”部分与“调用执行过程”部分的代码，执行后即完所需的操作。

```
/* 创建存储过程 */
use xsxk
go
create procedure proc_getClassStudent2
@classname nvarchar(20)
as
select sno,sname,ssex,origin,email from s
where class=@classname

/* 通过参数名传递参数,调用存储过程 */
execute proc_getClassStudent2 @classname='12 网络技术'
```

• 使用默认参数值，“新建窗口”中输入所需 SQL 语句，分别选中执行“创建过程”部分与“调用执行过程”部分的代码，执行后即完所需的操作。

```
/* 创建存储过程 */
use xsxk
go
create procedure proc_getClassStudent3
@classname nvarchar(20)='12 网络技术'
as
select sno,sname,ssex,origin,email from s
where class= @classname
```

```
/* 使用默认参数值,调用存储过程 */
execute proc_getClassStudent3
```

• 输出参数(编写存储过程 pro_count,统计某班学生人数,存储在结果列中,通过定义输出参数,可以从存储过程中返回一个或多个值)。为了使用输出参数,必须在 create procedure 语句和 execute 语句中指定关键字 output。

```
/* 创建存储过程 */
use xsxk
go
create procedure proc_getClassStudent4
@classname nvarchar(20),
@studentCount int output
as
select @studentCount= (select count(*) from s where class= @classname)

/* 使用输出参数调用存储过程 */
declare @xsCount int
execute proc_getClassStudent4 '12 网络技术',@xsCount output
select '所选班级人数为'+ str(@xsCount)+ '人' as '结果'
```

单击“运行”按钮执行命令,运行结果如图 9-3 所示。

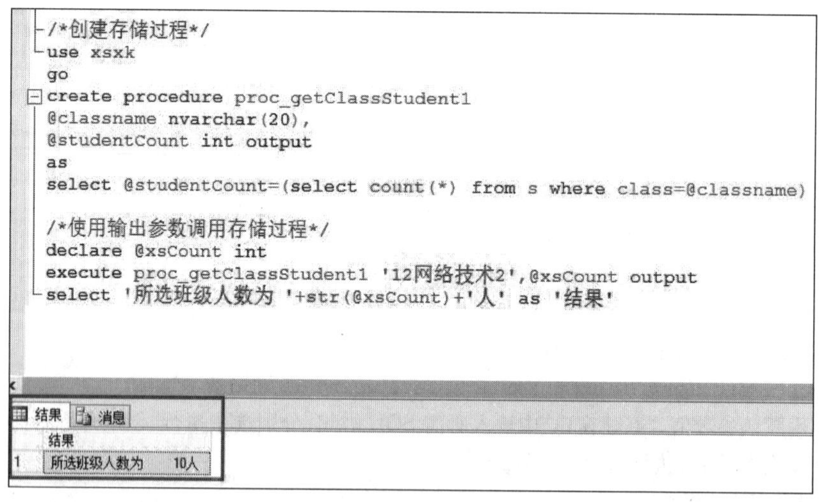

图 9-3 使用输出参数调用存储过程

9.2.3.3 管理存储过程

在创建并使用存储过程时的管理操作包括:查看和修改存储过程的信息、存储过程的修改以及删除存储过程。

(1) 查看和修改存储过程的信息:启动 SSMS 管理工具,展开左侧窗口的数据库“xsxk”|“可编程性”|“存储过程”节点中,选中需要进行修改的存储过程名,单击鼠标右键,从弹出的快捷菜单中选择“修改”命令,即可打开存储过程代码编辑窗口进行存储过程的查看和修

改操作。

(2) 使用SQL语句实现存储过程的修改。假设已经创建了一个新的存储过程proc_sinfo,存放的是学生的学号,姓名,性别,籍贯,所属班级等信息,实现的SQL语句如下:

```
use xsxk
go
create procedure proc_student
as
select sno,sname,ssex,origin,class from s
/* 调用该存储过程 */
execute proc_sinfo
```

现根据需要,对该存储过程proc_sinfo进行修改,存储过程中仅存放学号,姓名,性别,所属班级的信息,实现的修改存储过程的T-SQL语句如下:

```
go
alter proc proc_sinfo
as
begin
select sno,sname,ssex,class from s
end
go
/* 重新调用该存储过程,对比两次的结果 */
execute proc_sinfo
```

(3) 删除存储过程:删除实例9-8所创建的存储过程proc_cource。

方法1:使用SSMS工具,展开左侧窗口的数据库"xsxk"|"可编程性"|"存储过程"节点中,选中需要删除的存储过程名,单击鼠标右键,从弹出的快捷菜单中选择"删除"命令,即可完成操作。

方法2:使用SQL语句,在"新建查询"的窗口中输入如下语句,执行后,即可完成操作。

```
use xsxk
go
drop procedure proc_course
```

任务9-3　触发器的创建与管理

9.3.1　任务情境

触发器是一种特殊的存储过程,它同索引一样,是数据库中依附于表的一种特殊的对象。触发器对表的操作包括插入、修改和删除等,使用触发器的主要目的是为了实现表间数据的完整性约束,所以,在"人事管理系统"数据库中向"员工信息"表添加一名员工信息,该员工所属部门编号为"10005",在"部门信息"表中对应的所属部门中员工人数增加1,该如何使用触发器实现呢?

【微课】触发器的创建与管理

9.3.2 任务实现

在"新建查询"窗口使用 create trigger 语句创建触发器并执行,SQL 代码如下:

```
/* 创建插入触发器 */
use 人事管理系统
go
create trigger trig_员工注册
on 员工信息
after insert
as
begin
update 部门信息 set 员工人数=员工人数+ 1
where 部门编号 in(select 所在部门编号 from inserted)
end
/* 显示原"部门信息"表中部门编号是"10005"的部门员工人数 */
select 员工人数'原员工人数' from 部门信息 where 部门编号=10005
/* 给员工信息表中添加新的员工信息,所属部门是 10005 */
insert 员工信息(员工编号,员工姓名,所在部门编号,性别)
values(10001490,'陈东泽',10005,'男')
/* 显示员工信息表添加信息后对应的部门编号为 10005 的部门员工人数 */
select 员工人数'现员工人数' from 部门信息 where 部门编号=10005
```

9.3.3 相关知识

9.3.3.1 触发器概述

触发器是一种特殊类型的存储过程,它不同于前面介绍过的存储过程。触发器主要是通过事件进行触发而被执行的,而存储过程可以通过存储过程名字而被直接调用。当对某一表进行诸如 update、insert、delete 这些操作时,SQL Server 就会自动执行触发器所定义的 SQL 语句,从而确保对数据的处理必须符合由这些 SQL 语句所定义的规则。

触发器可以查询其他表,而且可以包含复杂的 SQL 语句。它们主要用于强制服从复杂的业务规则或要求。例如:可以根据客户当前的账户状态,控制是否允许插入新订单。

触发器也可用于强制引用完整性,以便在多个表中添加、更新或删除行时,保留在这些表之间所定义的关系。然而,强制引用完整性的最好方法是在相关表中定义主键和外键约束。如果使用数据库关系图,则可以在表之间创建关系以自动创建外键约束。

(1) DML 触发器

当数据库中表中的数据发生变化时,包括 insert、update、delete 任意操作,如果对该表写了对应的 DML 触发器,那么该触发器自动执行。DML 触发器的主要作用在于强制执行业务规则,以及扩展 SQL Server 约束、默认值等。因为我们知道约束只能约束同一个表中的数据,而触发器中则可以执行任意 SQL 命令。

(2) DDL 触发器

DDL 触发器主要用于审核与规范对数据库中表、触发器、视图等结构上的操作。比如在修改表、修改列、新增表、新增列等。它在数据库结构发生变化时执行，主要用它来记录数据库的修改过程，以及限制程序员对数据库的修改，比如不允许删除某些指定表等。

特别提示：慎用触发器

触发器功能强大，轻松可靠地实现许多复杂的功能，为什么又要慎用呢？触发器本身没有过错，但由于滥用会造成数据库及应用程序的维护困难。在数据库操作中，可以通过关系、触发器、存储过程、应用程序等来实现数据操作。同时规则、约束、缺省值也是保证数据完整性的重要保障。如果对触发器过分地依赖，势必影响数据库的结构，同时增加了维护的复杂程度。

9.3.3.2 触发器的执行原理

(1) insert 触发器

当对表插入记录时，将执行 insert 触发器。首先，将插入的记录放入表 inserted 中，该表是与原表结构相同的逻辑表，用于保存插入的记录，然后执行触发器指定的操作。

(2) delete 触发器

当对表删除记录时，将执行 delete 触发器。首先，将删除的记录入表 deleted 中，该表是与原表结构相同的逻辑表，用于保存删除的记录，然后执行触发器指定的操作。

(3) update 触发器

当对表修改记录的操作实际是先删除旧记录然后再插入新记录，所以执行 update 触发器相当于先执行 delete 触发器，然后再执行 insert 触发器。

9.3.3.3 使用触发器自动处理数据

创建触发器语句的基本语法格式如下：

```
create trigger<触发器名>
on <表名>
for insert|update|delete
as
<SQL 语句>
```

【实例 9-10】 创建 insert 触发器。

以随书提供的数据库实例“学生选课管理子系统”(xsxk)为例。

建立一个 insert 触发器“trig_添加学生信息”，在 xsxk 数据库中向学生信息表“s”中添加一名学生“12 财务管理”班的学生同时，更新班级(bj)表中对应的班级学生人数。

第 1 步：在“新建查询”窗口使用 create trigger 语句创建触发器并执行，SQL 代码如下：

```
use xsxk
go
create trigger trig_添加学生信息
```

```
on s
after insert
as
begin
update bj set classnum=classnum+1
where bj.class in(select class from inserted)
end
```

第 2 步:执行上述代码,就建立了一个“trig_添加学生信息”的触发器,向学生信息表(s)中添加一条学生信息,并用两个 select 语句对比之前之后的的班级学生人数变化。

```
/* 显示原 bj 表中"财务管理"班的人数 */
select class'班级名称',classnum'班级最初人数' from bj where class= '12 财务管理'
/* 给 s 表中插入新的记录,所属班级是"财务管理" */
insert into s(sno,sname,class,ssex,birthday)
values('2012050105','陈倩','12 财务管理','女','1993-04-12')
/* 显示插入信息后,bj 表中"12 财务管理"班的人数 */
select class'班级名称',classnum'班级现在人数' from bj where class= '12 财务管理'
```

第 3 步:执行的结果如图 9-4 所示。

图 9-4 运行 insert 触发器执行结果

从结果可以看出,“trig_添加学生信息”触发器已经被触发,“班级名称”为“12 财务管理”的班级学生人数已经被更新。

【实例 9-11】 创建 delete 触发器。

使用 xsxk 数据库中的 s 表中,定义一个触发器,当一个学生的信息被删除时,显示他的相关信息(trig_删除学生信息)。

第 1 步:在“新建查询”窗口中创建具体的代码如下。

```
use xsxk
go
create trigger trig_删除学生信息
on s
after delete
as
select sno,sname'被删除学生的姓名',ssex,birthday from deleted
```

第2步：执行上述代码，建立“trig_删除学生信息”触发器，接下来，将s表的一个已经退学的学生信息删除，查看触发器执行效果，如图9－5所示。

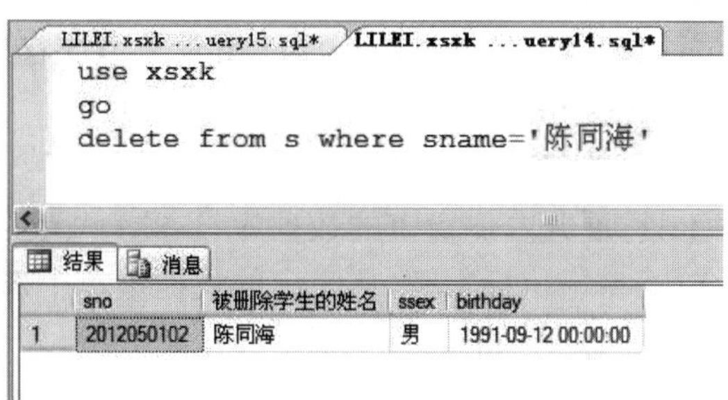

图9－5　触发delete触发器

【实例9－12】　创建update触发器。

使用数据库xsxk中的s表，定义一个触发器，当用户修改“学生信息(s)”表中的姓名(sname)时将触发禁止修改的事件(假设学生姓名不重复)。

第1步：在“新建查询”窗口中创建具体的代码如下。

```
use xsxk
go
create trigger trig_学生信息修改
on s
for update
as
if update(sname)
begin
print '该事务不能被处理,学生姓名不能删除'
rollback transaction
end
```

第2步：执行上述代码，建立“trig_学生信息修改触发器，接下来，尝试着修改一位学生的姓名信息，执行后查看结果，如图9－6所示。

```
use xsxk
go
update s
set sname='小明' where sname='平平'
```

消息
该事务不能被处理，学生姓名不能删除
消息 3609，级别 16，状态 1，第 1 行
事务在触发器中结束。批处理已中止。

图9－6　触发update触发器

9.3.3.4 管理触发器

(1) 查看触发器

可以把触发器看作特殊的存储过程,因此所有适用于存储过程的管理方式都适用于触发器。用户可以使用 sp_helptext、sp_help 和 sp_depends 等系统存储过程来查看触发器的有关信息,也可以使用 sp_rename 系统存储过程来重命名触发器。

(2) 修改触发器

方法 1:使用 SSMS 工具,展开左侧窗口的数据库“xsxk”|“表”|“s”|“触发器”节点中,选中需要修改的触发器名称,单击鼠标右键,从弹出的快捷菜单中选择“修改”命令,即可根据需求完成触发器修改操作。

方法 2:使用 SQL 语句,修改触发器语句 alter trigger 语句中各参数的含义与创建触发器 create trigger 时相同,这里就不再说明了。

(3) 禁用或重启触发器

禁用/重启“xsxk”数据库中的“s”表的“trig_更新”触发器,可以使用以下方法。

方法 1:使用 SSMS 工具,展开左侧窗口的数据库“xsxk”|“表”|“s”|“触发器”节点中,选中需要禁用(重启)的“trig_更新”触发器名称,单击鼠标右键,从弹出的快捷菜单中选择“禁用”(重启)命令,即可完成触发器禁用(重启)的操作。

方法 2:使用 SQL 语句,输入如下语句,执行后,即可完成操作。

```
/* 禁止"trig_更新"触发器 */
    alter table s
    disable trigger trig_更新
/* 重启"trig_更新"触发器 */
    alter table s
    enable trigger trig_更新
```

(4) 删除触发器

删除“xsxk”数据库中“s”表的“trig_更新”触发器,可以使用以下方法。

方法 1:使用 SSMS 工具,展开左侧窗口的数据库“xsxk”|“表”|“s”|“触发器”节点中,选中需要删除的触发器名称,单击鼠标右键,从弹出的快捷菜单中选择“删除”命令,即可根据需求完成触发器删除操作。

方法 2:使用 SQL 语句,,输入如下语句,执行后,即可完成操作。

```
use xsxk
go
drop trigger trig_更新
```

任务 9-4 事务的创建与应用

9.4.1 任务情境

【微课】
事务的创建与应用

实际应用中,很少有数据库在同一时刻只有一个用户访问,大多数情况下,不同类型的用户以不同的目的访问数据库,并且经常在同一时刻。

用户越多,他们同时查询用户修改数据时产生问题的可能性也就越大。即使两个用户同时访问数据库也有可以产生问题,这主要取决于操作性质。例如,一个用户查看数据表中的数据,执行一些基于数据的查询操作。如果另外一个用户在第一个用户查询期间更新了表,那么第一个用户第二次会看到不同的数据,造成第一次查询操作失效。那么如何解决这样的问题呢?小米有点迷糊了,让我们一起来帮助小米吧!

9.4.2 任务实现

使用 update 来更新 xsxk 数据库中的学生表 s 中的数据,这样的操作将被看作是单独的事务来执行。

```
update c set cname='网页设计与制作',credit='6' where cno='c002'
```

当执行该更新语句时,SQL Server 会认为用户的意图是在单个事务中同时修改"课程名称"和"学分"列的数据。假设在"课程名称"列上存在完整性约束,那么,更新"课程名称"列的操作就会失败,则全部更新都无法实现。由于两条更新语句同在一个 update 语句中,所以,SQL Server 将这两个更新操作作为同一事务来执行,当一个更新操作失败后,其他操作便一起失败。

如果不希望同时修改"课程名称"和"学分"列的信息,可以修改如下两个 update 语句:

```
update c set cname='网页设计与制作' where cno='c002'
update c set credit='6' where cno='c002'
```

经过改写后,即使对约束列的更新失败,也对其他列的更新没有影响,因为这是两个不同事务的处理操作。将上述的两条 update 语句,组合成一个事务,从而实现一个 update 语句时的功能,即同时更新"课程名称"和"学分"列的信息,否则数据保持不变。

```
declare @ssl_err int,@rp_err int
begin transaction
update c set cname='网页设计与制作' where cno='c002'
set @ssl_err= @@error
update c set credit='6' where cno='c002'
set @rp_err= @@error
if @ssl_err= 0 and @rp_err= 0
commit transaction
else
rollback transcation
```

注意:begin transaction 语句通知 SQL Server,它应该将下一条 commit transaction 语句或 rollback transaction 语句以前的所有的操作作为单个事务。

9.4.3 相关知识

事务是一种机制,一个操作序列,包含一组操作指令,并且把所有的命令作为一个整体一起向系统提交或撤销操作请求(即要么全部执行,要么全部不执行),SQL Server 2019 用户事务控制单个用户的行为来解决这类数据问题,一个事务由一个或多个完成一组相关行为的 SQL 语句组成,每个 SQL 语句都用来完成特定的任务。在 SQL Server 2019 中可以使用四种事务类型,如表 9-4 所示。

表 9-4 SQL Server 2019 事务类型

事务类型	说明
自动提交事务	每条单独的语句都是一个事务，它是 SQL 默认的事务管理模式，每个 SQL 语句完成时，都被提交或回滚(默认情况下 SQL server 每条语句都是一个事务，成功就自动提交，失败就回滚)
显式事务	每个事务均以 begin transaction 语句显式开始，以 commit 或 rollback 语句显示结束(则用 begin transaction 指定事务开始 commit ... /rollback ... 指定结束)
隐式事务	在前一个事务完成时新事务隐式启动，但每个事务仍以 commit 或 rollback 语句显式完成[通过设置 set implicit_transaction on(开)或者 off(关)]
批处理级事务	只能应用于多个活动结果集(MARS)，在 MARS 会话中启动的 SQL 显式或隐式事务变为批处理级事务。当批处理完成时没有提交或回滚的批处理级事务自动由 SQL Server 进行回滚

9.4.3.1 事务的四个属性

事务的四个属性有原子性、一致性、隔离性和持久性，其各自的特点如表 9-5 所示。

表 9-5 事务属性

事务类型	说明
原子性(atomicity)	事务中的所有元素必须作为一个整体提交或回滚，其元素是不可分的(原子性)，如果事务中的任何元素出现失败则全部失败
一致性(consistency)	数据必须处于一致状态，也就是说事务开始与结束数据要一致，不能损坏其中的数据，也就是说事务不能使数据存储处于不稳定状态
隔离性(isolation)	事务必须是独立的不能以任何方式依赖或影响其他事务
持久性(durability)	事务完成后，事务的效果永久的保存在数据库中

9.4.3.2 执行事务的语法

```
/* 开始事务的语法结构 */
begin transaction
/* 提交事务的语法结构 */
commit transaction
/* 回滚(撤销)事务的语法结构 */
rollback transaction
```

示例：

```
begin Transaction
update user set id+ = 1 where id= 1111
if(@@error< > 0) //判断是否报错如果报错就回滚信息否则提交事务
rollback transaction
else
commit transaction
```

9.4.3.3　事务的创建与简单应用

(1) 从学生信息表s中删除一个学生记录的时候要启动一个事务，删除这个学生在学生信息表s和学生成绩表中的所有相关记录。

```
use xsxk
go
/* 启动事务(开始事务)*/
begin transaction
delete from sc where sno='2011010101'
delete from s where sno='2011010101'
/* 提交事务 */
commit transaction
go
```

(2) 从学生信息表中添加一条记录要启动一个事务，然后再撤销该事务。

```
use xsxk
go
/* 启动事务(开始事务)*/
begin transaction
insert into s(sno,sname,class,ssex) values('1006','张小毛','11网络技术','男')
go
select * from s where sno='1006'
/* 撤销事务 */
rollback;
select * from s where sno='1006'
```

任务9-5　锁的创建与应用

9.5.1　任务情境

SQL Server使用锁来防止多个用户在同一时间内对同一数据进行修改，并能防止一个用户查询正在被另一个用户修改的数据，防止可能发生的数据混乱。锁有助于保证数据库逻辑上的一致性，通过本项目任务9-4的学习，汤小米同学学会了使用事务来解决用户存取数据的问题，从而保证数据库的完整性和一致性。如果防止其他用户修改另一个还没有完成的事务中的数据，就必须在事务中使用锁，可是，为什么要引入锁呢？让我们陪同汤小米同学一起学习吧！

【微课】
锁的创建与应用

9.5.2　任务实现

(1) 锁定c表中的课程编号为“c009”的所在的行

```
set transaction isolation level read uncommitted
select * from c rowlock where cno='c009'
```

(2) 锁定 xsxk 数据库中的 c 表

```
/* 其他事务可以读取表,但不能更新删除 */
select * from c with (holdlock)
/* 其他事务不能读取表,也不能更新和删除 */
select * from c with (tablockx)
```

9.5.3 相关知识

锁定是 Microsoft SQL Server 数据库引擎用来同步多个用户同时对同一个数据块的访问的一种机制。在事务获取数据块当前状态的依赖关系(如通过读取或修改数据)之前,它必须保护自己不受其他事务对同一数据进行修改的影响。事务通过请求锁定数据块来达到此目的。锁有多种模式,如共享或独占。锁模式定义了事务对数据所拥有的依赖关系级别。如果某个事务已获得特定数据的锁,则其他事务不能获得会与该锁模式发生冲突的锁。如果事务请求的锁模式与已授予同一数据的锁发生冲突,则数据库引擎实例将暂停事务请求直到第一个锁释放。

在数据库中加锁时,除了可以对不同的资源加锁,还可以使用不同程度的加锁方式,即锁有多种模式,SQL Server 中锁模式如下。

(1) 共享锁

SQL Server 中,共享锁用于所有的只读数据操作。共享锁是非独占的,允许多个并发事务读取其锁定的资源。默认情况下,数据被读取后,SQL Server 立即释放共享锁。例如,执行查询"select * from my_table"时,首先锁定第一页,读取之后,释放对第一页的锁定,然后锁定第二页。这样,就允许在读操作过程中,修改未被锁定的第一页。但是,事务隔离级别连接选项设置和 select 语句中的锁定设置都可以改变 SQL Server 的这种默认设置。例如," select * from my_table holdlock"就要求在整个查询过程中,保持对表的锁定,直到查询完成才释放锁定。

(2) 修改锁

修改锁在修改操作的初始化阶段用来锁定可能要被修改的资源,这样可以避免使用共享锁造成的死锁现象。因为使用共享锁时,修改数据的操作分为两步,首先获得一个共享锁,读取数据,然后将共享锁升级为独占锁,然后再执行修改操作。这样如果有两个或多个事务同时对一个事务申请了共享锁,在修改数据的时候,这些事务都要将共享锁升级为独占锁。这时,这些事务都不会释放共享锁而是一直等待对方释放,这样就造成了死锁。如果一个数据在修改前直接申请修改锁,在数据修改的时候再升级为独占锁,就可以避免死锁。修改锁与共享锁是兼容的,也就是说一个资源用共享锁锁定后,允许再用修改锁锁定。

(3) 独占锁

独占锁是为修改数据而保留的。它所锁定的资源,其他事务不能读取也不能修改。独占锁不能和其他锁兼容。

(4) 结构锁

结构锁分为结构修改锁(Sch-M)和结构稳定锁(Sch-S)。执行表定义语言操作时,SQL Server 采用 Sch-M 锁;编译查询时,SQL Server 采用 Sch-S 锁。

(5) 意向锁

意向锁说明 SQL Server 有在资源的低层获得共享锁或独占锁的意向。例如,表级的共享意向锁说明事务意图将独占锁释放到表中的页或者行。意向锁又可以分为共享意向锁、独占意向锁和共享式独占意向锁。共享意向锁说明事务意图在共享意向锁所锁定的低层资源上放置共享锁来读取数据。独占意向锁说明事务意图在共享意向锁所锁定的低层资源上放置独占锁来修改数据。共享式独占锁说明事务允许其他事务使用共享锁来读取顶层资源,并意图在该资源低层上放置独占锁。

锁是加在数据库对象上的。而数据库对象是有粒度的,比如,同样是 1 这个单位、1 行、1 页、1 个 B 树、1 张表所含的数据完全不是一个粒度的。因此,所谓锁的粒度,是锁所在资源的粒度。

对于查询本身来说,并不关心锁的问题。锁的粒度和锁的类型都是由 SQL Server 进行控制的(当然也可以使用锁提示,但不推荐)。锁会给数据库带来阻塞,因此越大粒度的锁造成更多的阻塞,但由于大粒度的锁需要更少的锁,会提升性能。而小粒度的锁由于锁定更少资源,会减少阻塞,因此提高了并发,但同时大量的锁也会造成性能的下降。

SQL Server 决定所加锁的粒度取决于很多因素。例如:键的分布,请求行的数量,行密度,查询条件等。但具体判断条件是微软没有公布的秘密。开发人员不用担心 SQL Server 是如何决定使用哪个锁的。因为 SQL Server 已经做了最好的选择。在 SQL Server 中,锁的粒度如图 9-7 所示。

资源	说明
RID	用于锁定堆中的单个行的行标识符
KEY	索引中用于保护可序列化事务中的键范围的行锁
PAGE	数据库中的 8 KB 页,例如数据页或索引页
EXTENT	一组连续的八页,例如数据页或索引页
HoBT	堆或 B 树。用于保护没有聚集索引的表中的 B 树(索引)或堆数据页的锁
TABLE	包括所有数据和索引的整个表
FILE	数据库文件
APPLICATION	应用程序专用的资源
METADATA	元数据锁
ALLOCATION_UNIT	分配单元
DATABASE	整个数据库

图 9-7 SQL Server 中锁的粒度

【实例 9-13】 排他锁。

新建两个连接,在第一个连接中执行以下语句:

```
update c set cname='网页设计' where cno='c002'
/* 等待 30 秒 */
```

```
waitfor delay '00:00:30'
commit tran
begin tran
select * from c where cno='c002'
commit tran
```

若同时执行上述两个语句,则 select 查询必须等待 update 执行完毕才能执行即要等待 30 秒。

【实例 9-14】 共享锁。

在第一个连接中执行以下语句:

```
begin tran
select * from c with(holdlock) where cno='c002'
/* holdlock 人为加锁 */
waitfor delay '00:00:30'
/* 等待 30 秒 */
commit tran
```

在第二个连接中执行以下语句:

```
begin tran
select cno,cname from c where cno='c002'
update c set cname='网页设计与制作' where cno='c002'
commit tran
```

若同时执行上述两个语句,则第二个连接中的 select 查询可以执行。

而 update 必须等待第一个事务释放共享锁转为排他锁后才能执行。即要等待 30 秒。

【实例 9-15】 死锁。

在第一个连接中执行以下语句:

```
begin tran
update c set cname='网页设计与制作' where cno='c002'
waitfor delay '00:00:30'
update c set cname='网页设计教程' where cno='c002'
commit tran
```

在第二个连接中执行以下语句:

```
begin tran
update c set cname='网页设计与制作' where cno='c002'
waitfor delay '00:00:10'
update c set cname='网页设计教程' where cno='c002'
commit tran
```

同时执行,系统会检测出死锁,并中止进程。

任务 9－6　游标的创建与应用

9.6.1　任务情境

【微课】
游标的创建与应用

游标是用户开设的一个数据缓冲区，存放 SQL 语句的执行结果。每个游标区都有一个名字。用户可以用 SQL 语句逐一从游标中获取记录，并赋给主变量，交由语言进一步处理。主语言是面向记录的，一组主变量一次只能存放一条记录。仅使用主变量并不能完全满足 SQL 语句向应用程序输出数据的要求。嵌入式 SQL 引入了游标的概念，用来协调这两种不同的处理方式。在数据库开发过程中，当检索的记录只有一条时，编写的事务语句代码往往使用 select insert 语句。但是会遇到这样的情况，即从某一结果中逐一地读取一条记录。那么如何解决这种问题呢？这时就会用到游标。接下来就应用游标来定位修改 xsxk 数据库中 s 表中某一学生的成绩为 92。

9.6.2　任务实现

在使用游标之前首先要声明游标，在声明了游标之后，就可以对游标进行操作了，对游标的操作主要包括打开游标、检索游标定行、关闭游标和释放游标。

第 1 步：声明游标(变量)。

```
declare cur_sc scroll cursor
for
select * from sc
for update of score
```

第 2 步：打开游标。

```
open cur_sc
```

第 3 步：从游标中提取数据。

```
fetch from cur_sc
update sc
set score= 92
where current of cur_sc
select * from sc
```

第 4 步：关闭游标。

```
close cur_sc
```

第 5 步：释放游标。

```
deallocate cur_sc
```

注意：逐步执行，如果游标变量释放了，就可以再得新执行第 1 步，如果仅关闭了游标变量，则第 1 步是不可以执行的。

9.6.3 相关知识

9.6.3.1 游标概述

游标实际上是一种能从包括多条数据记录的结果集中每次提取一条记录的机制。游标充当指针的作用。尽管游标能遍历结果中的所有行，但它一次只指向一行。概括来讲，SQL的游标是一种临时的数据库对象，既可以用来存放在数据库表中的数据行副本，也可以指向存储在数据库中的数据行的指针。游标提供了在逐行的基础上操作表中数据的方法。

游标的一个常见用途就是保存查询结果，以便以后使用。游标的结果集是由 select 语句产生，如果处理过程需要重复使用一个记录集，那么创建一次游标而重复使用若干次，比重复查询数据库要快得多。大部分程序数据设计语言都能使用游标来检索 SQL 数据库中的数据，在程序中嵌入游标和在程序中嵌入 SQL 语句相同，其特点如下：

① 游标送回一个完整的结果集，但允许程序设计语言只调用结果集中的一行。

② 允许定位在结果集的特定位。

③ 从结果集的当前检索一行或多行。

④ 支持对结果集中当前位置的行进行数据修改。

⑤ 可以为其他用户对显示在结果集中的数据库数据所做的更改提供不同级别的可见性支持。

⑥ 提供脚本、存储过程和触发器中使用的访问结果集中数据的 T-SQL 语句。

9.6.3.2 游标的定义

游标语句的核心是定义了一个游标标识名，并把游标标识名和一个查询语句关联起来。declare 语句用于声明游标，它通过 select 查询定义游标存储的数据集合。

(1) 游标的定义语句格式

```
declare 游标名称 [insensitive] [scroll]
cursor for select 语句
[for{read only|update[of 列名字表]}]
```

参数说明如下。

insensitive 选项：说明所定义的游标使用 select 语句查询结果的拷贝，对游标的操作都基于该拷贝进行。因此，这期间对游标基本表的数据修改不能反映到游标中。这种游标也不允许通过它修改基本表的数据。

scroll 选项：指定该游标可用所有的游标数据定位方法提取数据，游标定位方法包括 prior、first、last、absolute n 和 relative n 选项。

select 语句：为标准的 select 查询语句，其查询结果为游标的数据集合，构成游标数据集合的一个或多个表称作游标的基表。

在游标声明语句中，有下列条件之一时，系统自动把游标定义为 insensitive 游标：

select 语句中使用了 distinct、union、group by 或 having 等关键字；

任一个游标基表中不存在唯一索引。

read only 选项：说明定义只读游标。

update [of 列名字表]选项：定义游标可修改的列。如果使用 of 列名字表选项，说明只允许修改所指定的列，否则，所有列均可修改。

例如：在 xsxk 数据库中查询学生所选的课程的成绩，定义游标 cur_cj 的语句如下。

```
use xsxk
go
declare cur_cj cursor
for
select s.sno,c.cname,sc.score from s,sc,c
where s.sno= sc.sno and c.cno= sc.cno
```

(2) 打开游标

打开游标语句执行游标定义中的查询语句，查询结果存放在游标缓冲区中。并使游标指针指向游标区中的第一个元组，作为游标的缺省访问位置。查询结果的内容取决与查询语句的设置和查询条件。打开游标的语句格式：

```
exce sql open〈游标名〉
```

如果打开的游标为 insensitive 游标，在打开时将产生一个临时表，将定义的游标数据集合从其基表中拷贝过来。SQL Server 中，游标打开后，可以从全局变量@@cursor_rows 中读取游标结果集合中的行数。

例如：打开查询学生所选课程的成绩的游标 open cur_cj。

(3) 读游标区中的当前元组

读游标区数据语句是读取游标区中当前元组的值，并将各分量依次赋给指定的共享主变量。fetch 语句用于读取游标中的数据，语句格式为：

```
fetch [[next|prior|first|last| absolute n| relative n] from ] 游标名
[into @变量 1, @变量 2, …]
```

其中：

next 说明读取游标中的下一行，第一次对游标实行读取操作时，next 返回结果集合中的第一行。prior、first、last、absolute n 和 relative n 选项只适用于 scroll 游标。它们分别说明读取游标中的上一行、第一行、最后一行、第 n 行和相对于当前位置的第 n 行。n 为负值时，absolute n 和 relative n 说明读取从游标结果集合中的最后一行或当前行倒数 n 行的数据。

into 子句说明将读取的数据存放到指定的局部变量中，每一个变量的数据类型应与游标所返回的数据类型严格匹配，否则将产生错误。如果游标区的元组已经读完，那么系统状态变量 sqlstate 的值被设为 02000，意为“no tuple found”。

例如：读取 cur_cj 中当前位置后的第二行数据，在“新建查询”中输入如下代码。

```
fetch relative 2 from cur_cj
```

(4) 关闭游标

关闭游标后，游标区的数据不可再读。close 语句关闭已打开的游标，之后不能对游标进行读取等操作，但可以使用 open 语句再次打开该游标。

close 语句的格式：

```
close 游标名
```

例如：关闭 cur_cj 游标描述：close cur_cj。

(5) 释放游标

释放游标后,游标区的数据不可再读,deallocate 语句释放已经存在的游标,之后可以重新对游标进行声明。释放游标的语句的格式:

deallocate 游标名

例如:释放 cur_cj 游标描述:deallocate cur_cj。

9.6.3.3 游标的定制

【实例 9 - 16】 在 xsxk 数据库中创建显示学生信息的游标,打开"新建查询"窗口,输入 T-SQL 语句后执行,并查看运行结果。

```
use xsxk
go
/* 第 1 步:声明游标 */
declare cur_sinfo cursor
for
select sno,sname,ssex,origin from s
/* 第 2 步:打开游标 */
open cur_sinfo
/* 第 3 步:提取数据 */
fetch from cur_sinfo
/* 第 4 步:关闭游标 */
close cur_sinfo
/* 第 5 步:释放游标 */
deallocate cur_sinfo
```

结果是一行一行提取数据,当关闭游标后无法提取数据。

【实例 9 - 17】 在 xsxk 数据库里,将成绩表中课程号为 c001 的课程成绩上浮 5%,打开"新建查询"窗口,输入 T-SQL 语句,执行,并查看成绩上浮前和上浮后的运行结果如图 9 - 12 所示。

```
/* 声明变量 */
declare @cno char(4),@score int
/* 第 1 步:声明游标 */
declare cur_sc cursor
for
select cno,score from sc
for update of score
/* 第 2 步:打开游标 */
open cur_sc
/* 第 3 步:提取数据 */
fetch next from cur_sc into @cno,@score
while @@fetch_status= 0
begin
```

```
if @cno='c001'
update sc
set score= score* 1.05
where current of cur_sc
fetch next from cur_sc into @cno,@score
end
/* 第 4 步:查看结果 */
select * from sc where cno='c001'
/* 第 5 步:关闭游标 */
close cur_sc
/* 第 6 步:释放游标 */
deallocate cur_sc
```

结果　消息

	学号	课程号	选课成绩
1	2011010101	c001	63
2	2011010102	c001	46
3	2012010101	c001	60
4	2012010102	c001	89
5	2012010103	c001	75

结果　消息

	学号	课程号	选课成绩
1	2011010101	c001	66
2	2011010102	c001	48
3	2012010101	c001	63
4	2012010102	c001	93
5	2012010103	c001	78

图 9－8　创建修改信息的游标

【实例 9－18】　创建一个可修改类型的游标:在数据库 xsxk 的 s 表中,声明一个使用定位 update 语句可以修改学生手机号码(tel)的“cur_tel”游标,该游标返回的结果为 s 表中的 class=“12 网络技术 1”的学生的相关信息,在“新建查询”窗口中输入 T-SQL 语句,执行,查看结果,如图 9－9 所示。

```
use xsxk
go
/* 第 1 步:声明游标 */
declare cur_tel cursor
for
select sname,class,origin,tel from s
where class='11 网络技术'
for update of tel
/* 第 2 步:打开游标 */
open cur_tel
/* 第 3 步:提取数据 */
fetch from cur_tel
update s
set tel='13500000000'
```

```
where current of cur_tel
/* 第 4 步:查看结果 */
select sname,class,origin,tel from s where class='11 网络技术'
/* 第 5 步:关闭游标 */
close cur_tel
/* 第 6 步:释放游标 */
deallocate cur_tel
```

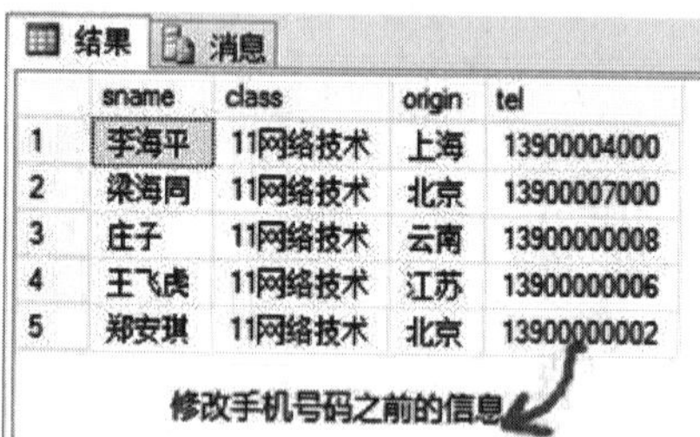

结果 消息

	sname	class	origin	tel
1	李海平	11网络技术	上海	13900004000
2	梁海同	11网络技术	北京	13900007000
3	庄子	11网络技术	云南	13900000008
4	王飞虎	11网络技术	江苏	13900000006
5	郑安琪	11网络技术	北京	13900000002

结果 消息

	sname	class	origin	tel
1	李海平	11网络技术	上海	13500000000
2	梁海同	11网络技术	北京	13900007000
3	庄子	11网络技术	云南	13900000008
4	王飞虎	11网络技术	江苏	13900000006
5	郑安琪	11网络技术	北京	13900000002

图 9-9　创建可修改游标

特别提示：

(1) 尽管使用游标比较灵活,可以实现对数据集中单行数据的直接操作,但游标会在下面几个方面影响系统的性能。

使用游标会导致页锁与表锁的增加;

导致网络通信量的增加;

增加了服务器处理相应指令的额外开销。

(2) 使用游标时的优化问题。

明确指出游标的用途:for read only 或 for update;

在 for update 后指定被修改的列。

课堂习题

一、选择题

1. 在 SQL Server 中,触发器不具有(　　)类型。

A. insert 触发器　　B. update 触发器　　C. delete 触发器　　D. select 触发器

2. 为了使用输出参数,需要在 create procedure 语句中指定关键字(　　)。

A. option　　B. output　　C. check　　D. default

3. 下列(　　)语句用于创建触发器。

A. create procedure　　B. create trigger　　C. alter trigger　　D. drop trigger

4. 下列(　　)语句用于删除触发器

A. create procedure　　B. create trigger

C. alter trigger　　D. drop trigger

5. 下列(　　)语句用于删除存储过程。

A. create procedure　　B. create table

C. drop procedure　　D. 其他

6. 下列(　　)语句用于创建存储过程。

A. create procedure　　B. create table

C. drop procedure　　D. 其他

7. (　　)允许用户定义一组操作,这些操作通过对指定的表进行删除、插入和更新命令来执行或触发。

A. 存储过程　　B. 视图　　C. 触发器　　D. 索引

8. 以下哪个不是存储过程的优点?(　　)

A. 实现模块化编程,一个存储过程可以被多个用户共享和重用

B. 可以加快程序的运行速度

C. 可以增加网络的流量

D. 可以提高数据库的安全性

9. SQL Server 为每个触发器创建了两个临时表,它们是(　　)。

A. updated 和 deleted　　B. inserted 和 deleted

C. updated 和 inserted　　D. updated 和 selected

10. 已定义存储过程 AB,带有一个参数@stname varchar(20),正确的执行方法为(　　)。

A. exec AB '吴小雨'　　B. exec AB= '吴小雨'

C. exec ABA('吴小雨')　　D. 以上3种都可以

二、判断题

1. 变量在 SQL Server 中只能在存储过程或触发器内部定义和使用。(　　)

2. 存储过程可以提高数据库应用程序的性能,因为它减少了网络传输的数据量。(　　)

3. 触发器可以自动响应数据库中的任何更改,包括创建或删除表。(　　)

4. 在 SQL Server 中,事务一旦开始,就必须通过 commit 或 rollback 命令显式结束。(　　)

5. 游标总是比集合操作(如 join)更高效,因为它逐行处理数据。(　　)

三、填空题

1. SQL Server 中,使用__________关键字来声明变量。

2. 存储过程可以接受参数,这些参数在存储过程定义时通过__________关键字指定。

3. 触发器在数据库表中数据发生__________、__________或__________操作时自动执行。

4. __________是 SQL Server 中用于临时存储数据的一种对象,它在会话结束时自动销毁。

5. 游标提供了一种机制,允许用户__________地访问数据库查询结果集中的每一行。

课堂实践

【9-C-1】变量的应用。

以随书提供的 studenXK 数据库为数据库实例。

(1) 定义一个基于 set 的赋值语句,将学生信息表中的叫"王小民"的学生赋值给局部变量@sname,并用 select 语句输出该变量所指定的学生信息。

(2) 定义一个基于 set 的赋值语句,用 select 语句输出"张毅"学生的学号。

(3) 定义一个基于 set 的赋值语句,用 select 语句输出"c004"课程的课程名。

(4) 定义一个基于 set 的赋值语句,用 select 语句输出学生信息表中"管理系"的所有女同学信息。

(5) 定义一个基于 set 的赋值语句,将学生信息表中"计算机系"的学生总人数赋值给局部变量@scount,并用 print 语句输出。

(6) 定义一个基于 set 的赋值语句,用 select 语句输出指定学生@snum(赋值为 201715001)和指定课程@cnum(赋值为 c001)的成绩。

(7) 定义一个基于 set 的赋值语句,用 select 语句输出指定学生的还没有选修的课程信息:课程号、课程名和学分(指定的学生:201715001)。

(8) 声明一个学生学号的变量@snum,并为其赋值 201715003,用 select 语句输出该学生选课课程的成绩:课程号、课程名和成绩。

【9-C-2】存储过程的应用。

以随书提供的 studenXK 数据库为数据库实例。

(1) 创建一个名为 Query_student 的存储过程,该存储过程的功能是根据学号查询学生表中某一学生的学号、姓名、性别及出生日期。

(2) 执行存储过程 Query_student,查询学号为"201715001"的学生的学号、姓名、性别及年龄。写出完成此功能的 SQL 命令。

(3) 创建存储过程 zcj_score,用于求指定学号(输入参数)的学生的总成绩(输出参数 zcj_score)。执行该存储过程 zcj_score,输出指定学号为"201715003 "的总成绩。

(4) 创建并执行存储过程 count_snum,用于求所有学生总人数,通过参数返回学生总人数 zrs_student。调用存储过程 count_snum。

(5) 创建一个向课程表中插入一门新课程的存储过程 Insert_course,该存储过程需要两个参数,分别用来传递课程号、课程名;执行存储过程 Insert_course,向课程表 Course 中插入一门新课程('c016,'Flash 动画设计')。

(6) 创建一个指定某一学生的选修课程信息的存储过程 snum_course,包含课程编号、课程名、成绩。执行该存储过程,指定学号为:201715008。

(7) 创建一个指定某一院系的学生成绩的存储过程 proc_score,包含学号、姓名、课程名、成绩。执行该存储过程,指定院系为:信息系。

(8) 创建一个指定某一学生姓名(值为模糊匹配)的存储过程 proc_sname,用来显示学生的学号、姓名、性别、年龄和所属院系等。执行该存储过程,指定姓名中含:小。

【9-C-3】触发器的应用。

以随书提供的 xsxk 空数据库为数据库实例。

准备:先为 xsxk 数据库的班级信息表 classInfo,插入五条数据:

```
insert into classInfo(classID,className) values('23010201','23 云计算')
insert into classInfo(classID,className) values('23010202','23 大数据')
insert into classInfo(classID,className) values('23010203','23 人工智能')
insert into classInfo(classID,className) values('23010204','23 移动应用开发')
insert into classInfo(classID,className) values('23010205','23 数字媒体')
```

(1) 创建一个学生信息注册的触发器 trig_学生注册,当新同学注册的时候,在"xsxk"数据库中的"学生信息表(student)"表中插入一条学生信息记录的同时,自动更新"班级信息(classInfo)"的班级人数 classNum。

(2) 创建一个学生信息离校的触发器 trig_学生离校,当同学退学离校的时候,在"xsxk"数据库中的"学生信息表(student)"表中移除一条学生信息记录的同时,自动更新"班级信息(classInfo)"的班级人数 classNum。

(3) 创建一个禁止修改学生信息表(student)中的姓名列字段值的触发器 trig_禁止修改姓名,当应用 SQL 语句修改指定学生姓名时,提醒为不能修改。

扩展实践

以随书提供的素材库中的数据库实例“教务管理系统”为例，要求：附加“教务管理系统”数据库至 SQL Server 数据库服务器中。

【9-B-1】变量的应用。

(1) 在教务管理系统数据库的“学生信息”表中定义一个基于 set 赋值语句，将学生信息统计查询出的学生总人数赋值给局部变量@num，并用 print 语句输出。

(2) 在教务管理系统数据库的“学生信息”表中定义一个基于 set 赋值语句，定义变量@stu_ssex 值为“女”，将学生信息中所有女生信息用 select 语句输出。

(3) 在教务管理系统数据库的“学生信息”表中定义一个基于 set 赋值语句，检索出班级编号为 20021340000104 的所有男生(提示：将 20021340000104 赋值给班级编号，将男生赋值给@ssex)，并用 select 语句输出。

【9-B-2】存储过程的应用。

在“教学管理系统”数据库中，创建一个存储过程 proc_getStuInfo，用于返回“教务管理系统”数据库上某个班级(20021340000104)中包含的学生信息，通过为同一存储过程指定不同的班级编号，返回不同的学生信息。

【9-B-3】触发器的应用。

(1) 在“教学管理系统”数据库中，建立一个 insert 触发器“trig_新生注册”，当新学生注册的时候，在“教务管理系统”的“学生信息”表中插入一条学生信息记录的同时，更新“班级信息”的班级人数。

(2) 在“教学管理系统”数据库中，建立一个 delete 触发器“trig_学生离校”，当学生离校的时候，在“教务管理系统”的“学生信息”表中删除一条指定学生信息记录的同时，更新“班级信息”的班级人数。

【9-B-4】游标的应用。

(1) 在“教学管理系统”数据库中，创建一个与学生信息表结构一致并包含学生信息表所有数据的新表 temp_student，声明一个名为“信息删除_cur”的游标，定位删除“temp_student”表中当前行数据。

(2) 以(1)的 temp_student 为参考操作数据，在教务管理系统数据库中声明一个名为“学生籍贯_cur”的游标，该游标返回的结果为“temp_student”表中“籍贯”=“北京”的学生的相关信息。

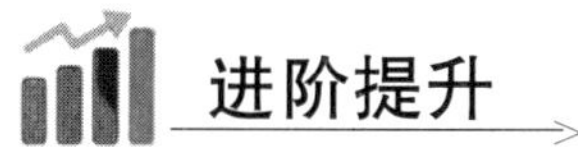

进阶提升

【9-A-1】数据库事务的创建。

银行转账问题：假定资金从账户 A 转到账户 B，至少需要以下两步。

(1) 账户 admin1 的资金减少。

(2) 账户 admin2 的资金相应增加。

假定张三的账户直接转账 1000 元到李四的账户(customerName，顾客姓名，currentMoney，当前余额)。

```
/* 使用 SSMS 创建测试数据库 userBank，在该数据库中创建一张数据表 bank */
use userBank
go
create table bank
(
customerName char(10),
```

```
currentMoney money
)
```

【9-A-2】存储过程的应用。

以随书提供的素材库中的数据库实例“教务管理系统”为例，要求：附加“教务管理系统”数据库至 SQL Server 数据库服务器中。

(1) 创建存储过程 proc_student1，显示所有学生编号、学生姓名、所在班级编号、性别、年级、政治面貌、民族、籍贯、学籍等信息，调用该存储过程，查看结果。

(2) 创建存储过程 proc_student2，要求设置输入参数@stu_sname 表示学生姓名，输入参数@stu_id 表示学生编号，输入学生编号或学生姓名均可查询学生的相关信息。调用所创建的存储过程 proc_student2，并设置输入参数，查看得到的结果。

(3) 创建存储过程 proc_student3，要求要求调用存储过程时，输入任何一个汉字时(输入参数@stu_name)，可查询姓名列中包含该汉字的学生信息。调用所创建的存储过程 proc_student3，并设置输入参数，查看得到的结果。

【9-A-3】游标的应用。

以随书提供的素材库中的数据库实例“教务管理系统”为例，要求：附加“教务管理系统”数据库至 SQL Server 数据库服务器中。

在教学管理系统数据库中创建一个与成绩表结构一致并包含成绩表所有数据的新表 temp_grade，在新建的“temp_grade”表中创建一个名为“cur_grade”的游标，该游标返回的结果为“temp_grade”表中将学号为“200130000130”的学生的所有课程成绩加 5 分。

```
use 教务管理系统
go
select * into temp_grade from 成绩表
select * from temp_grade where 学号='200130000130'
```

结果　消息

	编号	学号	课程编号	成绩	考试次数	是否补修	是否重考	是否已确定成绩
1	1011	200130000130	64	67	1	否	否	是
2	1012	200130000130	88	51	1	否	是	是
3	1013	200130000130	50	55	1	否	是	是

- 教学课件
- 教学教案
- 配套实训
- 参考答案
- 实例脚本

【微信扫码】

项目 10　数据库的日常维护与管理

【项目概述】

数据库的日常维护与管理是数据库管理员(DBA)的重要职责之一,它涵盖了数据的安全、完整性和可用性。本项目旨在通过实践操作,让学生掌握数据库数据导入、导出、备份与还原的基本方法和技能,以确保数据库的稳定运行和数据的安全。

【知识目标】

1. 理解数据库备份与恢复的基本概念。
2. 掌握数据导入与导出的方法。
3. 熟悉数据库备份的类型,包括完全备份、差异备份、事务日志备份和文件备份等。
4. 掌握数据库备份与还原的操作。

【能力目标】

1. 能制订并执行数据库的备份计划,根据业务需求和数据重要性,制订合理的备份策略,包括备份周期、备份类型及存储位置等。

2. 能独立完成数据库的数据迁移,熟练掌握数据导入与导出的操作流程,能够处理常见的导入导出错误。

3. 能快速响应并处理数据库故障,在数据库发生故障时,能够迅速使用备份数据进行恢复,确保业务连续性。

4. 能优化备份与恢复的性能,了解影响备份与恢复性能的因素,并能够通过调整配置或选择合适的工具来提高备份与恢复的效率。

【素养目标】

1. 培养自主学习能力,鼓励学生通过查阅文档、参加培训等方式不断提升自己的专业技能。

2. 培养学生在面对数据库维护与管理中的实际问题时运用所学知识进行分析和解决的能力。

3. 培养学生在项目实施过程中与其他团队成员的沟通与协作的能力。

【重点难点】

教学重点:

1. 数据库备份与恢复的原理与操作。

2. 数据导入与导出的方法。
3. 备份策略的制订与执行。

教学难点:

1. 备份与恢复的性能优化。
2. 复杂场景下的数据迁移。
3. 备份文件的验证与测试。

【知识框架】

本项目内容聚焦于数据库的日常维护与管理,涵盖数据导入导出、备份与还原。学生将学习数据迁移技巧,掌握多种备份类型与策略,通过实践提升备份与恢复能力。学习内容知识框架如图 10-1 所示。

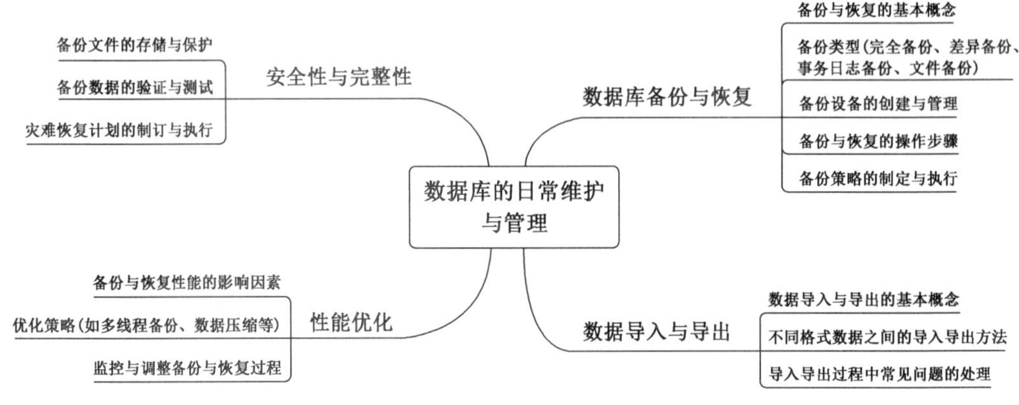

图 10-1　本项目内容知识框架

任务 10-1　数据库的备份

10.1.1　任务情境

创建和实施备份和恢复计划是数据库管理员最重要的职责之一。数据库中的数据可能会因为计算机软硬件的故障、病毒、误操作、自然灾害、盗窃等种种原因丢失,所以备份和恢复是十分重要的。

【微课】
数据库的备份

因为有许多种可能会导致数据表的丢失或者服务器的崩溃,一个简单的 drop table 或者 drop database 语句,就会让数据表化为乌有。更危险的是 delete * from table_name,可以轻易地清空数据表,而这样的错误是很容易发生的。就像汤小米同学一样,没有做好备份工作,结果辛辛苦苦做的工作全白费了。那接下来,我们以 xsxk 数据库为例,完成数据库备份的基本操作。

10.1.2　任务实现

使用 SQL Server Management Studio(简称 SSMS)工具备份数据库。

第 1 步:启动 SSMS,在“对象资源管理器”窗口中,展开“数据库”|“xsxk”数据库节点。选中并右键单击,在弹出的快捷菜单中选择“任务”|“备份”,弹出“备份数据库”对话框,如图 10-2 所示。

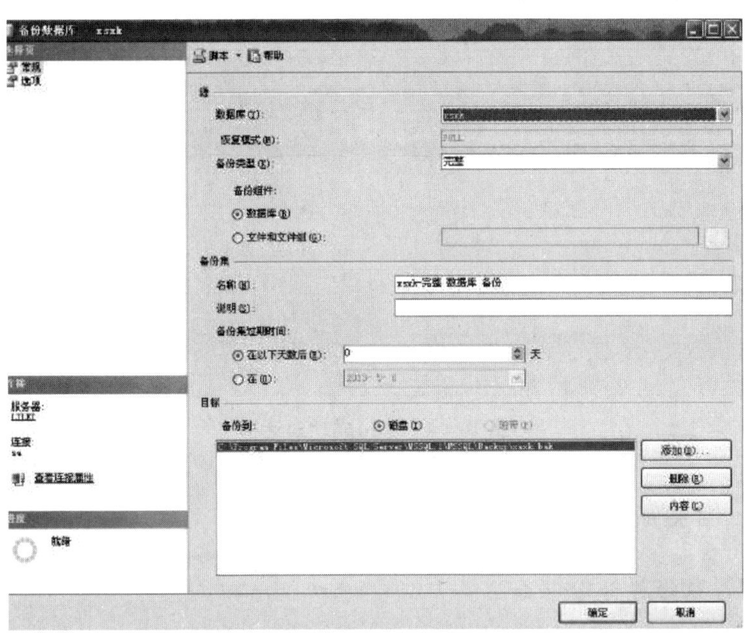

图 10-2　“备份数据库”对话框

第 2 步:在“备份数据库”对话框中,单击“添加”按钮,弹出“选择备份目标”的对话框中选择备份文件所保存的目录路径,如图 10-3 所示。

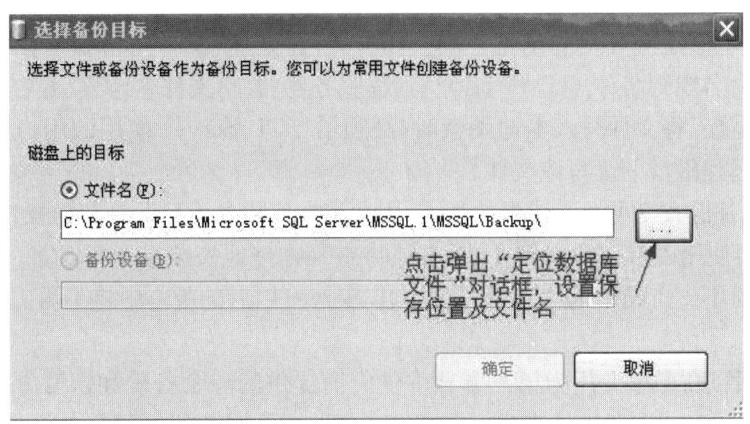

图 10-3　“选择备份目标”对话框

第 3 步:在“选择备份目录”的对话框中,单击选择右侧的“选项卡”按钮,进入“定位数据库文件”对话框,选择文件保存的路径和文件名。

第 4 步:在“定位数据库文件”对话框中单击“确定”,在“选择备份目录”对话框中选择“确定”,回到“备份数据库”对话框,删除原默认的备份目标,确定后弹出备份成功的对话框,最后的结果如图 10-4 所示。

图 10-4　备份成功对话框

10.1.3　相关知识

10.1.3.1　数据库备份设备

数据库备份设备是指用来存储备份数据的存储介质，常用的备份设备类型包括磁盘、磁带和命名管道。

(1) 磁盘：磁盘备份设备是硬盘或其他磁盘存储媒体上的文件，与常规操作系统文件一样。引用磁盘备份设备与引用任何其他操作系统文件一样。可以在服务器的本地磁盘上或共享网络资源的远程磁盘上定义磁盘备份设备，磁盘备份设备根据需要可大可小。最大的文件大小相当于磁盘上可用的闲置空间。如果在网络上将文件备份到远程计算机上的磁盘，使用通用命名规则名称（UNC），以"\远程服务器\共享文件名\路径名\文件名"的格式指定文件的位置。将文件写入本地硬盘时，必须给 SQL Server 使用的用户账户授予适当的权限，以在远程磁盘上读写该文件。

在网络上备份数据可能受错误的影响，因此请在完成备份后验证备份操作。

(2) 磁带：使用磁带作为存储介质，必须将磁带物理地安装在运行 SQL Server 的计算机上，磁带备份不支持网络远程备份。在 SQL Server 以后的版本中将不再支持磁带备份设备。

(3) 命名管道：微软专门为第三方软件供应商提供的一个备份和恢复方式。命名管道设备不能使用 SSMS 管理工具来建立和管理，或要将数据库备份到命名管道设备上，必须在 backup 语句中提供管道名。

SQL Server 对数据库进行备份时，备份设置可以采用以下两种方式：

① 物理设置名称：即操作系统文件名，直接采用备份文件在磁盘上以文件方式存储的完整路径名，如"D:\backup\data_full. bak"。

② 逻辑设置名称：为物理备份设备指定的可选的逻辑别名。使用逻辑设备名称可以简化备份路径。逻辑设备名称永久地存储在 SQL Server 内的系统表中。使用逻辑备份设备

的优点是引用它比引用物理设备名称简单。例如,逻辑设备名称可以是 Accounting_Backup,而物理设备名称则是 C:\Backups\Accounting\Full.bak。备份或还原数据库时,可以交替使用物理或逻辑备份设备名称。

当然,建议不要备份到数据库所在的同一物理磁盘上的文件中。如果包含数据库的磁盘设备发生故障,由于备份位于同一发生故障的磁盘上,因此无法恢复数据库。

10.1.3.2　物理和逻辑设备

使用物理设备名称或逻辑设备名称标识备份设备。物理备份设备是操作系统用来标识备份设备的名称,如 C:\Backups\Accounting\Full.bak;逻辑备份设备是用来标识物理备份设备的别名或公用名称。

【实例 10-1】 创建一个名为"学生选课管理子系统备份集"的本地磁盘备份设备。

方法 1:使用 SSMS 管理工具创建备份设备

第 1 步:启动 SSMS 管理工具,展开"对象资源管理器"|"服务器对象"|"备份设备"节点,右键单击选中弹出快捷菜单。

第 2 步:在弹出的快捷菜单中,选择"新建备份设备"后,打开"新建备份设备"窗口。

第 3 步:输入备份设备逻辑名称,并指定备份设备的物理路径,单击"确定"按钮,如图 10-5 所示。

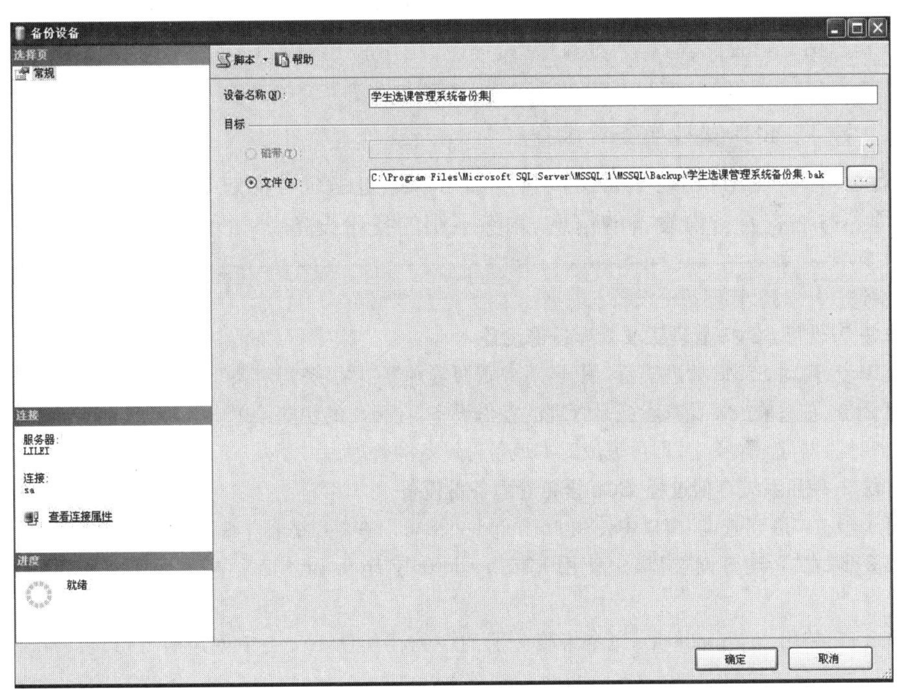

图 10-5　创建备份设备

方法 2:使用系统存储过程创建备份设备

除了上述使用图形化管理工具创建备份设备,也可以使用系统存储过程 SP_addumpdevice 来创建备份设备,其语法结构如下:

```
sp_addumpdevice 'device_type',
'logical_name','physical_name','controller_type','device_status'
```

这些命令的参数描述如表 10-1 所示。

表 10-1 sp_addumpdevice 参数

参　数	描　述
device_type	用来指定设备类型:disk 或 tape
logical_name	将在 backup 和 restore 中使用的备份设备的名称
physical_name	操作系统文件名[遵守通用命名约定(UNC)的名称]或磁带路径
controller_type	不再需要的参数:2 代表磁盘,5 代表磁带
device_status	这个选项确定 ANSI 磁盘标志是可读(noskip)还是被忽略(skip),在应用之前,noskip 是磁带类型的默认值。该选项和 controller_type 只能指定其中一个,不能都指定

要查看备份设备的定义,可以使用 sp_helpdevice 系统存储过程,它只包含一个参数 logical_name。打开"新建查询"窗口,输入以下代码:

```
use master
go
exec sp_addumpdevice 'disk','first','d :\backup\first.bak'
```

10.1.3.3 管理数据库备份设备

在 SQL Server 中,创建了备份设备以后可以通过系统存储过程、SQL 语句和 SSMS 可视化工具等方法查看备份设备的信息,删除不用的备份设备。

【实例 10-2】 管理备份设备。

方法 1:使用 SSMS 管理工具管理备份设备

第 1 步:启动 SSMS 管理工具,展开"对象资源管理器"|"服务器对象"|"备份设备"节点。

第 2 步:右键单击需要查看或是管理的备份设备,在弹出的快捷菜单中选择"删除"操作,弹出"删除对象"对话框,选择"确定"即可完成对本地备份设备的管理。

方法 2:使用系统存储过程、SQL 语句管理备份设备

第 1 步:在"新建查询"窗口中使用 sp_helpdevice 可以查看服务器上每个设备的相关信息。

第 2 步:在"新建查询"窗口中使用 load headeronly from first 命令查看 first 备份设备的详细情况。

第 3 步:使用 sp_dropdevice 命令将服务器的中的在实例 10-1 中创建的备份设备删除,语句如下:

```
exec sp_dropdevice 'first'
```

10.1.3.4 数据库备份概述

备份就是制作数据库结构、对象和数据的复制,存储在计算机硬盘以外的其他存储介质上,以便在数据库遭到破坏时能够恢复数据库。随着办公自动化和电子商务的飞速发展,企业对信息系统的依赖性越来越高，数据库作为信息系统的核心担当着重要的角色。尤其在一些对数据可靠性要求很高的行业(如银行、证券、电信等)，如果发生意外停机或数据丢失其损失会十分惨重。为此数据库管理员应针对具体的业务要求制订详细的数据库备份与灾难恢复策略，并通过模拟故障对每种可能的情况进行严格测试，只有这样才能保证数据的高可用性。数据库的备份是一个长期的过程，而恢复只在发生事故后进行，恢复可以看作备份的逆过程，恢复的程度的好坏很大程度上依赖于备份的情况。此外，数据库管理员在恢复时采取的步骤正确与否也直接影响最终的恢复结果。

10.1.3.5　数据库备份类型

按照备份数据库的大小数据库备份有四种类型，分别应用于不同的场合，下面简要介绍一下。

① 完整备份：这是大多数人常用的方式，它可以备份整个数据库，包含用户表、系统表、索引、视图和存储过程等所有数据库对象。但它需要花费更多的时间和空间，所以，一般推荐一周做一次完全备份。

【实例 10－3】 对 xsxk 数据库进行一次完整性备份，备份结果保存在实例 10－1 中创建的“学生选课管理子系统备份集”备份设备。

方法 1：使用 SSMS 管理工具完整备份数据库

第 1 步：打开 SSMS 管理工具，在“对象资源管理器”窗格中展开“数据库”，右键单击选中 xsxk 数据库弹出快捷菜单中选择“任务”|“备份”，弹出“备份数据库”对话框。

第 2 步：在弹出的“备份数据库”对话框中，备份类型选择：完整；备份组件：数据库；备份介质：磁盘；“添加”按钮选取“备份的目录”(文件夹中还是备份设备上)，如图 10－6 所示。

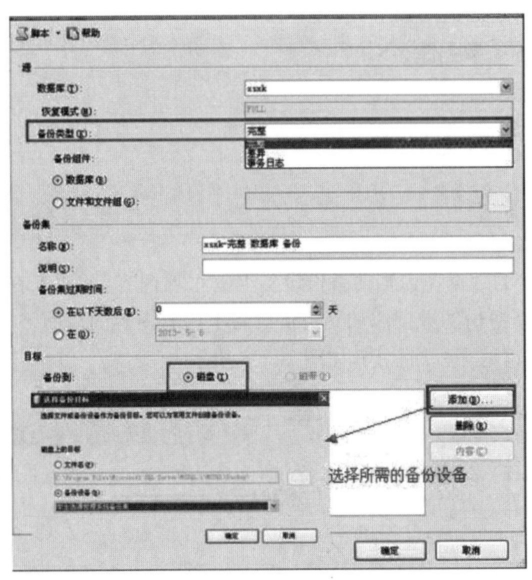

图 10－6　数据库完整备份

第 3 步：验证备份，在“对象资源管理器”窗体中，展开“服务对象”|“备份设备”，右击备份设备“学生选课管理子系统备份集”。

第 4 步:在弹出的“属性”对话框的左窗格的“选择页”处单击选择并打开“介质内容”页面,即可以看到“学生选课管理子系统备份集”的备份设备里增加了一个完整备份。如图 10－7 所示。

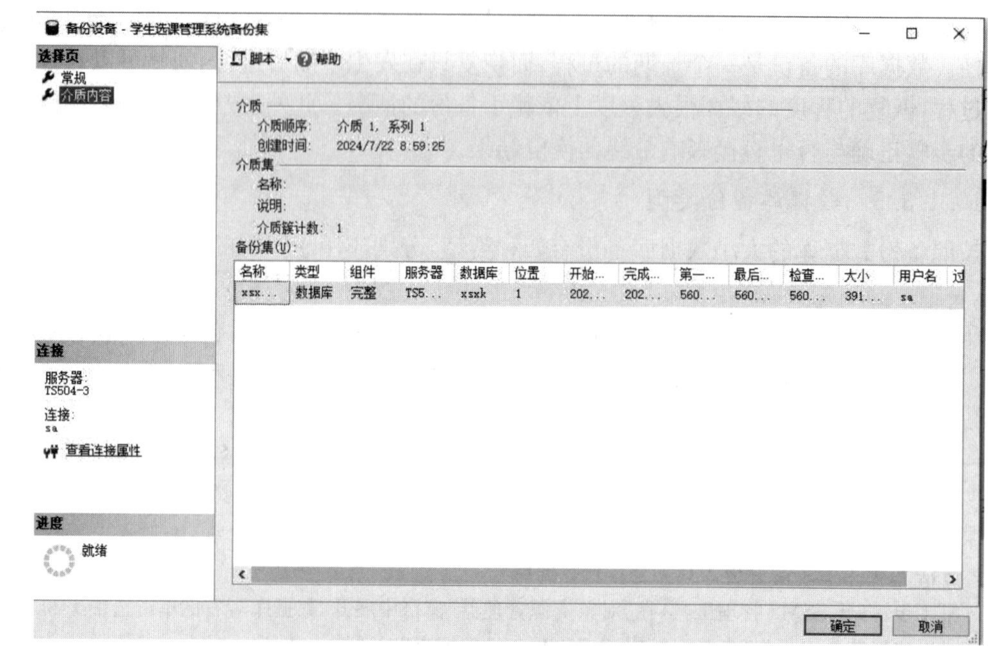

图 10－7　查看备份设备中的介质内容

方法 2:使用 backup 命令备份数据库

对数据库进行完整备份的语法如下:

```
backup database < 数据库名>
to <目录设备>
[ with
name=备份的名称
descripition=[备份描述]
init|noinit]
```

其中 init 表示新备份的数据覆盖当前备份设备上的每项内容,即原来在此设备上的数据信息都将不存在了;noinit 表示新备份的数据添加到备份设备上已有内容的后面。

打开“新建查询”窗口,编写程序代码,如图 10－8 所示

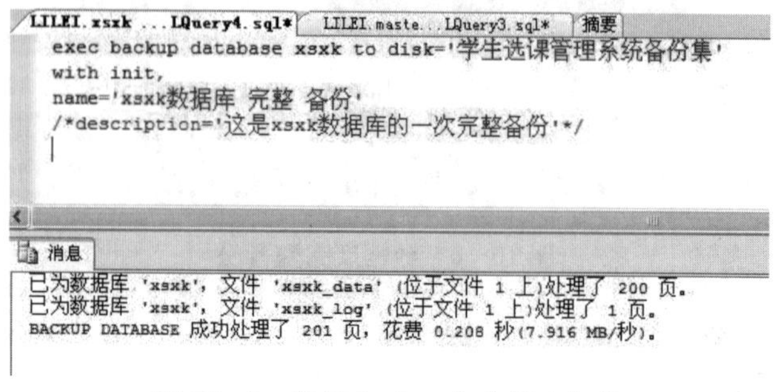

```
exec backup database xsxk to disk='学生选课管理系统备份集'
with init,
name='xsxk数据库 完整 备份'
/*description='这是xsxk数据库的一次完整备份'*/
```

```
已为数据库 'xsxk', 文件 'xsxk_data' (位于文件 1 上)处理了 200 页。
已为数据库 'xsxk', 文件 'xsxk_log' (位于文件 1 上)处理了 1 页。
BACKUP DATABASE 成功处理了 201 页, 花费 0.208 秒(7.916 MB/秒)。
```

图 10－8　使用 backup 命令创建备份

② 差异备份：也被称为增量备份的一种变体，是数据库备份策略中的一种高效方法。它并不依赖于事务日志进行恢复，而是创建一个自上次完整备份以来，数据库中所有发生变化的数据的新映像。与最初的完整备份相比，差异备份的数据量更小，因为它仅包含自那次完整备份之后所做的修改。这种备份方式的显著优点在于其存储效率和恢复速度较高，因此，建议每天执行一次差异备份，以确保数据的安全性和恢复效率。

【实例 10－4】 在实例 10－3 创建的完整备份的基础上追加一个 xsxk 数据库的差异备份，备份结果保存在实例 10－1 中创建的“学生选课管理子系统备份集”备份设备。

方法 1：使用 SSMS 管理工具差异备份数据库

第 1 步：打开 SSMS 管理工具，在“对象资源管理器”窗格中展开“数据库”，右键单击选中 xsxk 数据库弹出快捷菜单中选择“任务”|“备份”，弹出“备份数据库”对话框。

第 2 步：在弹出的“备份数据库”对话框中“选择页”的“常规”选项，备份类型选择：差异；备份组件：数据库；备份介质：磁盘；“添加”按钮选取“备份的目录”（文件夹中还是备份设备上），如图 10－9 所示。

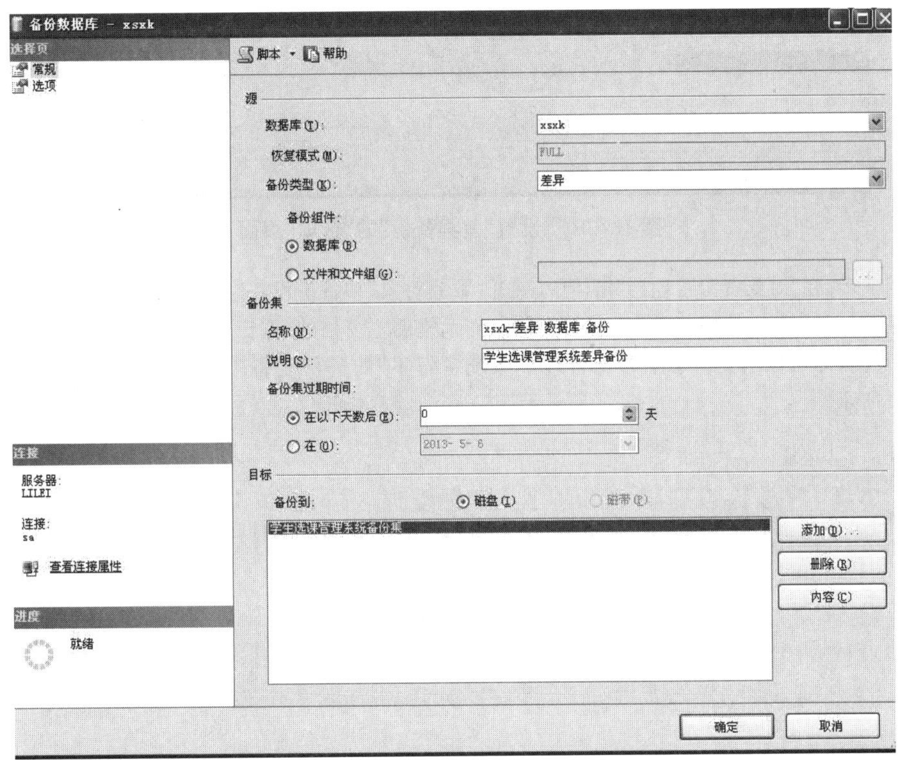

图 10－9 “备份数据库”对话框中信息设置

第 3 步：选择“选择页”的“选项”选项，选择“追加到现有备份集”单选按钮，以免覆盖现有的完整备份，启用“完成后验证备份”，确保备份完成后是一致的。具体设置情况如图 10－10 所示。

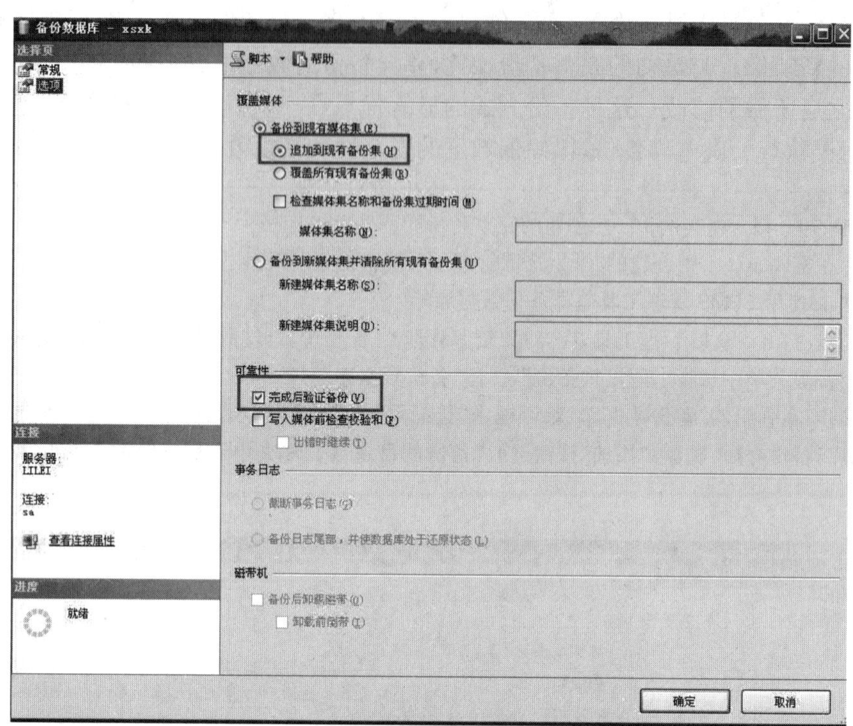

图 10-10　设置“差异备份”的“选项”页面

第 4 步:在“对象资源管理器”窗体中,展开“服务对象”|“备份设备”,右击备份设备“学生选课管理子系统备份集”,在快捷菜单中打开的“属性”对话框的左窗格的“选择页”处单击选择并打开“介质内容”页面,即可以看到“学生选课管理子系统备份集”的备份设备中新增加了差异备份。如图 10-11 所示。

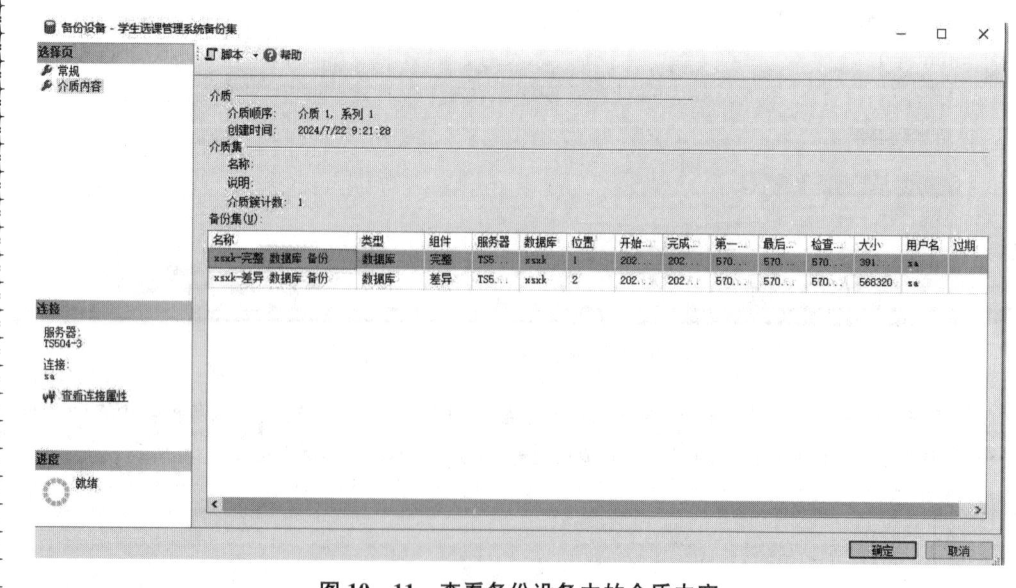

图 10-11　查看备份设备中的介质内容

方法 2:使用 backup 命令创建数据库差异备份

创建数据库差异备份也可以使用 backup 命令,差异备份的语法与完整备份的语法相似,进行差异备份的语法格式如下:

```
backup database <数据库名>
to <目录设备>
[ with
differential
name=备份的名称
descripition=[备份描述]
init|noinit]
```

其中 with differential 子句指定此次备份是差异备份,其他选项与完整备份相似,这里就不再赘述了。

- 针对 xsxk 数据库创建完全数据库备份集 xsxk. bak,目标磁盘为 D:\ user \ xsxk. bak,现数据库完全备份的代码如下:

```
backup database xsxk to disk='d:\user\xsxk.bak'
```

- 在 xsxk 数据库中新建数据表 stuTemp,内容自定,然后针对 xsxk 数据库创建差异备份 xsxk_diff。stuTemp 数据表的结构设计参考 SQL 语句:

```
/* 在 xsxk 数据库中创建数据表 stuTemp */
use xsxk
go
create table stuTemp
(
xh char(8) not null,   /* 学号列 xh */
xm char(10),   /* 姓名列 xm */
xb char(2),   /* 性别列 xb */
primary key(xh)   /* 学号列 xh 是主键 */
)
/* 对 xsxk 数据库做一次差异备份 */
use master
go
backup database xsxk to disk='xsxk_diff.bak' with differential
```

③ 事务日志备份:事务日志是一个单独的文件,它记录数据库的改变,备份的时候只需要复制自上次备份以来对数据库所做的改变,所以只需要很少的时间。为了使数据库具有鲁棒性,推荐每小时甚至更频繁的备份事务日志。

恢复模式决定了事务日志的管理方式。当恢复模式设置为 SIMPLE 时,SQL Server 会在每次检查点时自动截断事务日志。因此,不需要手动备份事务日志,这个过程是自动进行的。当尝试备份一个设置为 SIMPLE 恢复模式的数据库的事务日志时,会收到这个错误消息。

解决方法:

如果需要备份事务日志,确保数据库的恢复模式不是 SIMPLE。可以使用以下 SQL 命令更改恢复模式:

```
use master;
go
alter database [YourDatabase] set recovery full;
go
```

【实例 10-5】 对 xsxk 数据库进行事务日志备份,备份结果保存在课堂实例 10-1 中创建的"学生选课管理子系统备份集"备份设备。

方法 1:使用 SSMS 管理工具创建事务日志备份

第 1 步:打开 SSMS 管理工具,在"对象资源管理器"窗格中展开"数据库",右键单击选中"xsxk"数据库弹出快捷菜单中选择"任务"|"备份",弹出"备份数据库"对话框。

第 2 步:在弹出的"备份数据库"对话框中"选择页"的"常规"选项,备份类型选择:事务日志;备份组件:数据库;备份介质:磁盘;"添加"按钮选取"备份的目录"(文件夹中还是备份设备上),如图 10-12 所示。

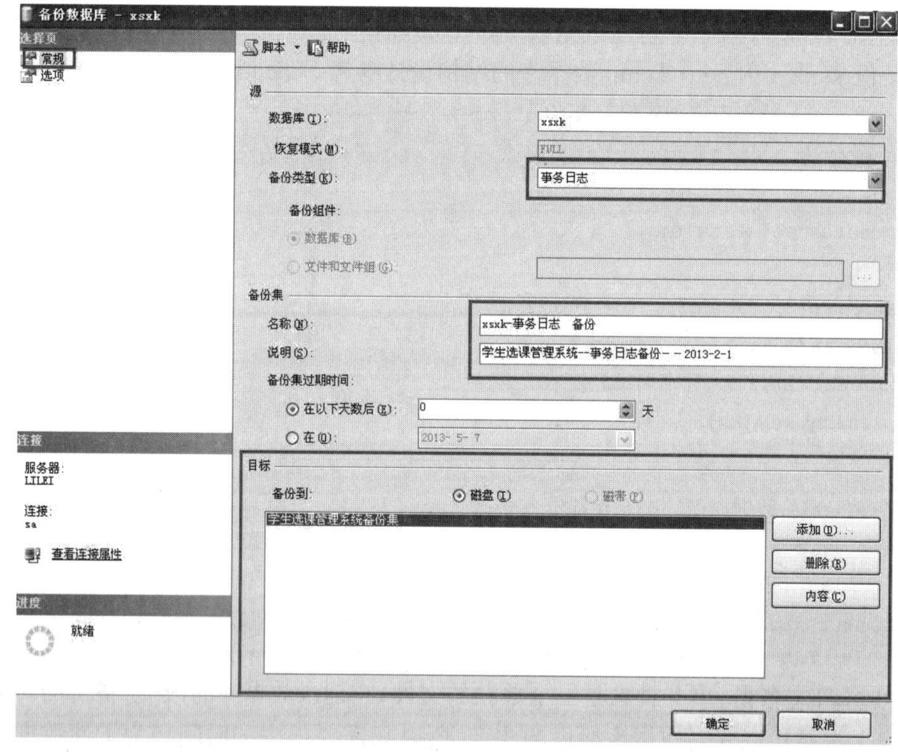

图 10-12 设置事务日志备份的"常规"页面

第 3 步:选择"选择页"的"选项",选择"追加到现有备份集"单选按钮,以免覆盖现有的完整备份,启用"完成后验证备份",确保备份完成后是一致的。具体设置情况如图 10-13 所示。

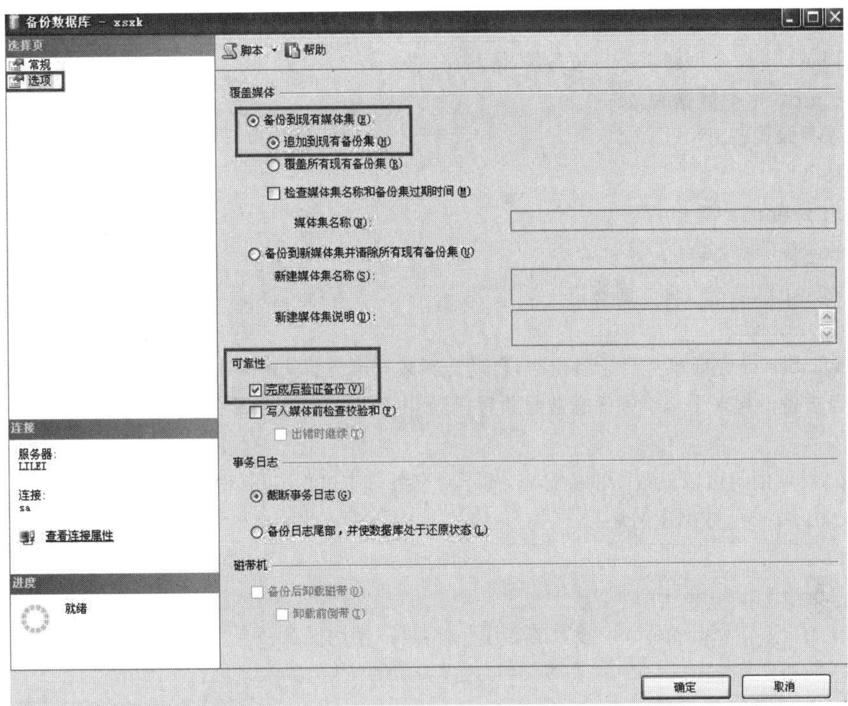

图 10－13　事务日志备份的“选项”页面

第 4 步：在“对象资源管理器”窗体中，展开“服务对象”|“备份设备”，右击备份设备“学生选课管理子系统备份集”，在快捷菜单中打开的“属性”对话框的左窗格的“选择页”处单击选择并打开“介质内容”页面，即可看到“学生选课管理子系统备份集”的备份设备中新增加了事务日志备份。如图 10－14 所示。

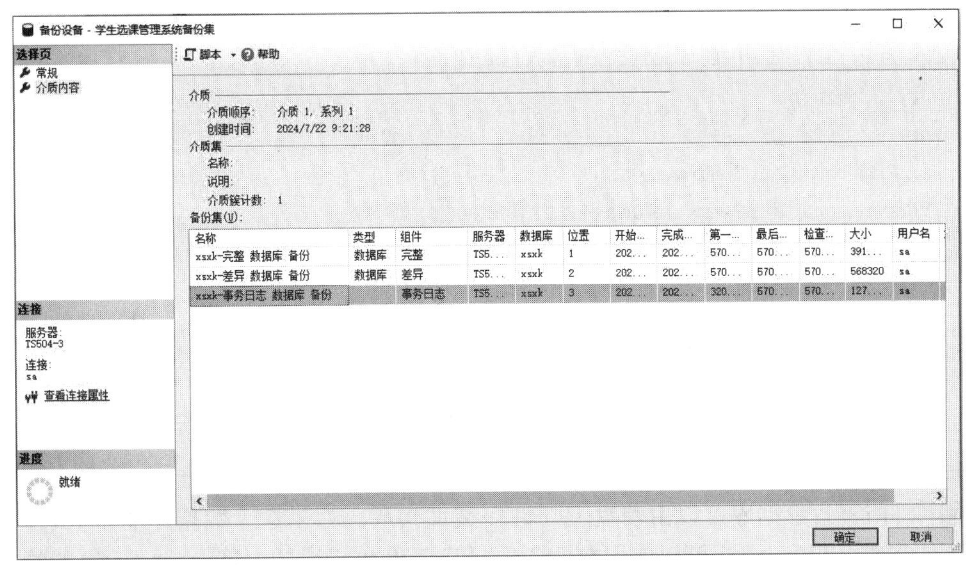

图 10－14　查看事务日志备份中的介质内容

方法2:使用 backup 命令

使用 backup 命令创建事务日志备份,语法格式如下:

```
backuplog < 数据库名>
to <目录设备>
[ with
differential
name=备份的名称
descripition=[备份描述]
init|noinit]
```

当 SQL Server 完成事务日志备份时,自动截断数据事务日志中不活动的部分(已经完成的事务日志,已经被备份起来了),事务日志被截断后,释放出的空间可以被重复使用,避免了日志文件的无限增长。

backup log 语句可以只截断事务日志,而不对事务日志进行备份,语法格式如下:

```
backup log <数据库名>
with
no log|trancate_only
```

其中,no log 与 trancate_only 参数的作用一样,可以使用任意一个。

【实例 10-6】 对 xsxk 数据库中事务日志中不活动的部分截断,并且不对其进行备份,设计语句如下:

```
backup log xsxk
with no_log
```

在实例 10-4 差异备备份的基础上,向 xsxk 数据库的数据表 stuTemp 插入部分记录,然后针对 xsxk 数据库创建事务日志备份 xsxk_log。

向 stuTemp 数据表中添加的数据参考如下 SQL 语句。

```
/* 为 xsxk 数据库中的 stuTemp 表插入三条记录 */
use xsxk
go
insert into stuTemp values('101','毛毛','男')
insert into stuTemp values('102','童同','女')
insert into stuTemp values('103','牛妞','女')

/* 为 xsxk 数据库创建一次事务日志备份 */
use master
go
backup log xsxk to disk='d:\user\xsxk_log.bak'
```

④ 文件备份:数据库可以由硬盘上的许多文件构成。如果这个数据库非常大,并且一次也不能将它备份完,那么可以使用文件备份每晚备份数据库的一部分。由于一般情况下数据库不会大到必须使用多个文件存储,所以这种备份不是很常用。

10.1.3.6　数据库定时备份计划

(1) 每天的某个固定的时刻(如夜晚 01:00:00,时间可以自主设定的)对 xsxk 数据库进行一次“完全备份”。

第 1 步:打开 SSMS 管理工具,在“对象资源管理器”窗格中展开“管理”,找到“维护计划”,右键单击选中“维护计划向导”,打开“维护计划向导”对话框,如图 10 - 15 所示。

第 2 步:单击“下一步”,进入选择计划属性,输入维护计划的名称:“xsxk 数据库完整备份每天一次”,如图 10 - 16 所示。

图 10 - 15　维护计划向导对话框

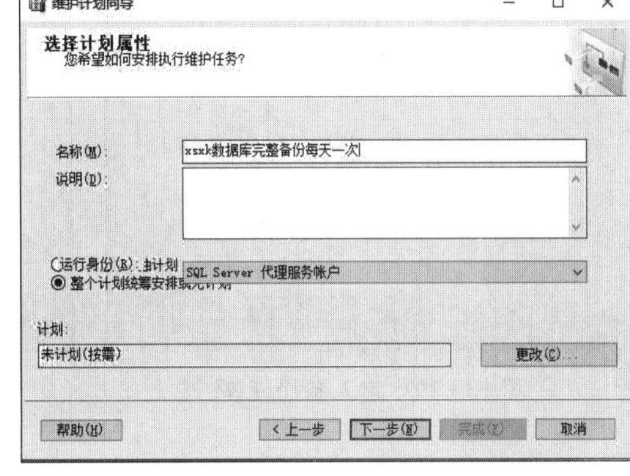

图 10 - 16　设置维护计划的名称

第 3 步:单击维护计划的“更改”,打开“作业计划”,按要求选择每天的凌晨 1:00 开始维护计划,如图 10 - 17 所示。

第 4 步:计划制订完成之后,“确定”“下一步”进入“选择维护任务”对话框,选择“备份数据库(完整)”,单击“下一步”,如图 10 - 18 所示。

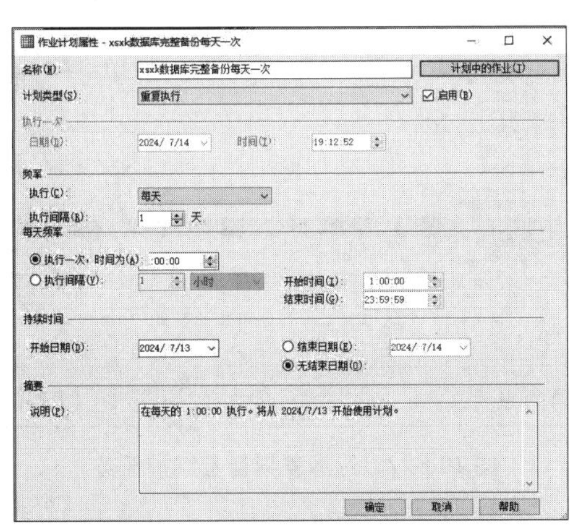

图 10 - 17　制订完整备份维护计划

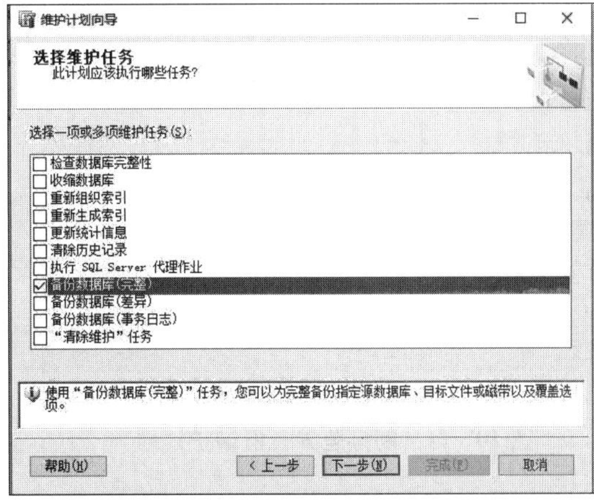

图 10 - 18　选择完整备份维护任务

第 5 步:进入“选择维护计划任务顺序”对话框,直接单击“下一步”即可。

第 6 步:进入“定义备份数据库(完整)任务配置维护任务”,特定数据库中选择“xsxk”,

备份组件，选择“数据库”，如图 10－19 所示，单击“下一步”。

第 7 步：进入“选择报告选项”选项，将报告写入文本文件，可自定义路径，也可以不写入。单击“下一步”，即完成了备份计划的设计，如图 10－20 所示。

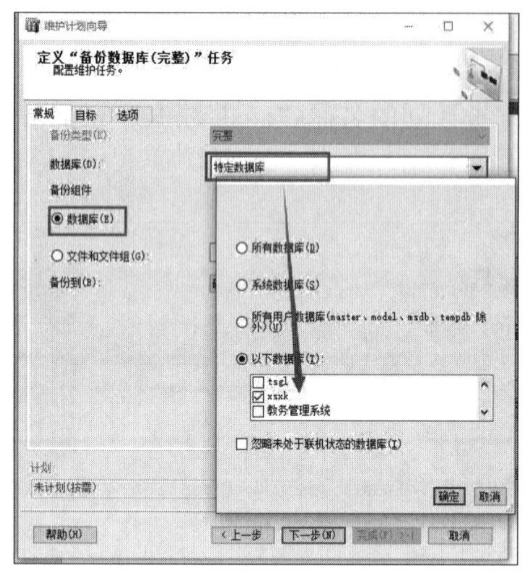

图 10－19　定入备份任务

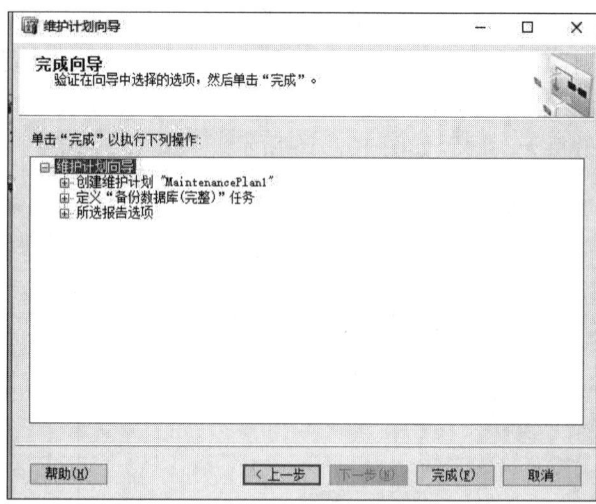

图 10－20　完成维护计划设置

(2) 每天的某个时段(如 0:00:00 至 23:59:59 内)对 xsxk 数据库的事务日志进行“差异备份”。

该任务可以参考(1)中的任务，根据需求设置针对 xsxk 数据库进行的差异备份的维护计划如图 10－21 所示，选择维护任务如图 10－22 所示。

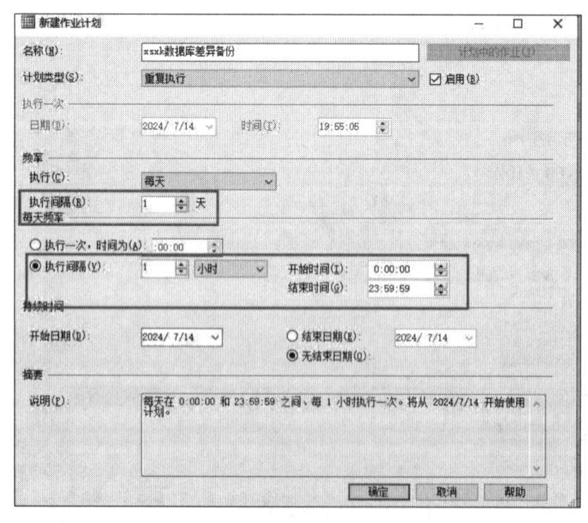

图 10－21　制订差异备份维护计划

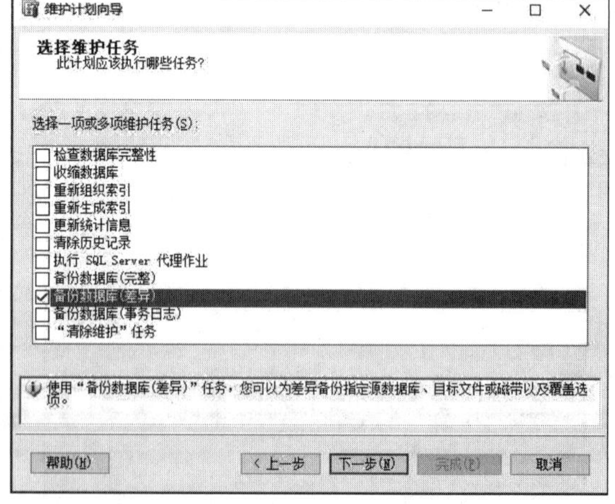

图 10－22　选择差异备份维护任务

(3) 每天保留最近两天的 xsxk 数据库和事务日志的备份(即前一天的和前两天的)，自动地删除久于两天前的所有数据库和事务日志的备份。

该任务也可以参考(1)中的任务，根据需求设置针对 xsxk 数据库进行的事务日志备份的维护计划如图 10－23 所示，选择维护任务如图 10－24 所示。

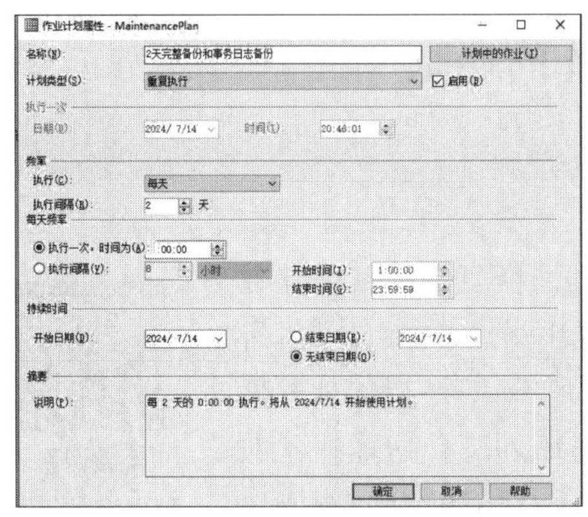

图 10－23　制订两天一次备份维护计划

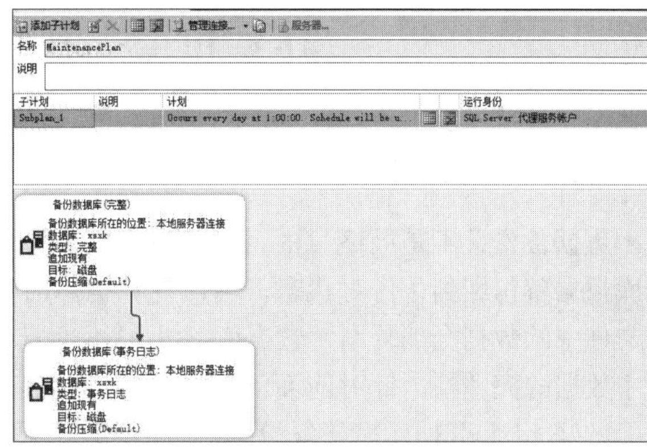

图 10－24　备份策略

10.1.3.7　SQL Server 操作中备份的限制

在 SQL Server 2019 及更高版本中，可以在数据库在线并且正在使用时进行备份。但是，存在下列限制。

(1) 无法备份脱机数据

隐式或显式引用脱机数据的任何备份操作都会失败。一些典型示例如下。

① 请求完整数据库备份，但是数据库的一个文件组脱机。由于所有文件组都隐式包含在完整数据库备份中，此操作将会失败。若要备份此数据库，可以使用文件备份并仅指定联机的文件组。

② 请求部分备份，但是有一个读/写文件组处于脱机状态。由于部分备份需要使用所有读/写文件组，该操作失败。

③ 请求特定文件的文件备份，但是其中有一个文件处于脱机状态。该操作失败。若要备份联机文件，可以省略文件列表中的脱机文件并重复该操作。通常，即使一个或多个数据文件不可用，日志备份也会成功。但如果某个文件包含大容量日志恢复模式下所做的大容量日志更改，则所有文件都必须都处于联机状态才能成功备份。

(2) 备份过程中的并发限制

数据库仍在使用时，SQL Server 可以使用联机备份过程来备份数据库。在备份过程中，可以进行多个操作，例如：在执行备份操作期间允许使用 insert、update 或 delete 语句。但是，如果在正在创建或删除数据库文件时尝试启动备份操作，则备份操作将等待，直到创建或删除操作完成或者备份超时。在数据库备份或事务日志备份的过程中无法执行的操作如下。

① 文件管理操作，如含有 add file 或 remove file 选项的 alter database 语句。

② 收缩数据库或文件操作，包括自动收缩操作。

③ 如果在进行备份操作时尝试创建或删除数据库文件，则创建或删除操作将失败。

④ 如果备份操作与文件管理操作或收缩操作重叠，则产生冲突。无论哪个冲突操作首先开始，第二个操作总会等待第一个操作设置的锁超时。(超时期限由会话超时设置控制)如果在超时期限内释放锁，第一个操作将继续执行。如果锁超时，则第二个操作失败。

任务 10－2　数据库的还原

10.2.1　任务情境

数据备份并不是最终目的，最终目的是恢复数据。恢复数据就是让数据库根据备份回到备份时状态。当恢复数据库时，SQL Server 会自动将备份文件中的数据全部复制到数据库，并回滚任何未完成的任务，以保证数据库中数据的完整性。针对前面汤小米同学犯的错误，假如她在误操作之前已经做好 xsxk 数据库完整备份，那么遇到删除了整个数据库情况，她应该如何做到恢复呢？下面就让我们一起来学习如何恢复数据。

【微课】
数据库的还原

10.2.2　任务实现

第 1 步：在 SSMS 窗口中，展开服务器组，并展开要还原的数据库所在的服务器。

第 2 步：右击“数据库”，弹出快捷菜单中选择“还原数据库”。

第 3 步：在打开的“还原数据库”窗口中选择“源设备”，再单击“源设置”后面的 ... 按钮，弹出一个选定“指定设备”的对话框中，“备份媒体”处选择“备份设备”，然后单击“添加”按钮，选择任务 10－1 中所创建“学生选课管理子系统备份集”备份设备，确定后，返回“还原数据库”的“常规”页面，如图 10－25 所示。

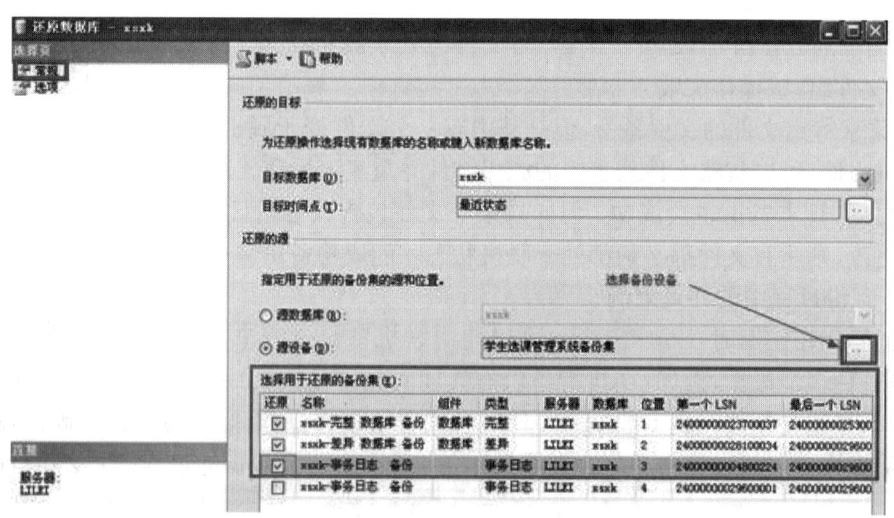

图 10－25　“还原数据库”的“常规”页面

第 4 步：在“还原数据库”的“选项”页面，设置如图 10－26 所示。

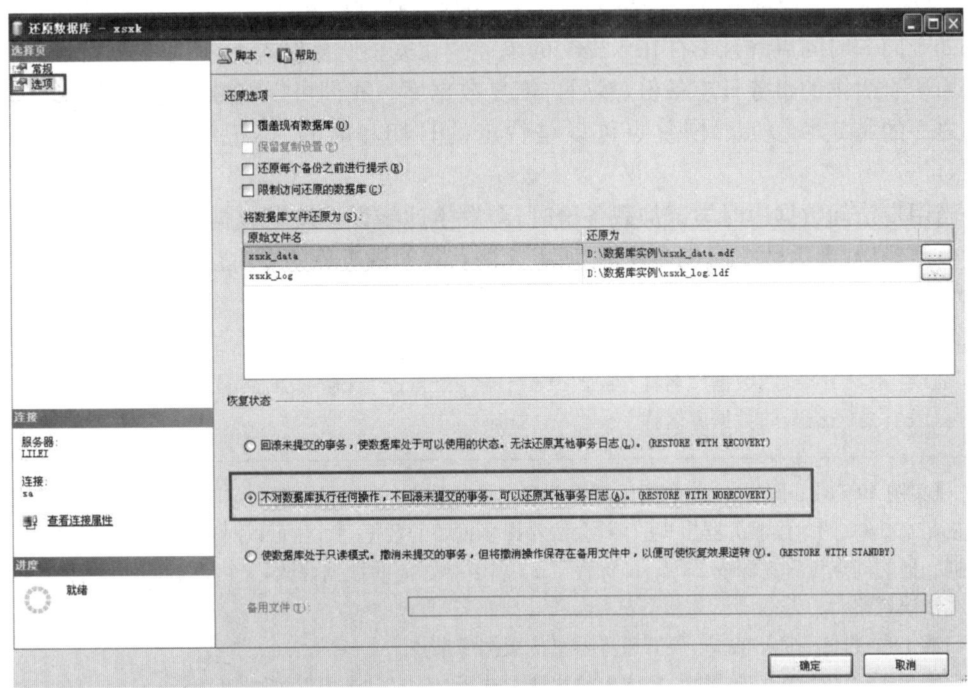

图 10－26　“还原数据库”的“选项”页面

第 5 步：设置完成后，单击“确定”按钮即可开始恢复。

【实例 10－7】　xsxk 数据库的还原。

(1) 接实例 10－4 的应用，根据需要，将 xsxk 数据库恢复到 xsxk 数据库的最初状态。

```
use master
go
restore database xsxk from disk='d:\user\xsxk.bak'
/* 说明：当恢复到最初状态里是没有 stuTemp 数据表的，通过 select 语句测试 */
```

(2) 接实例 10－4 的应用，根据需要，将 xsxk 数据库恢复到创建数据表 stuTemp 后的状态。

```
use master
go
restore database xsxk from disk='d:\user\xsxk.bak' with replace,norecovery
restore database xsxk from disk='d:\user\xsxk_diff.bak'
/* 说明：当恢复到差异备份状态时 stuTemp 数据表只有结构没有数据，通过 select 语句测试 */
```

10.2.3　相关知识

数据库的还原是指将数据库的备份加载到系统中。还原与备份是相对应的操作，备份是还原的基础，没有备份就无法还原。但是，备份系统是在系统正常的情况下执行的操作，而还原是在系统非正常的情况下执行的操作，所以，还原相对于备份而言还是复杂的。

当然，数据库完整还原的目的是还原整个数据库。整个数据库在还原期间处于脱机状态。在数据库的任何部分变为联机之前,必须将所有数据恢复到同一点,即数据库的所有部分都处于同一时间点并且不存在未提交的事务。在完整恢复模式下,还原数据备份之后,必须还原所有后续的事务日志备份,然后再恢复数据库。我们可以将数据库还原到这些日志备份之一的特定恢复点。恢复点可以是特定的日期和时间、标记的事务或日志序列号(LSN)。

当用户访问数据库时尝试加载备份时,会发生此错误。还原数据库或还原日志时可能会发生此错误(因为数据库正在使用,所以无法获得对数据库的独占访问权)。任何用户(包括本人)在使用数据库时,都不能使用 restore database 语句。

解决方法:获取独占访问权:

```
alter database [数据库名称] set offline with rollback immediate
alter database [数据库名称] set online
```

【实例 10-8】 假如 xsxk 数据库每天都有大量的数据,并且每天都会定时事务日志备份。假如深夜 23:00:00 的时候服务器出现故障,会清除许多重要的数据,所以,可以对数据库设置时间点还原数据。把时间点设置在深夜 23 点,即保存了 23:00:00 之前的数据修改,又可以对 23:00:00 之后出现在错误忽略。

第 1 步: 打开 SSMS 窗口,展开服务器里的数据库节点。

第 2 步: 右击“xsxk”数据库,在弹出的快捷中选择“任务”|“还原”|“数据库”。

第 3 步: 在弹出的“还原数据库”对话框中,选择“还原到”后面的“时间线”,打开“备份时间线”窗口,选择“还原到”选项的“特定日期和时间”单选按钮,在“日期”和“时间”中选择或输入具体日期和时间,如图 10-27 所示。

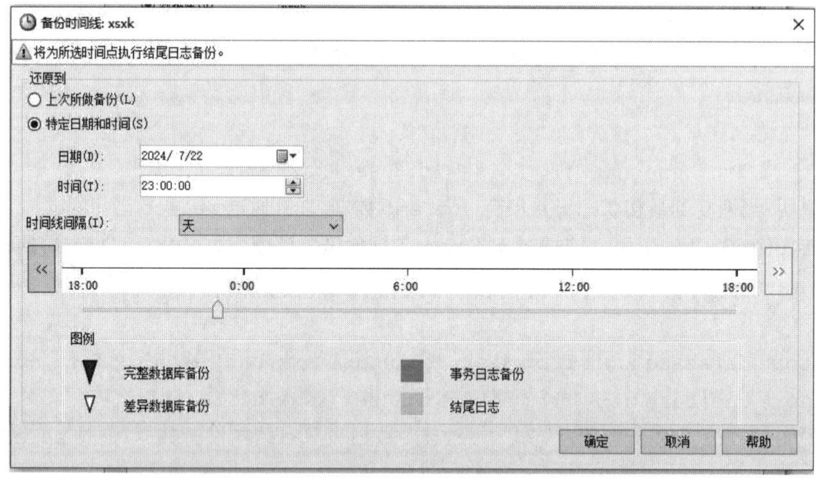

图 10-27 设置还原到“备份时间线”窗口

第 4 步: 单击“确定”按钮,完成设置。

特别提示：

(1) 当执行还原最后一个备份时，必须选择 restore with recovery 选项，否则数据库将一直处于还原状态。

(2) 时间点恢复只适用于事务日志备份，不适用于完整备份和差异备份。

(3) 如在刷新数据库，如发现数据库(正在还原)的状态，如图 10－28 所示，解决的办法：

```
restore database xsxk with recovery
```

图 10－28　数据库正在还原状态

任务 10－3　数据的导出

10.3.1　任务情境

汤小米同学在学习 SQL Server 数据库之前，已经使用过 access 数据库管理系统，她希望将存储在 SQL Server 数据库“xsxk”中的“s”表中的数据能存储在 Access 中。让我们一起来帮助她吧。

【微课】
数据的导出

10.3.2　任务实现

第 1 步： 在本地 D 盘上事先创建一个 xsxk.mdb 的 access 文件 xsxk Micr 104 I。

第 2 步： 打开 SSMS 管理工具，在“对象资源管理器”中，右键单击“xsxk”节点，在弹出的快捷菜单中选择：“任务”|“导出”命令，将打开“SQL Server 导入和导出向导”对话框。

第 3 步： “下一步”进入“选择数据源”界面，选择身份证验的方式，单击“下一步”选择目标页面，如图 10－29 所示。

第 4 步： 设置目标、文件名等信息，如图 10－30 所示。

第 5 步： 单击“下一步”进入“指定表复制或查询”的页面，选中单选按钮“复制一个或多个表或视图的全部数据”后，单击“下一步”。

第 6 步： 进入“选择源表和源视图”的对话框，选中 [xsxk].[dbo].[s] 复选框。

第 7 步： 单击“下一步”进入“保存并执行包”，无须设置页面，单击“下一步”|“完成”，弹出“执行成功”，如图 10－31 所示。

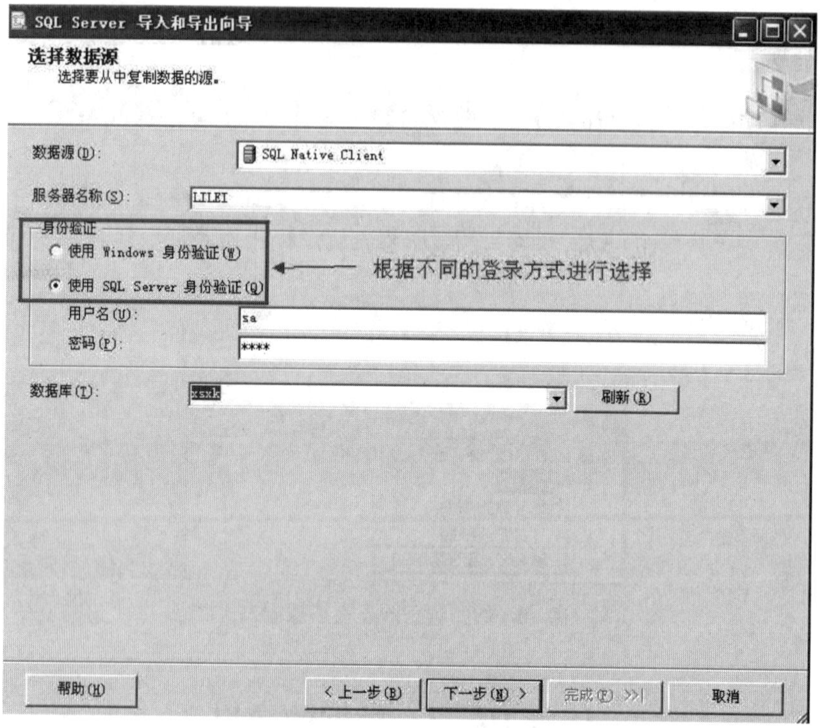

图 10－29　选择数据源

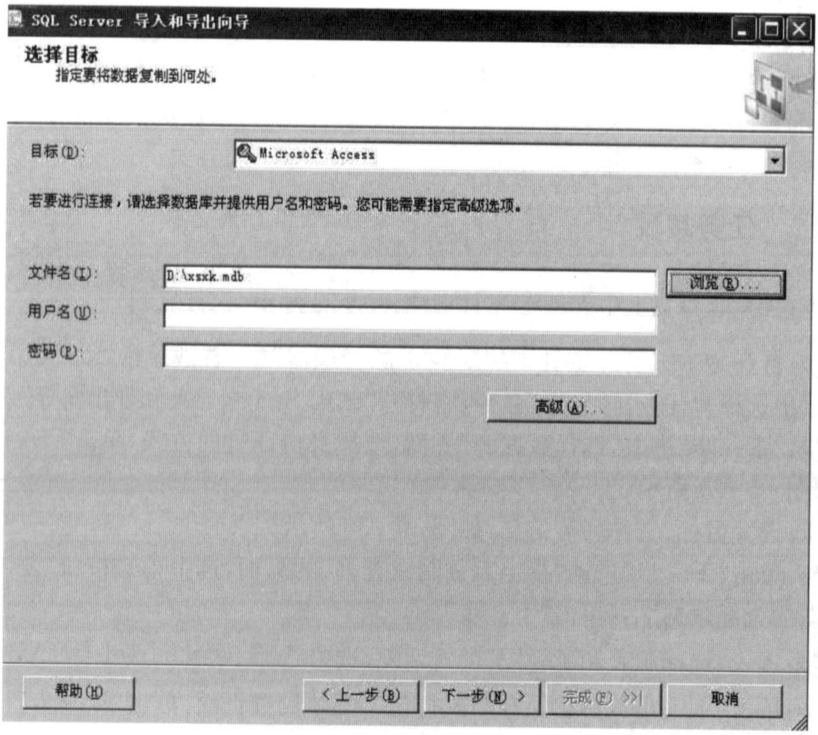

图 10－30　选择目标

图 10 - 31　执行成功

第 8 步:打开 D:\"xsxk. mdb"数据库,查看导出的结果,如图 10 - 32 所示。

xsxk : 数据库 (Access 2000 文件格式)

打开(O)　设计(D)　新建(N)

对象：表　查询　窗体　报表　页　宏　模块

组：收藏夹

使用设计… 使用向导… 通过输入… s

s : 表

sno	sname	class
2011010101	李海平	11网络技术
2011010102	梁海同	11网络技术
2011010103	庄子	11网络技术
2011010104	王飞虎	11网络技术
2011010105	郑安琪	11网络技术
2012010101	王列权	12网络技术1
2012010102	吴宁	12网络技术1
2012010103	叶佳丽	12网络技术1
2012010104	林鹏	12网络技术1
2012010105	俞李婷	12网络技术1
2012010106	陈杨	12网络技术1
2012010107	马佳林	12网络技术1
2012010108	冯雷	12网络技术1
2012010109	董辉	12网络技术1

图 10 - 32　查看导出结果

【实例 10-9】 将 xsxk 数据库的 s 表中的所有数据导出为 excel 数据。

第 1 步:在 D 盘的根目录下创建一个 excel 电子表格,命名为 student。

第 2 步:选中数据库 xsxk(右键)|“任务”|“导出”数据,如图 10-33 所示。

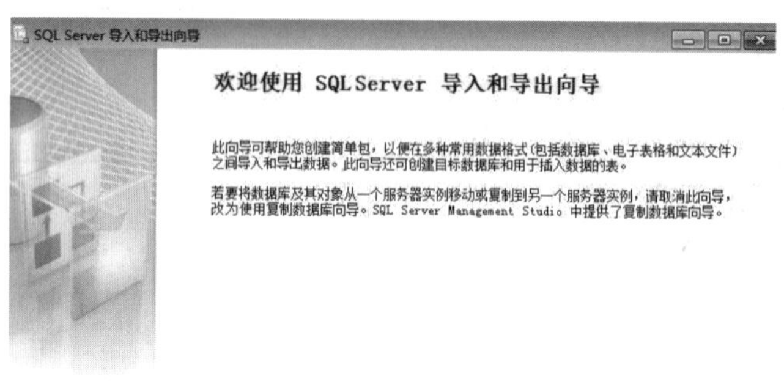

图 10-33 SQL Server 导入和导出向导

第 3 步:选择数据源选择 SQL Native Client ,身份验证选择“使用 SQL Server 身份验证”,输入 sa 的账户登录密码(如果此处 sa 账户的密码没用,可选择“使用 Windows 身份验证”),单击“下一步”即可,如图 10-34 所示。

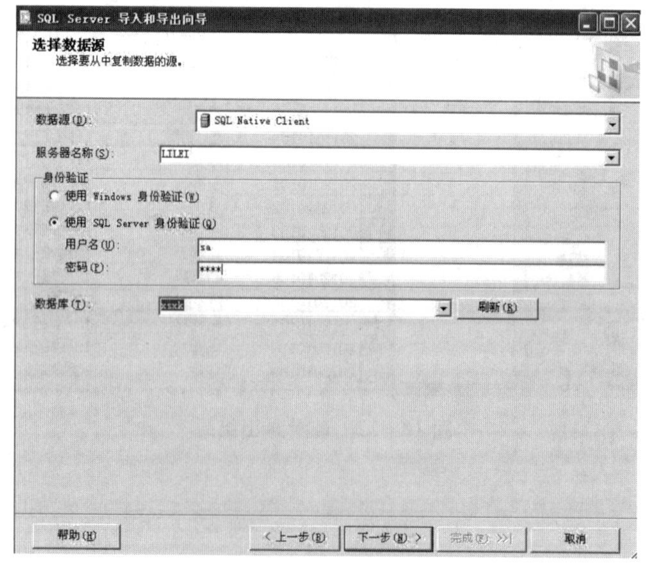

图 10-34 选择数据源

第 4 步:选择目标:Microsoft Excel,文件名浏览选择 D 盘根目录下的 xsxk. xls,如图 10 - 35 所示。

第 5 步:单击“第一步”,选中“复制一个或多个表或视图的数据”。

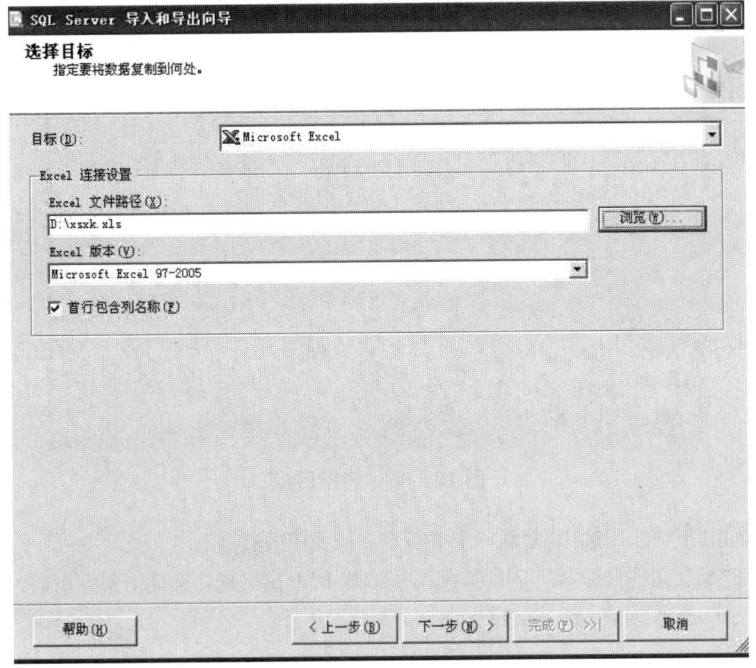

图 10 - 35 选择目标

第 6 步:选中数据库中需要导出的表“s”,选中 [xsxk].[dbo].[s] ,单击“下一步”,弹出“保存并执行”页面,默认设置,单击“下一步”,弹出“完成该向导”页面,选择“完成”按钮,执行成功后,即完成了将 SQL Server 中的数据表转换成 Excel 的操作。

第 7 步:打开 D 盘面的 xsxk. xls 电子表格文件,查看结果。

【实例 10 - 10】 将 xsxk 数据库的 s 表中的所有数据导出为文本文件。

第 1 步:在本地 D 盘下面创建一个命为 s 的文本文件 s. txt。

第 2 步:选中数据库 xsxk(右键)|“任务”| “导出数据”,弹出“SQL Server 导入和导出向导”对话框。

第 3 步:选择数据源选择 SQL,身份验证选择:使用 SQL Server 身份验证,输入 sa 账户的登录密码。

第 4 步:单击“下一步”,弹出“选择目标”页面,设置如图 10 - 36 所示。

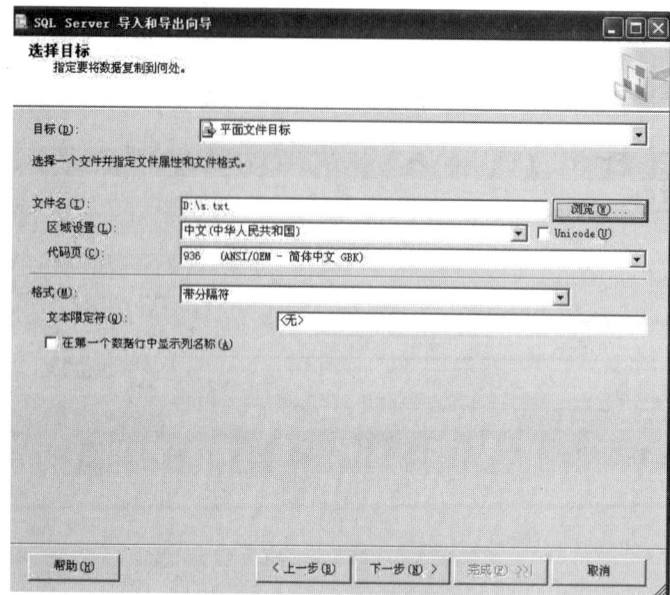

图 10-36 选择目标

第 5 步:单击“下一步”,选中“复制一个或多个表或视图的数据”。

第 6 步:在“配置文件目标”窗口中“源表或源视图”的下拉位置处选择需要导出的 s 表,其余默认设计,如图 10-37 所示。

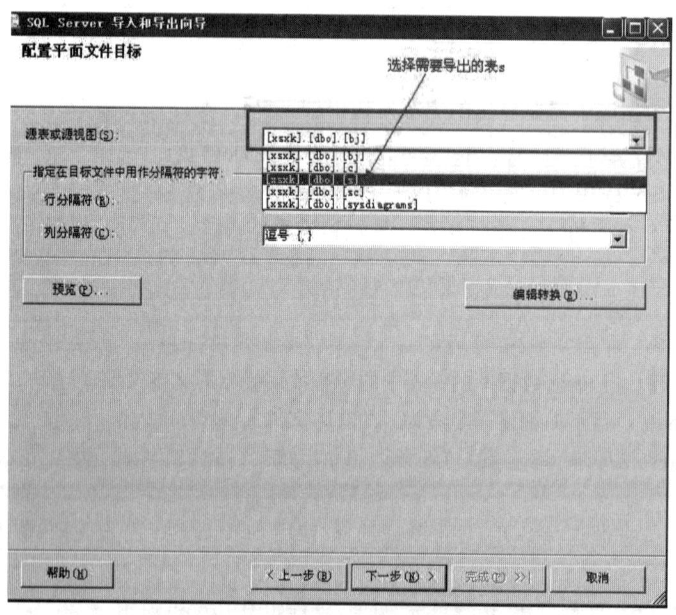

图 10-37 配置平面文件目标

第 7 步:依照提示单击“下一步”,至导出数据执行成功的界面,关闭即可。

第 8 步:查看学生文件夹中 s.txt 文本文件,里面存放的是从 xsxk 数据库中导出的数据表 s。

任务 10－4　数据的导入

10.4.1　任务情境

汤小米同学在学习 SQL Server 数据库之前，已经使用过 Access 数据库管理系统，当然，她希望将存储在 Access 数据库“教学管理系统”中的“学生档案”表中的数据能存储在 SQL Server 数据库 xsxk 中，让我们一起来帮助她吧！

【微课】
数据的导入

10.4.2　任务实现

第 1 步：启动 SSMS，在“对象资源管理器”窗口中，展开“数据库”|xsxk 数据库节点。选中并右键单击，在弹出的快捷菜单中选择“任务”|“导入数据”，弹出“SQL Server 导入和导出向导”对话框。

第 2 步：单击“下一步”，弹出“选择数据源”页面中，数据源处选择“Microsoft Access”，设置如图 10－38 所示。

图 10－38　“选择数据源”页面

第 3 步：单击“下一步”，弹出“选择目标”对话框，目录选择“SQL Native Client”，其他设置如图 10－39 所示。

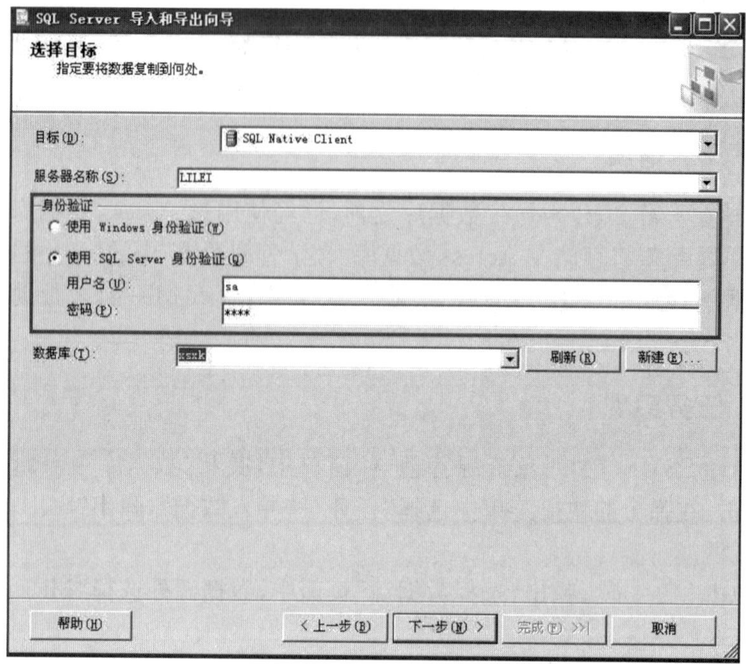

图 10-39 “选择目标”页面

第 4 步:单击“下一步”,弹出“表复制或查询”对话框,选中“复制一个或多个表或视图的数据”选项,继续单击“下一步”,弹出“选择源表和源视图”的对话框,如图 10-40 所示。

图 10-40 “选择源表和源视图”页面

第 5 步：单击“下一步”，继续数据的导出至弹出“执行成功”对话框。

第 6 步：在“对象资源管理器”窗格中刷新 xsxk 数据库，即可查看到 xsxk 数据库中多增加了一数据表，即为导入的数据表“学生档案表”。

【实例 10－11】 将已经创建好的工资.xls 电子表中的数据导入 xsxk 数据库中。

第 1 步：启动 SSMS，在“对象资源管理器”窗口中，展开“数据库”|xsxk 数据库节点。选中并右键单击，在弹出的快捷菜单中选择“任务”|“导入数据”，弹出“SQL Server 导入和导出向导”对话框。

第 2 步：单击“下一步”，弹出“选择数据源”页面中，数据源处选择 Microsoft Excel，设置如图 10－41 所示。

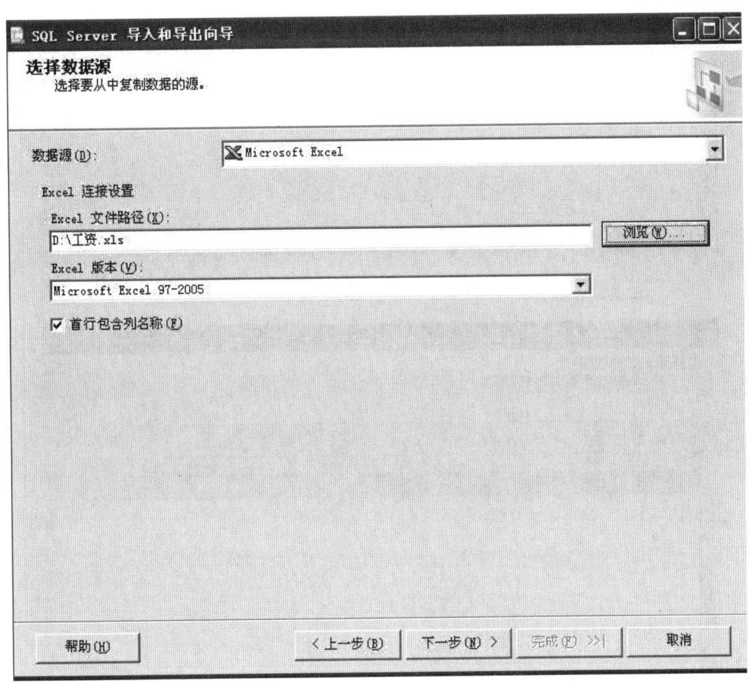

图 10－41　选择数据源

第 3 步：单击“下一步”，弹出“选择目标”对话框，目录选择“SQL Native Client”，其他设置如图 10－42 所示。

第 4 步：单击“下一步”，弹出“表复制或查询”对话框，选中“复制一个或多个表或视图的数据”选项，继续“下一步”，弹出“选择源表或源视图”的对话图，如图 10－43 所示。

第 5 步：单击“下一步”，继续数据的导出至弹出“执行成功”对话框。

第 6 步：在“对象资源管理器”窗格中刷新“xsxk”数据库，即可查看到“xsxk”数据库中多增加了一数据表，即为导入的数据表“sheet1＄”。

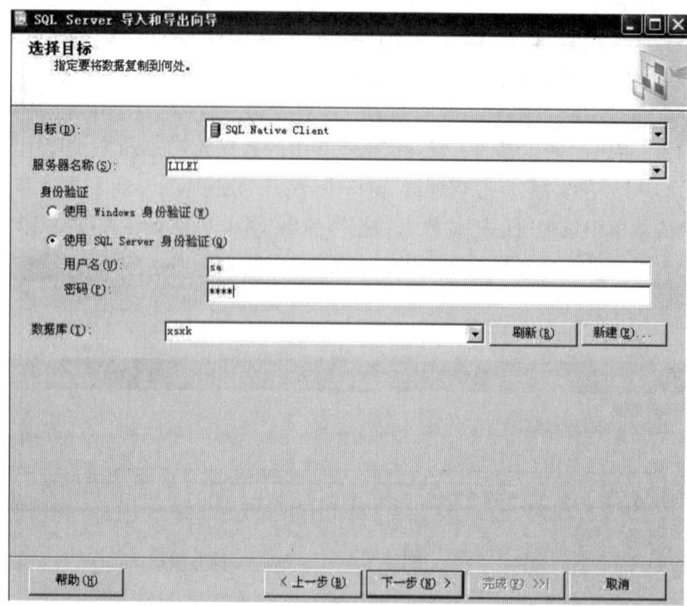

图 10-42　选择目标

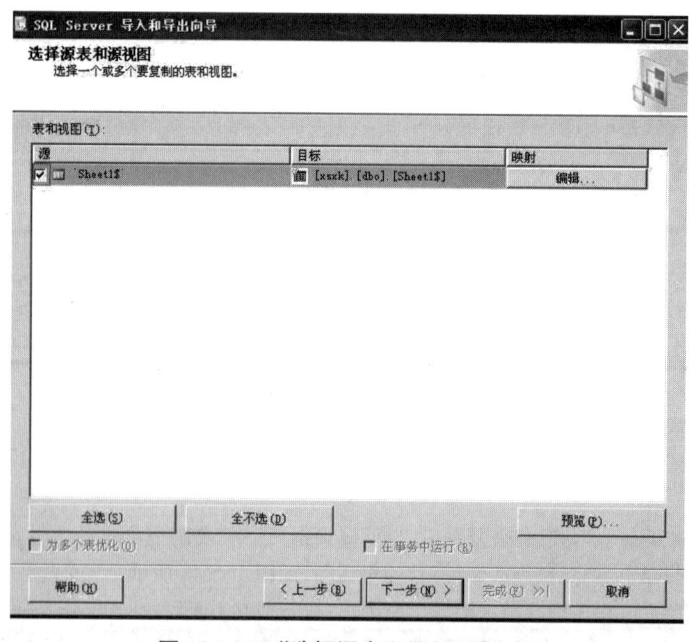

图 10-43　“选择源表和源视图”页面

【实例 10-12】　将已经生成的文本文件数据导入“xsxk”数据库中。

第 1 步:打开记事本,输入以下内容,保存在 D 盘根下,命名“c. txt”。

c013,PHP 程序设计,2

c014,HTML 标记语言,3

c015,局域网组建,3

第 2 步：启动 SSMS，在“对象资源管理器”窗口中，展开“数据库”|xsxk 数据库节点。选中并右键单击，在弹出的快捷菜单中选择“任务”|“导入数据”，弹出“SQL Server 导入和导出向导”对话框。

第 3 步：单击“下一步”，弹出“选择数据源”页面中，数据源处选择“平面文件源”，设置如图10－44所示。

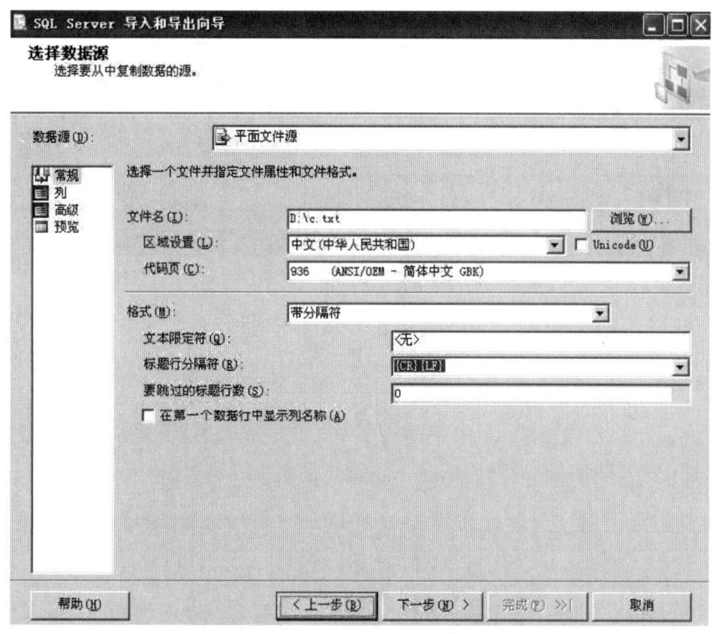

图 10－44　“选择数据源”页面

第 4 步：单击“下一步”，弹出“选择目标”对话框，目录选择“SQL Native Client”，其他设置如图10－45所示。

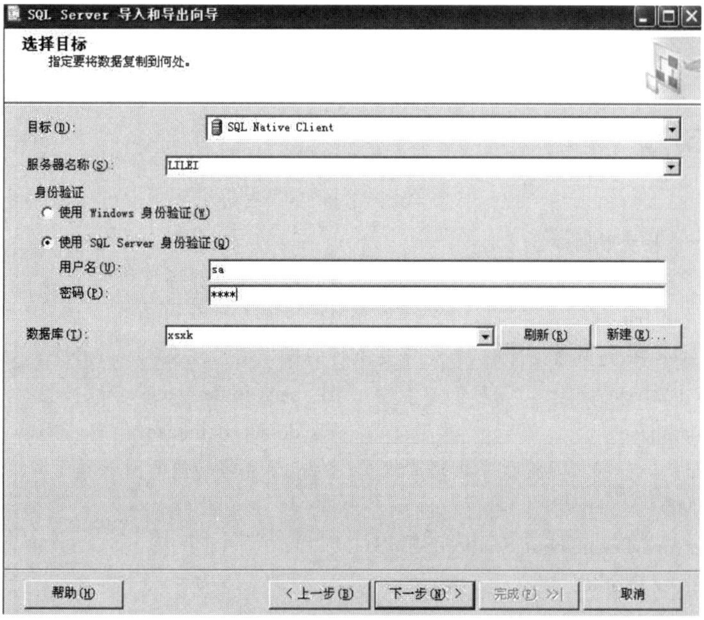

SQL Server 导入和导出向导
选择目标
指定要将数据复制到何处。
目标(D): SQL Native Client
服务器名称(S): LILEI
身份验证
使用 Windows 身份验证(W)
使用 SQL Server 身份验证(Q)
用户名(U): sa
密码(P): ****
数据库(T): xsxk　刷新(R)　新建(E)...
帮助(H)　< 上一步(B)　下一步(N) >　完成(F) >>|　取消

图 10－45　选择目标

第 5 步:单击“下一步”,弹出“表复制或查询”对话框,选中“复制一个或多个表或视图的数据”选项,继续单击“下一步”,弹出“选择源表和源视图”对话框,如图 10-46 所示。

第 6 步:单击“下一步”,继续数据的导出至弹出“执行成功”的对话框。

第 7 步:在“对象资源管理器”窗格中刷新 xsxk 数据库,即可查看到 xsxk 数据库中“c”中多增加了一行数据。

图 10-46 “选择源表和源视图”页面

课堂习题

一、选择题

1. (　　)备份最耗费时间。

   A. 数据库完整备份　　B. 数据库差异备份

   C. 事务日志备份　　D. 文件和文件组备份

2. 在 SQL Server 中,还原数据库时,首先需要执行的操作通常涉及(　　)命令。

   A. restore database　　B. backup database

   C. attach database　　D. detach database

3. SQL Server 的(　　)工具提供了数据库维护、备份、还原等功能的图形界面。

   A. SQL CMD

   B. SQL Server Management Studio (SSMS)

   C. SQL Server Profiler

   D. SQL Server Integration Services (SSIS)

4. 下列(　　)不是 SQL Server 数据库备份的常见类型。

A. 完全备份　　B. 差异备份
C. 增量备份　　D. 事务日志备份

5. 在 SQL Server 中，使用 bcp 工具主要用于（　　）操作。
A. 数据库的备份　　B. 数据库的还原
C. 数据的导入导出　　D. 索引的重建

6. （　　）SQL Server 命令用于导入数据到数据库表中。
A. insert into ... select ...　　B. bulk insert
C. restore database　　D. backup database

7. SQL Server 的（　　）文件里记录了所有对数据库所做的更改，可用于恢复操作。
A. 错误日志　　B. 事务日志
C. 备份日志　　D. 审计日志

8. 以下（　　）不是数据库日常维护的常规任务。
A. 备份数据库　　B. 更新系统时间
C. 监控数据库性能　　D. 定期优化查询

9. 在 SQL Server 中，执行数据库的完整备份时，默认也会备份（　　）。
A. 系统数据库　　B. 事务日志
C. 索引　　D. 用户定义的数据类型

10. 在 SQL Server 中，用户应备份（　　）内容。
A. 记录用户数据的所有用户数据库　　B. 记录系统信息的系统数据库
C. 记录数据库改变的事务日志　　D. 以上所有。

二、判断题

1. 数据库的导出操作主要是将数据库中的数据转换为特定格式的文件，以便迁移或备份。（　　）

2. SQL Server 的 restore database 命令可以直接从文本文件(如.txt 或.csv)中还原数据库。（　　）

3. 数据库的备份与还原操作可以完全替代定期的数据导出操作。（　　）

4. 在 SQL Server 中，事务日志的开启是可选的，不是所有数据库都必须有事务日志。（　　）

5. 使用 SQL Server Management Studio (SSMS)可以方便地执行数据库的备份、还原、导入和导出操作。（　　）

三、填空题

1. 数据库的日常维护中，__________和__________是保障数据安全性的重要手段。

2. 在 SQL Server 中，虽然直接导出数据库到 SQL 文件通常通过 SSMS 的图形界面完成，但可以使用 sqlcmd 工具结合重定向操作符(如>)将查询结果导出到文件，或者使用 backup database 命令生成数据库的__________文件。

3. 数据库的__________日志记录了所有事务的开始、结束和修改数据的操作，是数据库恢复和复制功能的基础。

4. 数据库的__________操作是保护数据免受意外丢失或损坏的重要措施。

5. SQL Server 支持从 Excel 文件、文本文件等多种数据源__________数据到数据库中。

课堂实践

以本教材通用数据库实例 xsxk 为基础，使用 SSMS 图形化管理工具备份和还原数据库。

【10-C-1】使用 SSMS 工具针对刚附加至服务器中的 xsxk 数据库作一次完整备份，备份文件 xsxk.bak 存放在 Backup 文件夹中，假设 Backup 文件夹存放在 D 盘。

【10-C-2】使用 SSMS 工具针对 xsxk 数据库作一次差异备份，备份文件 xsxk_diff. bak 存放在 Backup 文件夹中，要求：将 s 表的所有数据存放在 stu_s 中生成一张永久表。

```
use xsxk
go
select * into stu_s from s
```

针对此次操作，使用 SSMS 工具完成一次差异备份。

【10-C-3】使用 SSMS 工具针对 xsxk 数据库作一次日志备份，备份文件 xsxk_log. bak 存放在 Backup 文件夹中。要求：将 stu_s 表中所有的男生数据删除。

```
use xsxk
go
delete from stu_s where ssex='男'
select * from stu_s
```

针对此次操作，使用 SSMS 工具完成一次事务日志备份。

【10-C-4】使用 SSMS 工具针对 xsxk 数据库分别执行以下操作完成数据库的还原。

(1) 还原到数据库最初的状态(xsxk. bak)。

(2) 还原到生成永久表 tb_s 后的状态(xsxk_diff. bak)。

(3) 还原到删除指定表 tb_s 中男同学信息后的状态(xsxk_log. bak)。

扩展实践

【10-B-1】数据库的备份。

(1) 针对 xsxk 数据库创建完全数据库备份集 stu. bak，目标磁盘为 D:\ userBak \ stu. bak。

(2) 在 xsxk 数据库中新建数据表 sinfo1，内容自定，然后针对 xsxk 数据库创建差异备份 stu_diff1，存放“D:\userBak”。sinfo1 数据表的结构设计要参考 SQL 语句。

```
/* 在 xsxk 数据库中创建数据表 sinfo */
use xsxk
go
create table sinfo1
(
sno char(8) not null,
sname char(10),
ssex char(2),
primary key(sno)
)
```

(3) 向 xsxk 数据库的数据表 sinfo1 插入部分记录，然后针对 xsxk 数据库创建事务日志备份 stu_log，存放“D:\userBak”。

向 sinfo1 数据表中添加的数据可参考如下 SQL 语句。

```
/* 为 xsxk 数据库中的 sinfo1 表插入五条记录 */
use studentxk
go
insert into sinfo1 values('1001','张海','男')
insert into sinfo1 values('1002','秦怡兰','女')
```

```
insert into sinfo1 values('1003','章文智','男')
insert into sinfo1 values('1004','刘涛贤','女')
insert into sinfo1 values('1005','蔡斌宇','男')
```

【10-B-2】数据库的还原。

(1) 接【10-B-1】(1)的内容，根据需要，将 xsxk 数据库恢复到 xsxk 数据库的最初状态。

(2) 接【10-B-1】(2)的内容，根据需要，将 xsxk 数据库恢复到创建数据表 sinfo1 后的状态。

(3) 接【10-B-1】(3)的内容，根据需要，将 xsxk 数据库恢复到在 sinfo1 表插入记录后的状态。

进阶提升

【10-A-1】文件或文件组备份。

(1) 针对现有 xsxk 数据库创建完全文件和文件组备份集 stu_file，目标磁盘：disk='d:\userBak\xsxk_file.bak'。

(2) 在 xsxk 数据库中新建数据表 sinfo2，然后针对 xsxk 数据库创建差异文件和文件组备份，备份文件名为 xsxk_diff2，目标磁盘：disk='d:\userBak\xsxk_diff2.bak'，sinfo2 数据表的结构设计可参考【10-B-1】(2)的内容。

(3) 向 xsxk 数据库的数据表 sinfo2 插入部分记录，然后针对数据库 xsxk 创建事务日志文件和文件组备份，备份文件名为 xsxk_log1.bak，目标磁盘：disk='d:\userBak\xsxk_log2.bak'。向 sinfo2 数据表中添加的数据可参考如下 SQL 语句。

```
/* 为 xsxk 数据库中的 sinfo2 表插入五条记录 */
use xsxk
go
insert into sinfo2 values('20200101','童小芳','女','20')
insert into sinfo2 values('20200102','张馨之','女','19')
insert into sinfo2 values('20200103','毛小理','男','19')
insert into sinfo2 values('20200104','平萍','女','21')
insert into sinfo2 values('20200105','杨洋','男','20')
```

【10-A-2】文件或文件组还原。

(1) 接【10-A-1】(1)的内容，根据需要，将 xsxk 数据库以文件和文件组方式恢复到创建数据表 sinfo2 前的状态。

(2) 接【10-A-1】(2)的内容，根据需要，将 xsxk 数据库以文件和文件组方式恢复到数据表 sinfo2 插入记录后的状态。

(3) 接【10-A-1】(3)的内容，根据需要，将 xsxk 数据库以文件和文件组方式恢复到数据表 sinfo2 插入记录后的状态。

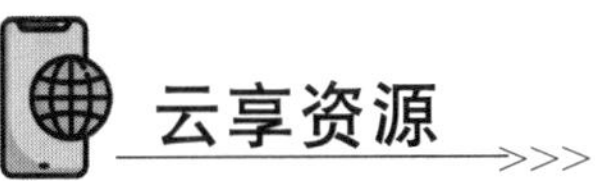

⊙ 教学课件
⊙ 教学教案
⊙ 配套实训
⊙ 参考答案
⊙ 实例脚本

【微信扫码】

项目 11　数据库的安全管理

【项目概述】

本项目旨在通过 SQL Server 环境，深入理解和实践数据库的安全管理机制，包括登录账户的管理、权限的授予与撤销以及角色管理。通过本项目的实施，学生能够掌握 SQL Server 数据库的安全性配置，确保数据库系统的数据不被非法访问、泄露或破坏。

【知识目标】

1. 理解数据库安全性的重要性，认识数据库安全在保护数据完整性、保密性和可用性方面的关键作用。

2. 掌握 SQL Server 的认证模式，了解 Windows 身份验证和 SQL Server 身份验证两种模式，并理解其应用场景和配置方法。

3. 熟悉登录账户的管理，包括创建、修改、删除登录账户，以及设置密码策略等。

4. 理解并实践权限管理，学习如何授予、拒绝和撤销数据库对象的权限，确保数据访问的安全性。

5. 掌握角色管理，了解固定服务器角色和固定数据库角色的概念，学习如何创建自定义角色，并将用户添加到角色中以管理权限。

【能力目标】

1. 能创建和管理 SQL Server 的登录账户，包括使用 SQL Server Management Studio (SSMS)和 SQL 语句的创建、修改和删除登录账户。

2. 能管理数据库用户账号和权限，为用户分配数据库访问权限，并根据需要对权限进行调整。

3. 能管理服务器和数据库角色，能够创建自定义角色，将用户添加到角色中，并管理角色的权限。

4. 能评估和改进数据库安全性，根据实际需求，评估现有数据库的安全性，并制订相应的改进措施。

【素养目标】

1. 培养安全意识，增强对数据库安全性的重视程度，了解安全漏洞可能带来的严重后果。

2. 培养面对数据库安全问题时，能够迅速定位问题原因并提出解决方案的能力。

3. 培养团队协作能力，能够与其他成员协作完成数据库安全性的配置和管理。

【重点难点】

教学重点：

1. 理解并掌握 Windows 身份验证和 SQL Server 身份验证的配置方法。

2. 登录账户与数据库用户的管理，包括登录账户的创建、修改、删除，以及数据库用户的创建和权限分配。

3. 如何授予、拒绝和撤销数据库对象的权限，确保数据访问的安全性。

4. 理解角色在权限管理中的作用，学习如何创建自定义角色并管理其权限。

教学重点：

1. 理解数据库安全性的复杂性，学生需要全面理解其复杂性和相互关联。

2. 在授予和撤销权限时，需要精确控制权限的范围和粒度，以避免过度授权或权限不足的问题。

3. 角色管理可以简化权限管理，但如何根据实际需求创建和管理角色是一个挑战。

【知识框架】

本项目知识内容覆盖了 SQL Server 数据库安全管理的核心内容，从认证模式配置、登录账户与用户管理、权限精细控制到角色管理，构建了一个系统化的学习路径。学生将学习如何设置安全认证，管理登录账户与数据库用户，通过权限授予与撤销确保数据安全，并使用角色简化权限管理，最终掌握评估与改进数据库安全性的方法，以应对实际工作中的安全挑战。学习内容知识框架如图 11－1 所示。

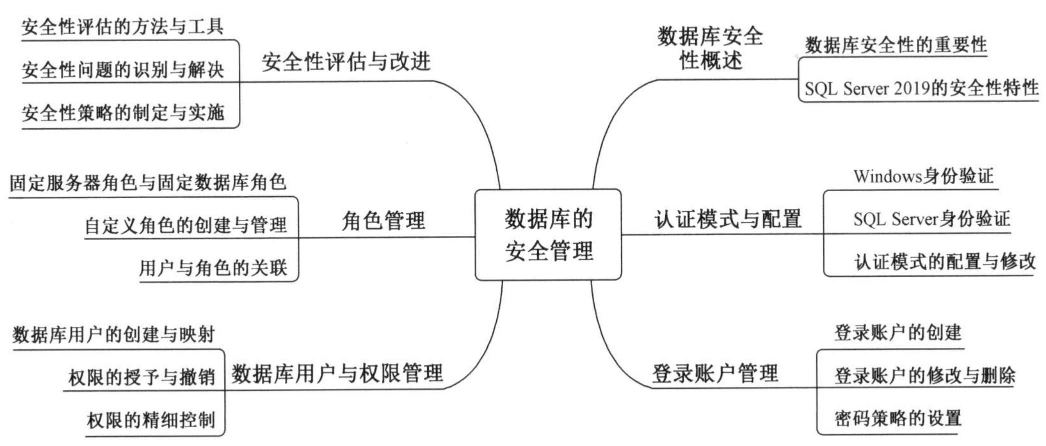

图 11－1　本项目内容知识框架

任务 11-1 登录账户和数据库用户的创建与管理

11.1.1 任务情境

【微课】
登录账户与数据库用户的创建与管理

成功安装了 SQL Server 2019 之后会产生一些内置的登录账户，由于这些内置的登录账户都具有特殊的含义和作用，通常不将它们分配给普通用户服务使用。

所以，现在汤小米同学创建一个适用于自己的用户权限登录账户，以便于为 Windows 授权用户创建支持 Windows 身份验证的登录名(设置 xsxk 数据库的登录账户:txm01)和 SQL Server 授权用户创建支持 SQL Server 身份验证的登录账户(设置 xsxk 数据库的登录账户:txm02，密码:123456)。

11.1.2 任务实现

子任务 1 为 Windows 授权用户创建登录名

方法 1:使用可视化创建 Windows 用户的登录账户

第 1 步:启动 SSMS，在"对象资源管理器"窗口中，展开 "安全性"|"登录名"节点。

第 2 步:右击"登录名"节点，选择"新建登录名"命令，打开"登录名-新建"对话框。

第 3 步:在"登录名-新建"对话框的"常规"页面，选择"Windows 身份验证"，搜索登录名:txm01(事先创建好)，设置默认语言和默认数据库，如图 11-2 所示。

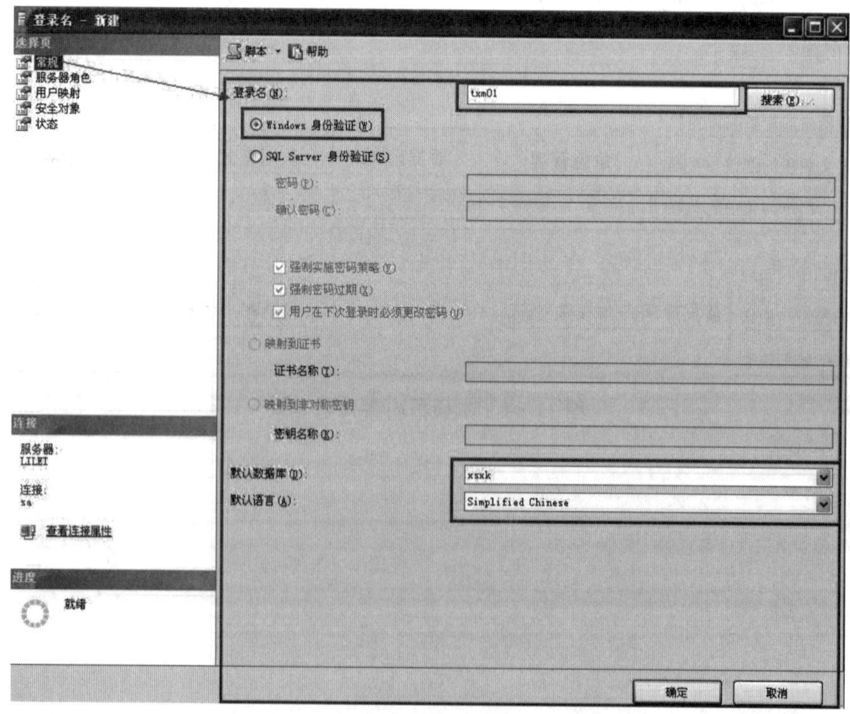

图 11-2 "登录名-新建"的"选项"页面

第 3 步: 在"登录名-新建"对话框的"服务器角色"页面,选中☑ sysadmin。

第 4 步: 在"登录名-新建"对话框的"用户映射"页面,"映射到此登录的用户-数据库:xsxk","数据库角色成员身份"选中☑ db_owner,默认选中☑ public,如图 11-3 所示。

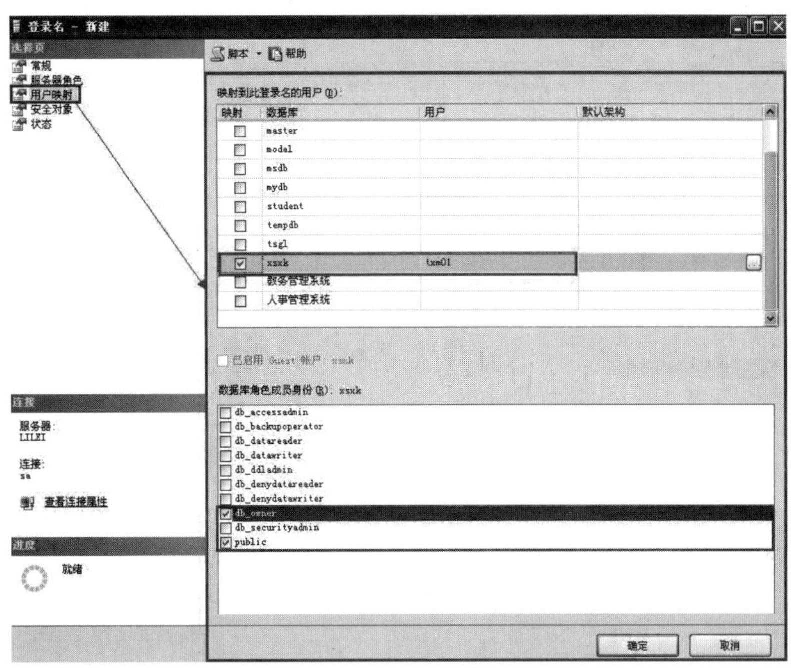

图 11-3　"登录名-新建"的"用户映射"页面

第 5 步: 在"登录名-新建"对话框的"安全对象"页面中,设置如图 11-4 所示。

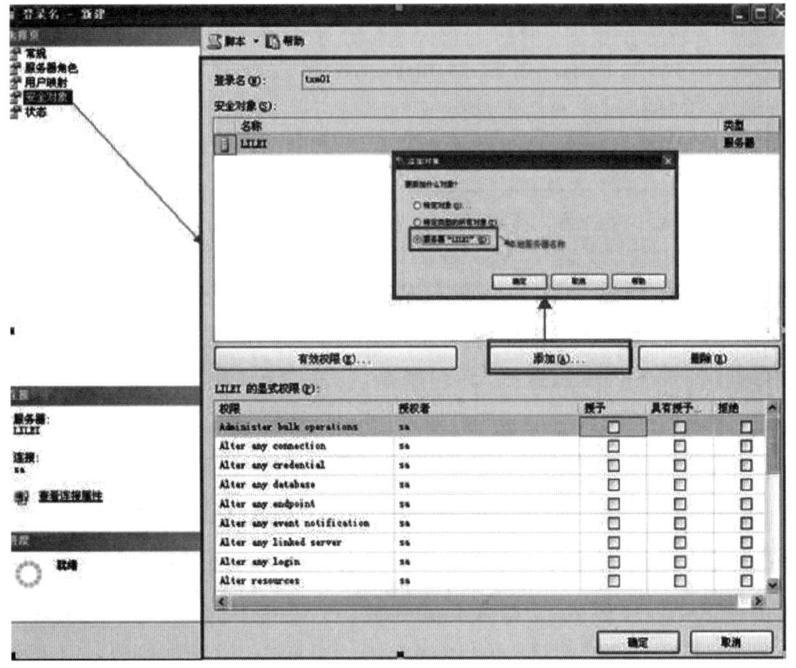

图 11-4　"登录名-新建"的"安全对象"页面

第 6 步:在“登录名-新建”对话框的“状态”页面中,设置如图 11－5 所示,确定即完成所有的配置。

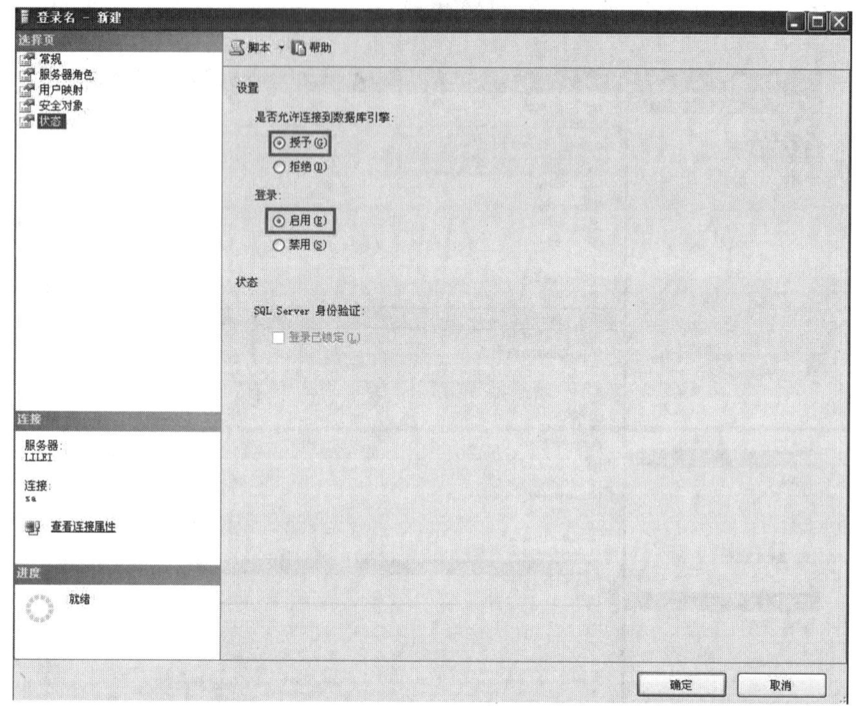

图 11－5 “登录名-新建”的“状态”页面

方法 2:使用 SQL 语句创建 Windows 的登录账户

在“新建查询”对话框中,输入如下格式的语句:

```
create login [域名\登录用户名] from Windows
```

即可创建 Windows 登录账户名为:txm01,无密码验证,其 SQL 语句如下:

```
create login [TS504-3\txm01] from Windows
```

其中:TS504 是域名;txm01 是 Windows 登录账户。

子任务 2　为 SQL Server 授权用户创建登录账户

方法 1:使用 SSMS 创建 SQL Server 授权用户的登录账户

第 1 步:启动 SSMS,在“对象资源管理器”窗口中,展开 “安全性”|“登录名”节点。

第 2 步:右击“登录名”节点,选择“新建登录名”命令,打开“登录名-新建”对话框。

第 3 步:在“登录名-新建”对话框的“常规”页面,选择“SQL Server 身份验证”,输入登录名:txm02,密码:123456,设置默认语言和默认数据库,如图 11－6 所示。

第 3 步:在“登录名-新建”对话框的“服务器角色”页面,选中 ☑ sysadmin 。

第 4 步:在“登录名-新建”对话框的“用户映射”页面,“映射到此登录的用户-数据库。xsxk”,“数据库角色成员身份”选中 ☑ db_owner ,默认选中 ☑ public,如图 11－3 所示。

第 5 步:在“登录名-新建”对话框的“安全对象”页面中,设置如图 11－4 所示。

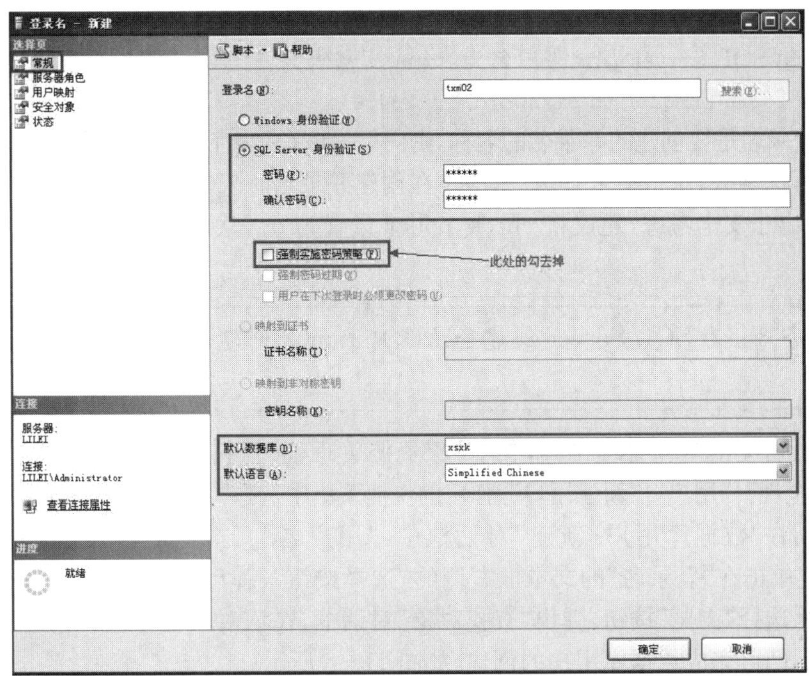

图 11 - 6　“登录名-新建”的“选项”页面

第 6 步:在“登录名-新建”对话框的“状态”页面中如图 11 - 5 所示,确定即完成所有的配置。

第 7 步:以 SQL Server 身份验证登录数据库服务器,如图 11 - 7 所示。在“对象资源管理器”窗格中即可查看 LILEI (SQL Server 9.0.1399 - txm02) 。

图 11 - 7　验证登录

方法 2:使用 SQL 语句创建 SQL Server 授权用户的登录账户

在“新建查询”对话框中,输入如下格式的语句:

```
create login 登录名 with password = '密码', check_policy = off;
```

即可创建 SQL Server 登录账户名为:txm02,密码为:123456,其 SQL 语句如下:

```
create login txm02 with password = '123456'
```

其中:登录名是要创建的登录名的名称,密码是为该登录名设置的密码。check_policy = off 是一个可选参数,用于指示 SQL Server 在创建登录名时忽略密码策略(如密码复杂性要求)。通常,出于安全考虑,建议将 check_policy 设置为 on(默认值),除非有特定的理由需要关闭它。

子任务 3　为 SQL Server 创建登录账户 txm02 创建一个新的数据库用户账户 leafree

第 1 步:启动 SSMS 管理工具,在"对象资源管理器"窗格中,展开需要登录的数据库"xsxk"|"安全性"|"用户"|"新建用户",弹出的快捷菜单中选择"数据库用户-新建"对话框。

第 2 步:在"数据库用户-新建"对话框中,"用户名"文本框中输入数据库用户名称 leafree,左键单击在"登录名"的文本框右侧的"选择按钮",弹出"选择登录名"的对话框,在此对话框中,选择"浏览"按钮,弹出"查找对象"对话框,在该对话框中选择已经创建的登录账户,确定后即可完成数据库用户的创建,如图 11-8 所示。

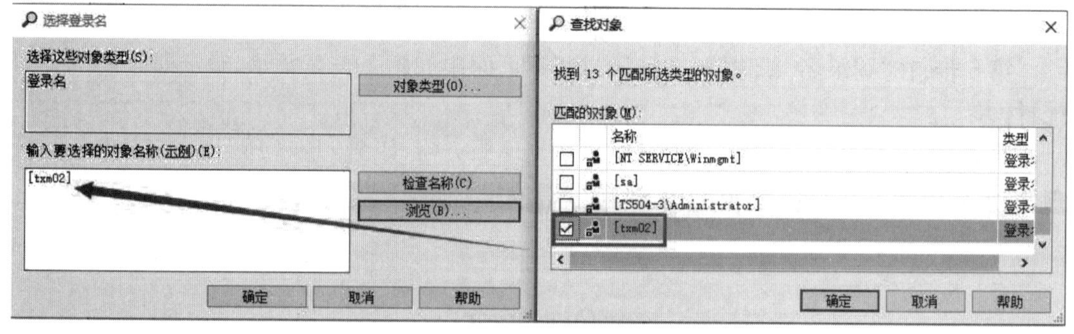

图 11-8　选择已经创建的登录账户

子任务 4　使用 SSMS 管理工具,查看、修改或删除新创建的数据库用户账户 leafree

第 1 步:启动 SSMS 管理工具,在"对象资源管理器"窗格中,展开需要登录的 xsxk 数据库|"安全性"|"用户"|"leafree"。

第 2 步:双击"leafree"数据库用户账户,即可实现数据库用户账户的详情查看和修改,重新编辑其权限。

第 3 步:右键单击"leafree"数据库用户账户,在弹出的快捷菜单中选择"删除"命令,则会从当前的数据库中删除该数据库用户。

子任务 5　面向单一用户的许可:为新建的数据库用户 leafree 创建一个"xsxk"数据库中的"s"表的单一许可设置

第 1 步：启动 SSMS 管理工具，在“对象资源管理器”窗格中，展开需要登录的 xsxk 数据库|“安全性”|“用户”|“leafree”。

第 2 步：右键单击“leafree”，弹出的快捷菜单中，选择“属性”选项，打开“数据库用户 - leafree”对话框，在该对话框中左侧的“选择页”窗格中，单击打开“安全对象”选项。

第 3 步：在“安全对象”选项对话框中的右侧单击“添加”按钮，打开“添加对象”对话框，如图 11 - 9 所示。

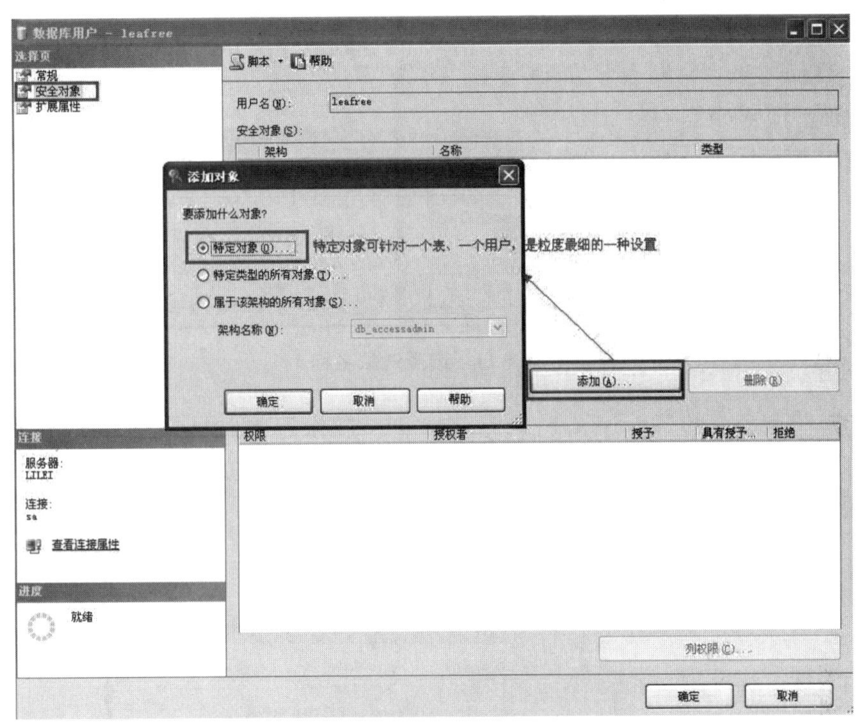

图 11 - 9　“数据库用户 -leafree”对话框

第 4 步：在“添加对象”对话框中，选择“特定对象”单选按钮，确定后，在弹出的“选择对象”对话框中的右侧，单击“对象类型”，打开“选择对象类型”对话框，在其窗格中选择“表”，如图 11 - 10 所示。确定后，完成对象类型的选择。

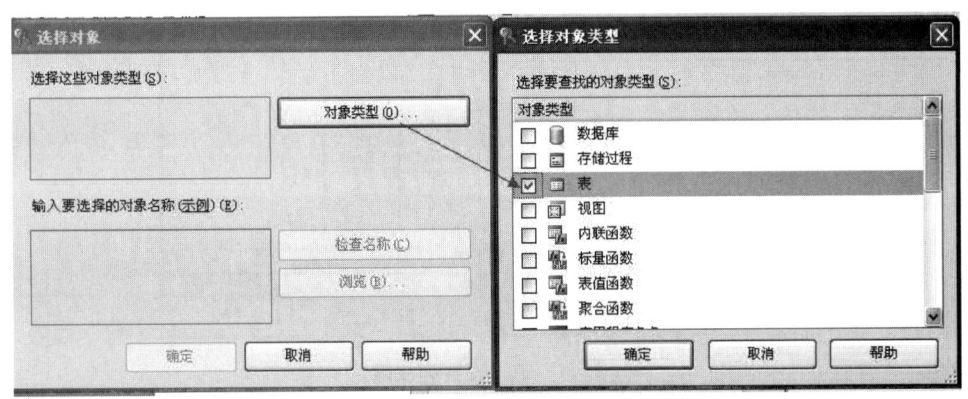

图 11 - 10　选择对象类型 1

第 5 步:在“选择对象”对话框中,在“输入要选择的对象名称”处,单击右侧的“浏览”按钮,弹出“查找对象”对话框,在“匹配的对象”的窗格中选择 [dbo].[s] ,如图 11-11 所示。确定后,即完成对象名称的选择。

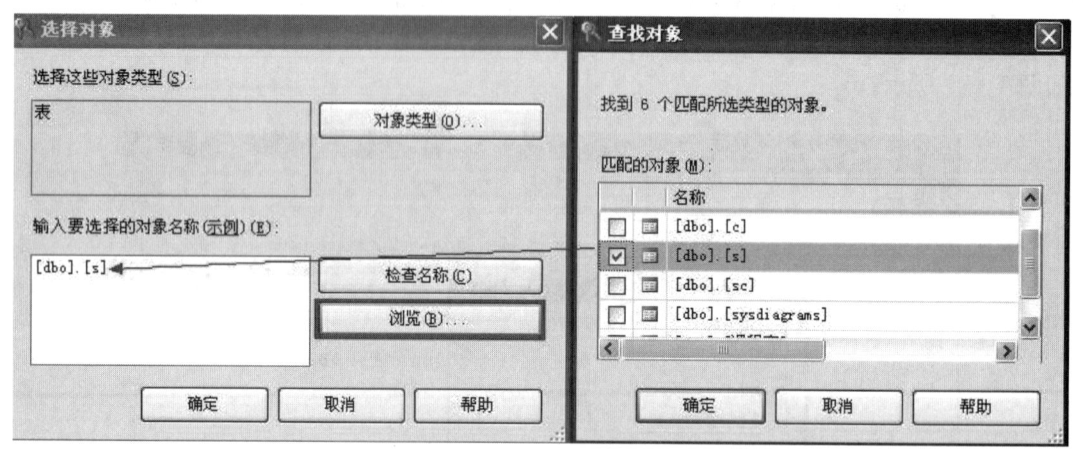

图 11-11　选择对象名称 1

第 6 步:将 s 表中的 References、Select、Update 权限选中(根据需求,选其中一个权限或是都选),方可对 s 表中的列设置不同的权限,确定后,即可完成面向单一用户的许可权限设置,如图 11-12 所示。

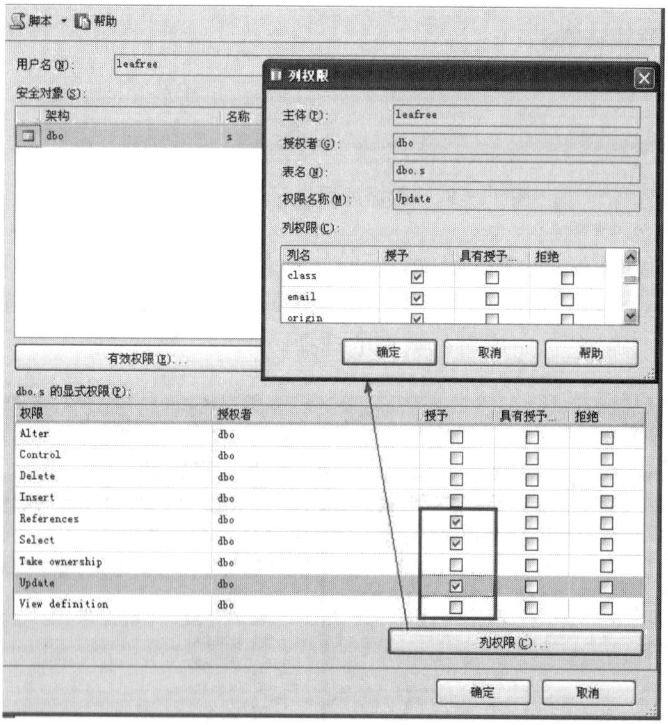

图 11-12　设置列权限

子任务 6　面向单一用户的许可：为新建的数据库用户 leafree 创建一个 xsxk 数据库的单一许可设置

第 1 步：启动 SSMS 管理工具，在"对象资源管理器"窗格中，展开需要登录的数据库"xsxk"|"安全性"|"用户"|"leafree"。

第 2 步：右键单击"leafree"，弹出的快捷菜单中，选择"属性"选项，打开"数据库用户-leafree"的对话框，在该对话框中左侧的"选择页"窗格中，单击打开"安全对象"选项。

第 3 步：在"安全对象"选项对话框中的右侧单击"添加"按钮，打开"添加对象"对话框。

第 4 步：在"添加对象"对话框中，选择"特定对象"单选按钮，确定后，在弹出的"选择对象"对话框中的右侧，单击"对象类型"，打开"选择对象类型"对话框，在其窗格中选择"数据库"。如图 11－13 所示。确定后，完成对象类型的选择。

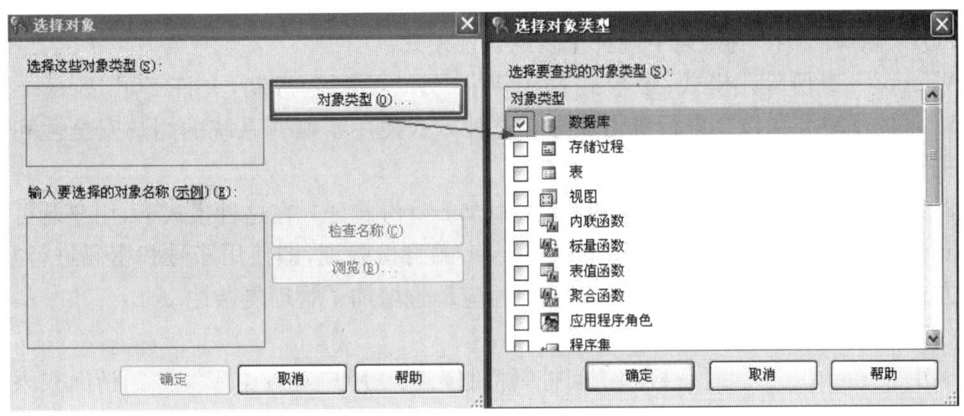

图 11－13　选择对象类型 2

第 5 步：在"选择对象"对话框中，在"输入要选择的对象名称"处，单击右侧的"浏览按钮"，弹出"查找对象"对话框，在"匹配的对象"的窗格中选择 [xsxk]，如图 11－14 所示。确定后，即完成对象名称的选择。

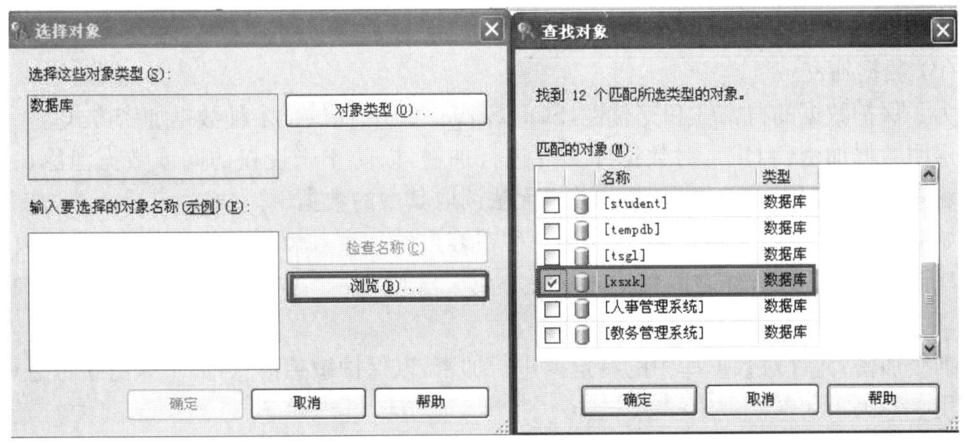

图 11－14　选择对象名称 2

第 6 步:根据需求,选其中一个权限或都选,方可对 xsxk 数据库设置不同的权限,确定,即可完成面向单一用户的许可权限设置。

11.1.3 相关知识

对于数据库系统的用户来说,数据的安全性是最为重要的。数据的安全性主要是指允许那些具有相应数据访问权限的用户能够登录到 SQL Server 并访问数据,以及对数据库对象实施各种权限范围内的操作。同时,拒绝所有非授权用户的非法操作。

11.1.3.1 SQL Server 安全技术概述

SQL Server 2019 的安全技术概述可以从多个方面进行详细阐述,包括认证机制、授权与访问控制、数据加密、审计以及新增的安全特性等。以下是对 SQL Server 2019 安全技术的全面概述。

(1) 认证机制

SQL Server 2019 支持以下两种主要的认证模式。

Windows 身份验证模式:该模式基于 Windows 的安全机制,允许 SQL Server 使用 Windows 的用户名和口令进行身份验证。这种方式使用了操作系统的用户安全性和账号管理机制,增强了安全性并简化了管理。

混合模式(Windows 身份验证和 SQL Server 身份验证):在这种模式下,用户既可以使用 Windows 身份验证,也可以使用 SQL Server 的身份验证,即使用账号和密码进行登录。这种方式提供了更灵活的身份验证选项,但相应地也增加了管理复杂性。

(2) 授权与访问控制

SQL Server 2019 通过授权和访问控制机制来限制用户对数据库资源的访问权限。这些机制包括:固定服务器角色和固定数据库角色:SQL Server 2019 预定义了一些特殊权限的角色,如系统管理员(sysadmin)、db_owner 等,这些角色可以被授予给不同的用户或用户组,以便管理数据库和服务器。

用户自定义数据库角色:用户可以在数据库上创建新的角色,并为这些角色分配多个权限,最后通过角色将权限授予用户。这种方式有助于简化权限管理,并提高安全性。

细粒度的访问控制:SQL Server 2019 支持对数据库对象的细粒度访问控制,如对数据表、视图、存储过程等的访问权限进行精确控制。

(3) 数据加密

为了保护数据的机密性和完整性,SQL Server 2019 提供了多种数据加密方式。

透明数据加密(TDE):对数据库文件进行加密,以防止未授权访问或数据泄露。即使攻击者获得了数据库文件的物理副本,也无法读取其中的数据。

始终加密(always encrypted):这是一种在客户端加密和解密数据的技术,确保数据在数据库服务器和应用程序之间传输时保持加密状态。即使数据库管理员也无法查看加密的数据。

列级加密:允许对数据库中的特定列进行加密,以保护敏感信息,如个人身份信息(PII)或信用卡号码。

(4) 审计

SQL Server 2019 提供了强大的审计功能，用于记录数据库操作、监控安全事件并生成审计报告。审计功能可以帮助数据库管理员识别潜在的安全威胁、调查安全事件并满足合规性要求。

(5) 新增安全特性

除了上述基本的安全技术外，SQL Server 2019 还引入了一些新的安全特性，以进一步增强数据库的安全性：

动态数据掩码(dynamic data masking)：允许数据库管理员对查询结果中的敏感数据进行脱敏处理，以保护用户隐私。

行级安全性(row-level security)：允许数据库管理员根据用户的身份或其他条件来限制对数据库表中行的访问权限。

智能安全图(intelligent security graph)：使用机器学习技术来识别和分析潜在的安全威胁，提高数据库的安全防御能力。

综上所述，SQL Server 2019 通过认证机制、授权与访问控制、数据加密、审计以及新增的安全特性等多个方面来保障数据库的安全性。这些安全技术共同构成了一个全面而强大的安全体系，为数据库的安全运行提供了有力保障。

11.1.3.2　服务器登录账号和用户账号管理

(1) SQL Server 2019 的验证模式

SQL Server 2019 提供了两种主要的登录身份验证模式，以满足不同场景下的安全需求。

① Windows 身份验证模式

安全性：该模式相对更安全，因为它不依赖于 SQL Server 自身的用户和密码机制，而是直接使用 Windows 操作系统的用户账号和密码进行身份验证。这种方式被称为“信任连接”，因为它基于 Windows 操作系统的安全策略。

应用场景：适用于内部网络环境中的用户访问，特别是当所有用户都位于同一 Windows 域中时。

限制：在远程连接时，可能会因为 NTLM 验证的限制而无法成功登录。

② 混合模式身份验证

安全性：提供了更高的灵活性，既支持 Windows 身份验证(用于内部用户)，也支持 SQL Server 身份验证(使用如 sa 等 SQL Server 账号的密码进行登录)。这种方式允许远程用户通过 SQL Server 的身份验证机制登录，建立“非信任连接”。

应用场景：适用于需要同时支持内部用户和远程用户访问的场景，特别是当远程用户无法直接通过 Windows 身份验证连接到 SQL Server 时。

特点：在混合模式下，系统会首先判断账号在 Windows 操作系统下是否可信。对于可信连接，直接采用 Windows 身份验证；对于非可信连接(包括远程用户和某些本地用户)，则通过 SQL Server 的身份验证机制进行账号存在性和密码匹配性的验证。

【实例 11-1】 使用可视化工具,设置用户登录 SQL Server 系统的身份验证模式为“SQL Server”身份验证。

第 1 步:打开 SSMS 窗口,选择“视图”|“已注册服务器”命令。

第 2 步:在打开的“已注册的服务器”窗格中展开“数据库引擎”|“本地服务器组”,选中本地服务器组中的服务器,右键后在弹出的快捷菜单中选择“属性”命令,打开“编辑服务器注册属性”。

第 3 步:在“常规”选项卡中的“服务器名称”中选择要注册的服务器,在“身份验证”中选择身份验证模式为“SQL Server 身份验证”。

第 4 步:测试确定设置的正确性,如图 11-15 所示。

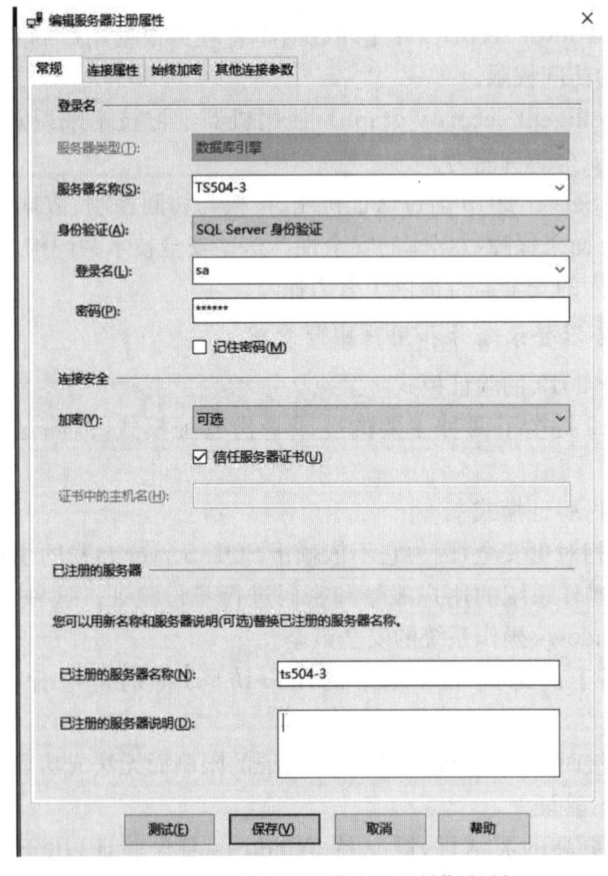

图 11-15 “编辑服务器注册属性”对话框

(2) SQL Server 的用户账户管理

SQL Server 的用户账户管理是一个关键的数据库管理任务,它涉及用户账户的创建、权限分配以及账户信息的修改和删除等多个方面。

① 用户账户的基本概念

在 SQL Server 中,用户账户是用户连接和访问数据库的凭证。每个用户账户都唯一标识一个用户,并通过该账户控制用户对数据库的访问权限和数据库对象的关系。用户账户管理包括登录账户(login account)和数据库用户(database user)两个层面。

• 登录账户：是连接到 SQL Server 实例的凭证，用于验证用户的身份，允许用户访问 SQL Server 实例。登录账户可以是 SQL Server 登录账户（由 SQL Server 管理）或 Windows 登录账户（由 Windows 管理）。

• 数据库用户：是连接到数据库的凭证，用于控制用户在特定数据库中的访问权限和操作。每个登录账户可以在一个或多个数据库中具有一个或多个相关联的数据库用户。

② 用户账户的创建

• 使用 SQL 命令创建登录账号

```
create login [login_name] with password='password'
```

• 使用 SQL Server Management Studio (SSMS)创建登录账号：在“安全性”节点下的“登录名”文件夹中右键选择“新建登录名”，然后设置登录名和密码。

• 使用 SQL 命令创建数据库用户

```
use [database_name];
create user [user_name] for login [login_name]
```

• 使用 SSMS 创建数据库用户：在登录账户创建后，需要在对应的数据库中创建数据库用户。在数据库节点下，右键选择“安全性”|“用户”，然后选择“新建用户”，将登录账户映射为数据库用户。

【实例 11－2】 使用 SQL 语句创建一个 SQL Server 登录账户 demoTest，密码：123456。

启动 SSMS 管理工具，打开“新建查询”窗口输入以下 SQL 语句：

```
create login demoTest with password='123456'
```

单击“运行”按钮执行命令，运行结果在“安全性”|“登录名”中查看，如图11－16 所示。

图 11－16 使用 SQL 语句创建登录账户

【实例 11－3】 使用 SQL 语句为指定的数据库创建一个指定 SQL Server 登录账户 demoTest 的数据库用户 demoUser。

启动 SSMS 管理工具，打开“新建查询”窗口输入以下 SQL 语句：

```
use xsxk
go
create user demoUser for login demoTest
```

单击“运行”按钮执行命令,运行结果在“数据库”|“xsxk”|“安全性”中查看,如图 11-17 所示。

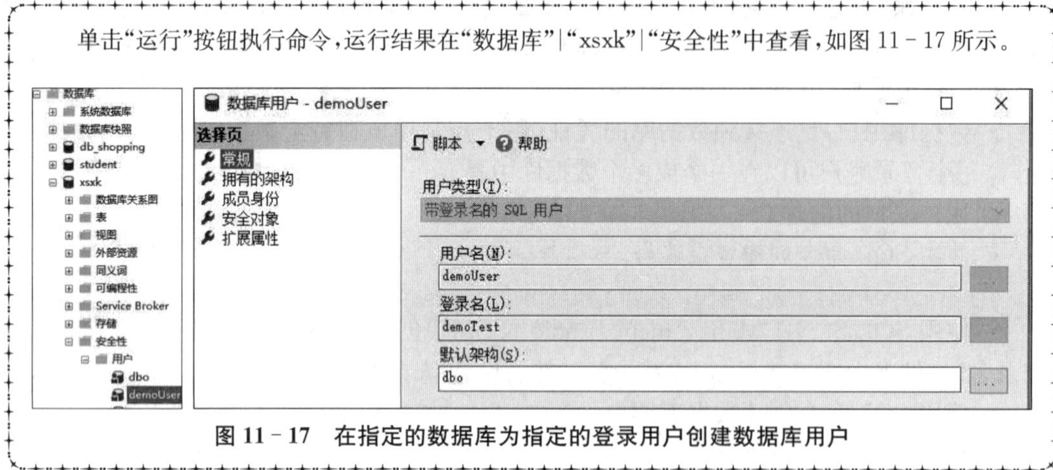

图 11-17　在指定的数据库为指定的登录用户创建数据库用户

③ 许可权限分配

许可用来指定授权用户可以使用的数据库对象和这些授权用户可以对这些数据库对象执行的操作。用户在登录到 SQL Server 之后,其用户账号所归属的 NT 组或角色所被赋予的许可(权限)决定了该用户能够对哪些数据库对象执行哪种操作以及能够访问、修改哪些数据。在每个数据库中用户的许可独立于用户账号和用户在数据库中的角色,每个数据库都有自己独立的许可系统,在 SQL Server 中包括的许可有 SQL Server 对象许可、语句许可和预定义许可三种类型。

- 对象许可

SQL Server 对象许可表示对特定的数据库对象(即表、视图、字段和存储过程)的操作许可,它决定了能对表、视图等数据库对象执行哪些操作。如果用户想要对某一对象进行操作,其必须具有相应的操作的权限。表和视图许可用来控制用户在表和视图上执行 select、update 和 references 操作的能力。存储过程许可用来控制用户执行 execute 语句的能力。

- 语句许可

语句许可表示对数据库的操作许可,也就是说,创建数据库或者创建数据库中的其他内容所需要的许可类型称为语句许可。这些语句通常是一些具有管理性的操作,如创建数据库、表和存储过程等。这种语句虽然仍包含有操作的对象,但这些对象在执行该语句之前并不存在于数据库中。因此,语句许可针对的是某个 SQL 语句,而不是数据库中已经创建的特定的数据库对象。只有 sysadmin、db_owner 和 db_securityadmin 角色的成员才能授予语句许可,可用于语句许可的 Transaction-SQL 语句及其含义如下。

✓create database:创建数据库;

✓create table:创建表;

✓create view:创建视图;

✓create rule:创建默认;

✓create procedure:创建存储过程;

✓create index:创建索引;

✓backup log:备份事务日志。

- 预定义许可

预定义许可是指系统安装以后有些用户和角色不必授权就有的许可。其中的角色包括固定服务器角色和固定数据库角色，用户包括数据库对象所有者。只有固定角色或者数据库对象所有者的成员才可以执行某些操作。执行这些操作的许可就称为预定义许可。

许可的管理包括对许可的授权、否定和收回。在 SQL Server 中，可以使用 SSMS 管理工具和 SQL 语句两种方式来管理许可。常见有面向单一用户和面向数据库对象的许可设置的两种类型的管理。许可权限分配是用户账户管理的重要部分。通过授予或回收权限，可以控制用户对数据库对象的访问和操作。

- 授予权限：

使用 SQL 命令，如：

```
grant select, insert, update on [schema_name].[table_name] to [user_name];
```

使用 SSMS：在数据库对象的属性中，设置用户或角色的权限。

- 回收权限：

使用 SQL 命令，如：

```
revoke select, insert, update on [schema_name].[table_name] from [user_name];
```

使用 SSMS：同样在数据库对象的属性中，可以回收已授予的权限。

【实例 11－4】 使用 SQL 语句把 xsxk 数据库中的课程信息表 c 的 insert、update、delete 操作的许可权限授予数据库用户 demoUser。

启动 SSMS 管理工具，打开“新建查询”窗口输入以下 SQL 语句：

```
use xsxk
go
grant insert,update,delete
on c
to demoUser
```

单击“运行”按钮执行命令，运行结果在“数据库”|“xsxk”|“c”右键单击“属性”查看，如图 11－18 所示。

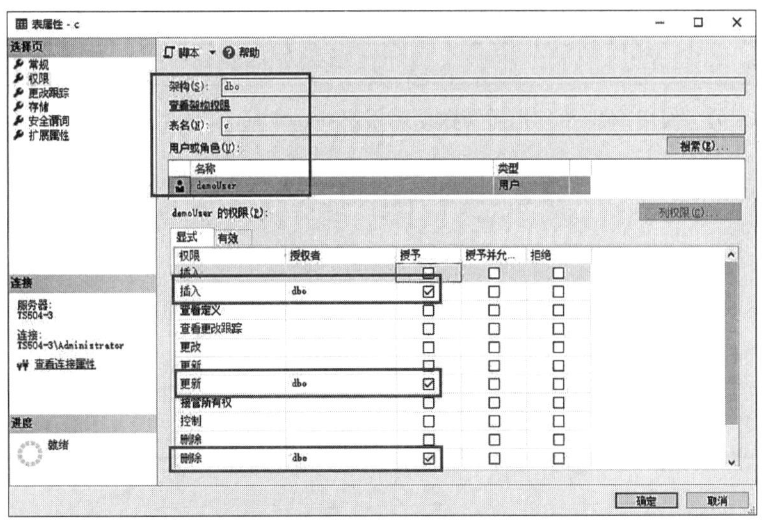

图 11－18　用 grant 命令为数据库用户授予对数据表操作的权限

【实例 11-5】 使用 SQL 语句把在 xsxk 数据库中创建表的操作许可权限授予数据库用户 demoUser。

启动 SSMS 管理工具,打开“新建查询”窗口输入以下 SQL 语句:

```
use xsxk
go
grant create table
to demoUser
```

单击“运行”按钮执行命令,运行结果在“数据库”|“xsxk”右键单击“属性”查看,如图 11-19 所示。

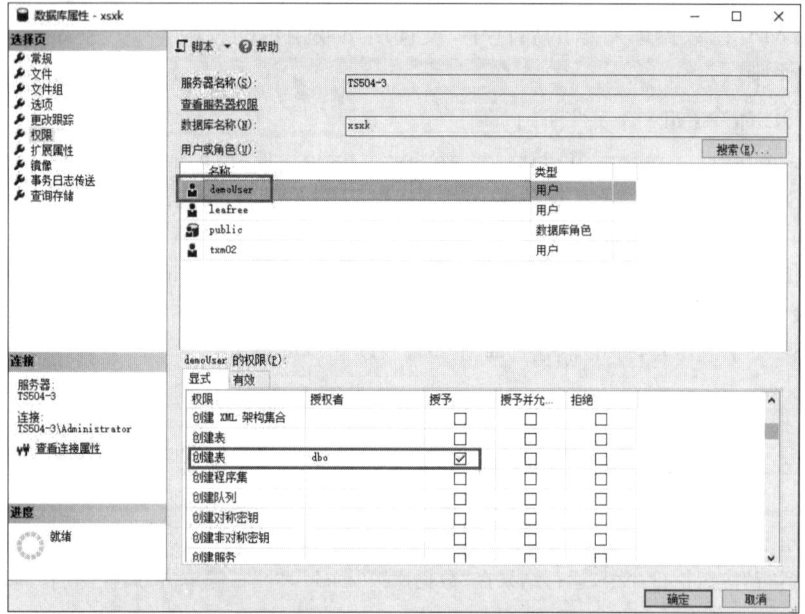

图 11-19 用 grant 命令为数据库用户授予创建数据表的权限

【实例 11-6】 使用 SQL 语句把撤销数据库用户 demoUser 在学生选课数据库 xsxk 中创建表的权限。

启动 SSMS 管理工具,打开“新建查询”窗口输入以下 SQL 语句:

```
use xsxk
go
revoke create table
from demoUser
```

单击“运行”按钮执行命令,即完成撤销数据库用户 demoUser 在学生选课数据库 xsxk 中创建数据表的权限。

【实例 11－7】 使用 SQL 语句撤销数据库用户 demoUser 在学生选课数据库 xsxk 的课程信息表 c 中添加数据、修改数据和删除数据的权限。

启动 SSMS 管理工具，打开“新建查询”窗口输入以下 SQL 语句：

```
use xsxk
go
revoke insert,update,delete
on c
from demoUser
```

单击“运行”按钮执行命令，运行结果在“数据库”|“xsxk”|“c”右键单击“属性”中查看。

④ 用户账户信息的修改和删除

• 修改用户账户信息

修改密码：使用 `alter login [login_name] with password='new_password';`

修改其他属性：如默认数据库、默认语言等，也可以通过 alter login 命令或 SSMS 进行修改。

• 删除用户账户

首先，需要从数据库中删除数据库用户，使用 `drop user [user_name];`

然后，从 SQL Server 实例中删除登录账户，使用 `drop login [login_name];`

⑤ 其他注意事项

角色管理：SQL Server 还提供了角色（role）机制，用于将一组权限分配给多个用户。这可以简化权限管理过程。

安全性原则：在分配权限时，应遵循最小权限原则，即只授予用户完成其任务所必需的最少权限。

备份和恢复：在进行用户账户管理之前，应备份数据库，以防万一操作失误导致数据丢失。

综上所述，SQL Server 的用户账户管理是一个复杂但重要的过程，涉及登录账户和数据库用户的创建、权限分配以及账户信息的修改和删除等多个方面。通过合理的用户账户管理，可以确保数据库的安全性和数据的完整性。

【实例 11－8】 使用 SQL 语句将 SQL Server 登录账户 demoTest 更名为 demoAdmin。

启动 SSMS 管理工具，打开“新建查询”窗口输入以下 SQL 语句：

```
use xsxk
go
alter login demoTest with name= demoAdmin
```

单击“运行”按钮执行命令，即完成登录账户的更名。

【实例 11－9】 使用 SQL 语句将 SQL Server 登录账户 demoAdmin 的密码更改为“123123”。

启动 SSMS 管理工具，打开“新建查询”窗口输入以下 SQL 语句：

```
alter login demoAdmin with password= '123123'
```

单击“运行”按钮执行命令，即完成登录账户登录密码的更名。

【实例 11－10】 使用 SQL 语句将 demoTest 登录账户下的数据库用户 demoUser 更名为 user01。

启动 SSMS 管理工具,打开“新建查询”窗口输入以下 SQL 语句:

```
use xsxk
go
alter user demoUser with name= user01
```

单击“运行”按钮执行命令,即完成登录账户对应的数据库用户的更名。

【实例 11－11】 使用 SQL 语句将 demoAdmin 登录账户下数据库用户 user01 删除,再删除 demoAdmin 登录账户。

启动 SSMS 管理工具,打开“新建查询”窗口输入以下 SQL 语句:

```
use xsxk
go
drop user user01
```

单击“运行”按钮执行命令,即完成指定数据库用户的删除。

```
drop login demoAdmin
```

单击“运行”按钮执行命令,即完成指定登录账户的删除。

【实例 11－12】 使用 SQL 语句创建和管理 SQLServer 数据库服务器的登录账户。

(1) 使用 SQL 语句创建 SQL Server 登录账户 userTest,密码为 123。

```
use xsxk
go
create login userTest with password='123'
```

(2) 使用 SQL 语句将 SQL Server 登录账户 userTest 更名为 myUser。

```
alter login userTest with name= myUser
```

(3) 使用 SQL 语句将 SQL Server 登录账户的密码更改为“1”。

```
alter login myUser with password='1'
```

(4) 使用 SQL 语句删除 SQL Server 登录账户。

```
drop login myUser
```

【实例 11－13】 使用 SQL 语句创建和管理数据库用户。

(1) 使用 SQL 语句创建 SQL Server 数据库服务器的登录账户“demoUser”,密码与用户名相同。

```
create login demoUser with password='demoUser'
```

(2) 使用 SQL 语句为 xsxk 数据库创建与登录账户“demoUser”对应的数据库用户“dataUser”。

```
use xsxk
go
create user dataUser from login demoUser
```

(3) 使用 SQL 语句更改数据库用户名称为 xiaomi。

```
alter user dataUser with name= xiaomi
```

(4) 使用 SQL 语句删除数据库用户 xiaomi。

```
drop user xiaomi
```

【实例 11-14】 使用 SQL 语句为数据库对象授权与撤销权限应用。

(1) 创建数据库服务器登录账户 jsj2024,密码为 2024。

```
create login jsj2024 with password='2024'
```

(2) 创建登录账户 jsj2024 在数据库 xsxk 中对应的数据库用户 jsj2024_user。

```
use xsxk
go
create userjsj2024_user from login jsj2024
```

(4) 把 xsxk 数据库中的表 s 的 insert、update、delete 操作的许可授予用户 jsj2024_user。

```
grant insert,update,delete
on s
to jsj2024_user
```

(5) 把在 xsxk 数据库上创建表和创建视图的命令授予用户 jsj2024_user。

```
grant create table
to jsj2024_user
grant create view
to jsj2024_user
```

(6) 撤销前面授予 jsj2024_user 数据库用户的所有许可权限。

```
revoke insert,update,delete
on s
from jsj2024_user
revoke create table
on s
from jsj2024_user
revoke create view
on s
from jsj2024_user
```

任务 11－2　角色的创建与管理

11.2.1　任务情境

SQL Server 管理者通过角色管理可以将某些用户设置为某一角色，这样只要对角色进行权限设置，便可以实现对所有用户权限的设置，大大减少了管理员工作量。现在汤小米同学想为 xsxk 数据库添加备份管理员角色并管理服务器角色，如何实现呢?

【微课】
角色的创建与管理

11.2.2　任务实现

子任务 1　为数据库添加备份管理员角色

第 1 步：启动 SSMS 管理工具，在“对象资源管理器”窗格中展开指定服务器|“数据库”|“xsxk”|“安全性”|“角色”|“数据库角色”。

第 2 步：右键单击“数据库角色”，在弹出的快捷菜单中选择“新建数据库角色”，弹出“数据库角色-新建”对话框。

第 3 步：在“数据库角色-新建”对话框的“角色名称”处输入名称 dataM，单击“所有者”右侧的选项按钮，弹出“选择数据用户或角色”对话框，在“输入要选择的对话框名称”处“浏览”，弹出“查找对象”对话框，匹配对象选择 [db_backupoperator] 数据库角色，如图 11－20 所示。

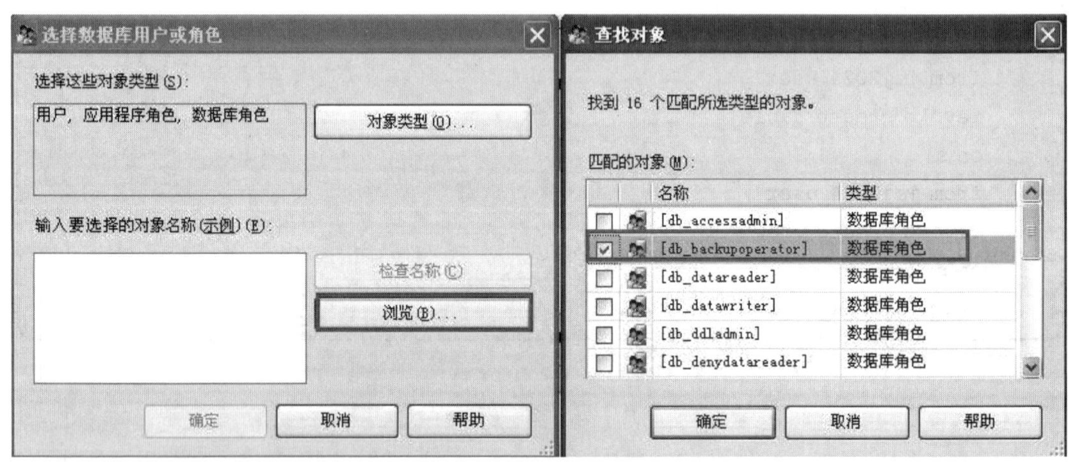

图 11－20　新建数据库角色

第 4 步：确定后，返回“数据库角色-新建”对话框，在“此角色拥有的架构”处选择应的许可 db_backupoperator 。然后单击“确定”按钮完成角色设定。

第 5 步：选择在数据服务器|“数据库”|“xsxk”|“安全性”|“角色”中的“dataM”，打开“数据库角色属性”对话框，单击“添加”按钮，弹出“选择数据库用户或角色”对话框，浏览，打

开“查找对象”对话框，选中匹配的对象，如图 11－21 所示。确定后即完成了向角色中添加用户的操作，当然，用户正是通过角色获得数据库访问的权利，如图 11－22 所示。

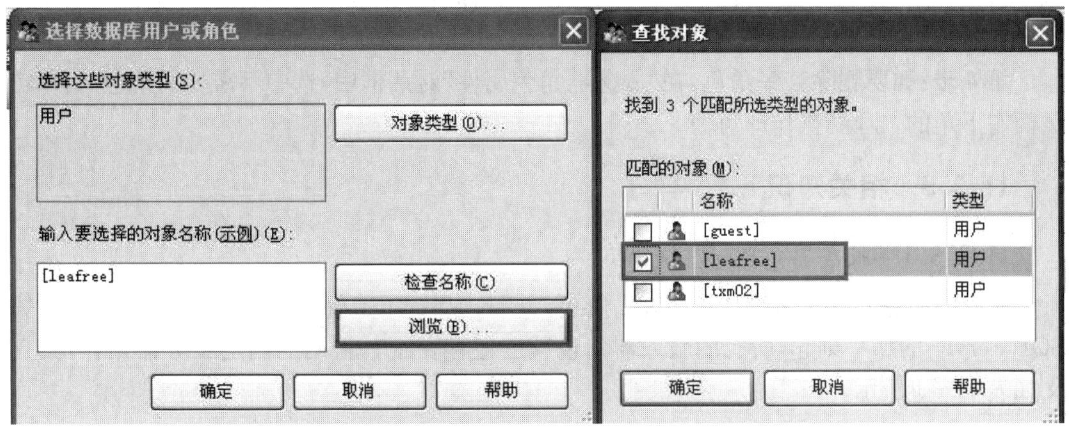

图 11－21　“选择数据库用户或角色”|“查找对象”对话框

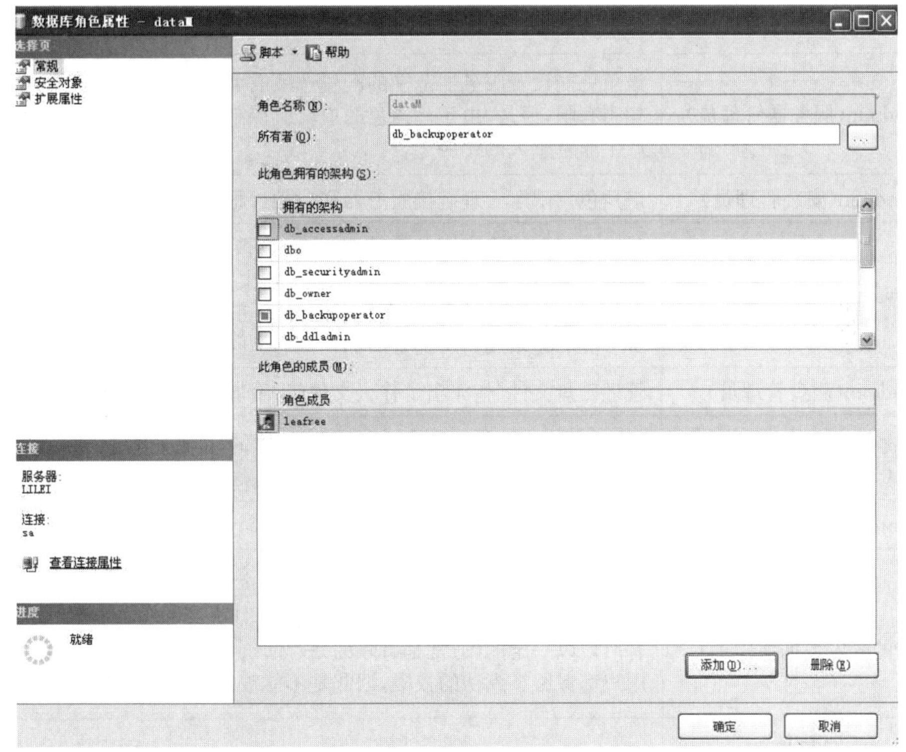

图 11－22　向 dataM 角色中添加 leafree 用户

子任务 2　管理服务器角色

第 1 步：启动 SSMS 管理工具，展开所指定的服务器，单击“安全性”|“服务器角色”。

第 2 步：在“服务器角色”列表框中，右键单击选中“sysadmin”的服务器角色，弹出的快捷菜单中选择“属性”,打开“服务器角色属性”对话框。

第 3 步:在此对话框中,单击右下方的“添加”按钮,弹出“选择登录名”对话框,单击“浏览”按钮,弹出“查找对象”对话框,在此对话框中选择所需的登录用户名,确定后即可实现添加服务器角色。

第 4 步:如要删除某一角色,在“服务器角色属性”对话框中,选中不需要的角色后,单击页面右下角的“删除”操作即可。

11.2.3 相关知识

11.2.3.1 服务器角色

所有的服务器角色都是“固定的”角色,并且,从一开始就存在于那里——自安装完 SQL Server 的那一刻起,所有的服务器角色就已经存在了。常用的固定服务器角色,其含义如表 11-1 所示。

表 11-1 常用的服务器角色

角色	特性
sysadmin(系统管理员)	该角色能够执行 SQL Server 上的任何操作
serveradmin(服务器管理员)	该角色能设置服务器范围的配置选项或关闭服务器。尽管它在范围上相当有限,但是,由于该角色的成员所控制的功能对于服务器的性能会产生非常重大的影响
setupadmin(安装管理员)	该角色仅限于管理链接服务器和启动过程
securityadmin(安全管理员)	对于专门创建出来用于管理登录名、读取错误日志和创建数据许可权限的登录名来说,该角色非常便利。在很多方面,该角色是典型的系统操作员角色,它能够处理多数的日常事务,但是,却不具备一个真正无所不能的超级用户所拥有的那种全局访问
diskadmin(磁盘管理员)	管理磁盘文件(指派出了什么文件组、附加和分离数据库,等等)
processadmin (进程管理员)	能够管理 SQL Server 中运行的进程。必要的话,该角色能够终止长时间运行的进程
dbcreater(数据库创建者)	该角色仅限于创建和更改数据库
public (特殊的固定数据库角色)	数据库的每个合法用户都属于该角色。它为数据库中的用户提供了所有默认权限。这样就提供了一种机制,即给予那些没有适当权限的所有用户以一定的(通常是有限的)权限。public 角色为数据库中的所有用户都保留了默认的权限,因此是不能被删除的
bulkadmin (批量数据输入管理员)	管理同时输入大量数据的操作

11.2.3.2 数据库角色

数据库角色从概念上与操作系统用户是完全无关的。在实际使用中把它们对应起来可能比较方便,但不是必需的。数据库角色在整个数据库集群中是全局的(而不是每个库不同)。SQL Server 数据库提供了两种类型的数据库角色,即固定的数据库角色和用户自定义的数据库角色。

(1) 固定的数据库角色

固定的数据库角色是指 SQL Server 已经定义了这些角色所具有的管理、访问数据库的权限，而且 SQL Server 管理者不能对其所具有的权限进行任何修改。SQL Server 中的每一个数据库中都有一组固定的数据库角色，在数据库中使用固定的数据库角色，可以将不同级别的数据库管理工作分给不同的角色，从而有效地实现工作权限的传递。SQL Server 提供了以下的常用的固定的数据库角色授予组合数据库级管理员权限，如表11－2所示。

表 11－2　常用的固定的数据库角色

角色	特性
db_owner	在数据库中有全部权限
db_accessadmin	可以添加或删除用户 ID
db_ddladmin	可以发出 all ddl 操作的所有权。
db_securityadmin	可以管理全部权限、对象所有权、角色和角色成员资格
db_backupoperator	可以发出 dbcc、checkpoint 和 backup 语句
db_datareader	可以选择数据库内任何用户表中的所有数据
db_datawriter	可以更改数据库内任何用户表中的所有数据
db_denydatareader	不能选择数据库内任何用户表中的任何数据
db_denydatawriter	不能更改数据库内任何用户表中的任何数据

(2) 用户自定义数据库角色

创建用户定义的数据库角色就是创建一组用户，这些用户具有相同的一组许可。如果一组用户需要执行在 SQL Server 中指定的确组操作并且不存在对应的 Windows 组，或者没有管理 Windows 用户账户的许可，就可以数据库表建立一个用户自定义对象。用户自定义的数据库角色有两种类型：标准角色和应用程序角色。

标准角色通过对用户权限等级的认定而将用户划分为不同的用户组，使用户总是相对于一个或多个角色，从而实现管理的安全性。所有的固定数据库角色或 SQL Server 管理者自定义的某一角色都是标准角色。

应用程序角色是一种比较特殊的角色。当打算让某些用户只能通过特定的应用程序间接地存取数据库中的数据而不是直接地存取数据库数据时，就应该考虑使用应用程序角色。

当某一用户使用了应用程序角色时，便放弃了已被赋予的所有数据库专有权限，其拥有的只是应用程序角色被设置的角色。通过应用程序角色，能够以可控制方式来限定用户的语句或者对象许可。

标准角色是通过把用户加入不同的角色当中而使用户具有相应的语句许可或对象许可，而应用程序角色是首先将这样或那样的权限赋予应用程序，然后将逻辑加入某一特定的应用程序中，从而通过激活应用程序角色而实现对应用程序存取数据的可控性。

只有应用程序角色被激活,角色才是有效的源码天空,用户也便可以且只可以执行应用程序角色相应的权限,而不管用户是一个 sysadmin 或者 public 标准数据库角色。

【实例 11-15】 自定义数据库角色。

(1) 使用 SQL 语句创建数据库服务器的登录账户"mydemo",密码"123"。

```
create login mydemo with password='123'
```

(2) 使用 SQL 语句在 xsxk 数据库中创建与登录账户"mydemo"对应的数据库用户"db_user"。

```
create user db_user from login mydemo
```

(3) 使用 SQL 语句在 xsxk 数据库中创建用户定义数据库角色"db_role",并将创建好的数据库用户 db_user 添加到 db_role 角色中。

```
create role db_role authorization db_user
```

(4) 授予数据库角色 db _role 对 xsxk 数据库 s 表的所有权限。

```
grant all on s to db_role
```

(5) 授予数据库角色 db _role 对 xsxk 数据库 c 表的 select 权限。

```
grant select on c to db_role
```

【实例 11-16】 SQL Server 数据库中的用户权限和角色管理。

(1) 创建服务器登录名:当创建服务器登录名以后,该账号将可以登录服务器,初始化状态下的登录名是没有任何权限的,仅可进入服务器。

```
/* 创建服务器 */
use master
create login user1 with password =  '123456';
```

(2) 将用户映射到指定数据库:当用户登录数据库服务器以后,仅可看见已映射的数据库。

```
/* 将用户映射到数据库 */
use xsxk
create user myuser1 for login user1 ;
```

(3) 创建数据库角色:创建需要的角色名,并选择 dbo 架构,为分配角色给用户做准备。

```
/* 创建数据库角色 */
create role userviewrole authorization dbo;
```

(4) 分配权限:权限控制用户可以在特定数据库对象上执行的操作。权限可以在数据库级别或在诸如表、视图或存储过程等单个对象上授予。本示例仅将权限添加到角色。

```
/* 添加对目标表的 select 权限 */
grant select on [dbo].[student] to userviewrole;
```

(5) 分配角色:将用户添加到角色。

```
/* 将用户添加到角色 */
exec sp_addrolemember n'UserViewRole', n'myuser1';
```

完成以上操作,将完成用户新建与角色、权限的分配操作。

【实例 11－17】 创建和管理角色。

```
/* 创建一个新的角色 */
create role db_executor;
/* 将特定的权限授予角色 */
use xsxk
go
grant select on xsxk.s to db_executor;
/* 将角色授予用户 */
exec sp_addrolemember 'db_executor', 'myuser1';
/* 删除角色 */
drop role db_executor;
```

【实例 11－18】 创建自定义角色并分配权限。

假设我们需要一个角色来管理数据库中的视图，我们可以创建一个名为 db_1 的自定义角色，并授予它创建、修改和删除视图的权限。

(1) 创建自定义角色。

```
use xsxk;
create role db_1;
```

(2) 分配权限。

```
use xsxk
go
grant insert,update,delete on s to db_1
```

(3) 将用户添加到自定义角色。

```
alter role db_1 add member myuser1
```

三个实践内容分别单击“运行”按钮执行命令，运行结果如图 11－23 所示。

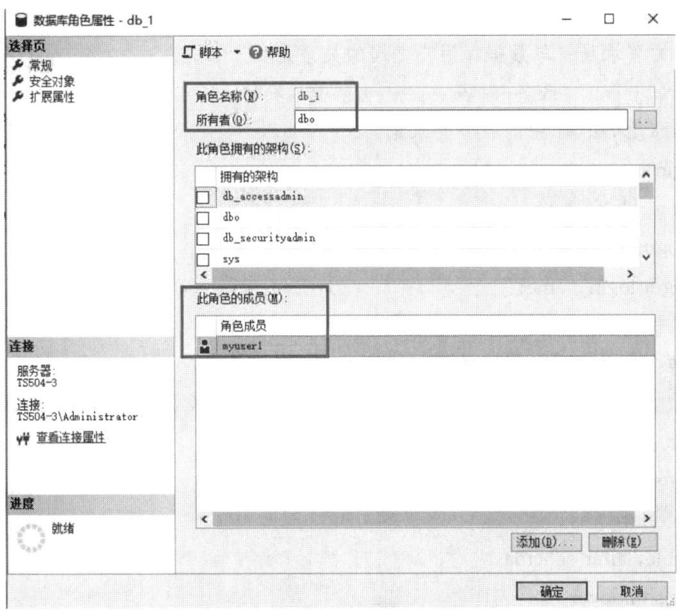

图 11－23　创建自定义角色并分配权限

课堂习题

一、选择题

1. 在 SQL Server 中,用于管理登录账户和数据库用户的系统数据库是(　　)。

A. master　　B. model　　C. msdb　　D. tempdb

2. 下列(　　)SQL Server 命令用于创建新的登录账户。

A. create database　　B. create user

C. create login　　D. create role

3. 在 SQL Server 中,(　　)给一个已存在的登录账户分配数据库用户权限。

A. alter login ... with user

B. create user ... for login

C. grant login to user

D. map login to user

4. 下列(　　)选项不是数据库角色通常用于的目的。

A. 管理权限　　B. 分配特定资源

C. 简化用户权限管理　　D. 存储数据

5. SQL Server 中,(　　)创建一个新的数据库角色并分配给用户。

A. create role role_name; grant role_name to user_name;

B. create role role_name for user_name;

C. alter role role_name add member user_name;

D. grant role role_name to user_name;

6. 下列(　　)命令用于从数据库中删除用户。

A. drop login　　B. drop user

C. remove user　　D. delete user

7. SQL Server 的登录账户与数据库用户之间的关系是(　　)。

A. 一对一　　B. 一对多　　C. 多对一　　D. 多对多

8. (　　)禁用 SQL Server 中的一个登录账户。

A. alter login login_name disable;

B. disable login login_name;

C. revoke login login_name;

D. delete login login_name;

9. SQL Server 中的 db_datareader 角色默认具有(　　)权限。

A. 插入数据　　B. 删除数据　　C. 读取数据　　D. 修改数据

10. SQL Server 的 sys. database_permissions 视图提供了关于数据库中对象权限的详细信息,但不包括(　　)类型的权限。

A. select, insert, update

B. execute, references

C. create table, alter schema

D. connect, shutdown

二、判断题

1. 在数据库系统中,登录账户和数据库用户是同一概念的不同表述。　　(　　)

2. 使用数据库角色可以有效地管理多个用户的权限,减少权限管理的复杂性。 (　　)

3. SQL Server 中的 sa(系统管理员)账户拥有数据库服务器上的所有权限,因此应该谨慎使用。 (　　)

4. 数据库的安全管理仅涉及用户权限的设置,不包括数据加密和访问控制策略的制订。 (　　)

5. grant 语句只能用于分配权限,不能用于创建用户或角色。 (　　)

三、填空题

1. 在 SQL Server 中,创建登录账户后,通常需要在目标数据库中使用__________命令为该登录账户创建一个数据库用户。

2. 数据库角色是一组具有相同__________的用户的集合。

3. 数据库安全模型通常包括用户认证、__________和审计三个主要方面。

4. 在 SQL Server 中,使用 create login 命令创建登录账户后,通常需要在目标数据库中使用 create user 命令为该登录账户创建一个__________。

5. 在 SQL Server 中,sp_addrolemember 存储过程用于将数据库用户添加到指定的__________中。

课堂实践

【11-C-1】使用 SSMS 图形化管理工具创建登录账户、数据库用户(以随书提供的 studenXK 数据库为数据库实例)。

(1) 使用 SSMS 创建数据库服务器的登录账号:jsj2024,密码为:2024。

(2) 使用 SSMS 管理数据库服务器的登录账号。

- 使用登录账户连接到 SQLServer 数据库服务器上。
- 数据库服务器的登录账号重命名。
- 数据库服务器的登录账号删除

(3) 使用 SSMS 创建数据库用户 jsj2024_yjs。

(4) 使用 SSMS 为数据库用户 jsj2024_yjs 授权,可以对 xsxk 数据库的 s 表具有数据的添加(insert)权限。

(5) 使用 SSMS 管理数据库用户。

- 撤销数据库用户的权限。
- 数据库用户重命名。
- 数据库用户删除。

扩展实践

以随书提供的 xsxk 数据库为数据库实例。

【11-B-1】使用 SQL 语句创建与管理数据库登录账户、数据库用户、用户授权。

(1) 使用 SQL 语句创建名为“demoAdmin”且密码为“123456”的服务器登录名。

(2) 使用 SQL 语句将 SQL Server 登录账户 demoAdmin 更名为 myUser。

(3) 使用 SQL 语句将已经更名为 myUser 的 SQL Server 登录账户的密码更改为“112233”。

(4) 使用 SQL 语句在 xsxk 数据库中创建与登录账户“loginUser”对应的数据库用户“tempUser”。

(5) 使用 SQL 语句将 tempUser 数据库用户名更名为 dataUser。

(6) 使用 SQL 语句为数据库用户 dataUser 授予对 xsxk 数据库中的学生信息表 s 的插入、更新和删除数据的权限。

(7) 为 dataUser 数据库用户创建数据表、创建视图的权限。

(8) 因数据库用户已经完成了项目经理分配的任务,再需要将授予其对表 s 的插入、修改、删除数据的权限撤销。

(9) 收回数据库用户 dataUser 在 xsxk 数据库中创建数据表和视图的权限。

(10) 删除数据库用户 dataUser;删除 SQL Server 登录用户 loginUser。

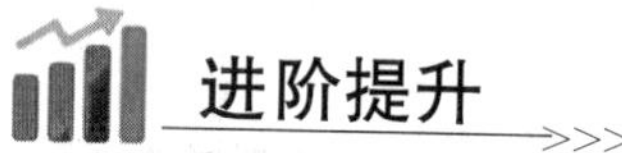

进阶提升

以随书提供的 studenXK 数据库为数据库实例。

【11-A-1】服务器角色。

准备工作:

- 使用 SQL 语句创建 SQL Server 登录账户“mylogin”。
- 使用 SQL 语句在创建与登录账户“mylogin”对应的数据库用户“JohnDoe”。

```
use xsxk
go
create login mylogin with password='123456'
create user JohnDoe from login mylogin
```

(1) 使用 SQL 命令在数据库中创建一个名为 DataRole 的新角色。

(2) 为 DataRole 角色分配在数据库中查询任何表的权限。

(3) 将数据库用户 JohnDoe 添加到 DataRole 角色中。

(4) 从 DataRole 角色中移除用户 JohnDoe。

(5) 为 DataRole 角色授予对 s 表的 select 和 insert 权限。

(6) 拒绝 DataRole 角色对 s 表的 update 权限。

(7) 拒绝 DataRole 角色对课程信息表中 credit 列(学分)的 select 权限(注意:SQL Server 不直接支持对列级别的 deny,但可以通过触发器或视图间接实现)。

(8) 撤销 DataRole 角色对 s 表的 select 权限。

(9) 删除 DataRole 角色。

云享资源

【微信扫码】

- ⊙ 教学课件
- ⊙ 教学教案
- ⊙ 配套实训
- ⊙ 参考答案
- ⊙ 实例脚本

项目 12　数据库设计应用案例

【项目概述】

本项目旨在通过开发一个简易的图书借阅系统，让学生理解并实践数据库设计的全过程，从需求分析到最终的前后端实现。系统应具备基本功能，包括图书信息的录入、查询、借阅、归还以及用户（读者和管理员）管理等功能。通过此项目，学生将深入理解数据库设计的重要性及其在软件开发中的应用。

【知识目标】

1. 理解数据库系统、数据模型、数据库设计的基本概念。
2. 掌握如何收集、整理和分析用户需求，形成需求规格说明书。
3. 熟练掌握使用 E-R 图（实体-关系图）等工具描述系统概念模型。
4. 熟练掌握将概念模型转换为关系模式，定义表结构、字段类型、主键、外键等。
5. 掌握数据库的物理存储、索引、优化等。
6. 熟练掌握 SQL 语句的编写，包括数据定义（DDL）、数据操纵（DML）、数据控制（DCL）等。
7. 了解基本的 Web 前端技术，如 HTML，CSS，JavaScript 等，用于数据展示和交互。
8. 掌握使用一种后端语言（如 C# 等）和框架（如 ASP. NET 等）进行数据处理和接口开发。

【能力目标】

1. 能准确理解用户需求，并将其转化为可实现的系统需求。
2. 能独立完成从概念模型到物理模型的数据库设计过程。
3. 能使用前后端技术实现数据库操作和用户界面。
4. 能对系统进行功能测试、性能测试，确保系统稳定可靠。
5. 能在项目开发过程中与他人有效沟通，协同工作。

【素养目标】

1. 培养学生严谨细致的工作作风，在数据库设计和编程过程中，保持高度的严谨性和细致性。
2. 培养学生持续学习的能力，面对新技术和新问题，保持积极的学习态度，不断提升自己。
3. 培养学生解决问题的能力，面对开发过程中遇到的问题，能够独立思考并寻求解决方案。

4. 培养学生高度责任感，对项目负责，按时高质量完成任务。

【重点难点】

教学重点：

1. 数据库设计流程：从需求分析到物理模型设计的全过程。

2. SQL 语句的编写：特别是数据查询(select)、数据更新(insert, update, delete)等关键操作。

3. 前后端交互：理解前后端如何协作，实现数据的传递和显示。

教学难点：

1. 复杂需求的理解与转化：如何将用户复杂的、模糊的需求转化为清晰、可实现的系统需求。

2. 数据库优化：在物理模型设计阶段，如何合理设计索引、表结构等，以提高查询效率。

3. 前后端数据同步：确保前端展示的数据与后端数据库中的数据保持一致，处理并发访问等问题。

【知识框架】

在实际应用中经常需要使用数据库的知识，而且大部分是与其他开发语言或者开发平台结合起来使用的。本项目学习如何在使用所有的知识解决实际的问题，如使用 SQL 语句实现相关数据检索。

(1) 按图书类型完成图书信息的检索，显示图书主图、图书编号，图书名称，作者，图书价格，出版社，库存量信息。

(2) 按读者编号检索借阅图书的信息。

(3) 按读者编号检索还书信息。

(4) 按不同的条件检索图书信息(除图书编号外)。

(5) 实现图书信息的添加。

(6) 实现图书信息的修改。

(7) 实现图书信息的删除。

(8) 借书、还书信息。

具体的功能结构如图 12 - 1 所示。

此简易图书借阅系统对于读者用户来说，可以通过浏览器浏览图书信息，还可以查询读者自己的图书借阅和还书的情况等，对于管理员来说，可以实现图书信息、读者信息、图书借阅信息编辑(信息添加、信息修改、信息删除)。

(1) 添加信息功能，在后台提供一个界面，管理员在界面中填入规定的信息。

(2) 修改信息功能，首先给管理员提供一个信息列表，列表显示了图书或读者的信息，用户单击需要修改的信息链接，进入修改信息的界面，管理员修改了有关信息，提交给服务器，服务器接收到新的信息后，将数据库对应表的相关内容进行修改。

(3) 删除信息功能，首先给管理员提供一个信息列表，列表显示了图书或读者的信息，用户单击需要删除的信息链接，进入删除信息的界面，用户删除了有关信息，提交给服务器，

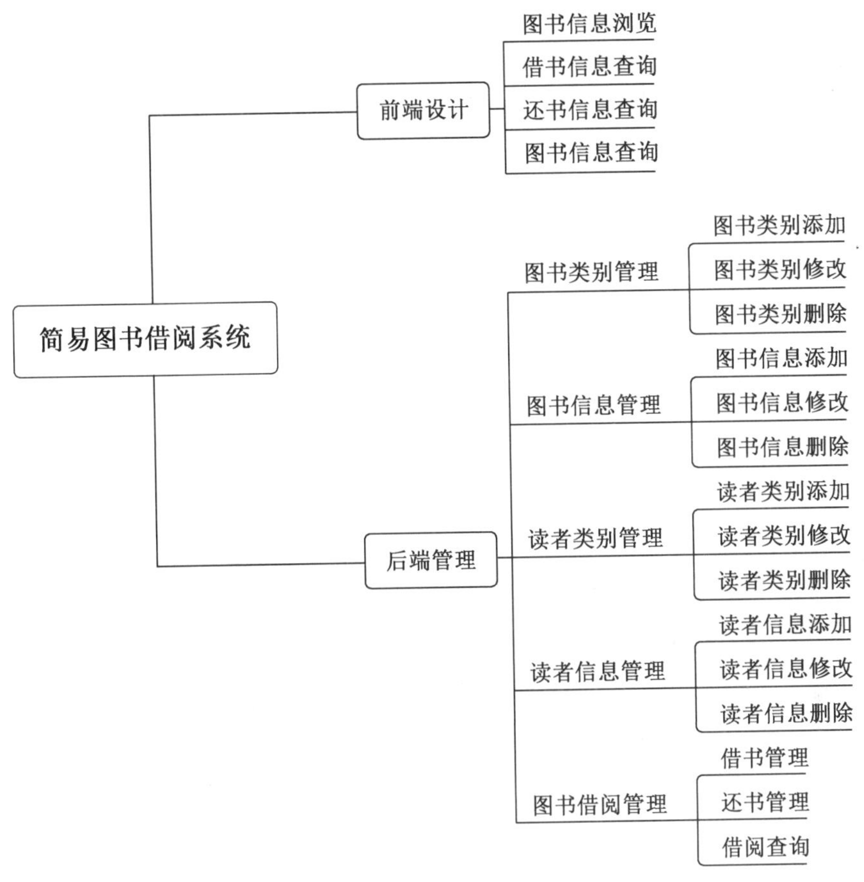

图 12－1　简易图书借阅系统系统功能结构图

服务器接收到新的信息后，将数据库对应表的相关内容进行删除。

简易图书借阅系统分前端设计和后端管理，其中前端设计、管理员后端登录和后端设计效果如图 12－2、图 12－3、图 12－4 所示。

图 12－2　简易图书借阅系统前端设计效果

图 12－3　简易图书借阅系统管理员后端登录效果

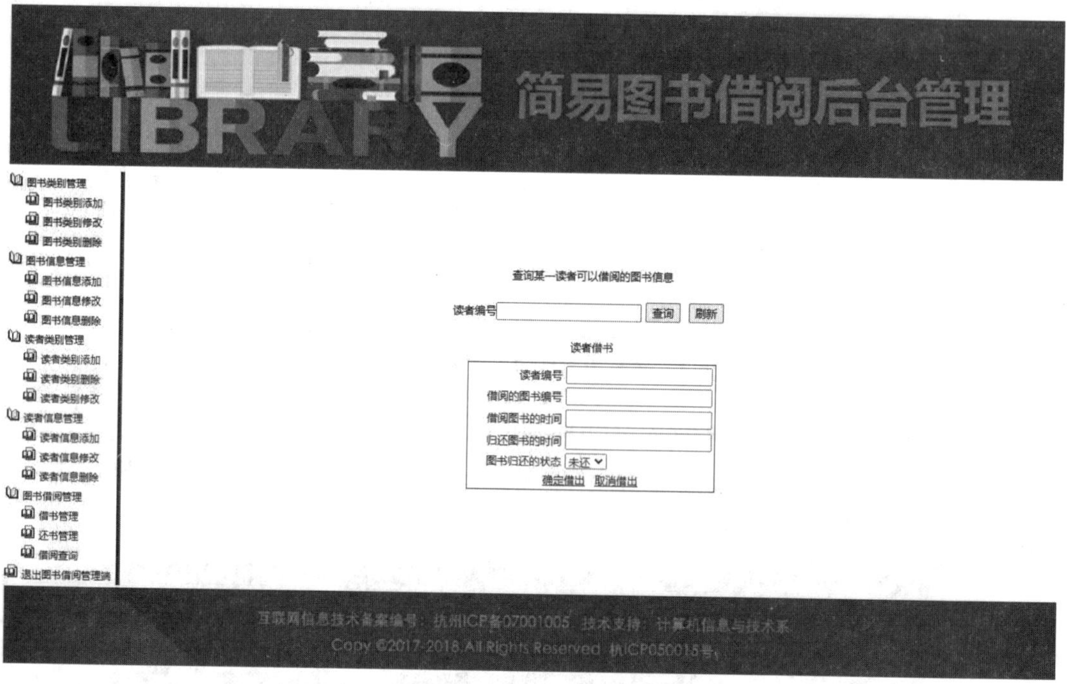

图 12－4　简易图书借阅系统后端管理效果

任务 12－1　简易图书借阅系统的数据库设计

【微课】
数据库设计

【实训目的】

(1) 熟练掌握数据库 E-R 建模设计。

(2) 熟练掌握数据库关系模型设计。

(3) 熟练掌握应用 SQL 语句创建简易图书借阅数据库。

(4) 熟练掌握应用 SQL 语句创建简易图书借阅数据库中数据表的设计。

(5) 熟练掌握数据库中数据的导入功能。

(6) 熟练掌握数据检索操作。

(7) 熟练应用数据实现用户需求。

【实训准备】

(1) 在用户盘创建 book+学号(学号后两位,如 book01)的文件夹,在该文件夹中创建 data 文件夹和 code 的文件夹,将作业下载中 images 文件夹也拷贝至该 book1 文件夹中,操作如图 12-5 所示。

图 12-5　学生端的文件路径

(2) 为简易图书借阅数据库 book1 创建简易 E-R 模型。

(3) 将简易图书借阅数据库的 E-R 模型转换为关系模型

(4) 数据库设计:使用 SQL 语句创建 book+学号的数据库,存放在 data 的文件夹中,创建数据库的 SQL 语句存放在 code 的文件夹中,文件名为 sqlcode1. sql。

(5) 数据表设计:使用 SQL 语句创建数据表,并应用 SQL 语句插入若干条测试数据。

简易图书借阅系统,是一个由人、计算机等组成的能进行信息的收集、传递、加工、保存、维护和使用的系统。面对大量的读者信息、书籍信息以及两者相互作用产生的借书信息、还书信息。需要对读者资源、书籍资源、借书信息、还书信息进行管理,及时了解各个环节中信息的变更,有利于提高管理效率。

系统功能分析是在系统开发的总体任务的基础上完成。

(1) 图书馆管理信息系统需要完成的功能

① 管理员登录,修改密码。

② 图书信息的输入,包括图书编号、图书名称、作者姓名、出版社名称、图书页数、入库日期等。

③ 读者基本信息的输入,包括读者编号、读者姓名、读者类型、读者性别、电话号码、办证日期等。

④ 图书信息的查询、修改、添加,删除。

⑤ 读者基本信息的查询、修改,以及添加、删除。

⑥ 借书信息的输入,包括读者编号、书籍编号、借书日期等(可根据实际需要增加或减少)。

⑦ 借书信息的查询。

⑧ 还书信息的输入，包括读者编号、书籍编号、还书日期等(可根据实际需要增加或减少)。

⑨ 还书信息的查询。

系统功能结构如图 12-6 所示。

(2) 管理员需要完成的主要功能

① 查询信息：查询图书信息(ID 查询、查询所有)、管理员信息、图书借阅信息、图书归还信息。

② 管理图书：添加图书、删除图书、修改图书信息。

③ 管理读者：添加读者、删除读者、修改读者信息。

④ 修改密码：可以修改自己的登录密码。

(3) 读者需要完成的主要功能

① 查询信息：图书信息、个人借阅信息。

② 借阅图书。

③ 归还图书。

用户	功能模块
管理员	查询信息
	管理图书
	管理读者
	修改密码
读者	查询信息
	借阅信息
	归还图书

图 12-6　简易图书管理功能结构图

整个系统所包括的信息有图书信息、读者信息、图书借阅信息、图书归还信息。可将这些信息抽象为下列系统所需要的数据项和数据结构。

(1) 图书信息(编号、图书名称、作者、价格、出版社、入库时间、图书主图、库存量)

(2) 读者信息(编号、姓名、性别、读者类型、年龄、注册日期、电话)

(3) 管理员信息(编号、用户名、密码)

(4) 图书借阅信息(图书编号、读者 ID、借书时间、应还时间、实还时间、罚金、图书状态)

(5) 图书归还信息(图书编号、读者 ID、借书时间、归还时间、实还时间、罚金、图书状态)

(6) 图书类别表(图书类别编号、图书类型名)

(7) 读者类型表(读者类别编号、读者类别名)

各个表的表结构如表 12-1、表 12-2、表 12-3、表 12-4、表 12-5、表 12-6 所示。

表 12-1　图书类别表 bookType

字段名称	数据类型	字段长度	是否为空	说明
btypeID	int	自动编号	No	图书类别编号，主码，初值：1000，增量为 1
bookType	varchar	20	No	图书类别名称

表 12-2　读者类别表 readerType

字段名称	数据类型	字段长度	是否为空	说明
rtypeID	int	自动编号	No	读者类别编号，主码，初值：10100，增量为 1
readerType	varchar	20	No	读者类别名称

表 12－3 管理员信息表 manager

字段名称	数据类型	字段长度	是否为空	说明
UserID	int	自动编号	No	编号，主码，初值：1000000，增量为 1
UserName	varchar	50	No	名称
UserPwd	varchar	20	No	密码

表 12－4 图书信息表 book

字段名称	数据类型	字段长度	是否为空	说明
bookID	varchar	20	No	图书编号，主码
bookName	varchar	50	No	图书名称
author	varchar	50	No	作者
price	float	默认	Yes	图书价格
publish	varchar	50	Yes	出版社
btypeID	Int	默认	No	图书类别编号，外键
inTime	datetime	默认	No	图书入库时间
bookImages	nvarchar(50)	50	No	图书主图
stock	int	默认	No	图书库存量

表 12－5 读者信息表 reader

字段名称	数据类型	字段长度	是否为空	说明
readerID	varchar	20	No	读者编号，主码
readerName	varchar	50	No	姓名
readerSex	varchar	2	Yes	性别
readerAge	int	默认	Yes	年龄
rtypeID	int	默认	No	读者类型编号，外键
tel	varchar	20	No	手机号码
registerTime	datetime	默认	No	注册时间

表 12－6 图书借阅表 borrowBook

字段名称	数据类型	字段长度	是否为空	说明
bookID	varchar	20	No	图书编号，主码
readerID	varchar	20	No	借阅人 ID，主码
borrowTime	datetime	默认	No	借阅时间
returnTime	datetime	默认	No	应还时间
realTime	datetime	默认	Yes	实还时间
pay	decimal	(8,2)	Yes	罚金
state	char	4	No	还书状态

简易图书借阅系统业务功能规定如下。

(1) 一个读者可以借阅多本图书,一本图书可以被多个读者借阅。

(2) 读者类型有学生、教师、其他。

(3) 图书类型有教辅类、艺术类、小说类、文学类、科技类、管理类、励志类、其他类等。

(4) 读者借书需要指定借书时间和预还书的时间,刚借出的图书状态为“未还”。

(5) 读者还书时需要判断实际还书的时间是否超过预还书的时间,如果超过,可以按天交滞纳金(0.5 元/天),并修改借书状态为“已还”。

数据库设计完成的表间关系如图 12-7 所示。

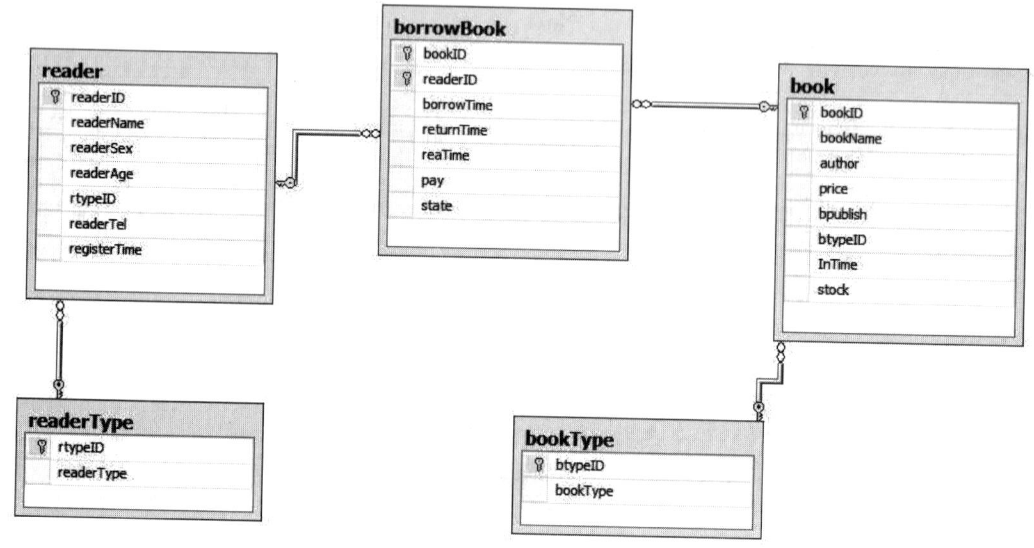

图 12-7 简易图书借阅数据库表间关系

任务 12-2 简易图书借阅系统前端母版设计

【实训目标】

(1) 了解 ASP. NET 框架结构与 ASP. NET 的特色优势。

(2)了解开发 ASP. NET 应用程序所需的基本环境和 VS 集成开发环境。

(3) 掌握创建 ASP. NET 项目站点。

(4) 掌握如何启动 Web 服务器(IIS)。

(5) 创建项目虚拟目录。

(6) 结合视频教学创建前端母版。

【微课】
前端母版设计

【设计要求】

环境：VS2012＋SQL Server 2019

【设计思路】

第 1 步：打开任务 12－1 中创建好的文件夹 book01(以网站的形式)，如图 12－8 所示。

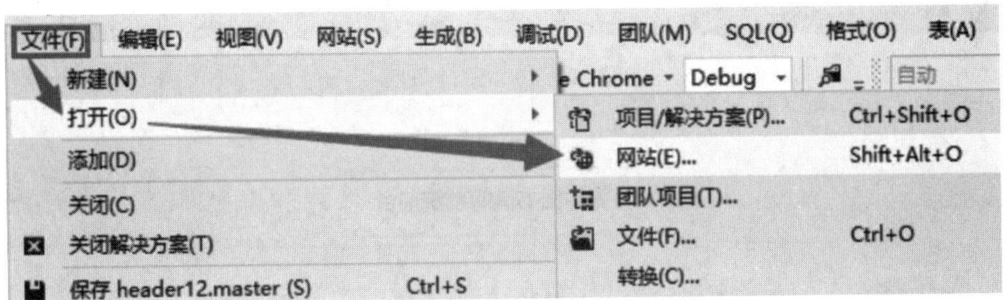

图 12－8　打开网站

第 2 步：项目根目录下，创建母版 header01. master(01 为自己学号的后两位，可更改)，如图 12－9 所示。

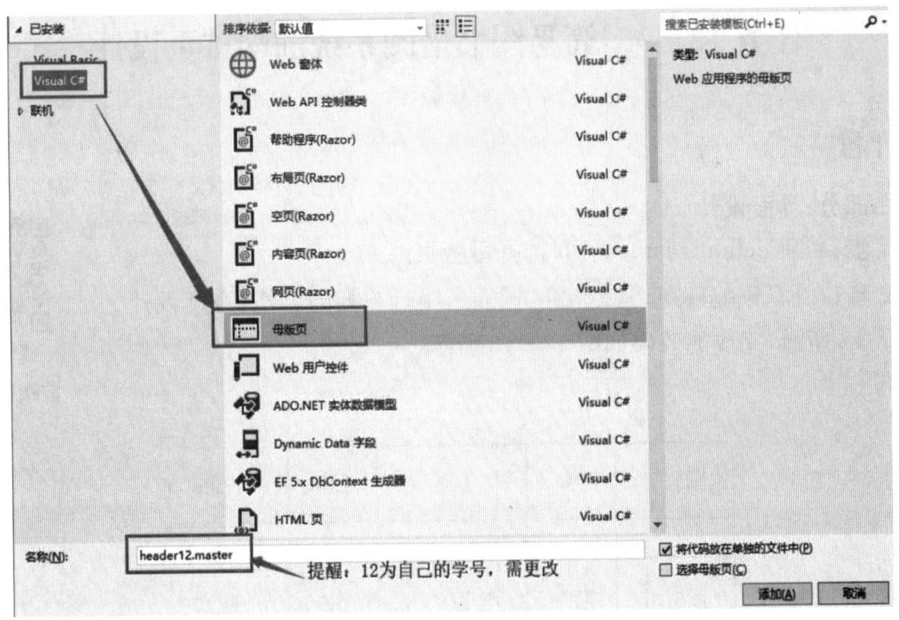

图 12－9　创建母版

第 3 步：设计母版，在母版页中插入 4 行 1 列的表格，第 2 行中的文字用的是标准工具箱中的 HyperLink 工具，设计如图 12－10 所示。各导航栏链接如图 12－11 所示。

图 12-10　设计母版

图 12-11　导航链接

任务 12-3　简易图书借阅系统前端首页设计

【设计思路】

第 1 部分:界面设计

第 1 步:新建 defalut. aspx 页面,选择母版页。

第 2 步:在 ContentPlaceHolder1(自定义) 区域插入 4 行 9 列的表格,宽度设计如图 12-12 所示,完成的效果如图 12-13 所示。

【微课】
前端首页设计

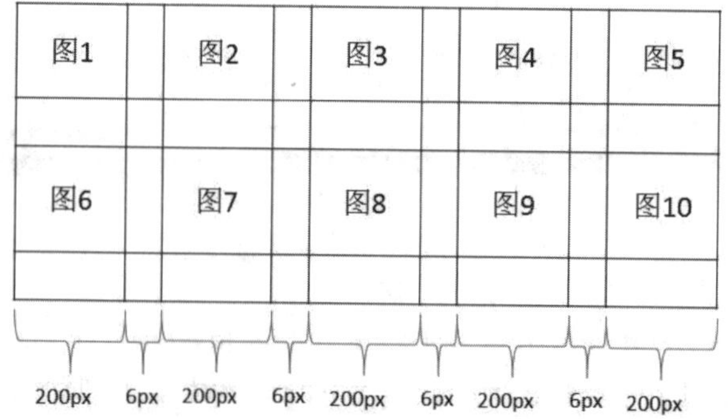

图 12-12　图书显示表格布局设计

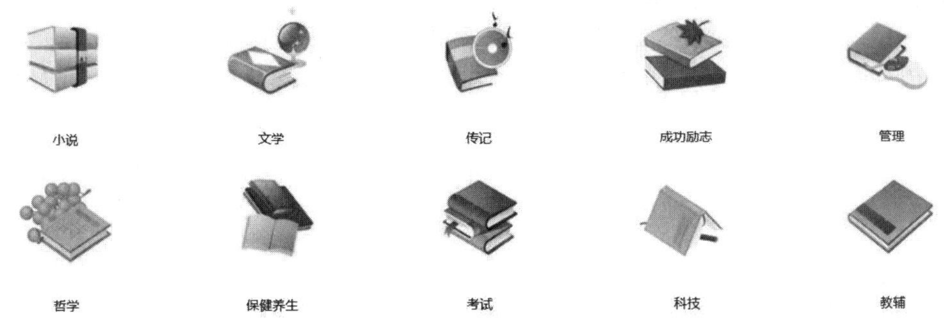

图 12-13　分类图书显示

第 2 部分:应用数据库检索语句,按图书类型进行设计

第 1 步:检索图书信息表中所有“小说”类的图书,显示图书编号、图书名称、作者、定价、出版社和库存量。

分析:“小说”类的图书类型来源于“图书类别”表(bookType),而 book 表和 bookType 表的表间关系如图 12-14 所示。

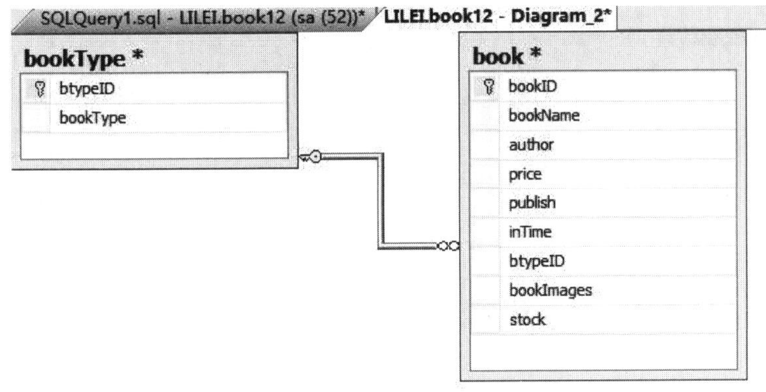

图 12-14　图书类别和图书的关系图

```
select bookID,bookName,author,price,publish,stock
from book,bookType
where book.btypeID= bookType.btypeID and bookType='小说'
```

第 2 步:检索图书信息表中所有“文学”类的图书。

```
select bookID,bookName,author,price,publish,stock
from book,bookType
where book.btypeID= bookType.btypeID and bookType='文学'
```

说明:其余类别图书信息浏览可参阅。

第 3 部分:小说类图书页面设计

第 1 步:新建 xs. aspx 页面,选择任务 12-2 创建的母版 header. master。

在内容区 ContentPlaceHolder1(自定义) 中插入 3 行 1 列的表格,设计如图 12-15 所示。

第 2 步:数据连接。

在第 2 行中拖入 SqlDataSource 工具,配置数据源|新建连接|配置 Select 语句,如图 12-16 所示。

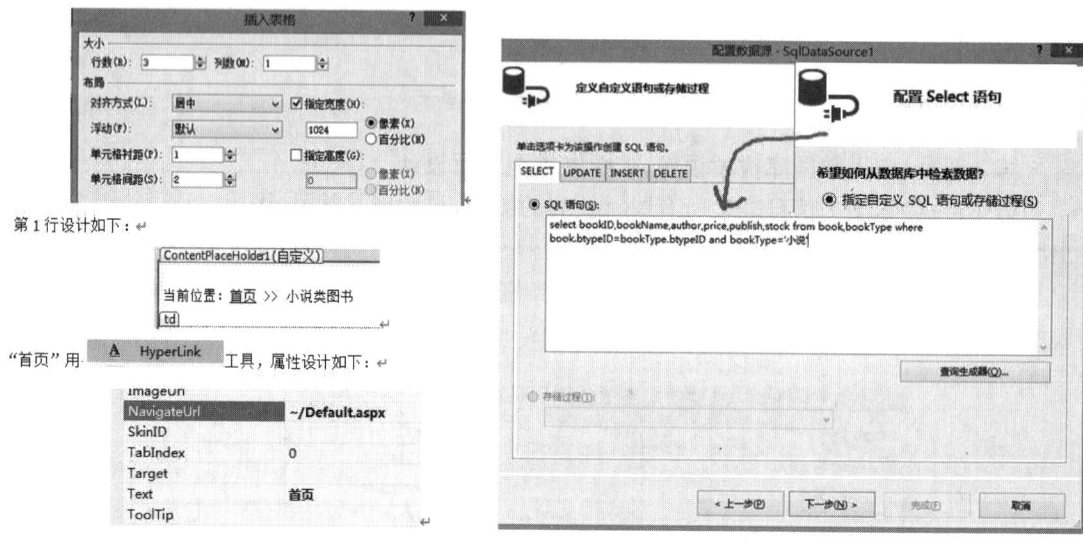

图 12-15 页面设计

图 12-16 配置 select 语句

第 3 步:数据呈现。

通过 GridView 工具呈现小说类图书的信息显示,如图 12-17 所示,最终数据显示到窗体上的效果如图 12-18 所示。

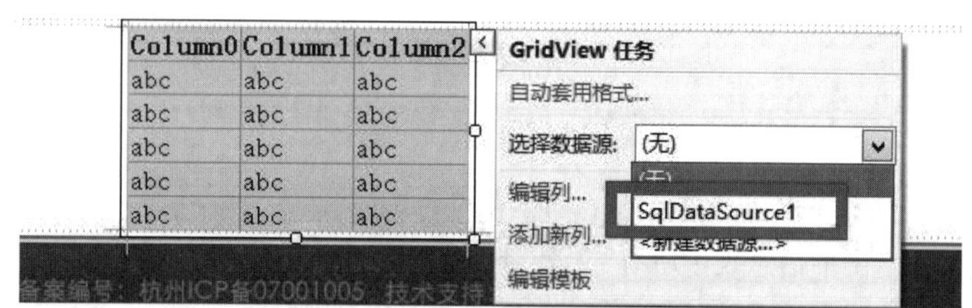

图 12-17 用 gridview 控件绑定数据

注意:在检索语句中将英文列名改为中文列名。

```
select bookID'图书编号',bookName'图书名称',author'作者',price'定价',publish'出版社',stock'库存量'from book,bookType
where book.btypeID= bookType.btypeID and bookType='小说'
```

【借阅】
简易图书管理系统

图书信息浏览　读者个人借阅信息浏览　读者个人还书信息浏览　图书信息查询　图书借阅

当前位置：首页 >> 小说类图书

图书编号	图书名称	作者	定价	出版社	库存量
b001	莫言莫论菲	刘刘	26.3	北京联合出版社	4
b10010000	圣殿春秋	肯·福莱特	94	江苏凤凰文艺出版社	23
b10010001	三体	刘慈欣	55.8	重庆出版社	30
b10010002	云边有个小卖部	张嘉佳	30.2	湖南文艺出版社	20
b10010003	冷场	李诞	21	四川文艺出版社	21

1 2

互联网信息技术备案编号：杭州ICP备07001005　技术支持：计算机信息与技术系
Copy ©2017-2018,All Rights Reserved 杭ICP050015号

图 12－18　小说类图书显示效果

注意：其余图书类别的设计参考“小说”类图书。

任务 12－4　简易图书借阅系统后端登录和后端母版设计

【设计思路】

第 1 部分：后端登录主页

第 1 步：在 admin 文件夹中新建 web 页：index. asxp。

第 2 步：后端登录 login. aspx 页面，成功登录后进入 index. aspx 页面，登录不成功，提示“您的账户或密码有误，请重新输入”，设置效果如图 12－19 所示。

【微课】
后端登录和
后端母版设计

12－19　后端登录界面设计

```
protected void Button1_Click(object sender, EventArgs e)
    {
            if (TextBox1.Text =="admin" && TextBox2.Text =="123456")
```

```
        {
            Response.Redirect("default.aspx");  //当密码验证成功,直接进入后端的
首页 default.aspx 页面。
        }

        else
        {
            Response.Write("< script> alert('你的账户或密码有误,请重新输入! ')< /
script> ");
        }

    }
```

第 2 部分:后端管理母版页

第 1 步:右键单击右侧“解决方案资源管理”根目录,创建文件夹 admin。

第 2 步:在 admin 文件夹中右键单击,添加|选择“添加新项”|“母版页”,命名为 admin.master 的母版。

第 3 步:在母版页中插入 3 行 2 列的表格,第 1 行合并,第 3 行合并,第 2 行第 1 列,设置宽度 124px,第 2 行第 2 列设置宽度 900px,设置效果如图 12 - 20 所示。

图 12 - 20　后端母版设计效果

任务 12－5　DML 语言应用之后端读者借书设计

【设计思路】

第 1 部分:数据的前期处理

【微课】
后端读者借书设计

第 1 步:将 borrowBook 表中的 state 字段默认值修改为:未还。

第 2 步:检索出指定读者可借图书的信息(借书原则:同一本书只能借一次,如果已经借了的不显示在可借阅的图书中)。

以读者编号为 r001 的读者为例,检索该读者可借阅的图书信息。

```
declare @rid varchar(20)/* 声明变量 */
set @rid='r001'/* 给变量赋值 */
/* 检索指定某读者的可借阅图书的信息 */
select BookID'图书编号',BookName'图书名称',Author'作者',Price'定价',Publish'出版社' from Book
where not exists(select BookID from borrowBook where book.BookID= borrowBook.bookID and readerID= @rid)
```

第 2 部分:借书界面显示

第 1 步:在 admin 文件夹中添加新的 Web 窗体:borrowAdd.aspx(选择母版 admin.master)。

第 2 步:在内容区插入 3 行 1 列的表格,宽度 800px,居中显示,如图 12－21 所示。

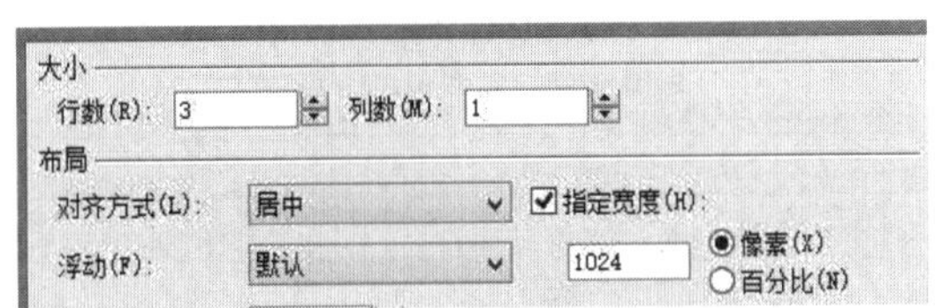

图 12－21　表格布局

第 3 步:设置显示指定读者可以借阅图书的信息呈现界面,如图 12－22、图 12－23 所示。

ContentPlaceHolder1(自定义)

指定读者可借阅的图书 [　] 检索

SqlDataSource - SqlDataSource2

图书编号	图书名称	作者	定价	出版社
数据绑定	数据绑定	数据绑定	数据绑定	数据绑定
数据绑定	数据绑定	数据绑定	数据绑定	数据绑定
数据绑定	数据绑定	数据绑定	数据绑定	数据绑定
数据绑定	数据绑定	数据绑定	数据绑定	数据绑定
数据绑定	数据绑定	数据绑定	数据绑定	数据绑定

1 2

图 12－22　数据绑定

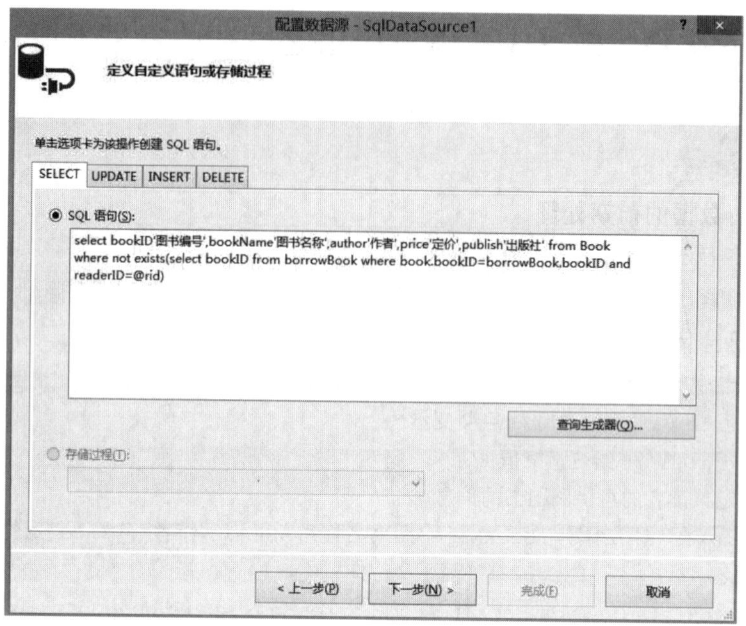

图 12－23　配置 select 语句

第 4 步:借书内容呈现界面设计如图 12－23 所示,显示效果如图 12－24 所示。

```
insert into [borrowBook] ([bookID], [readerID], [borrowTime], [returnTime]) values (@bookID, @readerID, @borrowTime, @returnTime)
```

图 12－24　界面布局效果

图 12－25　数据运行界面

任务 12－6　DML 语言应用之前端读者借书查询设计

【设计思路】

【微课】
前端读者
借书查询设计

第 1 步：数据处理，编写 SQL 语句，实现指定读者借阅图书的信息。

```
declare @rid varchar(20)
set @rid='r0001'
select borrowBook.bookID '图书编号', bookName '图书名称',
borrowTime'借阅时间',returnTime'应归还时间',state'图书借阅状态'
from book,borrowBook
where book.bookID= borrowBook.bookID and readerID= @rid
```

第 2 步：打开前端 borrowInfo. aspx 页面，插入 3 行 1 列的表格，居中，指定宽度为 1 024px。

第 3 步：设计借书信息呈现的界面设计先进行数据库连接，配置 select 语句，运行效果如图 10－36 所示。

```
select borrowBook.bookID'图书编号',bookName'图书名称',borrowTime'借书时间',
returnTime'还书时间',是否超时=
case
when datediff(day,getdate(),returnTime)< 0 then '超时'
else '未超时'
```

```
end
from borrowBook,book where book.bookID= borrowBook.bookID
and state='未还' and readerID='r001'
```

图书信息浏览　读者个人借阅信息浏览　读者个人还书信息浏览　图书信息查询　图书借阅

当前位置：首页 >> 读者个人借阅图书查询

读者编号 r0001　查询借书信息

图书编号	图书名称	借阅时间	应归还时间	图书借阅状态
b001	莫言莫论菲	2018/12/1 星期六 0:00:00	2019/1/1 星期二 0:00:00	未还
b002	不知道什么哲学	2018/12/1 星期六 0:00:00	2019/1/12 星期六 0:00:00	未还
b10010000	圣殿春秋	2018/5/10 星期四 0:00:00	2018/6/10 星期日 0:00:00	已还
b10010001	三体	2018/11/11 星期日 0:00:00	2018/12/11 星期二 0:00:00	已还

图 12－26　读者借书界面

任务 12－7　DML 语言应用之后端读者还书设计

【设计思路】

第 1 步： 数据处理：查询指定读者未还图书的信息。

【微课】
后端读者还书设计

```
declare @rid varchar(20)
set @rid='r0001'
select borrowBook. bookID '图书编号', bookName '图书名称',
borrowTime'借阅日期',returnTime'应归还日期',realTime'实际还书日期',
state'图书借阅状态'
from book,borrowBook
where book.bookID= borrowBook.bookID and state='未还' and readerID= @rid
```

第 2 步： 在内容区插入 3 行 1 列的表格，居中，指定宽度为 600px。

第 3 步： 数据源中配置 select 语句，如图 12－27、图 12－28、图 12－29 所示。

- 显示指定读者(以读者 r001 为例)借阅的未还图书信息。
- 选择需要归还的图书，修改归还的日期，自动更改所需交纳的滞纳金和图书状态(滞纳金提交的规则：当实际还书的时间超过了预期还书的时间，超过一天就按 0.5 元/天收费)。

```
update borrowBook
```

```
set realTime=@realTime,pay= (select datediff(day,@returnTime,@realTime))*
0.5,state= (case when @realTime is null then '未还' else '已还' end)
where bookID=@bookID and readerID= @readerID
```

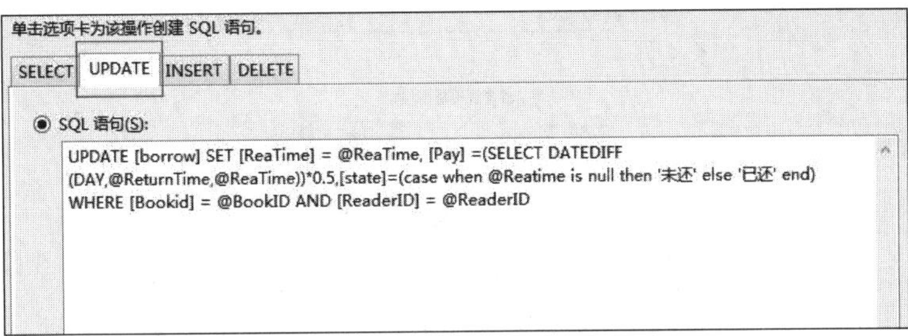

图 12－27　配置数据更新的 select 语句

- 将 borrowBook 中的数据插入 returnBook 的表示。

```
insert into returnBook select * from borrowBook where ReaderID= @ReaderID
```

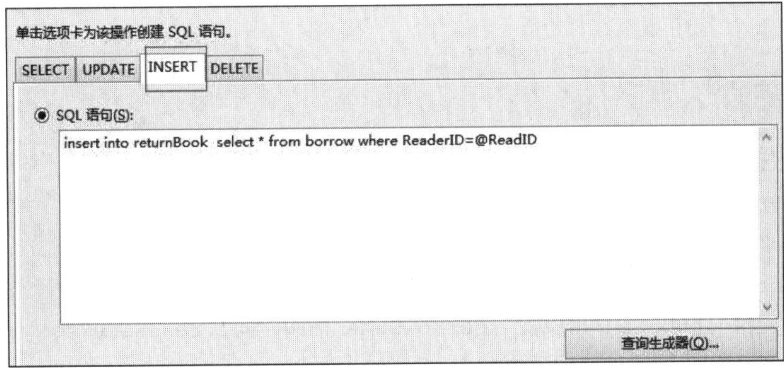

图 12－28　配置数据添加的 select 语句

同时删除 borrowBook 表中的数据：

```
delete from borrowBook where ReaderID= @ReaderID
```

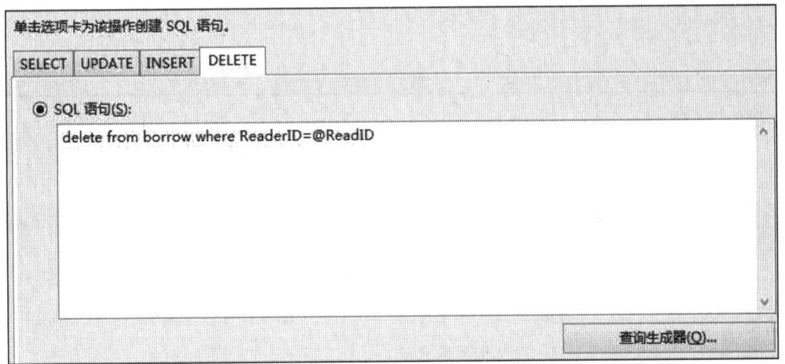

图 12－29　配置数据删除的 select 语句

第 4 步:查看读者还书的状态如图 10－40 所示。

读者还书信息登记

读者编号 r0001 未还书查询

读者还书信息登记

读者编号 r0001 未还书查询

图书编号	b10110000
预还书日期	2018/6/12 星期二 0:00:00
实际还书日期	
还书	
123	

图 12－30　读者还书

任务 12－8　DML 语言应用之前端读者还书查询设计

【设计思路】

第 1 步:数据处理,编写 T-SQL 语句,实现指定读者归还图书的信息。

【微课】

前端读者还书查询设计

```
declare @rid varchar(20)
set @rid='r001'
select borrowBook.bookID'图书编号',bookName'图书名称',author'作者',price'定价',publish'出版社',borrowTime'借阅时间',realTime'实际归还时间',pay'滞纳金',state'还书状态'from book,borrowBook
where book.bookID= borrowBook.bookID and state='已还' and readerID= @rid
```

第 2 步:打开前端 returnInfo.aspx 页面,插入 3 行 1 列的表格,居中,指定宽度1 024px。

第 3 步:设计借书信息呈现的界面如图 12－31 所示。配置 select 语句如图 12－32 所示。

ContentPlaceHolder1(自定义)

当前位置:首页 >> 读者个人还书信息浏览

读者编号 查询还书信息

SqlDataSource - SqlDataSource1

图书编号	图书名称	作者	定价	出版社	借阅时间	实际归还时间	滞纳金	还书状态
abc	abc	abc	0	abc	2018/12/17 星期一 0:00:00	2018/12/17 星期一 0:00:00	0	abc
abc	abc	abc	0.1	abc	2018/12/17 星期一 0:00:00	2018/12/17 星期一 0:00:00	0.1	abc
abc	abc	abc	0.2	abc	2018/12/17 星期一 0:00:00	2018/12/17 星期一 0:00:00	0.2	abc
abc	abc	abc	0.3	abc	2018/12/17 星期一 0:00:00	2018/12/17 星期一 0:00:00	0.3	abc
abc	abc	abc	0.4	abc	2018/12/17 星期一 0:00:00	2018/12/17 星期一 0:00:00	0.4	abc

图 12－31　前端读者还书界面设计

```
select borrowBook.bookID as 图书编号,bookName as 图书名称,author as 作者,
price as 定价,publish as 出版社,borrowTime as 借阅时间,realTime as 实际归还时间,
pay as 滞纳金,state as 还书状态 from book,borrowBook
where book.booklD= borrowBook.booklID and state='已还' and readerlD= @rid
```

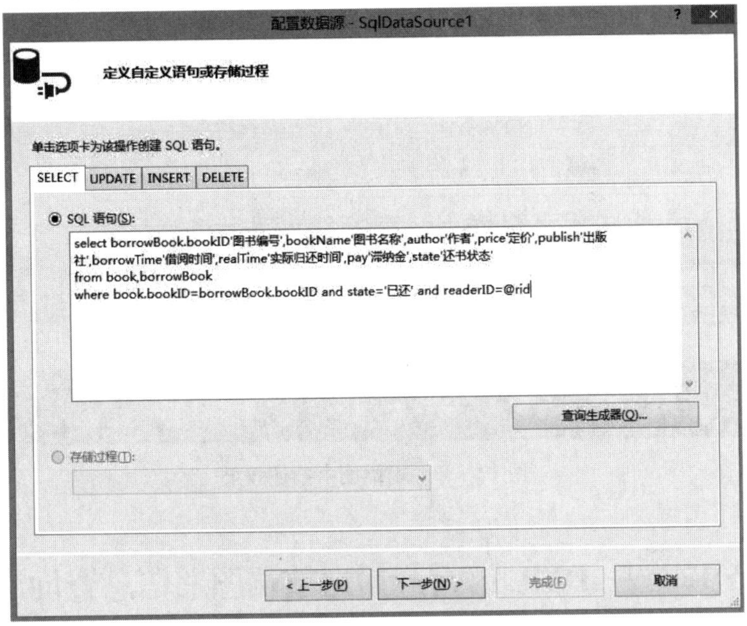

图 12 - 32　配置 select 语句

查询图书借阅表中还书的状态值：

```
select distinct state from borrowBook
```

查询读者 r001 已经归还的图书信息：

```
select * from borrowBook where state='已还' and readerID='r001'
```

查询读者 r001 还归还的图书信息：

```
select * from borrowBook where state='未还' and readerID='r001'
```

图书借阅表中所有借书信息查询：

```
select bookID'图书编号',readerID'读者编号',borrowTime'借书日期',
returnTime'预还书日期',reaTime'实际还书日期',pay'滞纳金',state'还书状态'
from borrowBook
```

设计完成后，运行效果如图 12 - 33 所示。

【借阅】简易图书管理系统

图书信息浏览　读者个人借阅信息浏览　读者个人还书信息浏览　图书信息查询　图书借阅

当前位置：首页 >> 读者个人还书信息浏览

读者编号 r0001 查询还书信息

图书编号	图书名称	作者	定价	出版社	借阅时间	实际归还时间	滞纳金	还书状态
b10010001	三体	刘慈欣	55.8	重庆出版社	2018/5/12 星期六 0:00:00	2018/8/10 星期五 0:00:00	29.50	已还
b10210004	后来时间都与你有关	张皓宸	19.9	天津人民出版社	2018/10/3 星期三 0:00:00	2018/12/3 星期一 0:00:00	15.00	已还
b10710003	哲学家们都干了些什么	林欣浩	26	北京联合出版公司	2018/10/11 星期四 0:00:00	2018/12/10 星期一 0:00:00	-0.50	已还

图 12－33　前端图书归还效果

任务 12－9　DML 语言应用之前端图书信息查询设计

【设计思路】

查询条件：图书编号或图书名称

第 1 步：检索出指定图书编号的图书信息。

【微课】前端图书信息查询设计

以图片编号为 b002 的图书或图书名称中含有"设计"的图书为例。

```
declare @bid varchar(20)
declare @mc varchar(50)
set @bid='b002'
set @mc='设计'
select bookID'图书编号',bookName'图书名称',author'作者',price'定价',publish'出版社',stock'库存量'
from book
where bookID= @bid or bookName like'%'+ @mc+ '%'
```

第 2 步：图书信息查询 bookSelect.aspx 设计要求如图 12－34 所示。

第 3 步：图书信息查询的 SQL 语句。

查询编号为 b002 图书信息或查询图书名称中含有"设计"的图书信息。

```
select bookID'图书编号',bookName'图书名称',
author'作者',price'定价',bpublish'出版社',stock'库存量'
from book where bookID='b002' or bookName like'% 设计%'
```

图书信息查询 bookSelect.aspx 的设计效果如图 12－35 所示。

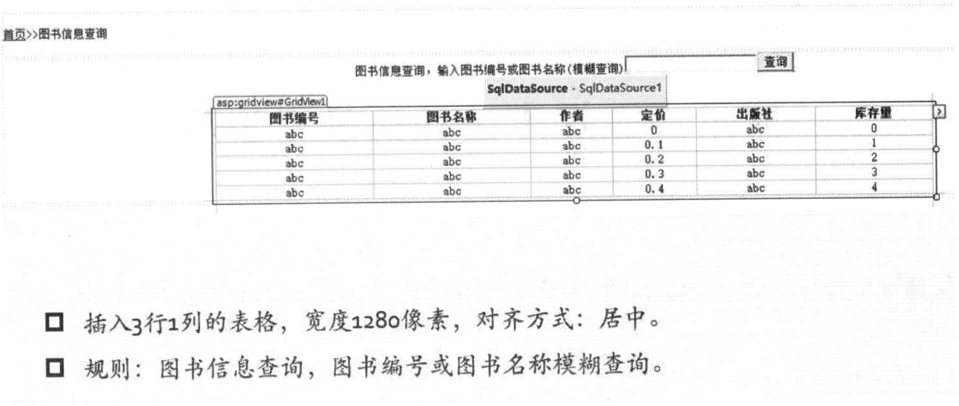

首页>>图书信息查询

图书信息查询，输入图书编号或图书名称(模糊查询) 查询

SqlDataSource - SqlDataSource1

asp:gridview#GridView1

图书编号	图书名称	作者	定价	出版社	库存量
abc	abc	abc	0	abc	0
abc	abc	abc	0.1	abc	1
abc	abc	abc	0.2	abc	2
abc	abc	abc	0.3	abc	3
abc	abc	abc	0.4	abc	4

- 插入3行1列的表格，宽度1280像素，对齐方式：居中。
- 规则：图书信息查询，图书编号或图书名称模糊查询。

图 12－34 图书查询界面设计要求

图书信息浏览 借阅信息浏览 还书信息浏览 图书信息查询 图书借阅管理

首页 >>图书信息查询

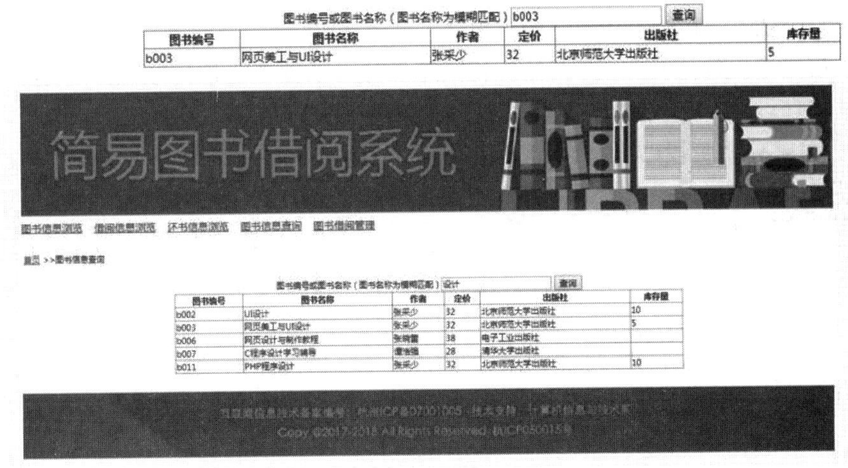

图 12－35 图书信息查询

后端管理中图书信息的添加、读者信息添加等相关操作，可扫码观看视频继续学习。

【微课】
后端管理相关操作

【微信扫码】

- 教学课件
- 教学教案
- 配套实训
- 实例脚本

附录　数据库设计的基本步骤

按照规范设计的方法，考虑数据库及其应用系统开发全过程，将数据库设计分为以下六个阶段：

(1) 需求分析

(2) 概念结构设计

(3) 逻辑结构设计

(4) 物理结构设计

(5) 数据库实施

(6) 数据库的运行和维护

在数据库设计过程中，需求分析和概念设计可以独立于任何数据库管理系统进行，逻辑设计和物理设计与选用的DAMS密切相关。

1. 需求分析阶段(常用自顶向下)

进行数据库设计首先必须准确了解和分析用户需求(包括数据与处理)。需求分析是整个设计过程的基础，也是最困难，最耗时的一步。需求分析是否做得充分和准确，决定了在其上构建“数据库大厦”的速度与质量。需求分析做得不好，会导致整个数据库设计返工重做。

需求分析的任务，是通过详细调查现实世界要处理的对象，充分了解原系统工作概况，明确用户的各种需求，然后在此基础上确定新的系统功能，新系统还得充分考虑今后可能的扩充与改变，不仅仅能够按当前应用需求来设计。

调查的重点是数据与处理。达到信息要求、处理要求、安全性和完整性要求。

分析方法常用结构化分析(structured analysis, SA)方法，SA方法从最上层的系统组织结构入手，采用自顶向下，逐层分解的方式分析系统。

数据流图表达了数据和处理过程的关系，在SA方法中，处理过程的处理逻辑常常借助判定表或判定树来描述。在处理功能逐步分解的同事，系统中的数据也逐级分解，形成若干层次的数据流图。系统中的数据则借助数据字典(data dictionary，DD)来描述。数据字典是系统中各类数据描述的集合，数据字典通常包括数据项、数据结构、数据流、数据存储、和处理过程五个阶段。

2. 概念结构设计阶段(常用自底向上)

概念结构设计是整个数据库设计的关键，它通过对用户需求进行综合、归纳与抽象，形成了一个独立于具体DBMS的概念模型。

设计概念结构通常有以下四类方法。

(1) 自顶向下。即首先定义全局概念结构的框架，再逐步细化。

(2) 自底向上。即首先定义各局部应用的概念结构，然后再将他们集成起来，得到全局概念结构。

(3) 逐步扩张。首先定义最重要的核心概念结构,然后向外扩张,以滚雪球的方式逐步生成其他的概念结构,直至总体概念结构。

(4) 混合策略。即自顶向下和自底向上相结合。

3. 逻辑结构设计阶段(E-R 图)

逻辑结构设计是将概念结构转换为某个 DBMS 所支持的数据模型,并将进行优化。在这阶段,E-R 图显得异常重要。要学会用各个实体定义的属性来画出总体的 E-R 图。各个 E-R 图之间的冲突主要有三类:属性冲突、命名冲突和结构冲突。

E-R 图向关系模型的转换,要解决的问题是如何将实体性和实体间的联系转换为关系模式,如何确定这些关系模式的属性和码。

4. 物理设计阶段

物理设计是为逻辑数据结构模型选取一个最适合应用环境的物理结构(包括存储结构和存取方法)。

首先要对运行的事务详细分析,获得选择物理数据库设计所需要的参数,其次,要充分了解所用的 RDBMS 的内部特征,特别是系统提供的存取方法和存储结构。

常用的存取方法有三类:① 索引方法,目前主要是 B+树索引方法。② 聚簇方法(clustering)方法。③ 是 HASH 方法。

5. 数据库实施阶段

数据库实施阶段,设计人员运营 DBMS 提供的数据库语言(如 SQL)及其宿主语言,根据逻辑设计和物理设计的结果建立数据库,编制和调试应用程序,组织数据入库,并进行试运行。

6. 数据库运行和维护阶段

数据库应用系统经过试运行后,即可投入正式运行,在数据库系统运行过程中必须不断地对其进行评价、调整、修改。

参考文献

[1] 高玉珍，杨云等. SQL Server2016 数据库管理与开发项目教程. 北京：人民邮电出版社，2020.
[2] 周德伟. MySQL 数据库基础实例教程. 北京：人民邮电出版社，2021.
[3] 秦昳，罗晓霞，刘颖. 数据库原理与应用(MySQL 8.0). 北京：清华大学出版社，2022.
[4] 贾铁军，刘建准等. 数据库原理与应用- SQL Server 2022. 北京：机械工业出版社，2024.
[5] 张凌杰，张慧娟等. MySQL 数据库应用项目式教程. 北京：人民邮电出版社，2024.